智能系统与技术丛书

U0162682

深入理解XGBoost

高效机器学习算法与进阶

何龙 著

机械工业出版社

China Machine Press

图书在版编目（CIP）数据

深入理解 XGBoost：高效机器学习算法与进阶 / 何龙著 . —北京：机械工业出版社，2020.1
（2022.1 重印）

（智能系统与技术丛书）

ISBN 978-7-111-64262-6

I. 深… II. 何… III. 机器学习 – 算法 IV. TP181

中国版本图书馆 CIP 数据核字（2019）第 262402 号

深入理解 XGBoost：高效机器学习算法与进阶

出版发行：机械工业出版社（北京市西城区百万庄大街 22 号 邮政编码：100037）	
责任编辑：高婧雅	责任校对：殷 虹
印　　刷：北京捷迅佳彩印刷有限公司	版　　次：2022 年 1 月第 1 版第 4 次印刷
开　　本：186mm×240mm　1/16	印　　张：23.75
书　　号：ISBN 978-7-111-64262-6	定　　价：99.00 元

客服电话：（010）88361066　88379833　68326294　　　投稿热线：（010）88379604
华章网站：www.hzbook.com　　　　　　　　　　　　　　读者信箱：hzjsj@hzbook.com

版权所有·侵权必究
封底无防伪标均为盗版
本书法律顾问：北京大成律师事务所　韩光 / 邹晓东

前言

大数据时代的今天，基于规则解决具体业务问题的传统方式已无法满足企业需求，机器学习与人工智能逐渐走入人们的视野，并迅速得到了众多企业的广泛关注。各大互联网公司相继成立了自己的机器学习研究院，或建立机器学习团队。然而，随着企业业务规模、数据规模日益扩大，业务类型越来越复杂，怎样在短时间内训练出高准确率的模型，成为许多企业面对的挑战。

在机器学习与人工智能的浪潮中，XGBoost 凭借高效、便捷、扩展性强等优势，在众多开源机器学习库中脱颖而出，广受各大企业青睐。目前 XGBoost 已成为热门的机器学习开源项目之一，拥有强大的社区支持，技术也日趋成熟。

为什么要写这本书

最初写这本书的想法萌生于两年前。当时，一些刚接触 XGBoost 的同事让我推荐学习资料，但我发现除了英文论文和官方文档外，竟找不到一本 XGBoost 的入门书籍。当然，论文和官方文档是学习 XGBoost 的重要参考资料，但对于刚接触机器学习的初学者而言，学习这些资料的成本相对较高。如果没有足够的理论基础，初学者容易一开始就被细节和难点缠住，降低学习的积极性。

XGBoost 涉及的相关知识较多，资料比较分散，苦于缺乏一个系统、完整的学习教程可以参考，学习者不得不在搜集资料上耗费大量时间。此外，对于 XGBoost 的应用也少有完整的案例剖析。想深入理解 XGBoost 的学习者，只能通过研究项目源码的方式进行学习，这显然不是一个特别高效的学习方式。

为了能够深入理解 XGBoost 中各个组件的实现原理，笔者也花费了很多时间和精力。在阅读了相关论文文档、深入研究源码并多次实践后，积累了很多学习笔记，对 XGBoost 也有了自己的理解，由此便萌生了将其整理成书的想法。这样既可以帮助更多的人快速了解和学习 XGBoost，使自己的学习所得发挥更大的价值，也可以在梳理所学知识的过程中进一步提升。

本书特色

本书是国内少有的系统、全面地介绍 XGBoost 技术原理的书籍，以通俗易懂的方式对 XGBoost 的原理和应用进行介绍，力求帮助读者深入理解 XGBoost。

（1）**讲授循次而进，符合初学者的认知规律**。本书首先介绍机器学习中的常用算法，帮助读者直观地理解算法的基本原理，打下良好的理论基础。然后由浅入深，鞭辟向里，带领读者深入探索机器学习前沿技术。

（2）**内容涵盖全面，重视理解深度**。本书不仅全面覆盖了决策树、Gradient Tree Boosting、目标函数近似、切分点查找算法等常见内容，还详细讲解了分布式实现、排序学习、模型解释性、DART 等内容。

（3）**案例实用丰富，帮助读者解决实际遇到的机器学习问题**。本书在每个算法讲解之后都配有相应的编程示例，不仅使读者理解算法原理，还有助于提升灵活运用算法的能力。

另外，本书可以作为算法开发人员手边的工具书，在学习和工作的过程中随时查阅参考。

读者对象

- 人工智能领域的算法工程师
- 人工智能领域的架构师
- 其他对机器学习感兴趣的人

如何阅读本书

本书共有 10 章，具体内容如下。

第 1 章介绍了何谓机器学习和机器学习中的一些基本概念，以及机器学习应用开发的步骤，并对集成学习的历史发展、XGBoost 的应用场景及其优良特性进行了概述。

第 2 章详细讲解了 Python 机器学习环境的搭建及常用开源工具包的安装和使用，并以一个简单的示例展示 XGBoost 的使用方法。

第 3 章讲述了常用机器学习算法的实现原理和应用，如线性回归、逻辑回归、决策树、神经网络、支持向量机等，使读者对机器学习算法有一个整体认知，同时了解如何在模型训练过程中进行优化、如何对模型结果进行评估。

第 4 章通过 scikit-learn 与 XGBoost 相结合，以实际的案例向读者说明如何通过 XGBoost 解决分类、回归、排序等问题，并介绍了 XGBoost 中常用功能的使用方法。

第 5 章深入介绍 XGBoost 的实现原理，包括 Boosting 算法思想、XGBoost 目标函数近似、切分点查找算法、排序学习、模型可解释性等内容，从理论上保证 XGBoost 的有效性，使读者深入理解 XGBoost。

第 6 章详细介绍了分布式 XGBoost 的实现原理，包括分布式机器学习框架 Rabit，XGBoost 在 Spark、Flink 平台的实现，GPU 版本的实现等。

第 7 章从源码的角度深入剖析了 XGBoost 中各个组件的实现原理，详细介绍了模型训练、预测、解析，以及不同目标函数和评估函数的实现过程。

第 8 章详细介绍了如何通过模型选择与优化提高模型的泛化能力，从偏差和方差的角度进行了解释，通过交叉验证和 Bootstrap 等方法来说明模型选择过程，并介绍了常用的超参数优化方法。

第 9 章通过实际案例分析，使读者能够深入理解 XGBoost 的特性并灵活运用，能够依据不同场景将 XGBoost 与其他模型融合，更好地解决实际问题。

第 10 章介绍了业界或学术界中树模型与其他模型融合的一些研究方法，包括 GBDT+LR，多层 GBDT 模型结构 mGBDT，树模型与深度学习、强化学习的融合等。

如果你是具有一定机器学习理论基础的从业者，可以跳过前 4 章的基础部分，直接从第 5 章开始阅读。如果你是一位机器学习的初学者，并打算在未来深入钻研这个方向，建议系统地阅读本书，并动手实践书中的所有实例。

勘误和支持

由于笔者水平有限，编写时间仓促，书中难免存在一些错误或表达不准确之处，恳请读者批评指正。如果你有更多的宝贵意见，可通过电子邮箱 xgbbook2019@163.com 联系我，期待得到你们的真挚反馈，让我们在技术之路上互勉共进。

感谢

感谢中国人民大学的杜小勇老师、陈晋川老师，是他们帮我打开了科研的大门，让我体会到钻研知识的乐趣。感谢滴滴出行的李粲、卓呈祥、杜龙志以及所有在工作中帮助过我的同事。感谢机械工业出版社华章公司的高婧雅编辑在本书写作过程中给予我的支持和帮助。

特别感谢本书的第一读者——我的爱人高阳，因为写作，我牺牲了很多陪伴她的时间，感谢她的支持和理解，也感谢她帮我进行文稿校对。感谢她一路的支持和陪伴。

何龙

目录

## 第 1 章

机器学习概述

本章首先介绍何谓机器学习，以及与机器学习相关的基本概念，这是学习和理解机器学习的基础。按照学习方式的不同，机器学习可以分为不同类型，如监督学习、无监督学习、强化学习等，1.1.2 节详细介绍了它们各自的特点和使用场景。其次，借助本章对机器学习应用开发步骤的详细说明，读者能够清晰地了解机器学习应用的开发流程。最后，1.2 节概述了集成学习，以及 XGBoost 如何被提出并在业界广泛应用。

1.1　何谓机器学习

近几年，机器学习可谓是业界最热门的领域之一，AlphaGo 以 4：1 的比分击败李世石，人工智能和机器学习一夜火遍世界各地。机器学习离我们并不遥远，甚至可以说已经渗透到我们生活的方方面面。例如，网上购物时，电商网站根据用户偏好为用户推荐商品；Siri 手机语音助手可查询天气、播放音乐；打车时，打车软件帮我们预估行程时间、规划行程路线；点外卖时，外卖 App 将订单分配给附近空闲的骑手等。这些无一不是通过机器学习技术来实现的。

机器学习领域知名学者 Tom M.Mitchell 曾给机器学习做如下定义：

如果计算机程序针对某类任务 T 的性能（用 P 来衡量）能通过经验 E 来自我改善，则认为关于 T 和 P，程序对 E 进行了学习。

通俗来讲，机器学习是计算机针对某一任务，从经验中学习，并且能越做越好的过程。一般情况下，"经验"都是以数据的方式存在的，计算机程序从这些数据中学习。学习的关键是模型算法，它可以学习已有的经验数据，用以预测未知数据。

在很多领域，仅仅靠人很难从诸多信息中将有效信息提取出来的。例如，我们想知道一个人是否会去购买某个电影的电影票。想要知道这个答案，最直接、有效的方法就是去问他本人，因为他本人的回答是与结果最接近的，也就是相关性最强的一个特征。假如我们并不认识这个人，或并没有条件直接与他本人沟通，那么还有另外一种思路——问他的朋友，他的朋友可能对他比较了解，知道他喜欢哪种类型的影片。但往往这个条件也不一定能达到，因为对于这样的需求场景，更多的可能是影院想知道他的顾客会不会购买某个电影的电影票。而影院所拥有的顾客信息通常是用户的性别、年龄、以往观影记录、消费记录等基本信息。对于普通人来说，通过这些原始数据预测该顾客未来的行为，很难给出一个比较准确的答案。此时便需要机器学习把无序的数据转换成有用的信息，从而解决相关问题。

机器学习横跨了多个学科，包括计算机科学、统计学等，而从事机器学习的人不仅需要扎实的计算机知识和数学知识，还需要对机器学习应用场景下的业务知识非常了解。因此，很多人觉得机器学习门槛很高，还没有开始学习就望而却步了。其实机器学习的入门并没有想象中那么难，当然也不意味着机器学习的技术含量低。机器学习的特点是：**入门门槛低，学习曲线陡**。很多人入门之后容易陷入一种瓶颈状态，很难有更高的突破，所以学习机器学习一定要有耐心和毅力。

学习机器学习所需的基础知识有以下几类：

1）数学：线性代数（矩阵变换）、高等数学；

2）概率分布、回归分析等统计学基础知识；

3）Python、NumPy、Pandas 等数据处理工具；

4）Hadoop、Spark 等分布式计算平台。

读者不要被上面所罗列的知识吓到，因为即使你不具备这些知识，也可以学习机器学习，在学习的过程中随用随查即可。当然，如果已经事先具备了这些知识，那你学习起来一定事半功倍。下面介绍机器学习相关的基本概念。

1.1.1　机器学习常用基本概念

假如我们有一批房屋特征数据，其中包括卧室数量、房屋面积等信息，如表 1-1 所示。

表 1-1　房屋特征数据表

ID	卧室数量	房屋面积（m²）	房价（万元）
1	2	77	165
2	3	100	190
3	2	90	180
4	3	122	269
5	3	136	295
6	4	173	405

其中，每一条记录称为样本，样本的集合称为一个数据集（data set）。类似卧室数量、房屋面积等列（不包括房价列）称为特征（feature）。房价是比较特殊的一列，它是我们需要预测的目标列。在已知的数据集中，目标列称为标签（label），它可以在模型学习过程中进行指导。并非所有的数据集均包含标签，是否包含标签决定了采用何种类型的机器学习方法（后续会对不同类型的机器学习方法进行介绍）。数据集一般可以分为训练集、验证集和测试集，三者是相互独立的。

- 训练集用于训练和确定模型参数；
- 验证集用于模型选择，帮助选出最好的模型；
- 测试集用于评估模型，测试模型用于新样本的能力（即泛化能力）。

如果机器学习任务的预测目标值是离散值，则称此类任务为分类任务。比如比较常见的垃圾邮件分类系统，类别只有垃圾邮件、非垃圾邮件两类，这是一个分类任务，并且是一个二分类任务（类别只有 2 种）。若类别有多种，则称这类任务为多分类任务。例如预测电影所属类型，其包括动作片、爱情片、喜剧片等多个类别。如果预测值是连续值，则称为回归任务，如表 1-1 中的预测房价。另外，还可以对数据进行聚类，即找到数据的内在结构，发现其中隐藏的规律。例如我们以前看过的电影，即使没有人告诉我们每部电影的类型，我们也可以自己归纳出哪些影片属于喜剧片、哪些属于动作片。

1.1.2　机器学习类型

按照学习方式的不同，可以将机器学习划分为几种类型：监督学习（supervised learning）、无监督学习（unsupervised learing）、半监督学习（semi-supervised learning）、强化学习（reinforcement learning）。

1）**监督学习**，顾名思义，即有"监督"的学习，这里的"监督"指的是输入的数据样本均包含一个明确的标签或输出结果（label），如前述购票预测系统中的"购票"与"未购票"，即监督学习知道需要预测的目标是什么。监督学习如同有一个监督员，监督员知道每个输入值对应的输出值是什么，在模型学习的过程中，监督员会时刻进行正确的指导。监督学习输入的数据称为训练数据。训练数据中的每个样本都由一个输入对象（特征）和一个期望的输出值（目标值）组成，监督学习的主要任务是寻找输入值与输出值之间的规律，例如预测房屋价格系统，输入值是房屋的面积、房间数量等，输出值是房屋价格。监督学习通过当前数据找出房屋面积、房间数量等输入值与房屋价格之间的内在规律，从而根据新的房屋样本的输入值预测房屋价格。

2）**无监督学习**，与监督学习相反，即无监督学习输入的数据样本不包含标签，只能在输入数据中找到其内在结构，发现数据中的隐藏模式。在实际应用中，并非所有的数据都是可标注的，有可能因为各种原因无法实现人工标注或标注成本太高，此时便可采用无监督学习。无监督学习最典型的例子是聚类。

3）**半监督学习**是一种介于监督学习和无监督学习之间的学习方式。半监督学习是训练数据中有少部分样本是被标记的，其他大部分样本并未被标记。半监督学习可以用来进行预测，模型需要先学习数据的内在结构，以便得到更好的预测效果。

4）**强化学习**是智能体（agent）采取不同的动作（action），通过与环境的交互不断获得奖励指导，从而最终获得最大的奖励。监督学习中数据标记的标签用于检验模型的对错，并不足以在交互的环境中学习。而在强化学习下，交互数据可以直接反馈到模型，模型可以根据需要立即做出调整。强化学习不同于无监督学习，因为无监督学习旨在学习未标记数据间的内在结构，而强化学习的目标是最大化奖励。

1.1.3　机器学习应用开发步骤

开发机器学习应用时，读者可以尝试不同的模型算法，采用不同的方法对数据进行处理，这个过程十分灵活，但也并非无章可循。本节会对机器学习应用开发中的经典步骤进行逐一介绍。

（1）定义问题

在开发机器学习应用之前，先要明确需要解决的是什么问题。在实际应用中，很多时候我们得到的并非是一个明确的机器学习任务，而只是一个需要解决的问题。首先要将实际问题转化为机器学习问题，例如解决公司员工不断收到垃圾邮件的问题，可以先对邮件进行分类，通过机器学习算法将垃圾邮件识别出来，然后对其进行过滤。由此，我们将一个过滤垃圾邮件的现实问题转化为了机器学习的二分类问题（判断是否是垃圾邮件）。

（2）数据采集

数据对于机器学习是至关重要的，数据采集是机器学习应用开发的基础。数据采集有很多种方法，最简单的就是人工收集数据，例如预测房屋价格，可以从和房屋相关的网站上获取数据、提取特征并进行标记（如果需要）。人工收集数据耗时较长且非常容易出错，所以通常是其他方法都无法实现时才会采用。除人工收集数据外，还可以通过网络爬虫从相关网站收集数据，从传感器收集实测数据（如压力传感器的压力数据），从某些 API 获取数据（如交易所的交易数据），从 App 或 Web 端收集数据等。对于某些领域，也可直接采用业界的公开数据集，从而节省时间和精力。

（3）数据清洗

通过数据采集得到的原始数据可能并不规范，需对数据进行清洗才能满足使用需求。例如，去掉数据集中的重复数据、噪声数据，修正错误数据等，最后将数据转换为需要的格式，以方便后续处理。

（4）特征选择与处理

特征选择是在原始特征中选出对模型有用的特征，去除数据集中与模型预测无太大关系的特征。通过分析数据，可以人工选择贡献较大的特征，也可以采用类似 PCA 等算法进行选择。此外，还要对特征进行相应处理，如对数值型特征进行标准化，对类别型特征进行one-hot 编码等。

（5）训练模型

特征数据准备完成后，即可根据具体任务选择合适的模型并进行训练。对于监督学习，一般会将数据集分为训练集和测试集，通过训练集训练模型参数，然后通过测试集测试模型精度。而无监督学习则不需对算法进行训练，而只需通过算法发现数据的内在结构，发现其中的隐藏模式即可。

（6）模型评估与调优

不管是监督学习还是无监督学习，模型训练完毕后都需要对模型结果进行评估。监督学习可采用测试集数据对模型算法精度进行评估。无监督学习也需采用相应的评估方法检验模型的准确性。若模型不满足要求，则需要对模型进行调整、训练、再评估，直至模型达到标准。

（7）模型使用

调优之后得到的最优模型一般会以文件的形式保存起来，以待应用时可直接加载使用。机器学习应用加载模型文件，将新样本的特征数据输入模型，由模型进行预测，得到最终预测结果。

1.2　集成学习发展与 XGBoost 提出

集成学习是目前机器学习领域最热门的研究方向之一，近年来许多机器学习竞赛的冠军均使用了集成学习，而 XGBoost 是集成学习中集大成者。

1.2.1　集成学习

集成学习的基本思想是把多个学习器通过一定方法进行组合，以达到最终效果的提升。虽然每个学习器对全局数据的预测精度不高，但在某一方面的预测精度可能比较高，俗话说"三个臭皮匠顶个诸葛亮"，将多个学习器进行组合，通过优势互补即可达到强学习器的效果。集成学习最早来自于 Valiant 提出的 PAC（Probably Approximately Correct）学习模型，该模型首次定义了弱学习和强学习的概念：识别准确率仅比随机猜测高一些的学习算法为**弱学习**

算法；识别准确率很高并能在多项式时间内完成的学习算法称为**强学习算法**。该模型提出给定任意的弱学习算法，能否将其提升为强学习算法的问题。1990 年，Schapire 对其进行了肯定的证明。这样一来，我们只需要先找到一个弱学习算法，再将其提升为强学习算法，而不用一开始就找强学习算法，因为强学习算法比弱学习算法更难找到。目前集成学习中最具代表性的方法是：Boosting、Bagging 和 Stacking。

1. Boosting

简单来讲，Boosting 会训练一系列的弱学习器，并将所有学习器的预测结果组合起来作为最终预测结果，在学习过程中，后期的学习器更关注先前学习器学习中的错误。1995 年，Freund 等人提出了 AdaBoost，成为了 Boosting 代表性的算法。AdaBoost 继承了 Boosting 的思想，并为每个弱学习器赋予不同的权值，将所有弱学习器的权重和作为预测的结果，达到强学习器的效果。Gradient Boosting 是 Boosting 思想的另外一种实现方法，由 Friedman 于 1999 年提出。与 AdaBoost 类似，Gradient Boosting 也是将弱学习器通过一定方法的融合，提升为强学习器。与 AdaBoost 不同的是，它将损失函数梯度下降的方向作为优化的目标，新的学习器建立在之前学习器损失函数梯度下降的方向，代表算法有 GBDT、XGBoost（XGBoost 会在 1.2.2 节详细介绍）等。一般认为，Boosting 可以有效提高模型的准确性，但各个学习器之间只能串行生成，时间开销较大。

2. Bagging

Bagging（Bootstrap Aggregating）对数据集进行有放回采样，得到多个数据集的随机采样子集，用这些随机子集分别对多个学习器进行训练（对于分类任务，采用简单投票法；对于回归任务采用简单平均法），从而得到最终预测结果。随机森林是 Bagging 最具代表性的应用，将 Bagging 的思想应用于决策树，并进行了一定的扩展。一般情况下，Bagging 模型的精度要比 Boosting 低，但其各学习器可并行进行训练，节省大量时间开销。

3. Stacking

Stacking 的思想是通过训练集训练好所有的基模型，然后用基模型的预测结果生成一个新的数据，作为组合器模型的输入，用以训练组合器模型，最终得到预测结果。组合器模型通常采用逻辑回归。

下面我们来具体了解下本书的主题——XGBoost。

1.2.2 XGBoost

XGBoost（Extreme Gradient Boosting）由华盛顿大学的陈天奇博士提出，最开始作为分布式（深度）机器学习研究社区（DMLC）小组的研究项目之一⊖。后因在希格斯（Higgs）机器学习挑战赛中大放异彩，被业界所熟知，在数据科学应用中广泛应用。目前，一些主流的互联网公司如腾讯、阿里巴巴等都已将 XGBoost 应用到其业务中，在各种数据科学竞赛中，XGBoost 也成为竞赛者们夺冠的利器。XGBoost 在推荐、搜索排序、用户行为预测、点击率预测、产品分类等问题上取得了良好的效果。虽然这些年神经网络（尤其是深度神经网络）变得越来越流行，但 XGBoost 仍旧在训练样本有限、训练时间短、调参知识缺乏的场景下具有独特的优势。相比深度神经网络，XGBoost 能够更好地处理表格数据，并具有更强的可解释性，另外具有易于调参、输入数据不变性等优势。

XGBoost 是 Gradient Boosting 的实现，相比其他实现方法，XGBoost 做了很多优化，在模型训练速度和精度上都有明显提升，其优良特性如下。

1）将正则项加入目标函数中，控制模型的复杂度，防止过拟合。

2）对目标函数进行二阶泰勒展开，同时用到了一阶导数和二阶导数。

3）实现了可并行的近似直方图算法。

4）实现了缩减和列采样（借鉴了 GBDT 和随机森林）。

5）实现了快速直方图算法，引入了基于 loss-guide 的树构建方法（借鉴了 LightGBM）。

6）实现了求解带权值的分位数近似算法（weighted quantile sketch）。

7）可根据样本自动学习缺失值的分裂方向，进行缺失值处理。

8）数据预先排序，并以块（block）的形式保存，有利于并行计算。

9）采用缓存感知访问、外存块计算等方式提高数据访问和计算效率。

10）基于 Rabit 实现分布式计算，并集成于主流大数据平台中。

11）除 CART 作为基分类器外，XGBoost 还支持线性分类器及 LambdaMART 排序模型等算法。

12）实现了 DART，引入 Dropout 技术。

目前已经有越来越多的开发人员为 XGBoost 开源社区做出了贡献。XGBoost 实现了多种语言的包，如 Python、Scala、Java 等。Python 用户可将 XGBoost 与 scikit-learn 集成，实现更为高效的机器学习应用。另外，XGBoost 集成到了 Spark、Flink 等主流大数据平台中。

1.3 小结

本章主要阐明了何谓机器学习以及机器学习中的一些基本概念，介绍了机器学习划分的

⊖ 参见 https://en.wikipedia.org/wiki/XGBoost。

类型，包括监督学习、无监督学习、半监督学习、强化学习。另外，将机器学习应用开发步骤归纳为定义问题、数据采集、数据清洗、特征选择与处理、训练模型、模型评估与调优、模型使用 7 个步骤，使读者对机器学习开发有一个整体认识。1.2 节介绍了集成学习中比较具有代表性的方法，如 Boosting、Bagging 等。而 XGBoost 是集成学习中的佼佼者，本章对 XGBoost 的历史演化、应用场景及其优良特性进行了阐述，为后续的进一步学习打下基础。

## 第 2 章

XGBoost 骊珠初探

　　XGBoost 支持多种语言，如 Python、Java、Scala 等，其中 Python 版本最为常用，本章也将以该版本为例介绍 XGBoost。本章首先在 2.1 节介绍如何搭建 Python 机器学习环境，以及常用的 Python 开源工具包，如交互式编辑器 Jupyter，及用于向量、矩阵复杂科学计算的 NumPy 等，这些工具在数据分析、特征处理、可视化等方面不可或缺。2.2 节将介绍在不同环境下安装 XGBoost 的方法，包括不同操作系统环境下的安装、通过源码编译安装等。本章最后以一个 "蘑菇是否有毒" 的二分类任务作为示例，更为直观地展示通过 Python 工具包和 XGBoost 来解决机器学习问题的过程。

2.1　搭建 Python 机器学习环境

　　Python 是一种解释型、面向对象、动态数据类型的高级程序设计语言，可以运行在 Windows、Mac 和 Linux/UNIX 系统上。这里强烈推荐 Anaconda，它是一个开源的 Python 发行版本，集成了科学计算、数学和工程所需的几乎所有常用的 Python 工具包，用户无须再一一安装，使用十分方便，安装方法可参考 Anaconda 安装指南⊖。

　　除了 Anaconda 之外，读者也可以通过 Python 的包管理工具 pip 安装第三方包。如果已经安装了 Python（本书版本 2.7.12）和 pip（本书版本 10.0.1），则可通过如下命令安装 Python 包：

```
pip install SomePackage
```

本书主要用到的 Python 工具包及版本号如下。

　　⊖　参见 https://docs.anaconda.com/anaconda/install/。

- Jupyter Notebook（版本 4.2.0）：一个交互式笔记本，支持实时代码、数学方程和可视化。
- NumPy（版本 1.11.3）：一个用 Python 实现的科学计算包，适用于向量、矩阵等复杂科学计算。
- Pandas（版本 0.18.1）：基于 NumPy，用于数据快速处理和分析。
- Matplotlib（版本 1.5.3）：一个 Python 的 2D 绘图库。
- scikit-learn（版本 0.19.1）：基于 NumPy 和 Scipy 的一个常用机器学习算法库，包含大量经典机器学习模型。

为保证本书中的代码可正确运行，请确认已安装的软件包版本号大于或等于上述版本。读者可通过下列命令安装上述指定版本的 Python 包：

```
pip install jupyter==4.2.0
pip install numpy==1.11.3
pip install pandas==0.18.1
pip install matplotlib==1.5.3
pip install sklearn==0.19.1
```

2.1.1　Jupyter Notebook

Jupyter Notebook 是基于浏览器的图形界面，支持 IPython Shell，具有丰富的显示功能，除了可以执行 Python 语句之外，还支持格式化文本、静态和动态可视化、数学方程等。另外，Jupyter 文档也允许其他人打开，在自己的系统上执行代码并保存。

虽然 Jupyter Notebook 是通过浏览器访问的，但在访问之前需要先启动 Jupyter Notebook，启动命令如下：

```
jupyter notebook
```

启动后，会看到类似下面的日志信息：

```
https://jupyter.readthedocs.io/en/latest/running.html#running
  $ jupyter notebook
  [I 16:53:17.122 NotebookApp] Serving notebooks from local directory: /Users/xgb
  [I 16:53:17.122 NotebookApp] 0 active kernels
  [I 16:53:17.122 NotebookApp] The Jupyter Notebook is running at: http://
localhost:8888/
  [I 16:53:17.122 NotebookApp] Use Control-C to stop this server and shut down
all kernels (twice to skip confirmation).
```

其中，http://localhost:8888/ 为 Jupyter Notebook 应用访问的 URL。打开该 URL 便可以看到 Jupyter Notebook 面板，如图 2-1 所示。

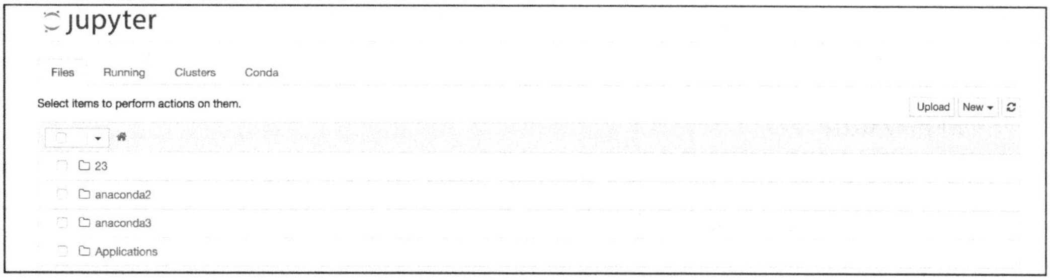

图 2-1　Jupyter-Notebook 面板

可以看到，该面板显示了当前启动目录包含的文件及子目录，通常当前启动目录即为 Jupyter Notebook 程序的主目录。

如果想新建一个 Notebook，只需要单击 New 下拉按钮，选择希望启动的 Notebook 类型即可，如图 2-2 所示。

也可以单击列表中 Notebook 的名称，打开现有 Notebook。每个 Notebook 由多个单元格组成，用户可以在单元格内执行代码，如图 2-3 所示。

按 Shift + Enter 组合键之后，即可执行代码，执行结果如图 2-4 所示。

图 2-2　新建 Notebook

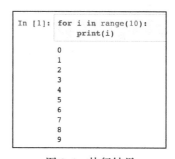

图 2-3　要执行的代码

图 2-4　执行结果

此外，Jupyter Notebook 还有许多其他非常实用的特性，可参考 Jupyter 官方文档⊖。

2.1.2　NumPy

NumPy 是 Python 用于科学计算的开源工具包，提供了高效的接口来存储和操作密集数据缓冲区。在某种程度上，NumPy 数组就像 Python 的内置列表，但 NumPy 数组提供了更为

⊖　参见 https://jupyter.readthedocs.io/en/latest/index.html。

高效的存储和数据操作。NumPy 提供了强大的 N 维数组对象 Array、较为成熟的（广播）函数库及线性代数、傅里叶变换和随机数等功能。下面对 NumPy 的基本操作进行介绍。

1. NumPy 数组

NumPy 数组包含相同类型的元素，和标准 Python 类库中的 array.array 不同，后者只提供一维数组及少量功能，而 NumPy 数组包含很多重要属性。首先定义一个 NumPy 数组，代码如下：

```
In [1]:
import numpy as np
a = np.arange(10).reshape(2, 5)
print a
Out [1]:
[[0 1 2 3 4]
[5 6 7 8 9]]
```

NumPy 数组创建完成后，可以通过 ndim、shape 和 size 查看数组维度、每一维的大小及数组总大小，代码如下：

```
In [2]:
a.ndim
Out [2]:
2
```

其中，通过 shape 输出的结果是一个整型元组，表示每一维的大小。例如，对于一个具有 n 行 m 列的矩阵，其 shape 输出为（n, m）。Numpy 数组另外一个比较实用的属性是 dtype，用于显示数组元素的数据类型，示例如下：

```
In [3]:
a.dtype
Out [3]:
dtype('int64')
```

NumPy 数组也可以是多维数组，其中维度称为轴（axis），以下面数组为例：

$$[[1,2],$$
$$[2,3],$$
$$[3,4]]$$

其总共包含两维，第一维长度为 3，第二维长度为 2。

2. 基本操作

（1）矩阵运算

可以将数学运算符直接应用于 NumPy 数组，从而产生一个新的数组。例如，对两个数组进行加、减、乘、除运算，即对应位置的元素进行相加、相减、相乘、相除，得到一个新的数组。代码如下：

```
In [4]:
# 加法
a = np.array([1,2,3,4,5])
b = a + 2
print b
Out [4]:
[3 4 5 6 7]
In [5]:
# b数组求立方
b ** 3
Out [5]:
array([ 27,  64, 125, 216, 343])
In [6]:
# 矩阵加法
a = np.array([[1,2],
              [3,4]])
b = np.array([[1,2],
              [2,1]])
a + b
Out [6]:
array([[2, 4],
       [5, 5]])
In [7]:
# 矩阵减法
a - b
Out [7]:
array([[0, 0],
       [1, 3]])
```

值得注意的是，在 NumPy 中，乘积符号"*"代表矩阵中对应元素相乘，而非矩阵乘积。矩阵乘积可以用 dot() 函数来实现，代码如下：

```
In [8]:
# 矩阵对应元素相乘
a * b
Out [8]:
array([[1, 4],
       [6, 4]])
In [9]:
# 矩阵乘法
np.dot(a, b)
Out [9]:
array([[ 5,  4]
       [11, 10]])
```

（2）数组索引与切片

NumPy 支持强大的数组索引和切片功能，代码如下：

```
In [10]:
# 随机生成一维数组
# low、high分别表示随机整数的下界和上界，size表示数组大小
a = np.random.randint(low=1, high=20, size=5)
a
Out [10]:
array([12, 10, 14,  6,  9])
In [11]:
# 获取一维数组a中索引为2~3的元素
a[2:4]
Out [11]:
array([14,  6])
In [12]:
# 随机生成二维数组
a = np.random.randint(low=1, high=20, size=(5,5))
a
Out [12]:
array([[16,  2, 16,  8,  6],
       [11, 18,  5,  4, 19],
       [ 7, 19,  2, 10, 16],
       [14,  7, 17, 18,  3],
       [ 6,  4, 18, 18,  3]])
In [13]:
# 第2~4行中的第2列元素（此处行列均为索引）
a[2:5, 2]
Out [13]:
array([ 2, 17, 18])
In [14]:
# a中的1~2行，输出所有列
a[1:3, ]
Out [14]:
array([[11, 18,  5,  4, 19],
       [ 7, 19,  2, 10, 16]])
In [15]:
# 对a中1~3行、2~3列进行切片并赋值给b
b = a[1:4, 2:4]
b
Out [15]:
array([[ 5,  4],
       [ 2, 10],
       [17, 18]])
```

另外，还可以通过 reshape() 函数改变数组形状。

```
In [16]:
# 改变数组形状
a = np.random.randint(low=1, high=20, size=9)
a
Out [16]:
array([19,  8,  4, 17,  6, 16, 15,  2, 15])
In [17]:
a.reshape(3,3)
a
Out [17]:
array([[19,  8,  4],
       [17,  6, 16],
       [15,  2, 15]])
```

（3）矩阵拼接

通过 NumPy 可以方便地实现多个矩阵之间的拼接，代码如下：

```
In [18]:
a = np.random.randint(low=1, high=20, size=(3,3))
a
Out [18]:
array([[11,  1,  1],
       [10,  4,  8],
       [ 6,  4,  5]])
In [19]:
b = np.random.randint(low=1, high=20, size=(3,3))
b
Out [19]:
array([[19, 10, 19],
       [16,  6,  6],
       [14, 18, 15]])
In [20]:
# 垂直拼接
np.vstack((a,b))
Out [20]:
array([[11,  1,  1],
       [10,  4,  8],
       [ 6,  4,  5],
       [19, 10, 19],
       [16,  6,  6],
       [14, 18, 15]])
In [21]:
# 水平拼接
np.hstack((a,b))
Out [21]:
array([[11,  1,  1, 19, 10, 19],
```

```
        [10,   4,   8,  16,   6,   6],
        [ 6,   4,   5,  14,  18,  15]])
```

（4）统计运算

对于数组元素的统计运算，NumPy 提供了十分便利的方法，既可以通过 a.min() 直接统计数组 a 中最小元素，也可以通过 np.mean(a, axis = 0) 来对某一维度进行统计。下面介绍 NumPy 中常用的几种统计运算。

```
In [22]:
a = np.random.randint(low=1, high=20, size=(2,3))
a
Out [22]:
array([[ 1  9  3],
       [11  7  8]])
In [23]:
# 最小值
a.min()
Out [23]:
1
In [24]:
# 最大值
a.max()
Out [24]:
11
In [25]:
# 求和
a.sum()
Out [25]:
39
In [26]:
# 平均值
a.mean()
Out [26]:
6.5
In [27]:
# 标准差
a.std()
Out [27]:
3.4520525295346629
In [28]:
# 每列最大值
np.amax(a, axis = 0)
Out [28]:
array([11,  9,  8])
In [29]:
```

```
# 每行最小值
np.amin(a, axis = 1)
Out [29]:
array([1, 7])
In [30]:
# 每行标准差
np.std(a, axis = 1)
Out [30]:
array([ 3.39934634,  1.69967317])
In [31]:
# 每列方差
np.var(a, axis = 0)
Out [31]:
array([ 25.  ,   1.  ,   6.25])
```

（5）数组排序

NumPy 可以按任意维度对数组进行排序，支持 3 种不同的排序方法：快速排序（quicksort）、归并排序（mergesort）和堆排序（heapsort），可以通过参数指定不同的排序方法，若不指定，则默认使用快速排序。此外，NumPy 还支持按照某种属性进行排序。

```
In [32]:
# 生成矩阵
a = np.random.randint(low=1, high=20, size=(3,3))
a
Out [32]:
array([[10, 18,  1],
       [10,  5,  5],
       [ 2, 18,  2]])
In [33]:
#  默认按行进行排序
np.sort(a)
Out [33]:
array([[ 1, 10, 18],
       [ 5,  5, 10],
       [ 2,  2, 18]])
In [34]:
# 按列排序
np.sort(a, axis=0)
Out [34]:
array([[ 2,  5,  1],
       [10, 18,  2],
       [10, 18,  5]])
In [35]:
# 现有3列属性，分别为id、salary和age
schema = [('id', int), ('salary', int), ('age', int)]
# 3条记录
```

```
records = [(1, 3000, 21), (2, 5000, 30),
(3, 8000, 38)]
# 创建NumPy数组
a = np.array(records, dtype=schema)
# 将数组按照salary进行排序
np.sort(a, order='salary')
Out [35]:
array([(1, 3000, 21), (2, 5000, 30), (3, 8000, 38)],
      dtype=[('id', '<i8'), ('salary', '<i8'), ('age', '<i8')])
```

本节主要介绍了 NumPy 的常用基础功能，使读者对 NumPy 有初步的了解。若想学习更多 NumPy 的使用技巧，可参考 NumPy 官方文档[⊖]。

2.1.3 Pandas

Pandas 是一个基于 NumPy 的开源软件包，可以方便快捷地进行数据处理和数据分析。Pandas 功能十分强大，它集成了大量的库和数据模型，提供了很多数据操作的方法，基本可以满足绝大多数实际应用中的数据处理和分析需求。

Pandas 主要实现了两个数据结构：Series 和 DataFrame。Series 是一维数组，类似于 NumPy 中的一维数组，能够保存任何数据类型（如整型、字符串、浮点数和 Python 对象等）。Series 中的数据通过索引进行标记，从而可以方便、高效地通过索引访问数据。DataFrame 是一个二维数据结构，不同的列可以存放不同类型的数据，有点类似数据库中的表。此外，Pandas 还提供了数据库用户都比较熟悉的数据操作方法。通过如下代码可引入 Pandas 包：

```
import pandas as pd
```

1. Series 和 DataFrame 基本操作

Series 由一组数据及其相应的索引组成，可以通过如下方式创建：

```
In [36]:
import pandas as pd
s = pd.Series([1, 2, 3, 4, 5], index=['a', 'b', 'c', 'd', 'e'])
s
Out [36]:
a    1
b    2
c    3
```

⊖ 参见 https://www.numpy.org/devdocs/user/index.html。

```
d    4
e    5
dtype: int64
```

也可通过 Python 中的 dict 来创建，如下：

```
In [37]:
records = {'a': 1, 'b': 2, 'c': 3, 'd': 4, 'e': 5}
s = pd.Series(records)
s
Out [37]:
a    1
b    2
c    3
d    4
e    5
dtype: int64
```

Series 也可以像 NumPy 数组一样支持强大的索引和切片功能，代码如下：

```
In [38]:
s[1:3]
Out [38]:
b    2
c    3
dtype: int64
In [39]:
s[(s > 1) & (s < 5)]
Out [39]:
b    2
c    3
d    4
dtype: int64
In [40]:
s[s > s.median()]
Out [40]:
d    4
e    5
dtype: int64
In [41]:
s['c']
Out [41]:
3
```

DataFrame 是 Pandas 中最常用的数据结构，它可以包含多个列，每一列可以是不同的数据类型，可将其看作电子表格、SQL 表或 Series 对象的字典。通过如下方式创建 DataFrame：

```
In [42]:
data = {'a':[1,2,3,4],
        'b':[5,6,7,8],
        'c':[9,10,11,12]
}
df = pd.DataFrame(data)
df
Out [42]:
```

	a	b	c
0	1	5	9
1	2	6	10
2	3	7	11
3	4	8	12

默认行索引是从 0 开始的正整数，也可以指定行索引:

```
In [43]:
df1 = pd.DataFrame(data,columns = ['a','b','c'],index = [11, 12, 13, 14])
df1
Out [43]:
```

	a	b	c
11	1	5	9
12	2	6	10
13	3	7	11
14	4	8	12

然后即可通过行索引对数据进行选取:

```
In [44]:
df1.loc[12]
Out [44]:
a     2
b     6
c    10
Name: 12, dtype: int64
In [45]:
df1.iloc[2]
Out [45]:
a     3
b     7
c    11
Name: 13, dtype: int64
```

也可以采用类似 dict 的方式按列选取、设置和删除数据:

```
In [46]:
df1['c']
Out [46]:
11      9
12     10
13     11
14     12
Name: c, dtype: int64
In [47]:
df1['c'] = df1['c'] + 1
df1['c']
Out [47]:
11     10
12     11
13     12
14     13
Name: c, dtype: int64
In [48]:
del df1['c']
df1
Out [48]:
```

	a	b	c
11	1	5	9
12	2	6	10
13	3	7	11
14	4	8	12

上述按列选取也可以通过 df1.c 来实现，结果是一样的。另外，还可以通过布尔值选取，例如：

```
In [49]:
# 选取df1中a属性大于2的记录
df1[df1['a'] > 2]
Out [49]:
```

	a	b	c
13	3	7	11
14	4	8	12

2. 算术运算和数据对齐

Pandas 中的 DataFrame 支持丰富的算术运算，代码如下：

```
In [50]:
df = pd.DataFrame(np.random.randint(low=1, high=10, size=(3,3)), columns=['a',
                  'b', 'c'])
```

```
df
```
Out [50]:

	a	b	c
0	4	1	1
1	7	4	1
2	6	5	8

In [51]:
```
# DataFrame中的元素均乘2
df = df * 2
df
```
Out [51]:

	a	b	c
0	8	2	2
1	14	8	2
2	12	10	16

In [52]:
```
# 对DataFrame中的元素取平方
df = df ** 2
df
```
Out [52]:

	a	b	c
0	64	4	4
1	196	64	4
2	144	100	256

另外，NumPy 中的一些函数也可直接应用于 DataFrame，如 exp、log 等，代码如下：

In [53]:
```
# 求以e为底的指数
np.exp(df)
```
Out [53]:

	a	b	c
0	6.235149e+27	5.459815e+01	5.459815e+01
1	1.323483e+85	6.235149e+27	5.459815e+01
2	3.454661e+62	2.688117e+43	1.511428e+111

In [54]:
```
# 求以e为底的对数
np.log (df)
```
Out [54]:

	a	b	c
0	4.158883	1.386294	1.386294
1	5.278115	4.158883	1.386294
2	4.969813	4.605170	5.545177

除了单个 DataFrame 的运算之外，Pandas 也支持多个 DataFrame 之间的算术运算：

```
In [55]:
df1 = pd.DataFrame(np.random.randint(low=1, high=10, size=(3,3)), columns=['a',
                   'b', 'c'])
df2 = pd.DataFrame(np.random.randint(low=1, high=10, size=(3,3)), columns=['a',
                   'b', 'c'])
df1
Out [55]:
```

	a	b	c
0	4	9	5
1	6	5	3
2	7	7	1

```
In [56]:
df2
Out [56]:
```

	a	b	c
0	6	1	9
1	6	4	1
2	2	9	3

```
In [57]:
df1 + df2 * 2
Out [57]:
```

	a	b	c
0	16	11	23
1	18	13	5
2	11	25	7

```
In [58]:
(df1 + df2) / df1
Out [58]:
```

	a	b	c
0	2.500000	1.111111	2.800000
1	2.000000	1.800000	1.333333
2	1.285714	2.285714	4.000000

此外，Pandas 可以根据索引实现数据自动对齐，索引不重合的部分被置为 NaN，代码如下：

```
In [59]:
df1 = pd.DataFrame(np.random.randint(low=1, high=10, size=(3,4)), columns=['a',
                   'b', 'c', 'd'])
df2 = pd.DataFrame(np.random.randint(low=1, high=10, size=(4,5)), columns=['a',
                   'b', 'c', 'd', 'e'])
df1
Out [59]:
```

	a	b	c	d
0	5	9	7	8
1	2	3	4	1
2	8	3	9	8

```
In [60]:
df2
Out [60]:
```

	a	b	c	d	e
0	1	8	9	6	9
1	6	3	9	5	8
2	1	3	9	3	8
3	6	8	1	5	8

```
In [61]:
df1 + df2
Out [61]:
```

	a	b	c	d	e
0	6.0	17.0	16.0	14.0	NaN
1	8.0	6.0	13.0	6.0	NaN
2	9.0	6.0	18.0	11.0	NaN
3	NaN	NaN	NaN	NaN	NaN

3. 统计与汇总数据

Pandas 中的对象包含许多统计和汇总数据的方法，大多是聚合函数，如 sum()、mean() 等，如下所示：

```
In [62]:
df = pd.DataFrame(np.random.randint(low=1, high=10, size=(3,4)), columns=['a',
                   'b', 'c', 'd'])
df
Out [62]:
```

	a	b	c	d
0	5	5	9	6
1	1	9	8	1
2	4	3	3	3

```
In [63]:
# sum方法不指定参数，默认按列求和
df.sum()
Out [63]:
a    10
b    17
c    20
d    10
dtype: int64
In [64]:
# 按列求均值
df.mean(0)
Out [64]:
a    3.333333
b    5.666667
c    6.666667
d    3.333333
dtype: float64

In [65]:
# 按行求均值
df.mean(1)
Out [65]:
0    6.25
1    4.75
2    3.25
dtype: float64
```

也可以直接通过 describe() 函数计算各种统计信息：

```
In [66]:
df.describe()
Out [66]:
```

	a	b	c	d
count	3.000000	3.000000	3.000000	3.000000
mean	3.333333	5.666667	6.666667	3.333333
std	2.081666	3.055050	3.214550	2.516611
min	1.000000	3.000000	3.000000	1.000000
25%	2.500000	4.000000	5.500000	2.000000
50%	4.000000	5.000000	8.000000	3.000000
75%	4.500000	7.000000	8.500000	4.500000
max	5.000000	9.000000	9.000000	6.000000

4. 数据排序

Pandas 支持多种方式的排序，如按索引排序、按值排序等。通过 sort_index() 方法可实现按索引级别对 Pandas 对象（如 Series、DataFrame 等）进行排序。

```
In [67]:
df = pd.DataFrame(np.random.randint(low=1, high=10, size=(3,4)), columns=['b',
                  'c', 'a', 'd'], index = ['one', 'two', 'three'])
df
Out [67]:
```

	b	c	a	d
one	6	4	2	8
two	5	3	9	3
three	8	5	7	4

```
In [68]:
# 按行索引排序
df.sort_index()
Out [68]:
```

	b	c	a	d
one	6	4	2	8
three	8	5	7	4
two	5	3	9	3

```
In [69]:
# 按列索引排序
df.sort_index(axis=1)
Out [69]:
```

	a	b	c	d
one	2	6	4	8
two	9	5	3	3
three	7	8	5	4

通过 sort_values() 方法可实现 Pandas 对象按值排序。Series 通过 sort_values() 方法对对象内的值进行排序，DataFrame 通过该方法按列或行对 DataFrame 进行排序。

```
In [70]:
df = pd.DataFrame(np.random.randint(low=1, high=10, size=(3,4)), columns=['b',
'c', 'a', 'd'], index = ['one', 'two', 'three'])
df
Out [70]:
```

	b	c	a	d
one	1	7	8	5
two	4	6	1	2
three	2	3	3	3

```
In [71]:
df.sort_values(by='c')
Out [71]:
```

	b	c	a	d
three	2	3	3	3
two	4	6	1	2
one	1	7	8	5

5. 函数应用

Pandas 支持通过 apply() 方法将自定义函数应用到 DataFrame 的行和列上：

```
In [72]:
df = pd.DataFrame(np.random.randint(low=1, high=10, size=(3,4)), columns=['b',
                  'c', 'a', 'd'], index = ['one', 'two', 'three'])
df
Out [72]:
```

	b	c	a	d
one	2	7	5	3
two	2	5	3	4
three	3	9	9	4

```
In [73]:
func = lambda x:x.max() - x.min()
df.apply(func)
Out [73]:
b    1
c    4
a    6
d    1
dtype: int64
```

也可以采用下面形式：

```
In [74]:
def func1(df, a, b=1):
    return (df.max() - df.min() + a) * b
df.apply(func1, args=(2,), b=2)
Out [74]:
```

```
b    6
c    12
a    16
d    6
dtype: int64
```

6. 缺省值处理

在数据分析中，数据缺省的情况经常出现，在 Pandas 中以 NaN 表示数据缺省。Pandas 提供了多种缺省值处理函数，可以通过 isnull()、notnull() 来判断数据是否缺省，这两个函数的返回值均为一个包含布尔值的对象，布尔值表示该元素是否为缺省。isnull() 函数的返回值 True 表示缺省值，False 表示非缺省值，notnull() 函数则相反。

```
In [75]:
series = pd.Series([1, 2, 3, np.nan, 5])
series.isnull()
Out [75]:
0    False
1    False
2    False
3    True
4    False
dtype: bool
In [76]:
series.notnull()
Out [76]:
0    True
1    True
2    True
3    False
4    True
dtype: bool
In [77]:
df = pd.DataFrame([[1, 2, 3], [4, np.nan, 6], [np.nan, 8, 9]])
df
Out [77]:
```

	0	1	2
0	1.0	2.0	3
1	4.0	NaN	6
2	NaN	8.0	9

```
In [78]:
df.isnull()
Out [78]:
```

	0	1	2
0	False	False	False
1	False	True	False
2	True	False	False

```
In [79]:
df.notnull()
Out [79]:
```

	0	1	2
0	True	True	True
1	True	False	True
2	False	True	True

可通过 dropna() 方法丢弃包含缺省值的行或列，默认丢弃含有缺省值的行，也可通过指定参数只丢弃全为缺省值的行或列：

```
In [80]:
# 丢弃包含缺省值的行
df.dropna()
Out [80]:
```

	0	1	2
0	1.0	2.0	3

```
In [81]:
# 丢弃所有字段均为缺省值的行
df.dropna(how='all')
Out [81]:
```

	0	1	2
0	1.0	2.0	3
1	4.0	NaN	6
2	NaN	8.0	9

也可对缺省值进行填充处理：

```
In [82]:
df.fillna(0)
Out [82]:
```

	0	1	2
0	1.0	2.0	3
1	4.0	0.0	6
2	0.0	8.0	9

7. 时间序列

实际应用中经常需要对时间进行一系列处理，Pandas 包含了许多关于时间序列的工具，使其非常适于处理时间序列。

```
In [83]:
time = pd.Series(np.random.randn(8),
                 index =pd.date_range('2018-06-01', periods = 8))
time
Out [83]:
2018-06-01    1.187882
2018-06-02    0.667788
2018-06-03   -1.098277
2018-06-04   -0.363420
2018-06-05   -0.257057
2018-06-06    0.543445
2018-06-07    2.671669
2018-06-08   -0.101492
Freq: D, dtype: float64
```

对于时间序列的数据，可灵活地通过时间范围对数据进行切片索引：

```
In [84]:
time['2018-06-03']
Out [84]:
-1.0982767096049197
In [85]:
time['2018/06/03']
Out [85]:
-1.0982767096049197
In [86]:
time['2018-06-03':'2018-06-06']
Out [86]:
2018-06-03   -1.098277
2018-06-04   -0.363420
2018-06-05   -0.257057
2018-06-06    0.543445
Freq: D, dtype: float64
In [87]:
time['2018-06']
Out [87]:
2018-06-01    1.187882
2018-06-02    0.667788
2018-06-03   -1.098277
2018-06-04   -0.363420
2018-06-05   -0.257057
2018-06-06    0.543445
```

```
2018-06-07    2.671669
2018-06-08    -0.101492
Freq: D, dtype: float64
```

对于带有重复索引的时间序列，可以通过 groupby() 对数据进行聚合：

```
In [88]:
dates = pd.DatetimeIndex(['2018-06-06','2018-06-07',
                          '2018-06-07','2018-06-07',
                          '2018-06-08','2018-06-09'])
time = pd.Series(np.arange(6),index = dates)
time
Out [88]:
2018-06-06    0
2018-06-07    1
2018-06-07    2
2018-06-07    3
2018-06-08    4
2018-06-09    5
dtype: int64
In [89]:
time.groupby(level=0).sum()
Out [89]:
2018-06-06    0
2018-06-07    6
2018-06-08    4
2018-06-09    5
dtype: int64
```

8. 数据存取

Pandas 支持多种文件形式的数据存储与读取，如 csv、json、excel、parquet 等。

```
In [90]:
df = pd.DataFrame(np.random.randint(low=1, high=10, size=(3,4)), columns=['b',
                  'c', 'a', 'd'])
df
Out [90]:
```

	b	c	a	d
0	1	9	7	8
1	3	1	4	5
2	4	1	4	2

```
In [91]:
# 保存为CSV文件
df.to_csv("data.csv", index=False)
```

```
In [92]:
# 读取CSV文件
df_csv = pd.read_csv("data.csv")
df_csv
Out [92]:
```

	b	c	a	d
0	1	9	7	8
1	3	1	4	5
2	4	1	4	2

```
In [93]:
# 保存为JSON文件
df.to_json("data.json")
# 读取JSON文件
df_json = pd.read_json("data.json")
df_json
Out [93]:
```

	a	b	c	d
0	7	1	9	8
1	4	3	1	5
2	4	4	1	2

2.1.4　Matplotlib

Matplotlib 是一个强大的 Python 数据可视化库，可以方便地创建多种类型的图表。Matplotlib 十分适用于交互式制图，也可以将其作为制图空间，嵌入 GUI 应用程序中。

1. 导入 Matplotlib

和 NumPy、Pandas 类似，可通过如下语句载入 Matplotlib 库：

```
import matplotlib.pyplot as plt
```

下面是一个简单的折线图绘制示例。

```
In [94]:
import numpy as np
import matplotlib.pyplot as plt
x = np.array([1,2,3,4,5,6])
y = np.array([1,5,4,6,10,6])
# plot中参数x、y分别为横、纵坐标数据，b表示折线颜色为蓝色
plt.plot(x,y,'b')
plt.show()
```

输出结果如图 2-5 所示。

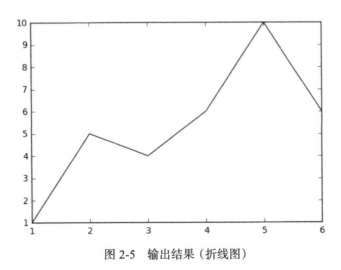

图 2-5　输出结果（折线图）

2. 设置坐标轴

创建一个简单的折线图后，下面介绍如何设置坐标轴。

```
In [95]:
x = np.array([1,2,3,4,5,6])
y = x*3 +1

plt.plot(x, y)

# 设置x轴、y轴显示的范围
plt.xlim((3, 6))
plt.ylim((5, 35))

# 设置x轴、y轴的标签
plt.xlabel('x')
plt.ylabel('y')

# 设置x轴、y轴的刻度
plt.xticks([3, 3.5, 4, 4.5, 5, 5.5, 6])
plt.yticks([10, 15, 20, 25, 30, 35])
plt.show()
```

输出结果如图 2-6 所示。

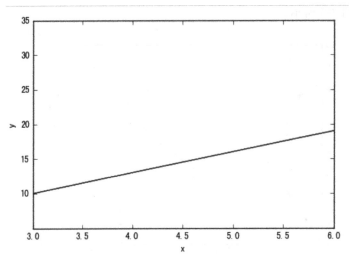

图 2-6　输出结果设置折线图的坐标轴

如图 2-6 所示，Matplotlib 可通过 xlim() 和 ylim() 来设置 x 轴和 y 轴的显示范围，通过 xlabel()、ylabel() 设置 x 轴和 y 轴的标签名称，通过 xticks() 和 yticks() 设置 x 轴和 y 轴的刻度。此外，还可以设置 x 轴和 y 轴的位置：

```
In [96]:
x = np.linspace(-6, 6, 50)

y = x**2

plt.plot(x, y, color='red') # 线条为红色

# 获取当前的坐标轴
ax = plt.gca()
# 设置右边框和上边框
ax.spines['right'].set_color('none')
ax.spines['top'].set_color('none')
# 设置x坐标轴为下边框
ax.xaxis.set_ticks_position('bottom')
# 设置y坐标轴为左边框
ax.yaxis.set_ticks_position('left')
# 设置x轴、y轴在(0,0)的位置
ax.spines['bottom'].set_position(('data', 0))
ax.spines['left'].set_position(('data', 0))
plt.show()
```

输出结果如图 2-7 所示。

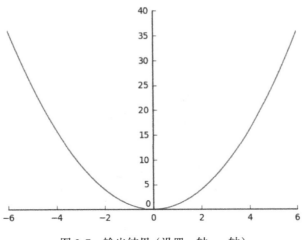

图 2-7　输出结果（设置 x 轴、y 轴）

3. 绘制多种类型的数据图

Matplotlib 支持绘制多种类型的数据图，如直方图、散点图、饼状图、等高线图等。

（1）直方图

Matplotlib 通过 plt.hist() 方法绘制直方图：

```
In [97]:
mu ,sigma = 0, 1
sampleNum = 1024
np.random.seed(0)
s = np.random.normal(mu, sigma, sampleNum)

plt.xlim((-3, 3))
plt.ylim((0, 0.5))

plt.hist(s, bins=50, normed=True)
plt.show()
```

输出结果如图 2-8 所示。

（2）散点图

Matplotlib 通过 plt.scatter() 方法绘制散点图：

```
In [98]:
X = np.random.normal(0, 1, 1024)
Y = np.random.normal(0, 1, 1024)
# 绘制散点图
plt.scatter(X, Y, s=75)
plt.show()
```

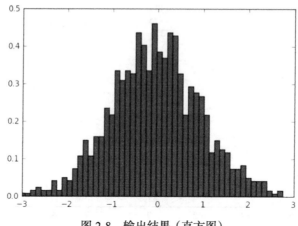

图 2-8　输出结果（直方图）

输出结果如图 2-9 所示。

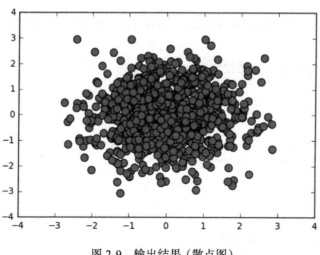

图 2-9　输出结果（散点图）

（3）饼状图

Matplotlib 通过 pie() 方法绘制饼状图：

```
In [99]:
X = [1,2,3,4]

# 饼状图中每个部分离中心点的距离，其中0.2表示图中远离中心的A部分
explode=(0.2,0,0,0)

plt.pie(X,
```

```
labels=['A','B','C','D'],
explode=explode,
autopct='percent:%1.1f%%'   # 每个部分的比例标签
)
```

```
plt.axis('equal')   # 防止饼状图被压缩成椭圆
plt.show()
```

输出结果如图 2-10 所示。

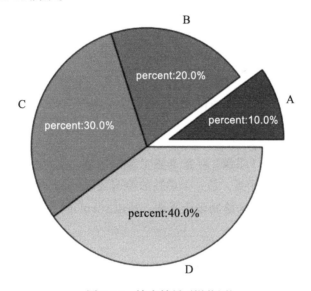

图 2-10　输出结果（饼状图）

（4）等高线图

Matplotlib 通过 contour() 方法绘制等高线图：

```
In [100]:
delta = 0.025
x = np.arange(-2.0, 2.0, delta)
y = np.arange(-1.5, 1.5, delta)
X, Y = np.meshgrid(x, y)
Z1 = np.exp(-X**2 - Y**2)
Z2 = np.exp(-(X - 1)**2 - (Y - 1)**2)
Z = (Z1 - Z2) * 2
C = plt.contour(X, Y, Z)
plt.clabel(C, inline=True, fontsize=10)
plt.show()
```

输出结果如图 2-11 所示。

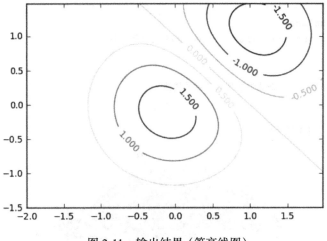

图 2-11 输出结果（等高线图）

（5）Figure 对象

在 Matplotlib 中，Figure（图像）对象是整个绘图区域，可以包含一个或者多个 axes，其中每个 axes 拥有自己的坐标系，是一个单独的绘图区域，axes 可以在整个绘图区域任意摆放。用户可以通过 subplot() 来绘制多个子图，通过 subplot() 创建的子图只能按网格整齐排列。

```
In [101]:
plt.figure()

# 绘制一个子图，其中row=2,col=2,该子图占第1个位置
plt.subplot(2, 2, 1)
plt.plot([0, 1], [0, 1])

# 绘制一个子图，其中row=2,col=2,该子图占第2个位置
plt.subplot(2, 2, 2)
plt.plot([0, 1], [1, 0])

plt.subplot(2, 2, 3)
plt.plot([1, 2], [2, 1])

plt.subplot(2, 2, 4)
plt.plot([1, 2], [1, 2])

plt.show()
```

输出结果如图 2-12 所示。

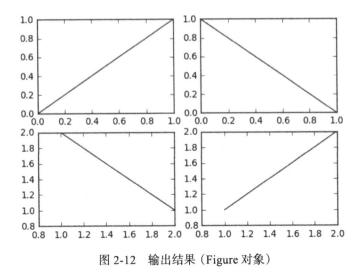

图 2-12　输出结果（Figure 对象）

2.1.5　scikit-learn

　　scikit-learn 是一个包含大量经典机器学习模型的开源工具库，用 Python 实现，包括数据预处理、分类、回归、降维、模型选择等常用的机器学习算法，可见 scikit-learn 是一个功能十分强大的机器学习工具包。XGBoost 配合 scikit-learn 使用，可以说是如虎添翼。因 scikit-learn 中的算法较多，在此不做一一介绍，后续示例用到时再进行针对性的讲解。关于 scikit-learn 的资料非常多，市面上也有很多介绍 scikit-learn 的书籍，想要深入了解的读者可以自行选择相关资料进行学习。

2.2　搭建 XGBoost 运行环境

　　XGBoost 支持多种操作系统，如 Linux、Windows、MacOS 等，并支持多种语言版本，如 Python、R、Scala、Java 等。XGBoost 的安装方式分为两种，一种是直接通过 pip 安装（适用于 Ptyhon），另一种是通过源码编译安装。

1. 通过 pip 安装

　　通过 pip 安装 Python 包既简单又方便。如果读者准备在 Python 环境下使用 XGBoost，即可以采用此方法。只需执行如下命令：

```
pip install xgboost
```

　　若 Python 版本为 3.X，则执行命令为 pip3 install xgboost。安装完毕后，即可在 Python

中直接引用 XGBoost 包，代码如下：

```
import xgboost as xgb
```

通过 pip 安装的是 PyPI（Python Package Index）中已预编译好的 XGBoost 包，目前提供了 Linux 64 位和 Windows 64 位两种。

2. 通过源码编译安装

虽然通过 pip 安装 XGBoost 比较方便，但这种方法只适用于 Python 环境下，且其安装的 XGBoost 可能并非最新版本。若用户在其他语言环境或需要安装 XGBoost 最新版本，则可直接通过编译源码安装。源码编译安装 XGBoost 主要分为两个步骤：① 通过 C++ 代码构建共享库（Linux/OSX 中为 libxgboost.so，Windows 中为 xgboost.dll）；② 安装相应语言包。

（1）构建共享库

构建共享库需要支持 C++ 11 的 C++ 编译器（g++ 4.8 版本及以上），若 C++ 编译器不满足条件，则需先安装 C++ 编译器，此处不做详述。用户可以通过修改 XGBoost 项目中的 make/config.mk 文件来配置编译选项，然后通过 make 命令进行编译。

1）Linux 环境。在 Linux 环境下，首先通过 Git 将 XGBoost 项目从 github 上克隆下来。因为 XGBoost 使用 Git submodules 来管理依赖，因此在执行克隆时需加上 --recursive 选项，然后通过 make 命令对源码直接编译，代码如下：

```
git clone --recursive https://github.com/dmlc/xgboost
cd xgboost
make
```

在使用 make 命令对源码进行编译时，还可通过参数 -j 实现并行编译，如 make -j4，表示最多同时运行 4 个编译命令，这样可以更有效地利用 CPU 资源，提高编译效率。读者可以根据自身机器配置情况相应修改并行任务数，一般建议设置为 CPU 核心数目的两倍。

2）OSX 环境。在 OSX 环境下克隆项目的方法与在 Linux 环境下的是一致的，也需要加 --recursive 选项。OSX 默认的 C++ 编译器一般为 Clang，若需构建 XGBoost 多线程版本，则首先要安装 gcc-7 编译器，若不需要多线程，则可以选择 Clang。可以通过 homebrew 安装 gcc-7：

```
brew install gcc@7
```

然后克隆项目，并将配置文件 config.mk 复制到 XGBoost 根目录下：

```
git clone --recursive https://github.com/dmlc/xgboost
cd xgboost
cp make/config.mk ./config.mk
```

若通过 gcc-7 对源码进行编译，则需要修改 config.mk 文件，将编译器配置修改为 gcc-7。

首先找到如下两行：

```
export CC = gcc
export CXX = g++
```

将其修改为

```
export CC = gcc-7
export CXX = g++-7
```

修改完成之后即可通过 make 命令对源码进行编译。

3）Windows 环境。Windows 环境下构建 XGBoost 共享库的步骤和在 Linux、OSX 环境下的类似，首先使用 -recursive 选项将项目克隆下来，这里推荐使用 Git for Windows 工具，它带有标准的 Bash Shell，可以简化安装过程。然后执行如下命令：

```
git submodule init
git submodule update
```

XGBoost 在 Windows 环境下支持 MinGW 和 Microsoft Visual Studio 编译。

① MinGW。

MinGW 全称为 Minimalist GNU for Windows，是一套 Windows 环境下 GNU 编译组件的接口，可以将其看作 Windows 上的 gcc。因为 MinGW 中 make 命令的具体名称为 mingw32-make，因此通过 MinGW 进行编译需要先对 .bashrc 文件进行修改。

首先进入 Git for Windows 的 Git Bash（后续相关指令均在 Git Bash 下执行），然后在 .bashrc 文件中加入如下语句：

```
alias make='mingw32-make'
```

即设置 mingw32-make 命令的别名为 make。执行如下命令即可完成编译：

```
cp make/mingw64.mk config.mk; make -j4
```

② Microsoft Visual Studio。

通过 Microsoft Visual Studio 构建共享库需要 CMake 编译器的支持，因此需确保已安装最新版本的 CMake。在 XGBoost 根目录下执行如下命令：

```
mkdir build
cd build
cmake .. -G"Visual Studio 12 2013 Win64"
```

这里指定使用 MSVC12 64 位生成器对源码进行构建，打开 build 目录下的 .sln 文件并使用 Visual Studio 构建。构建完成后，可以在 lib 文件夹下看到 xgboost.dll 库文件。若需使用 Python 模块，可以将该文件复制到 python-package/xgboost 文件夹下。

　　除了上述按默认的配置安装外，用户也可以根据自身需求自定义配置构建共享库。在 XGBoost 中，配置文件 config.mk 包含多个编译选项，如是否支持分布式文件系统（如 HDFS 等），使用哪种编译器等。用户可以先将 config.mk 文件复制到根目录下，然后根据需要对其进行修改，实现自定义配置构建共享库。

　　（2）安装 Python 包

　　共享库编译完成之后，即可安装相应的语言包，此处以 Python 包为例。XGBoost 使用 Distutils 来实现 Python 环境的构建和安装，对于用户来讲安装过程十分简单。XGBoost 的 Python 包在 python-package 中，用户只需进入该目录然后执行安装命令即可。

```
cd python-package
sudo python setup.py install
```

安装完毕后即可在 Python 中直接引用 XGBoost 包：

```
import xgboost as xgb
```

　　此处需要注意的是，若后续更新代码重新编译共享库后，则 Python 包也需要重新安装，相应的库文件才会更新。

　　除 Python 包外，XGBoost 还支持 R、Julia 等包的安装，此处不再一一介绍，读者若需安装此类语言包可参考 XGBoost 官方文档[⊖]。

2.3　示例：XGBoost 告诉你蘑菇是否有毒

　　本节通过一个简单的示例，介绍如何使用 XGBoost 解决机器学习问题。该示例使用的是 XGBoost 自带的数据集（位于 /demo/data 文件夹下），该数据集描述的是不同蘑菇的相关特征，如大小、颜色等，并且每一种蘑菇都会被标记为可食用的（标记为 0）或有毒的（标记为 1）。我们的任务是对蘑菇特征数据进行学习，训练相关模型，然后利用训练好的模型预测未知的蘑菇样本是否有毒。下面用 XGBoost 解决该问题，代码如下：

```
In [102]:
import xgboost as xgb
# 数据读取
xgb_train = xgb.DMatrix('${XGBOOST_PATH}/demo/data/agaricus.txt.train ')
xgb_test = xgb.DMatrix('${XGBOOST_PATH}/demo/data/agaricus.txt.test ')

# 定义模型训练参数
params = {
        "objective": "binary:logistic",
```

⊖　参见 https://xgboost.readthedocs.io/en/latest/build.html。

```
            "booster": "gbtree",
            "max_depth": 3
        }
# 训练轮数
num_round = 5

# 训练过程中实时输出评估结果
watchlist = [(xgb_train, 'train'), (xgb_test, 'test')]

# 模型训练
model = xgb.train(params, xgb_train, num_round, watchlist)
```

首先读取训练集数据和测试集数据（其中 ${XGBOOST_PATH} 代表 XGBoost 的根目录路径），XGBoost 会将数据加载为自定义的矩阵 DMatrix。数据加载完毕后，定义模型训练参数（后续章节会详细介绍这些参数表示的意义），然后对模型进行训练，训练过程的输出如图2-13 所示。

```
[0]     train-error:0.014433     test-error:0.016139
[1]     train-error:0.014433     test-error:0.016139
[2]     train-error:0.014433     test-error:0.016139
[3]     train-error:0.008598     test-error:0.009932
[4]     train-error:0.001228     test-error:0
```

图 2-13　训练过程的输出

由图 2-13 可以看到，XGBoost 训练过程中实时输出了训练集和测试集的错误率评估结果。随着训练的进行，训练集和测试集的错误率均在不断下降，说明模型对于特征数据的学习是十分有效的。最后，模型训练完毕后，即可通过训练好的模型对测试集数据进行预测。预测代码如下：

```
In [103]:
# 模型预测
preds = model.predict(xgb_test)
preds
Out [103]:
array([ 0.10455427,  0.80366629,  0.10455427, ...,  0.89609396,
        0.10285233,  0.89609396], dtype=float32)
```

可以看到，预测结果为一个浮点数的数组，数组的大小和测试集的样本数量是一致的。数组中的值均在0~1 区间内，每个值对应一个样本。该值可以看作模型对该样本的预测概率，即模型认为该蘑菇是有毒蘑菇的概率。

2.4 小结

　　本章首先介绍了如何搭建 Python 机器学习环境及常用开源工具包的安装方法，为后续解决机器学习任务提供环境；随后介绍了 NumPy、Pandas、Matplotlib 等工具及其常用方法，为读者在数据分析和处理、数据可视化等方面奠定基础；最后向读者详细介绍了不同环境下 XGBoost 的安装过程，并以蘑菇分类为例，展示了 XGBoost 的使用方法。

## 第 3 章

机器学习算法基础

本章首先介绍几个基础的机器学习算法的实现原理和应用，如 KNN、线性回归、逻辑回归等，使读者对机器学习算法有一个基本认识的同时，了解如何在模型训练过程中进行优化，以及如何对模型结果进行评估。然后，对决策树模型做了详细介绍。决策树是 XGBoost 模型的重要组成部分，学习和掌握决策树的生成、剪枝等内容将会对后续的学习提供巨大帮助。排序问题是机器学习中的常见问题，本章 3.6 节对常用的排序方法和评估指标进行了阐述。神经网络和支持向量机也是经常采用的机器学习算法，3.7 节和 3.8 节分别介绍了两者的实现原理，结合详细的公式推导过程，使读者能够深入理解算法背后的数学原理。

3.1 KNN

KNN（K-Nearest Neighbors）是一种十分有效且易掌握的机器学习算法。国际权威学术会议 ICDM 曾在 2006 年评选出数据挖掘十大经典算法，KNN 便是其中之一。KNN 的算法思想用一句比较通俗的话来讲就是"近朱者赤，近墨者黑"，即同一类事物通常在很多方面都很接近。例如，金丝猴可以分为黔金丝猴、川金丝猴等多种类别，同一类别的金丝猴会具有一些相似的特征，如毛发颜色、体型大小、尾巴长度等，因此可以通过这些特征来判断金丝猴的种类。KNN 就是利用了这一特性，假如存在一个样本数据集，数据集中的每个样本都标记了所属的类别，对于一个未知类别的样本，KNN 会先将其与样本集中数据的特征进行比较，然后返回最邻近（最相似）的数据的类别。因此，KNN 的主要算法思想为：

特征空间中的一个样本，如果与其最相似的 k 个样本中的大部分属于某个类别，则该样本也属于该类别。

KNN 既可以用于解决分类问题，也可以用于回归问题。对于分类问题，离样本最近的 k

个邻居中占多数的类别作为该样本的类别，如果 $k=1$，则选取最近邻居的类别作为该样本的类别。对于回归问题，样本的预测值是最近的 k 个邻居的平均值。KNN 的计算步骤如下。

1）计算测试样本与训练集中所有（或大部分）样本的距离，该距离可以是欧氏距离、余弦距离等，较常用的是欧氏距离。

2）找到步骤 1 中距离最短的 k 个样本，作为预测样本的邻居。

3）对于分类问题，通过投票机制选出 k 个邻居中最多的类别作为预测样本的预测值。对于回归问题，则采用 k 个邻居的平均值。

KNN 算法是一种非参数、懒惰学习的算法。非参数是指算法不会对数据分布做任何假设，即模型结构是根据数据确定的。在现实世界中，很多数据并不服从经典的理论假设（如线性回归模型），因此，当分布数据比较少或者没有先验知识时，KNN 可能是一个比较好的选择。懒惰学习意味着 KNN 不对训练数据进行拟合，即没有明确的训练阶段或训练阶段非常快，而在测试阶段则需要对所有（或大部分）的训练数据进行计算。

- KNN 的优点：简单有效，易于实现；无须训练（或训练很快）。
- KNN 的缺点：懒惰算法，数据集的样本容量大时计算量比较大，评分慢；样本不平衡时，预测偏差比较大。

3.1.1 KNN 关键因素

KNN 的关键因素包括度量距离、k 值选择、决策规则和归一化，下面逐一介绍。

1. 度量距离

KNN 的第一个关键因素是度量距离，因为 KNN 算法是基于特征相似性的，特征相似性越高，样本属于同一类别的可能性越大，而评估特征相似性的指标即度量距离。常用的度量距离如下。

- 欧氏距离：多维空间中各点之间的绝对距离。
- 明可夫斯基距离：也称明氏距离，是欧氏距离的一般形式，当 $p=2$ 时即为欧氏距离。
- 曼哈顿距离：当明氏距离中的 $p=1$ 时即为曼哈顿距离。
- 余弦相似度：向量空间中两个向量的余弦值。

2. k 值选择

K 值的选择是影响 KNN 模型预测结果的另一个关键因素。K 值较小的话，会选取比较小的邻域内的样本与输入样本进行比较，降低了近似误差，即只有在邻域规模和输入样本特别相似的样本才会对预测结果起作用，但是较小的 K 值会增加估计误差，预测结果对非常近似的点异常敏感，如果这些点是噪声点，则预测结果会非常不准确。相反，如果 K 值较大，则会降低估计误差，增加近似误差。*K* 值一般通过交叉检验来确定。

3. 决策规则

决策规则主要应用于分类问题，目前 KNN 采取的决策规则多为投票表决，多数票所属的类别作为预测样本的预测类别。

4. 归一化

如果 KNN 中某一特征值域非常大，那么在做距离计算时，该特征会占据很大比重，这可能与实际情况并不相符，此时需要对该特征做归一化。归一化就是把需要处理的数据（通过某种算法）限制在一定范围内，一般为 0 ~ 1。

3.1.2　用 KNN 预测鸢尾花品种

鸢尾花数据集（iris）是 UCI 上一个经典的多分类数据集[⊖]，它通过花瓣、萼片等特征数据来预测鸢尾花的品种。该数据集一共有 150 个样本，包含 4 个特征，如下。

- 萼片长度（sepal_length）
- 萼片宽度（sepal_width）
- 花瓣长度（petal_length）
- 花瓣宽度（petal_width）

通过以上 4 个特征预测鸢尾花品种是山鸢尾（Iris-setosa）、变色鸢尾（Iris-versicolor）还是维吉尼亚鸢尾（Iris-virginica）。数据集的格式如下：

```
4.9,3.0,1.4,0.2,Iris-setosa
4.7,3.2,1.3,0.2,Iris-setosa
7.0,3.2,4.7,1.4,Iris-versicolor
6.4,3.2,4.5,1.5,Iris-versicolor
6.3,3.3,6.0,2.5,Iris-virginica
5.8,2.7,5.1,1.9,Iris-virginica
```

数据集中第 1 ~ 4 列分别表示萼片长度、萼片宽度、花瓣长度、花瓣宽度 4 个特征，第 5 列表示鸢尾花品种。首先加载数据集，代码如下：

```
1. import pandas as pd
2.
3. iris_data = pd.read_csv('https://archive.ics.uci.edu/ml/machine-learning-
databases/iris/iris.data', sep=",", names=['sepal_length','sepal_width','petal_
length','petal_width','class'])
```

⊖　Dua, D., Graff, C. .2019.. UCI Machine Learning Repository [http://archive.ics.uci.edu/ml]. Irvine, CA: University of California, School of Information and Computer Science.

因为 pandas 包本身包含 iris 数据集，所以也可以通过 pd.load_iris() 直接读取。通过 iris_data.head(10) 可以将读取的数据集前 10 条输出，如图 3-1 所示。

	sepal_length	sepal_width	petal_length	petal_width	class
0	5.1	3.5	1.4	0.2	Iris-setosa
1	4.9	3.0	1.4	0.2	Iris-setosa
2	4.7	3.2	1.3	0.2	Iris-setosa
3	4.6	3.1	1.5	0.2	Iris-setosa
4	5.0	3.6	1.4	0.2	Iris-setosa
5	5.4	3.9	1.7	0.4	Iris-setosa
6	4.6	3.4	1.4	0.3	Iris-setosa
7	5.0	3.4	1.5	0.2	Iris-setosa
8	4.4	2.9	1.4	0.2	Iris-setosa
9	4.9	3.1	1.5	0.1	Iris-setosa

图 3-1 鸢尾化数据集格式

数据加载成功后即可进行数据分析。数据分析有很多种方法，此处通过 Matplotlib 绘制鸢尾花每个品种的各个特征平均值的柱状图，代码如下：

```
1. from matplotlib import pyplot as plt
2.
3. #柱状图显示组平均数，可以从图上看出不同品种的属性特点
4. #把不同的品种分成不同的组，此数据为3组
5. grouped_data=iris_data.groupby("class")
6.
7. #求组平均值
8. group_mean=grouped_data.mean()
9.
10. #绘图
11. group_mean.plot(kind="bar")
12. plt.legend(loc="center right",bbox_to_anchor=(1.4,0.3),ncol=1)
13. plt.show()
```

输出的柱状图如图 3-2 所示。

在图 3-2 中，横坐标为不同的鸢尾花品种，纵坐标为特征取值（单位为 cm），4 种不同颜色的柱形分别代表鸢尾花的 4 个特征。可以看到鸢尾花不同品种的特征差异还是比较明显的，如山鸢尾（Iris-setosa）的花瓣宽度（petal_width）较窄，而维吉尼亚鸢尾（Iris-virginica）的则较宽等，3 种鸢尾花的萼片长度（sepal_length）和花瓣长度（petal_length）表现出了相似的特性，而在萼片宽度（sepal_width）方面，山鸢尾（Iris-setosa）的相比其他两个品种的略宽。通过 Matplotlib 还可以画出更多的图形用以展示数据，比如散点图、饼状图等，读者可以根据应用需求灵活选择。

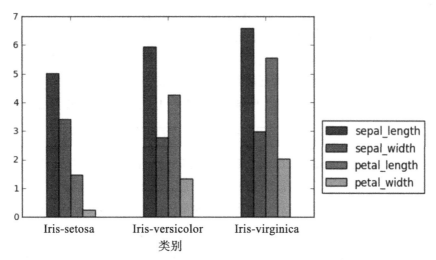

图 3-2　不同品种的特征平均值柱状图

因为我们至少需要一个训练集来训练模型（KNN 则用于最终预测计算），一个测试集来检验模型对新样本的预测能力，而目前只有一个数据集，因此需要对数据集进行划分。划分数据集有很多方法，比如留出法（hold-out）、交叉验证法等，本示例采用较常用的留出法。留出法的实现原理是，按照一定比例将数据集划分为互不相交的两部分，分别作为训练集和测试集。此处选用的训练集、测试集的比例为 4：1，代码如下：

```
1.  # 生成一个随机数并选择小于0.8的数据
2.  msk = np.random.rand(len(iris_data)) < 0.8
3.
4.  train_data_origin = iris_data[msk]
5.  test_data_origin = iris_data[~msk]
6.
7.  # 将生成的训练集train_data和测试集test_data进行索引重置
8.  train_data = train_data_origin.reset_index(drop=True)
9.  test_data = test_data_origin.reset_index(drop=True)
10.
11. # 训练集label、测试集label
12. train_label = train_data['class']
13. test_label = test_data['class']
14.
15. # 训练集特征、测试集特征
16. train_fea = train_data.drop('class',1)
17. test_fea = test_data.drop('class',1)
```

首先对于每个样本生成一个 [0, 1) 的随机数，我们选择小于 0.8 的数据，则 msk 为一个由 True 和 False 组成的数组，其中 True 和 False 个数的比例大概为 4：1，如下：

[True False　...　True False]

可以通过 iris_data[msk] 和 iris_data[~msk] 选出训练集和测试集，然后对训练集和测试集进行索引重置，分别重置为从 0 开始的连续索引，进而得到训练集标签数据 train_label、测试集标签数据 test_label、训练集特征数据 train_fea、测试集特征数据 test_fea。

由图 3-1 中数据可知，如果需要计算样本 3 和样本 4 的距离，其计算方法如下：

$$\text{distance}_{34} = \sqrt{(4.6-5.0)^2+(3.1-3.6)^2+(1.5-1.4)^2+(0.2-0.2)^2}$$

可以看到，萼片长度（sepal_length）和萼片宽度（sepal_width）特征的取值相比于另外两个特征要大很多，由图 3-2 也可以看到不同特征的取值有明显的差别。因为取值较大的特征，其特征变化也往往比较大，这样会导致计算的距离结果更多地受到取值较大的特征变化的影响，然而这与实际情况并不相符，因为实际上我们认为这 4 个特征对于距离计算是同等重要的。在这种情况下，通常需要对特征进行归一化，即将特征的取值范围映射到 0 ~ 1 之间。常用的归一化方法是 min-max 标准化，公式如下：

$$\text{newValue} = (\text{oldValue} - \text{min})/(\text{max} - \text{min})$$

其中，oldValue 为特征的原始值；newValue 为归一化后的新值；min、max 分别为该特征在数据集中的最小值和最大值。根据该公式就可以将特征的取值归一化到 0 ~ 1 之间了，实现代码非常简单，直接通过 pandas 对矩阵进行操作，代码如下：

```
1. train_norm = (train_fea - train_fea.min()) / (train_fea.max() - train_fea.min())
2. test_norm = (test_fea - test_fea.min()) / (test_fea.max() - test_fea.min())
```

归一化后的数据如图 3-3 所示。可以看到，所有特征的值都被映射到了 0 ~ 1 之间。

	sepal_length	sepal_width	petal_length	petal_width
0	0.235294	0.625000	0.067797	0.041667
1	0.176471	0.416667	0.067797	0.041667
2	0.117647	0.500000	0.050847	0.041667
3	0.088235	0.458333	0.084746	0.041667
4	0.205882	0.666667	0.067797	0.041667
5	0.323529	0.791667	0.118644	0.125000
6	0.088235	0.583333	0.067797	0.083333
7	0.205882	0.583333	0.084746	0.041667
8	0.029412	0.375000	0.067797	0.041667
9	0.176471	0.458333	0.084746	0.000000

图 3-3　归一化后的数据

在执行 KNN 算法之前，要通过一个评估指标来评估模型预测的正确率，这是机器学习中的一个重要工作。前面的数据处理过程已将数据集随机划分为训练集和测试集，检验模型预测的正确率就使用划分得到的测试集。这里我们选择最简单的准确率指标来进行评估，后续章节还会介绍更多的模型评估指标。预测准确率的定义非常简单，即对于给定的测试数据集，模型预测正确的样本数与总样本数之比。实现代码如下：

```
1. def getAccuracy(testSet,predictions):
2.     correct = 0
3.     # 遍历每个测试样本，判断是否预测正确并进行统计
4.     for x in range(len(testSet)):
5.         if testSet[x] == predictions[x]:
6.             correct+=1
7.     # 计算并返回准确率
8.     return (correct/float(len(testSet))) * 100.0
```

确定评估函数后，就可以通过 KNN 算法和评估函数对测试集进行预测和评估了，直接调用 scikit-learn 中实现的 KNN 的 API，代码如下：

```
1. from sklearn import neighbors
2. # 定义KNN模型
3. knn = neighbors.KNeighborsClassifier(n_neighbors=3)
4. knn.fit(train_norm, train_label)
5. # 对测试集进行预测
6. predict = knn.predict(test_norm)
7. # 评估模型准确率
8. accuracy = getAccuracy(test_label, predict)
9. print "Accuracy:" + repr(accuracy) + "%"
```

对于测试集的每个样本，都会通过 KNN 算法预测它的所属类别，并将预测结果按序存储于 predict 中。然后通过 getAccuracy 对预测结果进行评估，评估结果如图 3-4 所示。可以看到，采用 KNN 算法对测试集进行预测的准确率达到了 96.67%，说明我们的模型对该测试集的预测能力还不错。

```
Accuracy:96.66666666666667%
```

图 3-4　评估结果

KNN 算法是机器学习中最简单、有效的算法。本节通过鸢尾花品种分类的示例详细介绍了 KNN 算法的实现原理和应用。KNN 算法属于懒惰学习算法，当数据集的样本容量比较大时，计算量也会比较大，并且需要较大的存储空间。此外，它无法给出数据的任何基础结构信息，后面章节中介绍的算法将会解决这个问题。

3.2　线性回归

在统计学中，线性回归是一种线性方法，用于对因变量 y 和一个或多个自变量之间的线性关系进行建模。当只有一个自变量时，这种回归分析称为一元回归分析；当有两个或两个以上的自变量时，则称这种回归分析为多元回归分析。线性回归主要解决回归问题，即对连续型的数据进行预测，比如预测房价、销售量等。

线性回归的目标是，对于输入向量 x，预测其目标值 y。例如，预测房屋价格，以 y 表示要预测的房屋价格，以向量 x 中的元素 x_j 表示房屋的特征（如房屋面积、卧室数量等）。已知的很多房屋数据中，用 x_i 表示第 i 个房屋的特征，用 y_i 表示其房屋价格。下面通过公式推导，演示如何使用线性回归解决连续型数据预测的问题。

因为是连续型数据的预测，我们希望找到一个函数，使得 $y_i = h(x_i)$，则可以通过 $h(x)$ 对未知价格的房屋进行房价预测。我们采用线性函数表示 $h(x)$，即 $h(x)=\omega^{\mathrm{T}}x$。现在的问题是，如何从已知的数据中找到最优的 ω。最优的 ω 参数，满足任意的 $y_i = \omega^{\mathrm{T}}x_i$，即通过 $h(x)$ 得到的预测值和真实值是一样的，它们之间的差值为 0。但是在有限的数据集中并不一定能找到这样一个理想的 ω，不过可以基于目前的数据集找最接近于理想值的 ω，可以用预测值和真实值的差来评估选定的 ω 是否最接近理想值。我们知道，如果只是简单地使用预测值和真实值的差值来评估，会导致正差值和负差值相互抵消，并不符合实际情况，因此采用平方误差，公式如下：

$$L(\omega) = \sum_{i=1}^{m} (y_i - \omega^{\mathrm{T}}x_i)^2$$

该函数即可作为线性回归的损失函数。损失函数值越小，则 ω 越接近理想值，问题转化成了求解损失函数 $L(\omega)$ 取值最小值时的 ω。这个问题的求解方法有很多，比如采用数学方法对 ω 进行求解，这种方法称为正规方程。该方法主要是利用微积分的知识，我们知道对于一个简单函数，可以通过对其参数求导，令其导数为 0 来求得该参数，如下：

$$J(\omega) = a\omega^2 + b\omega + c$$

$$\frac{\partial J(\omega)}{\partial \omega} = 2a\omega + b = 0$$

首先将公式改写为用矩阵表示，即 $(y-X\omega)^{\mathrm{T}}(y-X\omega)$

对 ω 求导，可得：

$$X^{\mathrm{T}}(y - X\omega)$$

令其为 0，可以解出：

$$\hat{\omega} = (X^{\mathrm{T}}X)^{-1}X^{\mathrm{T}}y$$

$\hat{\boldsymbol{\omega}}$ 表示当前估计的最优的 $\boldsymbol{\omega}$，从现有数据估计出的最优 $\boldsymbol{\omega}$ 可能并不是数据的理想 $\boldsymbol{\omega}$。另外，可以注意到正规方程中有一项为 $(\boldsymbol{X}^{\mathrm{T}}\boldsymbol{X})^{-1}$，因此 $\boldsymbol{X}^{\mathrm{T}}\boldsymbol{X}$ 必须可逆。当样本数比特征数还少时，$\boldsymbol{X}^{\mathrm{T}}\boldsymbol{X}$ 的逆是不能直接计算的。如果 $\boldsymbol{X}^{\mathrm{T}}\boldsymbol{X}$ 不可逆，比如一些特征存在线性依赖时，一般可以考虑删除冗余特征；如果样本数小于特征数，则要删除一些特征，将小样本数据正则化。

3.2.1　梯度下降法

除了正规方程外，在求解机器学习算法的模型参数时，另一种常用的方法是梯度下降法。下面对梯度下降法进行介绍。

1. 什么是梯度

多元函数对每个参数求偏导，然后将各个参数的偏导数组合成一个向量，该向量称为梯度，它的几何意义是函数值增加最快的方向。例如 $f(x, y)$，对参数 x 求偏导数为 $\dfrac{\partial f}{\partial x}$，对参数 y 求偏导数为 $\dfrac{\partial f}{\partial y}$，组成梯度向量 $\left(\dfrac{\partial f}{\partial x}, \dfrac{\partial f}{\partial y}\right)^{\mathrm{T}}$，简称为 $\nabla f(x, y)$。函数 $f(x, y)$ 在点 (x_0, y_0) 处，如果沿着梯度方向 $\nabla f(x, y)$ 移动，其函数值增加得最快，换句话说，就是能更快地找到最大值。反之，如果沿着梯度的反方向移动，则函数值下降得最快，更容易找到最小值。

2. 什么是梯度下降

由前述内容可知，优化模型的目标是最小化损失函数，了解梯度的概念后，我们可以通过梯度下降的方法解决最小化损失函数的问题，即沿着负梯度方向一步步接近最小值。从一个更直观的角度理解梯度下降，假设我们站在山上的某一处，梯度下降方向即最陡峭的下坡方向，我们沿着最陡峭的方向下山，可以最快速地到达山脚，如图 3-5 所示。那么运用梯度下降一定会找到全局最优解吗？并不一定，梯度下降法可能只会得到局部最优解，就像最陡峭的下坡方向不一定能直接通向山脚，可能只到达山峰的低处。

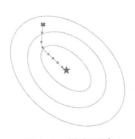

图 3-5　梯度下降

3. 梯度下降算法过程

首先确定损失函数的梯度，对于当前位置 ω_j，梯度如下：

$$\frac{\partial J(\boldsymbol{\omega})}{\partial \omega_j}$$

然后用步长 α 乘以梯度，得到当前梯度下降的距离：

$$\alpha \frac{\partial J(\boldsymbol{\omega})}{\partial \omega_j}$$

检查梯度下降的距离是否小于设定的阈值 ε，若小于 ε 则算法停止，否则更新 ω。对于 ω_j，有：

$$\omega_j = \omega_j - \alpha \frac{\partial J(\boldsymbol{\omega})}{\partial \omega_j}$$

更新 ω 后再次检查下降距离和阈值 ε 的关系，重复上述步骤直至算法停止。可以看到，在计算梯度距离时会乘一个步长系数 α，梯度向量决定了梯度下降的方向，而步长则决定了梯度下降的距离，还是以下山为例，步长就是沿最陡峭的方向向前走一步的距离。

4. 梯度下降方式

梯度下降法有多种方式，如批量梯度下降法、随机梯度下降法、mini-batch 梯度下降法等。批量梯度下降法是每次使用所有样本来更新参数，前面介绍的方法用的就是批量梯度下降法。随机梯度下降法是每次只使用一个样本来更新参数。这两种方法的优缺点都非常明显。批量梯度下降计算量比较大，训练速度慢，而随机梯度下降因为只需要一个样本，因此训练速度大大加快了。但随机梯度下降法仅用一个样本决定梯度的方向，导致其可能并不是最优的方向，迭代方向变化较大，函数收敛较慢。mini-batch 梯度下降法是以上两种方法的折中算法，每次选取一个样本集的子集（mini-batch）进行参数更新，从而平衡了前两种方法的优缺点。

了解梯度下降法的算法过程后，便可以将其应用于线性回归了，下面用批量梯度下降法进行说明。假设有一组训练样本 $\{(x^{(i)}, y^{(i)}) : i = 1, 2, \cdots, m\}$，损失函数为：

$$J(\boldsymbol{\omega}) = \frac{1}{2m} \sum_{i=0}^{m} (h_{\boldsymbol{\omega}}(x^{(i)}) - y^{(i)})^2$$

可以看到，这里的损失函数和平方误差公式略有区别，在平方误差公式的基础上乘了一个 $\frac{1}{2m}$ 系数，这是为了便于求导时对系数进行约减和减小误差。对参数 ω_j 求偏导，如下：

$$\frac{\partial J(\boldsymbol{\omega})}{\partial \omega_j} = \frac{1}{m} \sum_{i=0}^{m} (h_{\boldsymbol{\omega}}(x^{(i)}) - y^{(i)}) x_j^{(i)}$$

即可得到 ω_j 梯度，利用该梯度对参数 ω_j 进行更新，如下：

$$\omega_j = \omega_j - \alpha \frac{1}{m} \sum_{i=0}^{m} (h_\omega(x^{(i)}) - y^{(i)}) x_j^{(i)}$$

对所有的 ω 完成更新后，重复上述步骤，直至梯度下降的距离小于设定的阈值。

3.2.2　模型评估

模型评估是机器学习中的重要一环，用于评价模型是否具有实际应用价值。模型评估有很多种评估指标，分别适用于不同的机器学习任务，如分类、回归、排序等。很多评估指标同时适用于多种机器学习问题，如准确率、召回率，既可用于分类问题，也可用于排序问题。

线性回归主要用于解决回归问题，回归问题中常用的评估指标有 MSE、RMSE、MAE 等。本节主要介绍 MSE，其他评估指标会在第 7 章中详细介绍。

MSE（Mean Squared Error，均方误差）是指预测值和真实值差值平方的期望值，定义如下：

$$\text{MSE} = \frac{1}{N} \sum_{i=1}^{N} (y_i - p_i)^2$$

其中，N 为样本数量；y_i 表示第 i 个样本的真实值；p_i 表示第 i 个样本的预测值。MSE 是衡量"平均误差"一种较方便的方法，可以反映数据的变化程度。MSE 值越小，表示预测模型的准确性越高。

3.2.3　通过线性回归预测波士顿房屋价格

本节通过一个示例来说明如何应用线性回归。以波士顿房屋价格数据集作为示例数据集，该数据集包含了波士顿房屋以及周边环境的一些详细信息，包括城镇人均犯罪率、一氧化碳浓度、住宅平均房屋数等。该数据集包含 506 个样本、13 个特征字段、1 个 label 字段，部分信息如下。

- CRIM：城镇人均犯罪率。
- ZN：住宅用地超过 25 000 平方尺的比例。
- INDUS：城镇非零售商业用地比例。
- CHAS：查尔斯河（如果边界是河流，则为 1，否则为 0）。
- NOX：一氧化碳浓度。
- RM：住宅平均房屋数。

- AGE：1940 年之前建成的自用房屋比例。
- DIS：到波士顿 5 个中心区域的加权距离。
- RAD：辐射性公路的接近指数。
- TAX：每万美元全值物业税税率。
- PTRATIO：城镇教师和学生比例。
- MEDV：自住房房价中位数。

label 字段为房屋价格。通过房屋及其相关的特征预测房屋价格，显然是一个回归问题。该数据集已经集成到 scikit-learn 中，可以直接加载，代码如下：

```
1. from sklearn import datasets
2.
3. # 加载波士顿房价数据
4. boston = datasets.load_boston()
5. X _ boston.data
6. y = boston.target
```

使用 train_test_split 将数据集划分为训练集特征、测试集特征、训练集标签、测试集标签 4 个数据集。将 test_size 参数设为 1/5，表示测试集在划分数据中的占比为 1/5，如果配置整数，则表示测试集中的样本个数。random_state 是随机数发生器的种子。

```
1. from sklearn.cross_validation import train_test_split
2. X_train, X_test, y_train, y_test = train_test_split(X, y ,test_size =
                                       1/5.,random_state = 8)
```

然后可以定义线性回归模型，并通过训练集特征 X_train 和训练集标签 y_train 对模型进行训练。模型训练完成后，使用 predict() 函数对测试集特征 X_test 进行预测，得到预测结果 y_pred。最后用均方误差评估模型预测效果。实现代码如下：

```
1. from sklearn.linear_model import LinearRegression
2. from sklearn.cross_validation import cross_val_score
3. from sklearn.metrics import mean_squared_error
4.
5.
6. # 线性回归
7. lr = LinearRegression()
8.
9. # 训练模型
10. lr.fit(X_train,y_train)
11.
12. # 预测
13. y_pred = lr.predict(X_test)
14.
15. # 用均方误差评估预测效果
```

```
16. mean_squared_error(y_test, y_pred)
17. print "MSE: " + repr(mse)
```
输出结果：

```
MSE: 21.625486572671395
```

另外 XGBoost 也提供了线性回归的 API，其数据加载步骤与上述 scikit-learn 的方法相同，不再赘述。使用 XGBoost，首先要把数据转化为其自定义的 DMatrix 格式，该格式为 XGBoost 特定的输入格式。然后定义模型参数，此处定义较为简单，只选用了 2 个参数，如下：

```
params = {"objective": "reg:linear", "booster":"gblinear"}
```

其中，objective 用于确定模型的目标函数，这里以 reg:linear 作为目标函数。参数 booster 用于确定采用什么样的模型，此处选择的是线性模型（gblinear），读者也可根据应用场景选择其他模型（gbtree、dart），因本节主要介绍线性回归，因此选用线性模型。定义好参数后即可训练模型，最后用该模型对测试集进行预测。代码如下：

```
1. import pandas as pd
2. import xgboost as xgb
3. from sklearn.metrics import mean_squared_error
4.
5. # 将数据转化为DMatrix格式
6. train_xgb = xgb.DMatrix(X_train, y_train)
7.
8. params = {"objective": "reg:linear", "booster":"gblinear"}
9. model = xgb.train(dtrain=train_xgb,params=params)
10. y_pred = model.predict(xgb.DMatrix(X_test))
```

综上，线性回归是一种解决回归问题的常见方法。在线性回归中，求解最优参数的方法是最小化其损失函数。最小化损失函数有两种方法：**正规方程**和**梯度下降法**。正规方程通过矩阵运算求得最优参数，但其必须满足 X^TX 可逆，当样本数比特征数还少时，X^TX 的逆是不能直接计算的。梯度下降法是沿负梯度的方向一步步最小化损失函数，求解最优参数。梯度下降法需要指定步长并进行多次迭代，但相比于正规方程，梯度下降法可以应用于特征数较大的情况。最后，通过波士顿房价的示例展示了通过 scikit-learn 和 XGBoost 如何应用线性回归。

3.3 逻辑回归

逻辑回归（logistic regression）算法也是机器学习中的经典算法之一。虽然名为回归，但其实它是一个分类算法，而非回归算法。逻辑回归算法具有模型简单、易于理解、计算代价不高等优点，是解决分类问题的一个很好的工具。但是，它具有容易欠拟合等缺点。因此，我们在使用时要结合算法的优缺点，在不同的应用场景中灵活运用。

在 3.2 节，我们学习了用于预测连续值（如房价）的线性回归算法，而有些应用场景下需要预测的是一个离散变量，例如分类问题——判断邮件是否为垃圾邮件。它只有两个取值，1 代表是垃圾邮件，0 代表不是，因此确切地说，这是一个二分类问题，逻辑回归可用来解决二分类问题。

在线性回归中，我们通过线性函数 $h(x) = \boldsymbol{\omega}^{\mathrm{T}}\boldsymbol{x}$ 来预测第 i 个样本 y_i 的值。显然这不能直接应用于二分类的问题中（$y_i \in \{0, 1\}$）。为了预测二分类问题结果的概率（即使预测值落在 0 ～ 1 之间），逻辑回归在线性回归的基础上引入了 sigmoid 函数，如下：

$$\mathrm{sigmoid} = \frac{1}{1 + \mathrm{e}^{-z}}$$

sigmoid 函数是一个连续单调递增的 S 型函数，关于（0, 0.5）对称，它可以将任意值映射为 0 ～ 1 之间的一个新值，如图 3-6 所示。在机器学习中，经常使用该函数将预测映射为概率值。

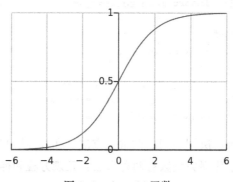

图 3-6   sigmoid 函数

此时二分类的条件概率可以表示为：

$$P(Y = 1|x) = h(x) = \frac{1}{1 + \mathrm{e}^{-\boldsymbol{\omega}^{\mathrm{T}}x}}$$

$$P(Y = 0|x) = 1 - P(Y = 1|x) = 1 - h(x)$$

$P(Y = 1|x)$ 表示在特征 x 的条件下类别为 1 的概率，$P(Y = 0|x)$ 表示类别为 0 的概率。因此，需要找到一个最优的 $\boldsymbol{\omega}$，使得当样本属于类别 1 时，$P(Y = 1|x)$ 最大，而当样本属于类别 0 时，$P(Y = 0|x)$ 最大。

3.3.1 模型参数估计

逻辑回归输出的是样本属于每个类别的概率，采用的参数估计方法是最大似然估计。假设有一组相互独立的训练样本 $\{(x^{(i)}, y^{(i)}) : i = 1, 2, \cdots, m\}$，样本类别 $y^{(i)} \in \{0, 1\}$。

首先将二分类条件概率的两个公式结合起来，可以写为：

$$P(y|x;\boldsymbol{\omega}) = (h_{\boldsymbol{\omega}}(x))^y (1 - h_{\boldsymbol{\omega}}(x))^{1-y}$$

则样本的似然函数为：

$$L(\boldsymbol{\omega}) = \prod_{i=1}^{m} (h_{\boldsymbol{\omega}}(x^{(i)}))^{y^{(i)}} (1 - h_{\boldsymbol{\omega}}(x^{(i)}))^{1-y^{(i)}}$$

取对数，可得到对数似然函数：

$$l(\boldsymbol{\omega}) = \log L(\boldsymbol{\omega}) = \sum_{i=1}^{m} (y^{(i)} \log h_{\boldsymbol{\omega}}(x^{(i)}) + (1 - y^{(i)}) \log(1 - h_{\boldsymbol{\omega}}(x^{(i)})))$$

使 $l(\boldsymbol{\omega})$ 最大的 $\boldsymbol{\omega}$ 即可。此处可采用 3.2 节介绍的求解模型参数的梯度下降法。类似线性回归损失函数，逻辑回归的损失函数是在 $l(\boldsymbol{\omega})$ 的基础上乘以 $-\dfrac{1}{m}$（读者可以思考为什么不是 $\dfrac{1}{2m}$ 了），如下：

$$J(\boldsymbol{\omega}) = -\frac{1}{m} l(\boldsymbol{\omega})$$

根据梯度下降法，参数 $\boldsymbol{\omega}$ 更新公式为：

$$\omega_j = \omega_j - \alpha \frac{\partial J(\boldsymbol{\omega})}{\partial \omega_j}, (j=1, 2, \cdots, n)$$

3.2 节介绍了线性回归对参数求偏导的过程，下面介绍一下逻辑回归损失函数如何对参数求偏导：

$$\frac{\partial J(\boldsymbol{\omega})}{\partial \omega_j} = -\frac{1}{m} \sum_{i=1}^{m} y^{(i)} \frac{1}{h_{\boldsymbol{\omega}}(x^{(i)})} \frac{\partial h_{\boldsymbol{\omega}}(x^{(i)})}{\partial \omega_j} - (1 - y^{(i)}) \frac{1}{1 - h_{\boldsymbol{\omega}}(x^{(i)})} \frac{\partial h_{\boldsymbol{\omega}}(x^{(i)})}{\partial \omega_j}$$

为了求解 $\dfrac{\partial J(\boldsymbol{\omega})}{\partial \omega_j}$，首先要求出 $\dfrac{\partial h_{\boldsymbol{\omega}}(x^{(i)})}{\partial \omega_j}$，$h_{\boldsymbol{\omega}}(x^{(i)})$ 对 ω_j 求偏导即为 sigmoid 函数对 ω_j 求偏导，如下：

$$h_{\boldsymbol{\omega}}(x) = \frac{1}{1 + e^{-\boldsymbol{\omega}^{\mathrm{T}} x}}$$

$$\frac{\partial h_{\boldsymbol{\omega}}(x)}{\partial \omega_j} = \frac{1}{(1+e^{-\boldsymbol{\omega}^{\mathrm{T}}x})^2}e^{-\boldsymbol{\omega}^{\mathrm{T}}x}x_j$$

$$= \frac{1}{(1+e^{-\boldsymbol{\omega}^{\mathrm{T}}x})}\frac{e^{-\boldsymbol{\omega}^{\mathrm{T}}x}}{(1+e^{-\boldsymbol{\omega}^{\mathrm{T}}x})}x_j$$

$$= h_{\boldsymbol{\omega}}(x)(1-h_{\boldsymbol{\omega}}(x))x_j$$

将其代入上述损失函数求偏导的公式中，有：

$$\frac{\partial J(\boldsymbol{\omega})}{\partial \omega_j} = -\frac{1}{m}\sum_{i=1}^{m}y^{(i)}(1-h_{\boldsymbol{\omega}}(x^{(i)}))x_j - (1-y^{(i)})h_{\boldsymbol{\omega}}(x^{(i)})x_j$$

$$= \frac{1}{m}\sum_{i=1}^{m}(h_{\boldsymbol{\omega}}(x^{(i)})-y^{(i)})x_j$$

最后，逻辑回归参数 $\boldsymbol{\omega}$ 更新公式为：

$$\omega_j = \omega_j - \alpha\frac{1}{m}\sum_{i=1}^{m}(h_{\boldsymbol{\omega}}(x^{(i)})-y^{(i)})x_j, (j=1,2,\cdots,n)$$

由此，便可根据梯度下降法的算法过程，一步步最小化损失函数，最终得到最优的参数 $\boldsymbol{\omega}$。梯度下降算法具体过程可参照 3.2.1 节。

3.3.2　模型评估

逻辑回归算法解决的是二分类问题，二分类问题中常用的评估指标有精确率、召回率、F1-Score、AUC 等。本节主要介绍精确率、召回率、F1-Score，其他评估指标会在第 7 章详细介绍。

在介绍精确率、召回率和 F1-Score 之前，先介绍一下混淆矩阵（见图 3-7）。混淆矩阵是理解大多数评估指标的基础，精确率、召回率等指标都是建立在混淆矩阵的基础上。

		预测值	
		0	1
真实值	0	True Negative(TN)	False Positive(FP)
	1	False Negative(FN)	True Positive(TP)

图 3-7　混淆矩阵构成

如图 3-7 所示，混淆矩阵包含 4 部分，分别为：

- True Negative(TN)，表示实际为负样本，预测为负样本的样本数；
- False Positive(FP)，表示实际为负样本，预测为正样本的样本数；
- False Negative(FN)，表示实际为正样本，预测为负样本的样本数；
- True Positive(TP)，表示实际为正样本，预测为正样本的样本数。

（1）精确率

精确率（precision）是预测正确的正样本数占预测为正样本总量的比例，定义如下：

$$precision = \frac{TP}{TP+FP}$$

（2）召回率

召回率（recall）是预测正确的正样本数占实际正样本总数的比例，定义如下：

$$recall = \frac{TP}{TP+FN}$$

（3）F1-Score

F1-Score（F1）是精确率和召回率的调和均值，相当于精确率和召回率的综合评价指标。F1-Score 假设精确率和召回率同等重要，定义如下：

$$F1 = \frac{2*precision*recall}{precision+recall}$$

3.3.3 良性 / 恶性乳腺肿瘤预测

本节将使用逻辑回归预测乳腺肿瘤是良性的还是恶性的。示例采用的数据集为威斯康星诊断乳腺癌数据集，它通过细胞核的相关特征来预测乳腺肿瘤为良性 / 恶性，这是一个非常著名的二分类数据集。该数据集包含 569 个样本，其中有 212 个恶性肿瘤样本，357 个良性肿瘤样本。共有 32 个字段，字段 1 为 ID，字段 2 为 label，其他 30 个字段为细胞核的相关特征，例如：

- 半径（从中心到周边点的平均距离）
- 纹理（灰度值的标准偏差）
- 周长
- 面积
- 光滑度（半径长度的局部变化）
- 紧凑性（周长的二次方 / 面积的负一次方）

- 凹度（轮廓的凹陷程度）
- 凹点（轮廓中凹部的数量）
- 对称
- 分形维数

对于每张图像，分别计算以上 10 个特征的平均值、标准误差和最差 / 最大（最大的 3 个值的平均）值，由此生成 30 个特征。例如，字段 3 表示平均半径，字段 13 表示半径的标准误差，字段 23 表示最差半径。所有特征都保留 4 位有效数字。

scikit-learn 已经集成了该数据集，并进行了相应的处理（如去掉了 ID 字段），使用时直接加载即可，如下：

```
1. from sklearn import datasets
2.
3. # 加载乳腺癌数据
4. cancer = datasets.load_breast_cancer()
5. X = cancer.data
6. y = cancer.target
```

其中，X 为特征数据，包含上面介绍的 30 个特征，y 为标签数据，标记乳腺肿瘤类型，1 代表良性，0 代表恶性。下面按 4 : 1 的比例将数据集划分为训练集和测试集：

```
1. from sklearn.cross_validation import train_test_split
2. X_train, X_test, y_train, y_test = train_test_split(X, y ,test_size =
                                       1/5.,random_state = 8)
```

数据集划分完成后，下面来定义模型。scikit-learn 提供了逻辑回归的 API，如下：

```
class sklearn.linear_model.LogisticRegression(penalty='l2', dual=False,
tol=0.0001, C=1.0, fit_intercept=True, intercept_scaling=1, class_weight=None,
random_state=None, solver='liblinear', max_iter=100, multi_class='ovr',
verbose=0, warm_start=False, n_jobs=1)
```

这里只介绍部分常用参数⊖，其中，penalty 参数为正则项，包括 L1 正则、L2 正则（详见 3.5 节）。class_weight 参数可以通过 {class_label: weight} 的形式指定每个类别的权重，默认值为所有类别权重均相同，若设置为 balanced，则由程序自动设置类的权重。max_iter 用于指定算法收敛的最大迭代次数。本示例采用默认配置，通过训练集拟合逻辑回归模型，并对测试集进行预测，代码如下：

```
1. from sklearn.linear_model import LogisticRegression
2.
3. # 逻辑回归
```

⊖ 其他参数参见 http://scikit-learn.org/stable/modules/generated/sklearn.linear_model.LogisticRegression.html#sklearn.linear_model.LogisticRegression。

```
4. lr = LogisticRegression()
5.
6. # 训练模型
7. lr.fit(X_train,y_train)
8.
9. # 预测
10. y_pred = lr.predict(X_test)
```

得到预测结果后，可以通过上面介绍的评估指标对预测结果进行评估。这里使用 scikit-learn 中的 classification_report，它会计算精确率、召回率、F1-Score 等分类常用的评估指标。调用代码如下：

```
print classification_report(y_test, y_pred, target_names=['Benign',
'Malignant'])
```

上述 3 个参数分别是测试集的真实标签、预测数据集和类别名。打印 classification_report 的结果如图 3-8 所示。

	precision	recall	f1-score	support
Benign	0.94	0.96	0.95	46
Malignant	0.97	0.96	0.96	68
avg / total	0.96	0.96	0.96	114

图 3-8 classification_report 结果

其中，列表的左边一列为分类的标签名，avg / total 为各列的均值。support 表示该类别样本出现的次数。XGBoost 提供了逻辑回归的 API，读者可以通过 XGBoost 中的逻辑回归对数据集进行预测，代码如下：

```
1. import pandas as pd
2. import xgboost as xgb
3. import numpy as np
4.
5. # 将数据转化为DMatrix格式
6. train_xgb = xgb.DMatrix(X_train, y_train)
7.
8. params = {"objective": "reg:logistic", "booster":"gblinear"}
9. model = xgb.train(dtrain=train_xgb,params=params)
10. y_pred = model.predict(xgb.DMatrix(X_test))
```

XGBoost 逻辑回归 API 的调用方式和线性回归类似，唯一不同的是目标函数 objective 由之前的 reg:linear 改为 reg:logistic，booster 仍然选择线性模型。注意，XGBoost 在预测结果上和 scikit-learn 有些差别，XGBoost 的预测结果是概率，而 scikit-learn 的预测结果是 0 或 1 的分类（scikit-learn 也可通过 predict_proba 输出概率）。在 XGBoost 中，如果需要输出 0

或 1 的分类，需要用户自己对其进行转化，例如：

```
1. ypred_bst = np.array(y_pred)
2. ypred_bst  = ypred_bst > 0.5
3. ypred_bst = ypred_bst.astype(int)
```

上述代码将预测概率大于 0.5 的样本的预测分类标记为 1，否则标记为 0。

3.3.4 softmax

前面介绍了逻辑回归模型，它可以很好地解决二分类问题。那么多分类问题该如何处理呢？这就需要用到 softmax 回归模型。可以将 softmax 回归模型理解为逻辑回归模型在多分类问题上的推广，不同的是分类标签由 2 个变成了多个。最有名的多分类问题是 MNIST 数字标识任务，该数据集是通过手写体识别 10 个不同的数字，即有 10 个不同的分类标签。

首先来看 softmax 的函数形式。假设给定输入 x，函数给定每一个类别 j 的预测概率为 $P(y = j|x)$，总共有 k 个类别，则 softmax 函数为：

$$h_{\boldsymbol{\omega}}(x) = \begin{bmatrix} P(Y=1\,|\,x;\boldsymbol{\omega}) \\ P(Y=2\,|\,x;\boldsymbol{\omega}) \\ \vdots \\ P(Y=k\,|\,x;\boldsymbol{\omega}) \end{bmatrix} = \frac{1}{\sum_{l=1}^{k} e^{\omega_l^{\mathrm{T}} x}} \begin{bmatrix} e^{\omega_1^{\mathrm{T}} x} \\ e^{\omega_2^{\mathrm{T}} x} \\ \vdots \\ e^{\omega_k^{\mathrm{T}} x} \end{bmatrix}$$

即

$$P(Y = j\,|\,x;\boldsymbol{\omega}) = \frac{e^{\omega_j^{\mathrm{T}} x}}{\sum_{l=1}^{k} e^{\omega_l^{\mathrm{T}} x}}$$

softmax 将值的范围限制在 0 ~ 1 之间，其中 $\dfrac{1}{\sum_{l=1}^{k} e^{\omega_l^{\mathrm{T}} x}}$ 是对概率分布进行归一化，使得所有概率之和为 1。细心的读者肯定会发现，softmax 函数和 sigmoid 函数有一些相似，其实 softmax 就是 sigmoid 函数的扩展。当类别数 k 为 2 时，softmax 回归退化为逻辑回归。

了解了 softmax 的定义之后，下面来看一下 softmax 的损失函数，定义如下：

$$J(\boldsymbol{\omega}) = -\frac{1}{m}\left[\sum_{i=1}^{m} \sum_{j=1}^{k} 1\{y^{(i)} = j\} \log \frac{e^{\omega_j^{\mathrm{T}} x^{(i)}}}{\sum_{l=1}^{k} e^{\omega_l^{\mathrm{T}} x^{(i)}}} \right]$$

其中，$1\{\cdot\}$ 是示性函数，当 {} 中的表达式为真时取值为 1，否则为 0，如 $1\{1+2=3\}=1$，$1\{3\text{-}1=3\}=0$。由前述内容可知，softmax 回归是逻辑回归的扩展与推广，因此逻辑回归的损失函数也可改写为上述形式，如下：

$$J(\boldsymbol{\omega}) = -\frac{1}{m}\left[\sum_{i=1}^{m}\sum_{j=0}^{1}1\{y^{(i)}=j\}\log P(y^{(i)}=j\,|\,x^{(i)};\boldsymbol{\omega})\right]$$

得到 softmax 回归的损失函数之后，可以通过梯度下降法对其进行参数估计。$J(\boldsymbol{\omega})$ 对参数求偏导后得到梯度公式，如下：

$$\frac{\partial J(\boldsymbol{\omega})}{\partial \omega_j} = -\frac{1}{m}\sum_{i=1}^{m}[x^{(i)}(1\{y^{(i)}=j\}-P(y^{(i)}=j\,|\,x^{(i)};\boldsymbol{\omega}))]$$

将其代入梯度下降算法用以更新相关参数，多步迭代后最终得到最优参数。

由前述内容可知，逻辑回归可以很好地解决二分类的问题，其实经过适当运用，也可用于解决多分类问题。对于多分类问题，为每个类别分别建一个二分类器，如果样本属于该类别，则 label 标记为 1，否则标记为 0。假如有 k 个类别，最后就会得到 k 个针对不同分类的二分类器。对于新的样本，通过这 k 个二分类器进行预测，每个分类器即可判断该样本是否属于该分类。

通过 softmax 回归和多个二分类器都可以解决多分类问题，那么什么时候使用 softmax 回归，什么时候应该使用多个二分类器？这取决于多分类问题中，类别之间是否互斥，即样本能否同时属于多个类别。如果类别之间是互斥的，样本不可能同时属于多个类别，则选择 softmax 回归；如果类别之间不是互斥的，则选择多个二分类器更为合适。

3.4 决策树

决策树算法也是机器学习中的经典算法之一，几乎每一本讲解机器学习的书中都会介绍。决策树是 XGBoost 模型的基本构成单元，因此通过本节的学习可以为深入理解 XGBoost 打下坚实的基础。1966 年 Hunt 提出的 CLS 算法是最早的决策树算法。Quinlan 在 1986 年提出的 ID3、1993 年提出的 C4.5 以及 Breiman 在 1984 年提出的 CART，是迄今为止最具影响力的决策树算法。而今，决策树算法已经成为机器学习中最常用的算法之一，受到了机器学习研究者的极大青睐。

决策树是一种树形结构（如图 3-9 所示），可用于解决分类问题和回归问题。不知读者是否玩过"猜名人"的游戏，即 A、B 两个人，A 心里想一个名人，B 通过问一些只能回答是或否的问题（比如这个人是否是男性等），最后猜出 A 心中所想的那个名人。在这个过程中，每个问题的答案都可以帮助你提出一个更具体的问题，直到得到正确答案，决策树的实现原理与之类似。可以把决策树的每个非叶子节点看作 if-else 规则，例如将身高小于等于 165cm 的样本划分到左子节点，否则划分到右子节点。每个叶子节点代表预测结果，从根节点到叶子节点的路径则代表判定规则。

假如有一批人的特征数据，特征包括头发长度、体重、身高。现在需要通过这些特征判定这些人的性别，此时便可以采用决策树。图 3-9 是根据数据设计的决策树，图中叶子节点的值表示节点上样本为男性的概率。

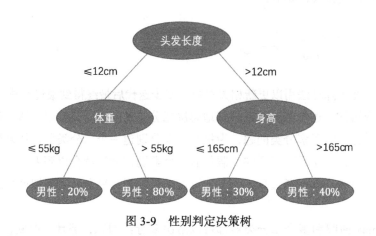

图 3-9　性别判定决策树

图 3-9 中，如果一个人的头发长度小于 12cm 并且体重大于 55kg，那这个人有 80% 的概率是一名男性，有 20% 的概率是一名女性。可以看到，决策树具有天然的可解释性，可以非常直观地展示整个决策过程。此外，我们也可以很容易地将其转化为规则，直接通过代码实现。

3.4.1　构造决策树

对决策树有了基本认识之后，下面来学习如何构造决策树。决策树的训练目标，其实就是得到一种分类规则，使数据集中的所有样本都能被划分到正确的类别。这样的决策树可能有多个，也可能没有，所以我们的目标是找到一棵能将大部分样本正确分类并且具有较好泛化能力的树。决策树学习的损失函数一般是正则化的极大似然函数。从所有的决策树中选出最优的决策树是 NP 完全问题，一般采用启发式算法近似求解，因此生成决策树过程中的每一步都会采用当前最优的决策。

首先，为根节点选择一个最优特征对数据集进行划分，然后分别对其子节点进行最优划分，即每一步求局部最优解，直至该子集的所有样本都被正确地分类，则生成分类对应的叶子节点。如果子集中还存在没有被正确分类的样本，则继续划分，直至生成一棵完整的决策树。

以上述判定性别的问题为例，决策树生成过程如图 3-10 所示。

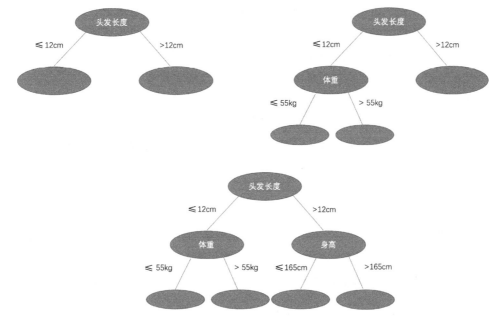

图 3-10　决策树生成过程

这样生成的决策树虽然可以对现有样本进行很好的分类，但是泛化能力不一定好，因此可能需要进行剪枝。另外，如果特征很多，则需要进行特征选择。

3.4.2　特征选择

特征选择是指选择出那些有分类能力的特征，作为决策树划分的特征。好的特征选择能够提升模型性能，帮助使用者理解数据样本的特点和结构，有利于进一步优化模型或算法。采用特征选择主要有如下益处：

- 简化模型，缩短模型训练时间；
- 避免维度灾难；
- 减少过拟合，提高模型泛化能力。

那怎么衡量特征是否有分类能力呢？通常在特征选择中会使用信息增益、信息增益比等。不同的决策树算法选择不同的方法作特征选择，常用的决策树算法有 ID3、C4.5、CART等。本节主要介绍 ID3 和 C4.5，CART 将在第 5 章中进行详细介绍。

1. ID3

ID3 算法由 Ross Quinlan 于 1986 年提出。该算法根据最大信息增益的原则对数据集进行划分。从根节点开始，遍历所有未被使用的特征，计算特征的信息增益，选取信息增益最大的特征作为节点分裂的特征，然后为该特征的每一个可能取值分别生成子节点，再对子节点递归调用上述方法，直到所有特征的信息增益均小于某阈值或没有特征可以选择。最终，对于每个叶子节点，将其中样本数量最多的类作为该节点的类标签。

（1）信息增益

信息是一个比较抽象的东西，如何度量其包含的信息量大小呢？1948 年香农提出了信息熵的概念，解决了信息的度量问题。信息熵，简称熵（entropy），是信息的期望值，表示随机变量不确定性的度量，记作：

$$\text{Entropie}(P) = -\sum_{i=0}^{n} p_i \times \log p_i$$

其中，p_i 为事件 i 发生的概率。熵只依赖于随机变量的分布，而不依赖其取值，熵越大，表示随机变量的不确定性越大。在实际应用中，如何计算样本集合的熵呢？

假设样本集合为 D，$|D|$ 表示集合中样本的数量，样本集合共有 k 个分类，每个分类的概率为 $\dfrac{|C_k|}{|D|}$，其中 $|C_k|$ 表示属于第 k 类的样本数量，则该样本集合的熵为：

$$\text{Entropie}(D) = -\sum_{k=1}^{K} \frac{|C_k|}{|D|} \log \frac{|C_k|}{|D|}$$

在介绍信息增益之前，还需要介绍另外一个概念——条件熵（conditional entropy）。设有随机变量 (X, Y)，条件熵 $\text{Entropie}(Y|X)$ 表示在已知随机变量 X 的条件下随机变量 Y 的不确定性，条件熵 $\text{Entropie}(Y|X)$ 定义为在给定条件 X 下，Y 的条件概率分布的熵对 X 的数学期望：

$$\text{Entropie}(Y \mid X) = \sum_{i=1}^{n} p_i \text{Entropie}(Y \mid X = x_i)$$

其中，$p_i = P(X=x_i)$，$i = 1, 2, \cdots, n$。

在决策树学习的过程中，信息增益是特征选择的一个重要指标。由前面信息熵的介绍可知，熵可以表示样本集合的不确定性（熵越大，样本的不确定性就越大），因此当通过某一特征对样本集合进行划分时，可通过划分前后熵的差值来衡量该特征对样本集合划分的好坏，差值越大表示不确定性降低越多，则信息增益越大。假设划分前样本集合的熵为 $\text{Entropie}(D)$，按特征 A 划分后样本集合的熵为 $\text{Entropie}(D|A)$，则信息增益为：

$$\text{info gain} = \text{Entropie}(D) - \text{Entropie}(D|A)$$

信息增益表示用特征 A 对样本集合进行划分时不确定性的减少程度。换句话说，按照特征 A 对样本进行分类，分类后数据的确定性是否比之前更高。通过计算信息增益，我们可以选择合适的特征作为决策树节点分裂的依据。下面通过例子进一步说明。

表 3-1 是根据天气情况判断是否进行户外活动的数据表。该数据表包含户外天气、温度、湿度和是否有风几个特征，类别标签为是否户外活动。各特征的具体信息如下。

- 户外天气：晴朗，阴天，下雨；
- 温度：凉爽，适中，热；
- 湿度：高，适中；
- 是否有风：是，否；

表 3-1　根据天气判断是否户外活动数据表

户外天气	温度	湿度	是否有风	是否户外活动
晴朗	热	高	否	否
晴朗	热	高	是	否
阴天	热	高	否	是
下雨	适中	高	否	是
下雨	凉爽	适中	否	是
下雨	凉爽	适中	是	否
阴天	凉爽	适中	是	是
晴朗	适中	高	否	否
晴朗	凉爽	适中	否	是
下雨	适中	适中	否	是
晴朗	适中	适中	是	是
阴天	适中	高	是	是
阴天	热	适中	否	是
下雨	适中	高	是	否

下面计算每个特征的信息增益。为便于说明，用 D 表示该数据集，用 F_1、F_2、F_3、F_4 分别表示户外天气、温度、湿度、是否有风这 4 个特征。

首先计算数据集的熵 Entropie(D)：

$$\text{Entropie}(D) = -\frac{9}{14}\log_2\frac{9}{14} - \frac{5}{14}\log_2\frac{5}{14} \approx 0.940$$

然后计算特征 F_1 对数据集 D 的条件熵，F_1 特征将数据集分为 3 部分：晴天、雨天、阴天，分别对应数据子集 D_1、D_2、D_3。

$$\text{Entropie}(D \mid F_1)= -\frac{5}{14}\text{Entropie}(D_1)+\frac{5}{14}\text{Entropie}(D_2)+\frac{4}{14}\text{Entropie}(D_3)$$

$$=\frac{5}{14}\left(-\frac{2}{5}\log_2\frac{2}{5}-\frac{3}{5}\log_2\frac{3}{5}\right)+\frac{5}{14}\left(-\frac{3}{5}\log_2\frac{3}{5}-\frac{2}{5}\log_2\frac{2}{5}\right)$$

$$+\frac{4}{14}\left(-\frac{4}{4}\log_2\frac{4}{4}\right)$$

$$\approx 0.694$$

最后计算信息增益：

$$\text{gain}(D, F_1) = \text{Entropie}(D) - \text{Entropie}(D|F_1) = 0.940–0.694=0.246$$

同理可以计算 F_2、F_3、F_4 的信息增益：

$$\text{gain}(D, F_2) = 0.940 - 0.911 = 0.029$$

$$\text{gain}(D, F_3) = 0.940 - 0.788 = 0.152$$

$$\text{gain}(D, F_4) = 0.940 - 0.892 = 0.048$$

显然，特征 F_1 的信息增益最大，可以将其作为节点分裂的特征。

（2）ID3 算法过程

1）从根节点开始分裂。

2）节点分裂前，遍历所有未被使用的特征，计算特征的信息增益。

3）选取信息增益最大的特征作为节点分裂的特征，并对该特征每个可能的取值生成一个子节点。

4）对子节点循环执行步骤 2、3，直至所有特征信息增益均小于某阈值或没有特征可以选择。

当一个特征可能的取值较多时，根据该特征更容易得到纯度更好的样本子集，信息增益会更大，因此 ID3 算法会偏向选择取值较多的特征，但不适用于极端情况下连续取值的特征选择。

2. C4.5

C4.5 是 ID3 算法的扩展，其构建决策树的算法过程也与 ID3 算法相似，唯一的区别在于 C4.5 不再采用信息增益，而是采用信息增益比进行特征选择，解决了 ID3 算法不能处理连续取值特征的问题。

信息增益比，是在信息增益的基础上乘以一个调节参数，特征的取值个数越多，该参数越小，反之则越大。信息增益比定义如下：

$$\text{gain}_R(D, F) = \frac{\text{gain}(D, F)}{\text{Entropie}_F(D)}$$

调节参数为 Entropie$_F(D)$ 的倒数，Entropie$_F(D)$ 表示数据集 D 以特征 F 作为随机变量的熵，其中 n 为特征 F 的取值个数。定义如下：

$$\text{Entropie}_F(D) = -\sum_{i=1}^{n} \frac{|D_i|}{|D|} \log \frac{|D_i|}{|D|}$$

3. CART

CART 和 ID3、C4.5 算法类似，也是由特征选择、决策树构建和剪枝几部分组成。CART 采用的是二分递归分裂的思想，因此生成的决策树均为二叉树。CART 包含两种类型的决策树：分类树和回归树。分类树的预测值是离散的，通常会将叶子节点中多数样本的类别作为该节点的预测类别。回归树的预测值是连续的，通常会将叶子节点中多数样本的平均值作为该节点的预测值。分类树采用基尼系数进行特征选择，而回归树采用均方误差。CART 是 XGBoost 树模型的重要组成部分，详细介绍参见第 5 章相关内容。

3.4.3 决策树剪枝

剪枝是决策树算法中必不可少的一部分。因为在决策树学习的过程中，为了尽可能正确地分类训练样本，算法会过多地进行节点分裂，导致生成的决策树非常详细且复杂。这样的模型对样本噪声非常敏感，容易产生过拟合，对新样本的预测能力也较差，因此需要通过决策树剪枝来提高模型的泛化能力。

决策树的剪枝策略分为预剪枝（pre-pruning）和后剪枝（post-pruning）两类。预剪枝是在决策树分裂过程中，在每个节点分裂前预先进行评估，若该节点分裂后并不能使决策树模型泛化能力有所提升，则该节点不分裂。后剪枝则是先构造一棵完全决策树，然后自底向上对非叶子节点进行评估，若将该非叶子节点剪枝有助于决策树模型泛化能力的提升，则将该节点子树剪去，使其变为叶子节点。

3.4.4 决策树解决肿瘤分类问题

本节介绍如何应用决策树解决实际问题，以 3.3.3 节中的预测良性/恶性乳腺肿瘤的二分类问题为例。scikit-learn 实现了决策树算法，它采用的是一种优化的 CART 版本，既可以解决分类问题，也可以解决回归问题。分类问题使用 DecisionTreeClassifier 类，回归问题使用 DecisionTreeRegressor 类。两个类的参数相似，只有部分有所区别，以下是对主要参数的说明。

1）criterion：特征选择采用的标准。DecisionTreeClassifier 分类树默认采用 gini（基尼系数）进行特征选择，也可以使用 entropy（信息增益）。DecisionTreeRegressor 默认采用

MSE（均方误差），也可以使用 MAE（平均绝对误差）。

2）splitter：节点划分的策略。支持 best 和 random 两种方式，默认为 best，即选取所有特征中最优的切分点作为节点的分裂点，random 则随机选取部分切分点，从中选取局部最优的切分点作为节点的分裂点。

3）max_depth：树的最大深度，默认为 None，表示没有最大深度限制。节点停止分裂的条件是：样本均属于相同类别或所有叶子节点包含的样本数量小于 min_samples_split。若将该参数设置为 None 以外的其他值，则决策树生成过程中达到该阈值深度时，节点停止分裂。

4）min_samples_split：节点划分的最小样本数，默认为 2。若节点包含的样本数小于该值，则该节点不再分裂。若该字段设置为浮点数，则表示最小样本百分比，划分的最小样本数为 ceil(min_samples_split * n_samples)。

5）min_samples_leaf：叶子节点包含的最小样本数，默认为 1。此字段和 min_samples_split 类似，取值可以是整型，也可以是浮点型。整型表示一个叶子节点包含的最小样本数，浮点型则表示百分比。叶子节点包含的最小样本数为 ceil(min_samples_leaf * n_samples)。

6）max_features：划分节点时备选的最大特征数，默认为 None，表示选用所有特征。若该字段为整数，表示选用的最大特征数；若为浮点数，则表示选用特征的最大百分比。最大特征数为 int(max_features * n_features)。

7）max_leaf_nodes：最大叶子节点数，默认为 None，表示不作限制。通过配置该字段，可以限制决策树的最大叶子节点数，防止模型过拟合。

8）class_weight：类别权重，默认为 None，表示每个类别的权重均为 1。该字段主要用于分类问题，防止训练集中某些类别的样本过多，导致决策树训练更偏向于这些类别。通过该字段可以指定每个类别的权重，也可以设置为"balanced"，使算法自动计算类别的权重，样本量少的类别权重会高一些。

以上是 scikit-learn 决策树中的常用参数，另外还有 random_state、min_impurity_decrease、min_impurity_split 等参数，其说明和使用方法可参阅相关资料⊖。

了解 scikit-learn 的决策树接口后，下面介绍如何应用决策树解决预测良性/恶性乳腺肿瘤的二分类问题。数据集相关信息参见 3.3.3 节。

先加载任务数据集。

```
1. from sklearn import datasets
2.
3. # 加载乳腺癌数据
4. cancer = datasets.load_breast_cancer()
5. X = cancer.data
```

⊖ 可参见 http://scikit-learn.org/stable/modules/generated/sklearn.tree.DecisionTreeClassifier.html#sklearn.tree.DecisionTreeClassifier。

```
6. y = cancer.target
7. print X.shape
8. print y.shape
```

划分训练集和测试集，比例为 4 : 1。

```
1. from sklearn.cross_validation import train_test_split
2. X_train, X_test, y_train, y_test = train_test_split(X, y ,test_size =
                                     1/5.,random_state = 8)
```

因为是分类任务，所以调用 scikit-learn 中的 DecisionTreeClassifier 接口进行模型训练。通过训练好的模型对测试集进行预测，并评估预测效果，具体代码如下：

```
1. from sklearn import tree
2. from sklearn.cross_validation import cross_val_score
3. from sklearn.metrics import classification_report
4.
5. # 决策树
6. clf = tree.DecisionTreeClassifier(max_depth=4)
7.
8. # 训练模型
9. clf.fit(X_train,y_train)
10.
11. # 预测
12. y_pred = clf.predict(X_test)
13.
14.# 评估预测效果
15. print classification_report(y_test, y_pred, target_names=['Benign', 'Malignant'])
```

评估结果输出如图 3-11 所示。

	precision	recall	f1-score	support
Benign	0.93	0.87	0.90	46
Malignant	0.92	0.96	0.94	68
avg / total	0.92	0.92	0.92	114

图 3-11　决策树预测结果评估

为便于读者直观地理解树模型，可以使用 Graphviz 工具包将模型可视化。Graphviz 是一个开源的图形可视化软件，可以将结构数据转化为形象的图形或网络，在软件工程、数据库、机器学习等领域的可视化界面中有应用。函数 export_graphviz 可以将 scikit-learn 中的决策树导出为 Graphviz 的格式，相关参数可参考相关资料⊖。导出完成后即可对 Graphviz 格

⊖ 可参见 http://scikit-learn.org/stable/modules/generated/sklearn.tree.export_graphviz.html#sklearn.tree.export_graphviz。

式的决策树进行图形渲染，如下：

```
1. import graphviz
2.
3. dot_data = tree.export_graphviz(clf, out_file="tree.dot",
4.                          feature_names=cancer.feature_names,
5.                          class_names=cancer.target_names,
6.                          filled=True, rounded=True,
7.                          special_characters=True)
8. graph = graphviz.Source(dot_data)
9. graph
```

决策树可视化结果如图 3-12 所示。

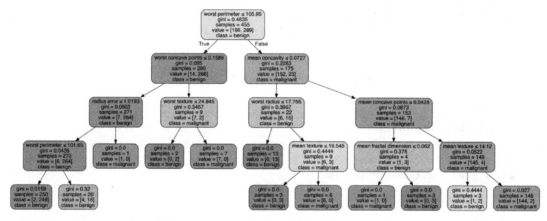

图 3-12　决策树可视化

该决策树训练时指定了 **max_depth** 为 4，读者可以根据实际情况自行调节该参数。图 3-12 直观地展示了各个节点的基尼系数、包含样本数、预测值、划分类别以及非叶子节点的分裂条件等信息。以其中一个非叶子节点为例，如图 3-13 所示。

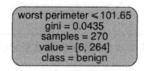

图 3-13　非叶子节点统计信息

该节点的分裂条件为 worst perimeter 特征是否小于等于 101.65，计算的基尼系数为 0.0435，共包含 270 个样本，两个类别预测值分别为 6 和 264，因为第 2 个类别预测值更高，所以该节点类别被判定属于 benign。

XGBoost 树模型也可以解决此类问题，关于 XGBoost 树模型的应用会在第 4 章详细介绍。

3.5　正则化

一般来讲，好的机器学习监督算法需满足两方面的要求：既能很好地拟合训练数据，又具有较好的泛化能力，即模型要避免欠拟合和过拟合问题。前面讨论的模型训练（如梯度下降）均是围绕解决模型的欠拟合问题展开的，通过最小化损失函数来减小模型预测值与真实值之间的误差。因为数据集中总会有一些噪声，模型在拟合数据时可能会把噪声也拟合进来，导致模型过拟合。本节讨论的正则化，则是用于避免模型在学习过程中产生过拟合的问题，从而提高模型的泛化能力。

正则化是对损失函数的一种惩罚，即对损失函数中的某些参数进行限制。一般认为，参数值较小的模型比较简单，能更好地适应不同的数据集，泛化能力更强。正则化中最常用的正则项是 L1 范数和 L2 范数。

- L1 范数是权重向量中各元素的绝对值之和，一般用 $\parallel \omega \parallel_1$ 表示；
- L2 范数是权重向量中各元素的平方和然后再求平方根，一般用 $\parallel \omega \parallel_2$ 表示。

假设模型只有两个参数 ω_1 和 ω_2，则 L1 范数为 $\parallel \omega \parallel_1 = |\omega_1| + |\omega_2|$，L2 范数为 $\parallel \omega \parallel_2 = \sqrt{\omega_1^2 + \omega_2^2}$，带有 L1 正则项的损失函数为：

$$J = J_0 + \alpha \sum_{\omega} |\omega|$$

带有 L2 正则项的损失函数为：

$$J = J_0 + \lambda \sum_{\omega} \omega^2$$

其中，J_0 为原始损失函数；J 为增加正则项的新损失函数；α 和 λ 分别为 L1 和 L2 正则项的系数，用于控制原损失函数和正则项的平衡。

L1 范数和 L2 范数都可以降低模型过拟合的风险。L1 范数是将权值变得更稀疏，可以使权值变为 0 从而用于特征选择，使模型具有很好的可解释性。L2 范数不会使权值变为 0，而仅是尽可能地小，进而使每个特征对模型的预测结果仅产生较小的影响。那么 L1 范数和 L2 范数是如何达到上述效果的呢？依然以上述两个参数的模型为例。对于 L1 范数，我们在参数 ω_1 和 ω_2 确定的平面上，分别画出原始损失函数的等值线和正则项的等值线，如图 3-14 所示。

图 3-14 中，纵坐标为 ω_2，横坐标为 ω_1，椭圆曲线为原始损失函数的等值线，其中 $\hat{\omega}$ 点为理想的最优解，这和之前介绍的梯度下降的等值线非常相似，梯度下降即垂直于等值线，一步一步逼近最优解。图中的方形线为 L1 正则项等值线，它与原始损失函数等值线的交点即为求得的最优解，可以看到，L1 正则项等值线和原始损失函数等值线更容易相交于坐标轴上，从而使 L1 得到稀疏解。再看 L2 范数，和 L1 范数类似，在 ω_1 与 ω_2 确定的平面上画出

原始损失函数等值线和正则项等值线，如图 3-15 所示。

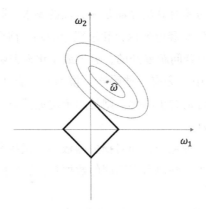

图 3-14　L1 正则化

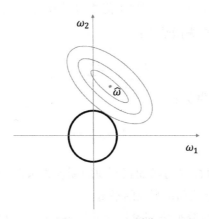

图 3-15　L2 正则化

显然，L2 范数的正则项等值线与原始损失函数等值线更容易相交于某个象限中，因此 L2 范数会使权值更小，而非使其更稀疏。下面从数学的角度来验证正则化在模型中是如何发挥作用的。

1. 线性回归正则化

由 3.2 节可知，线性回归的损失函数可表示为:

$$J(\boldsymbol{\omega}) = \frac{1}{2m} \sum_{i=0}^{m} \left(h_{\boldsymbol{\omega}}(x^{(i)}) - y^{(i)} \right)^2$$

先以 L2 范数为例，来说明正则项如何对线性回归参数产生影响，带有 L2 正则项的新损

失函数如下:

$$J(\boldsymbol{\omega}) = \frac{1}{2m}\left[\sum_{i=0}^{m}\left(h_{\boldsymbol{\omega}}(x^{(i)}) - y^{(i)}\right)^2 + \lambda\sum_{j=1}^{n}\omega_j^2\right]$$

参数 λ 是 L2 正则项的系数, 用于控制原损失函数和正则项的平衡, 即平衡拟合训练的目标和保持参数较小的目标。若 λ 取值过大, 函数会给参数一个比较大的惩罚, 所有的参数都可能会趋近于零, 这会导致模型不能很好地拟合训练目标, 导致欠拟合。而如果 λ 取值过小, 则可能会导致对参数的惩罚不足, 无法达到避免模型过拟合的目的。因此对 λ 取值时需要谨慎, 避免过大或过小。可以看到, 加入正则项后的损失函数不再仅仅取决于拟合训练的目标了。或许某个比较大的 $\boldsymbol{\omega}$, 可以使得 $\sum_{i=0}^{m}\left(h_{\boldsymbol{\omega}}(x^{(i)}) - y^{(i)}\right)^2$ 取值很小, 但是由于其导致正则项取值很大, 可能会使最终损失函数值也较大, 因而不能成为最优解。

加入正则项后, 仍然采用前述介绍的梯度下降法对模型进行迭代更新, 下面看看在加入正则项后模型参数更新发生了什么变化。对新的损失函数求梯度可得:

$$\frac{\partial J(\boldsymbol{\omega})}{\partial \omega_i} = \frac{1}{m}\sum_{i=0}^{m}(h_{\boldsymbol{\omega}}(x^{(i)}) - y^{(i)})x_j^{(i)} + \frac{\lambda}{m}\omega_j$$

利用该梯度对参数 ω_j 进行更新, 如下:

$$\omega_j = \omega_j - \alpha\left[\frac{1}{m}\sum_{i=0}^{m}(h_{\boldsymbol{\omega}}(x^{(i)}) - y^{(i)})x_j^{(i)} + \frac{\lambda}{m}\omega_j\right]$$

对其进行化简:

$$\omega_j = \omega_j\left(1 - \alpha\frac{\lambda}{m}\right) - \alpha\frac{1}{m}\sum_{i=0}^{m}(h_{\boldsymbol{\omega}}(x^{(i)}) - y^{(i)})x_j^{(i)}$$

因为 α 和 λ 均为正数, 而 m 为样本数量, 也为正数, 因此 $\left(1 - \alpha\frac{\lambda}{m}\right)$ 在每次更新 ω_j 时都会将 ω_j 缩小一点, 然后减去原损失函数的梯度。总体来看, $\boldsymbol{\omega}$ 是不断减小的。

2. 逻辑回归正则化

了解了线性回归的正则化后, 逻辑回归正则化就很好理解了。仍以 L2 正则为例来说明。逻辑回归原始的损失函数为:

$$J(\boldsymbol{\omega}) = -\frac{1}{m}\sum_{i=1}^{m}(y^{(i)}\log h_{\boldsymbol{\omega}}(x^{(i)}) + (1 - y^{(i)})\log(1 - h_{\boldsymbol{\omega}}(x^{(i)})))$$

在原始损失函数的基础上加上 L2 正则项, 得到新的损失函数:

$$J(\omega) = -\frac{1}{m}\left[\sum_{i=1}^{m}(y^{(i)}\log h_{\omega}(x^{(i)}) + (1 - y^{(i)})\log(1 - h_{\omega}(x^{(i)})))\right] + \frac{\lambda}{2m}\sum_{j=1}^{n}\omega_{j}^{2}$$

采用梯度下降法更新模型，求得新损失函数的梯度：

$$\frac{\partial J(\omega)}{\partial \omega_{j}} = \frac{1}{m}\sum_{i=1}^{m}(h_{\omega}(x^{(i)}) - y^{(i)})x_{j} + \frac{\lambda}{m}\omega_{j}$$

代入梯度更新公式 $\omega_j = \omega_j - \alpha\dfrac{\partial J(\omega)}{\partial \omega_j}$ $(j = 1, 2, \cdots, n)$ 得：

$$\omega_{j} = \omega_{j} - \alpha\left[\frac{1}{m}\sum_{i=1}^{m}(h_{\omega}(x^{(i)}) - y^{(i)})x_{j} + \frac{\lambda}{m}\omega_{j}\right] (j = 1, 2, \cdots, n)$$

整理得：

$$\omega_{j} = \omega_{j}\left(1 - \alpha\frac{\lambda}{m}\right) - \alpha\frac{1}{m}\sum_{i=1}^{m}(h_{\omega}(x^{(i)}) - y^{(i)})x_{j} \ (j = 1, 2, \cdots, n)$$

可以看到，逻辑回归和线性回归的参数更新公式，从形式上看似是一样的，实则有区别。区别就在于 $h_{\omega}(x^{(i)})$，线性回归的 $h_{\omega}(x) = \omega^{T}x$，而逻辑回归的 $h_{\omega}(x) = \dfrac{1}{1 + e^{-\omega^{T}x}}$。

3. 决策树正则化

决策树和线性回归、逻辑回归也可以在其损失函数中加入正则项，相关内容在第 5 章以 XGBoost 为例详细介绍。

3.6 排序

大数据时代的今天，从海量数据中快速找到需要的信息变得越来越困难，搜索引擎早已成为人们日常生活中必不可少的工具。搜索引擎中最为重要的一项技术便是排序（rank），利用机器学习优化搜索引擎的排序结果，很自然地成为业界的研究热点[⊖]。

先来看一个经典的排序场景——文档检索。给定一个查询，将返回相关的文档，然后通过排序模型 $f(q, d)$ 根据查询和文档之间的相关度对文档进行排序，再返回给用户，如图 3-16 所示，其中 q 代表查询（query），d 代表一个文档。

⊖ 可参见 Tie-Yan Liu. Learning to Rank for Information Retrieval. Foundations and Trends in Information Retrieval, v.3 n.3: 225-331. 2009.

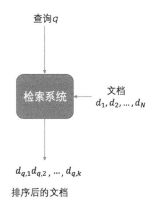

图 3-16　文档检索

通过机器学习解决排序问题，主要任务就是构建一个排序模型 $f(q, d)$，对查询下的文档进行排序，这个过程即为排序学习（learning to rank）。图 3-17 所示为排序学习的基本框架：

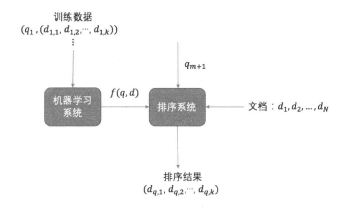

图 3-17　排序学习框架

在学习系统中，先通过训练集对模型进行训练。训练集包括文档和查询相关的特征，每个查询与多个文档相关联，文档与查询之间的相关度用 label 表示，label 得分越高表明相关度越大。每个查询 – 文档对的相关特征（如余弦相似度等）构成样本的特征向量 x_i，对应的相关度得分作为该样本的 label，用 y_i 表示，这样就构成了一个具体的训练实例 (x_i, y_i)。所有的训练实例构成训练集，输入到学习系统中训练模型，得到排序模型 $f(q, d)$。对于给定的查询 – 文档对的特征向量，使用排序模型预测其相关度得分。

构建训练集需要人工标记 label，即对于某个查询 q，人工标记出哪些文档与这个查询相关，并按相关度划分为几个档次，如以 1 ~ 5 分别代表微弱相关到非常相关。对于查询 q，相关的文档可能会非常多，完全依靠人工标注不太现实，此时可以借助用户点击记录来模拟这种行为。也有相关研究通过搜索日志数据自动判断相关度，可参考相关资料⊖。

完成排序模型训练之后，需要评估模型性能，即通过比较排序后的文档顺序列表与真实列表来评估。

3.6.1   排序学习算法

从目前的研究方法来看，排序学习算法主要分为以下 3 种：Pointwise 方法、Pairwise 方法和 Listwise 方法。

1. Pointwise 方法

Pointwise 方法是把排序问题转化为机器学习中常规的分类、回归问题，从而可以直接应用现有的分类、回归方法解决排序问题。

Pointwise 的处理对象是单一文档。将单一查询文档对转化为特征向量，相关度作为Label，构成训练样本，然后采用分类或回归方法进行训练。得到训练模型后，再通过模型对新的查询和文档进行预测，得到相关度得分，最终将该得分作为文档排序的依据。下面通过例子来说明 Pointwise 方法。表 3-2 提供了 4 个训练样本，每个样本有 2 个特征：文档的余弦相似度以及页面的 PageRank 值。Label 分为 3 个等级，即不相关、相关和非常相关。Pointwise 方法通过多分类算法训练该数据集，然后通过训练后得到的模型对新的查询和文档进行预测。

表 3-2   用户查询及文档相关度数据

文档 ID	查询	余弦相似度	PageRank 值	Label
1	Q1	0.09	1	不相关
2	Q1	0.18	4	相关
3	Q2	0.26	7	非常相关
4	Q2	0.33	3	相关

Pointwise 方法存在一定的局限性，它仅仅考虑单个文档的绝对相关度，没有考虑给定查询下的文档集合的排序关系。此外，排在前面的文档相比于排在后面的文档对排序的影响更为重要，因为在很多情况下人们只关注 top k 的文档，而 Pointwise 方法并没有考虑这方面的影响。

⊖   H. Li. Learning to rank for information retrieval and natural language processing. Synthesis Lectures on Human Language Technologies. Morgan & Claypool Publishers. 2011.

2. Pairwise 方法

如前所述，Pointwise 方法只考虑单个文档与查询的绝对相关度，没有考虑给定查询下的文档集合的排序关系。Pairwise 则将重点转向了文档之间的排序关系，它将排序问题转化为文档对 $<d_i, d_j>$ 排序关系的分类和回归问题。Pairwise 方法有许多实现，如 Ranking SVM、RankNet、Lambda Rank 以及 LambdaMART 等。

对于给定查询下的文档集合，其中任何两个相关度不同的文档都可以组成一个训练实例 $<d_i, d_j>$。若 d_i 比 d_j 更相关，则该实例的 label 为 1，否则为 –1，这样就得到一个二分类的训练集。使用该训练集进行训练，得到模型后，可以预测所有文档对的排序关系，进而实现对所有文档进行排序。

Pairwise 方法虽然考虑了文档之间的相对排序关系，但仍然没有考虑文档出现在结果列表中的位置。排在前面的文档更为重要，如果前面的文档出现错误，远比排在后面的文档出现错误影响更大。另外，对于不同的查询，相关文档数量有时差别会很大，转化为文档对后，有的查询可能有几百个文档对，而有的只有几个。这会使模型评估变得非常困难，如查询 1 对应 100 个文档对，查询 2 对应 10 个文档对。如果模型对查询 1 可以正确预测 80 个文档对，对查询 2 可正确预测 3 个，则总的文档对的预测准确率为 [(80+3)/(100+10)] × 100% ≈ 75%，而对于两个查询的准确率分别为 80% 和 30%，平均准确率为 55%，与总文档对的预测准确率差别很大，即模型更偏向于相关文档集更大的查询。

3. Listwise 方法

Pointwise 方法和 Pairwise 方法分别以一个文档和文档对作为训练实例，Listwise 方法则采用更直接的方式，即以整个文档列表作为一个训练实例。Listwise 方法包括 ListNet、AdaRank 等。

Listwise 根据训练集样本训练得到一个最优模型 f，对新查询通过模型对每个文档进行打分，然后将得分由高到低排序，得到最终排序结果，其中的关键问题是如何优化训练得到最优模型。其中一种方法是针对排序指标进行，如 MAP、NDCG 作为最优评分函数，但因为很多类似 NDCG 这样的评分函数具有非连续性，因此比较难优化。另外一种方法是优化损失函数，如以正确排序与预测排序的分值向量间余弦相似度作为损失函数等。

3.6.2　排序评价指标

1. 精确率、召回率和 F-Score

精确率、召回率和 F-Score 也可以作为排序评价的指标，其实现原理已在 3.3.2 节已详细介绍，此处不再赘述。

2. AUC

AUC（Area Under the Curve，曲线下面积）是二分类问题中较常用的评估指标之一，此处的曲线即 ROC（Receiver Operating Characteristic）曲线。ROC 曲线描述的是模型的 TPR（True Positive Rate）和 FPR（False Postive Rate）之间的变化关系，其中 TPR 为模型分类正确的正样本个数占总正样本个数的比例，FPR 为模型分类错误的负样本个数占总负样本个数的比例，可以用混淆矩阵中的 4 部分表示为：

$$FPR= \frac{FP}{TN+FP}$$

$$TPR= \frac{TP}{TP+FN}$$

其中，FP、TN、TP、FN 的定义见 3.3.2 节。ROC 曲线的横轴为 FPR，纵轴为 TPR。对于二分类问题，可以为每个样本预测一个正样本概率，通过与设定阈值的比较，决定其属于正样本还是负样本。例如，假设设定阈值为 0.7，概率大于 0.7 的为正样本，小于 0.7 的为负样本，即可求得一组（FPR, TPR）的值作为坐标点，然后逐渐减小阈值，则更多的样本会划分为正样本，但也会导致一些负样本被错误划分为正样本，即 FPR 和 TPR 会同时增大，最大为坐标（1, 1）。相反，阈值逐渐增大时，FPR 和 TPR 会同时减小，最小为（0, 0）。由此，便可得到 ROC 曲线。

ROC 曲线有 4 个比较特殊的点：

- （0, 0）——FPR 和 TPR 均为 0，表示模型将样本全部预测为负样本；
- （0, 1）——FPR 为 0，TPR 为 1，表示模型将样本全部预测正确；
- （1, 0）——FPR 为 1，TPR 为 0，表示模型将样本全部预测错误；
- （1, 1）——FPR 和 TPR 均为 1，表示模型将样本全部预测为正样本。

当 FPR 和 TPR 相等时（即斜对角线），表示预测的正样本一半是对的，一半是错的，即可代表随机分类的结果。由此可知，若 ROC 曲线在斜对角线以下，表示模型分类的效果比随机分类还要差，反之，则表明模型分类效果优于随机分类。虽然 ROC 曲线可以在一定程度上反映分类的效果，但需要比较多个模型的分类效果时，ROC 曲线则不够直观。因此，AUC 便应运而生。

AUC 即 ROC 曲线下的面积，它是一种定量的指标，取值范围为 [0, 1]，AUC 越大，表明模型分类效果越好。当 AUC<0.5 时，表明模型分类效果差于随机分类；当 0.5 < AUC < 1 时，表明模型分类效果优于随机分类；当 AUC=1 时，表明模型完全分类正确。AUC 在 XGBoost 中的参数为 auc，可用于二分类问题和排序问题。

3. MAP

MAP（Mean Average Precision）是信息检索中的一个评价指标。MAP 假定相关度有两个级别——相关与不相关。在学习 MAP 之前，我们先来了解一下 AP（Average Precision），其计算方法如下：

$$AP = \frac{\sum_{i=1}^{n}(P(k) \times \text{rel}(k))}{\text{相关文档数量}}$$

其中，k 为文档在排序列表中的位置，$P(k)$ 为前 k 个结果的准确率，即 $P(k) = \dfrac{\text{相关文档数量}}{\text{总文档数量}}$，rel($k$) 表示位置 k 的文档是否相关，相关为 1，不相关为 0。

MAP 为一组查询的 AP 的平均值，公式如下：

$$MAP = \frac{\sum_{q=1}^{Q} AP(q)}{Q}$$

其中，q 为查询，AP(q) 为查询的平均准确率，Q 为查询个数。

下面通过示例进行说明。假设有一排序系统，输入查询可以返回文档的排序列表。现分别通过 Q_1 和 Q_2 两个查询进行检索，假设 Q_1 共有 5 个相关文档，Q_2 有 4 个相关文档。该系统对 Q_1 检索出 3 个相关文档，其排序分别为 1，3，5；对 Q_2 检索出 4 个相关文档，共排序为 1，2，5，6；则 Q_1 的平均准确率为 (1/1 + 2/3 +3/5 + 0 + 0)/5 = 0.453，Q_2 的平均准确率为 (1/1 + 2/2 + 3/5 + 4/6)/4 = 0.816。则 MAP = (0.453 + 0.816)/2 = 0.635。

4. NDCG

前面介绍了准确率、MAP 等信息检索评价指标，下面介绍另外一种评价指标——NDCG（Normalized Discounted Cumulative Gain）。在 MAP 中，相关度只有相关、不相关两个级别。NDCG 则可以定义多级相关度，相关度级别更高的文档排序更靠前。在了解 NDCG 之前，先介绍一下 DCG（Discounted Cumulative Gain），即折扣累计增益。DCG 认为应对出现在排序列表中靠后的文档进行惩罚，因此文档相关度与其所在位置的对数成反比。只考虑前 P 个文档，DCG 定义为：

$$DCG_p = \sum_{i=1}^{p} \frac{\text{rel}_i}{\log_2(i+1)}$$

其中，rel$_i$ 是位置 i 上的文档相关度得分，$\dfrac{1}{\log_2(i+1)}$ 为折算因子。DCG 还有另外一种定义，也经常被使用：

$$DCG_p = \sum_{i=1}^{p} \frac{2^{rel_i} - 1}{\log_2(i+1)}$$

该定义更强调检索相关度高的文档，被广泛应用于网络搜索公司和 Kaggle 等机器学习竞赛中。

因为不同的搜索结果列表长度很可能有所不同，因此不能用 DCG 对不同搜索结果进行对比，需要对 DCG 值进行归一化，即需要用到下面要介绍的 NDCG。首先计算位置 p 最大可能的 DCG，即理想情况下的 DCG（IDCG）：

$$IDCG_p = \sum_{i=1}^{p} \frac{2^{rel_i} - 1}{\log_2(i+1)}$$

则 NDCG 为：

$$NDCG_p = \frac{DCG_p}{IDCG_p}$$

NDCG 会对文档排名较高的给予高分。对于理想情况下的排名，每个位置的 NDCG 值总为 1；对于非理想的排名，NDCG 值小于 1。

下面通过例子来介绍 NDCG 的计算过程，假设查询 q 的结果列表包含 5 个文档，分别为 $D_1 \sim D_5$（下标表示当前排序位置），相关度级别取值为 1、2、3，分别代表不相关、相关、非常相关，$D_1 \sim D_5$ 的相关度分别为 3、1、3、2、2。对每个文档计算 $\log_2(i+1)$ 和 $\frac{rel_i}{\log_2(i+1)}$，如表 3-3 所示。

表 3-3　DCG 计算

i	rel_i	$\log_2(i+1)$	$\dfrac{rel_i}{\log_2(i+1)}$
1	3	1	3
2	1	1.585	0.631
3	3	2	1.5
4	2	2.322	0.861
5	2	2.585	0.774

由此可计算 DCG_5 为：

$$DCG_5 = \sum_{i=1}^{5} \frac{rel_i}{\log_2(i+1)} = 3 + 0.631 + 1.5 + 0.861 + 0.774 = 6.766$$

由表 3-3 可知，交换排名第一位和第二位的文档会导致 DCG 减小，因为不相关的文档排到了更高的位置，而非常相关文档却排到了更低的位置，因此不相关文档对应较大的折算因子，而相关文档对应较小的折算因子，导致 DCG 减小。假设除了查询结果列表的 5 个文档之外，还有两个文档 D_6、D_7 未进入结果列表，其相关度分别为 3 和 1。对这 7 个文档按相关度进行排序，有：

$$3，3，3，2，2，1，1$$

计算到位置 5 的理想 DCG（IDCG）为：

$$IDCG_5 = 8.025$$

可求得 $NDCG_5$ 为：

$$NDCG_5 = \frac{DCG_5}{IDCG_5} = \frac{6.766}{8.025} \approx 0.843$$

3.7　人工神经网络

人类大脑可以看作一个由神经元相互连接的生物神经网络，包括处理信息的神经元（neuron）细胞和连接神经元细胞进行信息传递的突触（synapse）。如图 3-18 所示，神经元细胞通过树突（dendrite）接收来自其他神经元的输入信号，然后对信号进行处理，最后由轴突（axon）输出信号。科学家受人类大脑的启发，于 1943 年开发了第一个人工神经网络的概念模型，并定义了神经元的概念：一个存活于细胞网络中的单个细胞，能够接收和处理输入，并产生相应输出。人工神经网络和生物神经网络类似，也是由一系列简单单元相互连接而成的，每个单元是一个神经元模型，能够处理一个或多个输入，产生单个输出。

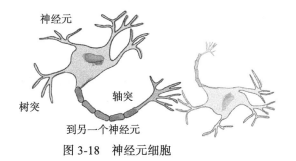

神经元

树突　　　　　轴突

到另一个神经元

图 3-18　神经元细胞

3.7.1　感知器

感知器是只包含一个神经元的计算模型，由康奈尔航空实验室的 Frank Rosenblatt 于 1957 年发明。感知器由一个或多个输入、处理器以及单个输出组成，如图 3-19 所示。

x_1, x_2, x_3 为输入，ω_1, ω_2, ω_3 分别为其权重，通常还会有一个常数误差项 b（未在图 3-19 中画出），经过处理器处理，得到输出 y。

感知器通过激活函数处理变量和模型参数的线性组合，实现对样本的分类，计算公式如下：

$$y = \varphi\left(\sum_{i=1}^{m} \omega_i x_i + b\right)$$

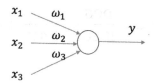

图 3-19　感知器

其中，ω_i 是模型参数，b 是常数误差项，φ 是激活函数。在二分类情况下，激活函数告知感知器是否触发。最初的感知器采用的激活函数是阶跃函数，公式如下：

$$y = \varphi(v) = \begin{cases} 1 & v \geq 0 \\ 0 & v < 0 \end{cases}$$

先判断加权变量和加上常数误差是否大于等于 0，如果是，则激活函数返回 1，否则返回 0。由于阶跃函数具有不连续、不光滑等缺点，实际应用场景下更多地采用 sigmoid、ReLU 等函数作为激活函数。

感知器的学习目标，就是找到能将正负要本完全正确划分的分离超平面，即寻找 ω 和 b。感知器算法是一种错误驱动的学习算法，学习规则非常简单。对于样本 (x, y)，如果感知器预测正确，算法继续处理下一个样本；如果预测错误，则算法对现有权重进行调整，调整规则如下：

$$\omega_i = \omega_i + \Delta \omega_i$$
$$\Delta \omega_i = \eta(y - \hat{y})x_i$$

其中，η 为学习率，取值范围为 0 ~ 1。这里的权重调整规则与梯度下降法中的权重更新类似，均是向样本被正确分类的方向进行更新，并且更新幅度均由学习率控制。

由于感知器只拥有一层功能神经元，其学习能力十分有限，只能处理线性可分的问题。如果存在一个线性超平面能将数据集中不同类别的数据分开，那么该数据集是线性可分的，感知器对这样的数据集的学习过程可以收敛。对于线性不可分的数据集，感知器的学习过程就不会收敛了。

　　一个最简单的线性不可分的例子便是异或（XOR）问题，感知器对这种问题无法得到有效解。在介绍异或问题之前，先来看一下与（AND）和或（OR）、如果要使 A AND B 结果为 1，则 A 和 B 必须同时为 1；如果要使 A OR B 为 1，则需要 A 或 B 其中一个为 1。它们都是线性可分的，如图 3-20 所示。

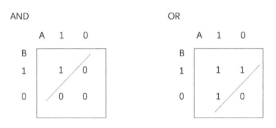

图 3-20　AND 和 OR 线性可分

　　对于异或来讲，若要满足 A XOR B 为 1，则 A 和 B 不能同时为 1 或 0，否则 A XOR B 为 0。这种情况下不能找到一条直线将 1 和 0 完美地分开，因此是线性不可分的，如图 3-21 所示。

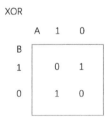

图 3-21　XOR 线性不可分

　　即使像异或这种简单的问题，由于是线性不可分的，感知器也还不能处理，因此需要用人工神经网络来解决感知器无法解决的问题。

3.7.2　人工神经网络的实现原理

　　人工神经网络是由大量人工神经元连接而成的计算模型，通过该结构对函数进行估计和近似，从而解决实际问题。人工神经网络主要包含 3 部分：结构（architecture）、激活函数和学习规则。结构为神经网络的拓扑结构。激活函数和感知器的激活函数类似，目的是为神经网络引入非线性因素。学习规则是调整权重并找到最优解的学习算法。

1. 多层感知器

由上述可知，感知器并不能解决类似异或这样的线性不可分问题。但很容易发现，只要将两个感知器连接起来，即可解决异或问题，如图 3-22 所示。

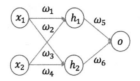

图 3-22　多层感知器

类似图 3-22 这种结构的感知器称为多层感知器。多层感知器是目前流行的人工神经网络之一。图中的多层感知器包含 3 层：输入层、隐藏层和输出层。输入层负责接收输入信息，其每个神经元至少连接一个隐藏层的神经元。最右边一层为输出信息的输出层，在本例中，该层只有一个节点。中间层为隐藏层，因用户不能直接在样本训练集中观测到它们的值，由此得名。在本例中，隐藏层只有一层，复杂的神经网络一般包含多个隐藏层。

2. 反向传播

神经网络的训练过程要比单个感知器复杂得多。单个感知器很容易获得误差对权重的反馈，从而对权重进行更新，但神经网络的网络结构很复杂，每个权重无法直接获得误差的反馈，因此需要通过反向传播算法实现。反向传播算法是人工神经网络中常用的权重梯度计算算法，常用于训练深度神经网络。

简单来讲，反向传播算法是利用复合函数的链式法则对每层迭代计算梯度，使梯度变化沿网络链式反向"传播"到相应权重，从而对权重进行调整。反向传播主要由两个阶段组成：**激励传播**（propagation）和**权重更新**（weight update）。激励传播的步骤如下：首先将特征变量输入网络，传播到下一层产生激励，再将激励通过网络向前传播，最终产生输出值。然后计算输出值与目标值的误差，并将误差重新传回网络，输出所有权重的增量。激励传播完成后，便进入权重更新阶段。反向传播算法的权重更新策略和梯度下降法的类似，即得到权重更新梯度后，乘以学习率参数，再对现有权重进行更新。

下面以图 3-22 中的多层感知器为例介绍上述过程。图中 x_i 为特征向量的第 i 个输入，ω 为权重，此外，用 E 表示最终损失函数，y 表示训练的目标值，φ 表示激活函数，in_{h_1} 表示 h_1 节点输入，out_{h_1} 表示 h_1 节点输出。

先是前向传播阶段，将特征变量 x 输入网络，传播到下一层输出激励，h_1 和 h_2 节点输入分别为：

$$\text{in}_{h_1}=\omega_1 x_1+\omega_3 x_2+b_1$$
$$\text{in}_{h_2}=\omega_2 x_1+\omega_4 x_2+b_1$$

其中，b_1 为常数误差项（未在图 3-22 中画出）。得到输入后，通过激活函数产生 h_1 和 h_2 节点的激励：

$$\text{out}_{h_1}=\varphi(\text{in}_{h_1})=\varphi(\omega_1 x_1+\omega_3 x_2+b_1)$$
$$\text{out}_{h_2}=\varphi(\text{in}_{h_2})=\varphi(\omega_2 x_1+\omega_4 x_2+b_1)$$

一个隐藏层产生的激励计算完成之后，可通过该激励计算下一个隐藏层的输入。因为本例只包含一个隐藏层，因此直接计算输出层 o 节点的输入：

$$\text{in}_o=\omega_5\text{out}_{h_1}+\omega_6\text{out}_{h_2}+b_2$$

其中，b_2 为常误差项（未在图 3-22 中画出）。最后计算输出层节点的激励，即 o 节点的实际输出：

$$\text{out}_o=\varphi(\text{in}_o)=\varphi(\omega_5\text{out}_{h_1}+\omega_6\text{out}_{h_2}+b_2)$$

将输出节点的实际输出和目标值 y 代入损失函数 E，即可计算得到最终损失 E_{total}：

$$E_{\text{total}}=E(y,\ \text{out}_o)$$

若神经网络包含多个输出节点，则最终损失 E_{total} 为所有输出节点损失的和。模型的目标是使得最终损失最小，为了达到这一目标，需要对网络中的权重进行调节。

我们通过反向传播来更新网络中的权重。将误差反向传回网络，由输出层开始逐层迭代，进而更新整个网络的权重。以权重 ω_5 为例，根据链式法则，求最终损失 E_{total} 对 ω_5 的偏导如下：

$$\frac{\partial E_{\text{total}}}{\partial \omega_5}=\frac{\partial E(y,\ \text{out}_o)}{\partial \text{out}_o}*\frac{\partial \text{out}_o}{\partial \text{in}_o}*\frac{\partial \text{in}_o}{\partial \omega_5}$$

依据权重更新策略更新权重 ω_5，如下：

$$\omega_5^*=\omega_5-\alpha\frac{\partial E_{\text{total}}}{\partial \omega_5}$$

同理可对 ω_6 进行更新。完成该层权重更新后，即可对下一层权重进行处理。需要注意的是，新一层权重更新时用到的上一层的权重值为更新前的权重（如 ω_5），而非更新后的权重（如 ω_5^*）。下面以更新权重 ω_1 为例，计算 E_{total} 对 ω_1 的偏导：

$$\frac{\partial E_{\text{total}}}{\partial \omega_1}=\frac{\partial E_{\text{total}}}{\partial \text{out}_{h_1}}*\frac{\partial \text{out}_{h_1}}{\partial \text{in}_{h_1}}*\frac{\partial \text{in}_{h_1}}{\partial \omega_1}$$

其中

$$\frac{\partial E_{\text{total}}}{\partial \text{out}_{h_1}} = \frac{\partial E(y, \text{out}_o)}{\partial \text{out}_o} * \frac{\partial \text{out}_o}{\partial \text{in}_o} * \frac{\partial \text{in}_o}{\partial \text{out}_{h_1}}$$

更新 ω_1：

$$\omega_1^* = \omega_1 - \alpha \frac{\partial E_{\text{total}}}{\partial \omega_1}$$

同理可对权重 ω_2、ω_3、ω_4 进行更新。本例只有一个输出节点，如果网络包含多个输出节点，则分别对其求偏导，并将多个偏导的和作为最终偏导数。比如两个输出节点，并且 h_1 节点和这两个输出节点均有连接，则：

$$\frac{\partial E_{\text{total}}}{\partial \text{out}_{h_1}} = \frac{\partial E_{o_1}}{\partial \text{out}_{h_1}} + \frac{\partial E_{o_2}}{\partial \text{out}_{h_1}} = \frac{\partial E(y, \text{out}_{o_1})}{\partial \text{out}_{h_1}} + \frac{\partial E(y, \text{out}_{o_2})}{\partial \text{out}_{h_1}}$$

网络权重全部更新完成后，便可按照新的权重重新执行前向传播，此时得到的最终损失应该会比上一轮小，然后进行反向传播调整权重，重复上述过程，直至模型收敛或达到设定的停止条件。

3.7.3　神经网络识别手写体数字

手写体数字数据集（MNIST）是一个经典的多分类数据集，由不同的手写体数字图片以及 0 ~ 9 的数字标签样本构成。scikit-learn 中的手写体数字数据集共有 1797 个样本，每个样本包含一个 8×8 像素的图像和 0 ~ 9 的数字标签。

scikit-learn 通过 MLPClassifier 类实现的多层感知器完成分类任务，通过 MLPRegressor 类完成回归任务。对于手写体数字数据集这样的多分类问题，显然要采用 MLPClassifier。MLPClassifier 的常用参数如下。

- hidden_layer_sizes：用来指定隐藏层包含的节点数量，其类型为 tuple，长度是 n_layers–2，其中 n_layers 为网络总层数；
- activation：指定隐藏层的激活函数，默认为 relu；
- solver：指定权重的更新方法，默认为 sgd，即随机梯度下降法；
- alpha：指定 L2 正则的惩罚系数；
- learning_rate：指定训练过程中学习率更新方法，有 constant、invscaling 和 adaptive 这 3 种方法。其中，constant 表示学习率在训练过程中为固定值；invscaling 表示随着训练的进行，学习率指数降低；adaptive 表示动态调整，当训练误差不断减少时（减少量超过一定阈值），学习率保持不变，若连续两次迭代训练损失未达到上述条件，则学习率缩小为原值的 1/5。

- max_iter 表示迭代的最大轮数，对于 solver 为 sgd 和 adam 的情况，max_iter 相当于 epoch 的数量。

了解了 MLPClassifier 类的常用参数后，下面介绍如何使用 MLPClassifier 来解决识别手写体数字的问题。

1. 加载数据集

其中，X 为 8×8 像素特征，共 64 个特征，y 为样本 label，取值为 0 ~ 9，表示该图片的手写体数字。代码如下：

```
1. from sklearn import datasets
2.
3. # 加载手写体数字数据集
4. digits = datasets.load_digits()
5. X = digits.data
6. y = digits.target
```

2. 划分数据集

按 4 : 1 的比例将数据划分为训练集和测试集，代码如下：

```
1. from sklearn.model_selection import train_test_split
2. X_train, X_test, y_train, y_test = train_test_split(X, y ,test_size =
                                      1/5.,random_state = 8)
```

3. 模型拟合与评估

首先定义一个 MLP 模型，这里配置了两个隐藏层，其节点数分别是 128 和 64，L2 正则惩罚系数 alpha 为 1e - 4，solver 采用随机梯度下降法（读者也可以尝试采用其他参数）。模型定义完成后，便可以用训练集训练模型，再对测试集进行预测，最后以准确率作为评估指标，评估模型的预测结果。具体代码如下：

```
1. from sklearn.neural_network import MLPClassifier
2. from sklearn.metrics import accuracy_score
3.
4. # MLP
5. mlp = MLPClassifier(hidden_layer_sizes=(128,64), max_iter=50, alpha=1e-4,
       solver='sgd')
6.
7. # 训练模型
8. mlp.fit(X_train,y_train)
9.
10. # 预测
11. y_pred = mlp.predict(X_test)
12.
```

```
13. # 用准确率进行评估
14. print "神经网络准确率: ", accuracy_score(y_test, y_pred)
```

输出结果如图 3-23 所示。

神经网络准确率: 0.9722222222222222

图 3-23   神经网络模型评估

可以看到，通过神经网络模型对手写体数字识别的预测效果还不错，测试集准确率可以达到 97% 以上。读者也可自行尝试其他参数，以观察不同参数对模型预测的影响。

3.8 支持向量机

支持向量机（Support Vector Machine，SVM）是监督学习中常用的机器学习方法。该方法于 1995 年由 Vapnik 等人提出，在实际应用中取得了不错的效果，并迅速流行起来，成为机器学习领域最常用的算法之一。支持向量机属于监督学习算法，主要用于解决分类问题，尤其适用于样本较少的小数据集。支持向量机的原理是通过找到一个超平面将不同类别的样本进行划分，并且划分时遵循最大间隔原则。

假设有一个包含两类样本的数据集，如图 3-24 所示，圆形和三角形分别代表两种类别。该数据集显然是线性可分的，而且通过旋转或平移能够找到多条可划分两类样本的直线。虽然这些线性分类器均可将数据集样本完美划分，但并不代表这些分类器是没有区别的，因为还要考虑未来新的数据，新数据中可能会出现比训练集数据更接近分类器的样本。以图 3-24 为例，B、C 两个直线分类器相比于 A 更容易产生误判，因此在方向不变的前提下，分类效果最好的是位于 B、C 直线正中间的直线。然而，这样的直线在不同方向上都可能存在，哪个方向的才是最优的呢？要回答这个问题，需要先了解间隔的概念。

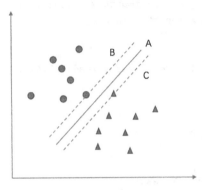

图 3-24   直线分类器

对于 B、C 这样同方向的两个直线分类器，直线间的垂直距离称为**间隔**。间隔越大说明该方向的分类器的抗扰动能力越强。因此，不同方向的直线分类器中，间隔最大的即为最优分类器。支持向量机致力于找到这样的分类器。那些位于 B、C 直线上的样本点称为支持向量。图 3-24 所示为二维空间，其分类器是一条直线；若是三维空间，划分不同类别样本的则是一个二维平面。以此类推，划分 n 维空间的则是一个 $n{-}1$ 维的超平面。

下面探讨如何找到最优超平面。为便于描述，仍以图 3-24 所示的二维空间为例。先给出优化目标的数学定义。由前述可知，具有最大间隔的分类器为支持向量机的最优解，因此需要先计算间隔，即求点到直线的距离，如下：

$$d = \frac{|\boldsymbol{\omega}^{\mathrm{T}}\boldsymbol{x}+b|}{\|\boldsymbol{\omega}\|} \tag{3-1}$$

在二维空间中，分类超平面即为一条直线，直线的数学方程式定义很简单，即 $y=ax+b$，可以将其写为更一般的向量形式 $\boldsymbol{\omega}^{\mathrm{T}}\boldsymbol{x}+b=0$，向量 $\boldsymbol{\omega}$ 决定了直线的方向，b 决定了直线的位置。用 y 表示图 3-24 中的两类样本的标签，圆形样本标签为 +1，三角形样本标签为 –1。如果超平面方程能够完美地将这两类样本分开，则满足：若样本标签 y 为 +1，$\boldsymbol{\omega}^{\mathrm{T}}\boldsymbol{x}+b>0$；若样本标签 y 为 –1，则 $\boldsymbol{\omega}^{\mathrm{T}}\boldsymbol{x}+b<0$。

假设支持向量到分类超平面的距离是 d，样本需要满足如下不等式：

$$\begin{aligned}
\frac{(\boldsymbol{\omega}^{\mathrm{T}}\boldsymbol{x}+b)}{\|\boldsymbol{\omega}\|} &\geqslant d, \quad y_i = +1 \\
\frac{(\boldsymbol{\omega}^{\mathrm{T}}\boldsymbol{x}+b)}{\|\boldsymbol{\omega}\|} &\leqslant -d, \quad y_i = -1
\end{aligned} \tag{3-2}$$

为了方便计算，将上述不等式进行等价变换，令

$$\boldsymbol{\omega}_1 = \frac{\boldsymbol{\omega}}{\|\boldsymbol{\omega}\|d}$$

$$b_1 = \frac{b}{\|\boldsymbol{\omega}\|d}$$

得：

$$\begin{aligned}
\boldsymbol{\omega}_1^{\mathrm{T}}\boldsymbol{x}+b_1 &\geqslant 1, \; y_i=1 \\
\boldsymbol{\omega}_1^{\mathrm{T}}\boldsymbol{x}+b_1 &\leqslant -1, \; y_i=-1
\end{aligned}$$

为后续方便表示，将 $\boldsymbol{\omega}_1$ 替换为 $\boldsymbol{\omega}$，b_1 替换为 b，即

$$\begin{aligned}
\boldsymbol{\omega}^{\mathrm{T}}\boldsymbol{x}+b &\geqslant 1, \; y_i=1 \\
\boldsymbol{\omega}^{\mathrm{T}}\boldsymbol{x}+b &\leqslant -1, \; y_i=-1
\end{aligned} \tag{3-3}$$

该不等式有利于后续计算，当样本为支持向量时上述等号成立，即图 3-24 中穿过支持向量的直线。因此，支持向量到分类超平面的距离为：

$$d = \frac{|\boldsymbol{\omega}^{\mathrm{T}}\boldsymbol{x}+b|}{\|\boldsymbol{\omega}\|} = \frac{1}{\|\boldsymbol{\omega}\|} \tag{3-4}$$

则分类超平面的间隔为：

$$\frac{2}{\|\boldsymbol{\omega}\|}$$

由此，若要找到最优超平面使得间隔最大，只需找到一组参数 $\boldsymbol{\omega}$ 和 b，使得 $\dfrac{2}{\|\boldsymbol{\omega}\|}$ 最大。最大化 $\dfrac{2}{\|\boldsymbol{\omega}\|}$ 等价于最小化 $\dfrac{1}{2}\|\boldsymbol{\omega}\|^2$。此外，还可以将不等式的约束条件进行简化，将标签 y_i 乘以不等式左边，则可得到如下等价形式：

$$y_i(\boldsymbol{\omega}^{\mathrm{T}}\boldsymbol{x}_i+b) \geqslant 1 \quad \forall \boldsymbol{x}_i \tag{3-5}$$

最终，优化问题转化为：

$$\min_{\boldsymbol{\omega},b} \frac{1}{2}\|\boldsymbol{\omega}\|^2$$
$$\text{s.t.}\, y_i(\boldsymbol{\omega}^{\mathrm{T}}\boldsymbol{x}_i+b) \geqslant 1,\ i=1, 2, 3, \cdots, m \tag{3-6}$$

上述问题本身是一个凸二次规划问题，一种比较有效的方法是通过拉格朗日乘子法得到其对偶问题。拉格朗日乘子法是将带有约束条件的目标函数优化问题，转化为无约束条件的目标函数的极值问题来求解，具体方法是为每一个约束条件加上一个拉格朗日乘子，将约束条件融合进目标函数中。对于式（3-6）中的每个约束，添加拉格朗日乘子 α_i，每个样本均对应一个约束，因此共有 m 个拉格朗日乘子。由此目标函数可改写为：

$$\mathcal{L}(\boldsymbol{\omega}, a, b) = \frac{1}{2}\|\boldsymbol{\omega}\|^2 - \sum_{i=1}^{m} \alpha_i(y_i(\boldsymbol{\omega}^{\mathrm{T}}\boldsymbol{x}_i + b) - 1) \tag{3-7}$$

下面分析一下最优解的特点。假设目标函数 $F(x, y) = f(x, y) + \lambda g(x, y)$，图 3-25 中椭圆虚线为 $f(x, y)$ 在平面的等值线，实线为 $g(x, y)$ 的等值线。可以看出，$F(x, y)$ 的极值点肯定是 $f(x, y)$ 和 $g(x, y)$ 相切的点，由此可知函数 $f(x, y)$ 和 $g(x, y)$ 等值线在最优解点处相切，且两者在该点梯度方向相同或相反。由此可得到如下公式：

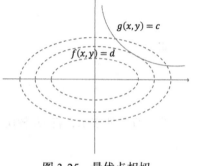

图 3-25　最优点相切

$$\nabla f(x, y) + \lambda \nabla g(x, y)=0$$

因此，对偶问题可按如下步骤求解。首先固定 α，求 $\mathcal{L}$ 关于 $\boldsymbol{\omega}$ 和 b 的最小化，因此求 $\mathcal{L}(\boldsymbol{\omega}, \alpha, b)$ 对 $\boldsymbol{\omega}$ 和 b 的偏导，并令其为 0，得：

$$\boldsymbol{\omega} = \sum_{i=1}^{m} \alpha_i y_i \boldsymbol{x_i} \qquad (3\text{-}8)$$

$$0 = \sum_{i=1}^{m} \alpha_i y_i \qquad (3\text{-}9)$$

然后将 $\mathcal{L}(\boldsymbol{\omega}, \alpha, b)$ 中的 $\boldsymbol{\omega}$ 和 b 消去，得到式 3-6 的对偶问题：

$$\max_{a} \sum_{i=1}^{m} \alpha_i - \frac{1}{2} \sum_{i=1}^{m} \sum_{j=1}^{m} \alpha_i \alpha_j y_i y_j \boldsymbol{x_i}^{\mathrm{T}} \boldsymbol{x_j}$$
$$\text{s.t. } \alpha_i \geqslant 0, i = 1, 2, 3, \cdots, m$$
$$\sum_{i=1}^{m} \alpha_i y_i = 0 \qquad (3\text{-}10)$$

此时式（3-10）中只涉及 α_i，求 $\mathcal{L}(\boldsymbol{\omega}, \alpha, b)$ 的极大值。此时只需解出 α_i，然后通过 α_i 求得 $\boldsymbol{\omega}$ 和 b，即可得到最优解。求解 α_i 有许多有效的方法，其中最为常用的是一种快速学习算法——SMO 算法，此处不再详细介绍，有兴趣的读者可以查阅相关资料。

3.8.1　核函数

前面介绍了在线性可分的情况下，如何得到最大间隔的最优分类器，如果是线性不可分的情况，该如何处理呢？此时就需要用到核函数了。核函数通过将低维数据映射到高维空间，从而解决在低维空间线性不可分的问题。下面来看一个例子，如图 3-26 中的样本集，三角形和方形分别表示不同类别的样本，显然在二维平面中是线性不可分的。将样本映射到图 3-26a 的三维空间后，不难发现，只要找一个垂直于 z 轴且位于两类样本之间的平面，即可将两类样本完美划分。

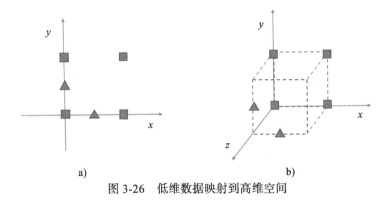

a)　　　　　　　　　b)

图 3-26　低维数据映射到高维空间

特征升维的方法有很多，例如运用多项式特征等，设实现特征升维的函数为 $\varphi(x)$，则可将式（3-10）改写为：

$$\max_{\alpha} \sum_{i=1}^{m} \alpha_i - \frac{1}{2} \sum_{i=1}^{m} \sum_{j=1}^{m} \alpha_i \alpha_j y_i y_j \varphi(\boldsymbol{x}_i)^{\mathrm{T}} \varphi(\boldsymbol{x}_j),$$
$$\text{s.t. } \alpha_i \geq 0, \ i=1, 2, 3, \cdots, m$$
$$\sum_{i=1}^{m} \alpha_i y_i = 0 \qquad\qquad (3\text{-}11)$$

由此可知，当遇到线性不可分的数据集时，只需找到一个特征升维函数，将原始特征进行升维，然后通过 SVM 进行分类。但这并不意味着线性不可分问题完全被解决，因为此时还面临一个问题，即式（3-11）中 $\varphi(\boldsymbol{x}_i)^{\mathrm{T}} \varphi(\boldsymbol{x}_j)$ 的计算。$\varphi(\boldsymbol{x}_i)^{\mathrm{T}} \varphi(\boldsymbol{x}_j)$ 表示特征向量在新映射空间的内积，当映射空间的维数很高时，$\varphi(\boldsymbol{x}_i)^{\mathrm{T}} \varphi(\boldsymbol{x}_j)$ 的计算会变得非常困难。为了避免上述问题，我们引入核函数。核函数是在原始维度空间中进行计算，返回与映射之后特征向量内积相同的值。定义如下：

$$\kappa(\boldsymbol{x}_i, \boldsymbol{x}_j) = \langle \varphi(\boldsymbol{x}_i), \varphi(\boldsymbol{x}_j) \rangle$$

则式（3-10）改写为：

$$\max_{\alpha} \sum_{i=1}^{m} \alpha_i - \frac{1}{2} \sum_{i=1}^{m} \sum_{j=1}^{m} \alpha_i \alpha_j y_i y_j \kappa(\boldsymbol{x}_i, \boldsymbol{x}_j),$$
$$\text{s.t. } \alpha_i \geq 0, \ i=1, 2, 3, \cdots, m$$
$$\sum_{i=1}^{m} \alpha_i y_i = 0 \qquad\qquad (3\text{-}12)$$

分类函数为：

$$f(\boldsymbol{x}) = \boldsymbol{\omega}^{\mathrm{T}} \varphi(\boldsymbol{x}) + b = \sum_{i=1}^{m} \alpha_i y_i \kappa(\boldsymbol{x}, \boldsymbol{x}_i) + b \qquad\qquad (3\text{-}13)$$

下面通过示例来介绍核函数的计算原理。假设有两个特征向量：$y = (y_1, y_2)$、$z = (z_1, z_2)$，通过映射函数 $\varphi(x_1, x_2) = \left(\sqrt{2}x_1, x_1^2, \sqrt{2}x_2, x_2^2, \sqrt{2}x_1x_2, 1 \right)$，将原始特征向量由 2 维映射到 5 维，则映射后的特征向量的内积为：

$$\langle \varphi(y_1, y_2), \varphi(z_1, z_2) \rangle = 2y_1z_1 + y_1^2z_1^2 + 2y_2z_2 + y_2^2z_2^2 + 2y_1y_2z_1z_2 + 1$$

现有一核函数，其计算结果与映射后特征向量的内积相同，如下：

$$\kappa(\boldsymbol{x}_1, \boldsymbol{x}_2) = (\langle \boldsymbol{x}_1, \boldsymbol{x}_2 \rangle + 1)^2$$

将特征向量 $\boldsymbol{y}$、$\boldsymbol{z}$ 代入上述核函数，可得：

$$\kappa(\boldsymbol{y}, \boldsymbol{z}) = (\langle \boldsymbol{y}, \boldsymbol{z} \rangle + 1)^2$$
$$= 2y_1z_1 + y_1^2z_1^2 + 2y_2z_2 + y_2^2z_2^2 + 2y_1y_2z_1z_2 + 1$$

可以看到，核函数的计算结果与将特征向量映射到高维空间再计算内积的结果相同，而核函数只需在原有特征空间进行计算。核函数一般要根据应用场景进行选择，对不同的应用场景采用不同的核函数，但还是有一些较为通用的核函数，以下略作说明。

1. 线性核函数

线性核函数用于计算特征向量在原始空间的内积，定义如下：

$$\kappa(x_1, x_2) = x_1^{\mathrm{T}} x_2$$

线性核函数直接计算两个特征向量的内积，而不进行空间映射（其映射后即为其本身）。可以看到，将线性核函数代入目标函数，即为前面介绍的线性分类器，由此便将线性与非线性的表示方法统一了起来，均可由核函数来表示。线性核函数具有简单、速度快、可解释性强等优点，但其缺点也是显而易见的，即只适用于线性可分的数据集。

2. 多项式核函数

多项式核函数的定义如下：

$$\kappa(x_1, x_2) = (c + r x_1^{\mathrm{T}} x_2)^Q$$

多项式核函数包含 c、r 和 Q 这 3 个参数。上述核函数的例子中采用的是多项式核函数，其中 $c=1$, $r=1$, $Q=2$。多项式核函数可以拟合出相对较复杂的分类超平面，解决了线性核函数无法解决的非线性可分的问题。但因多项式包含参数较多，因而参数选择是一个较困难的工作，且 Q 值不宜过大，因为 Q 值过大会导致核函数结果趋于 0（当 $|c+r x_1^{\mathrm{T}} x_2|<1$ 时）或者无穷大（当 $|c + r x_1^{\mathrm{T}} x_2|>1$ 时）。

3. 高斯核函数

高斯核函数的定义如下：

$$\kappa(x_1, x_2) = \exp\left(-\frac{\|x_1 - x_2\|^2}{2\sigma^2}\right)$$

高斯核函数是最常采用的核函数之一，可以将输入特征映射到无限多维空间，比线性核函数、多项式核函数的功能更强大。高斯核函数只有一个参数，因此更容易进行参数选择。但高斯核函数可解释性较差，并且计算速度较慢，容易产生过拟合。

3.8.2 松弛变量

前面介绍了通过核函数可以解决线性不可分的问题，但对于某些情况，该方法依然存在问题。例如，本身数据集是线性可分的，但因为存在噪声数据使其变得线性不可分，此时若通过核函数来将其转化为线性可分的问题，则很可能造成过拟合。为了缓解上述情况，引入松弛变量，允许支持向量机在某些样本上出错。此时目标函数式 3-6 变为：

$$\min_{\omega,b} \frac{1}{2}\|\boldsymbol{\omega}\|^2 + C\sum_{i=1}^{m}\xi_i$$

$$\text{s.t.}\, y_i(\boldsymbol{\omega}^\mathrm{T}\boldsymbol{x}_i+b) \geqslant 1-\xi_i,$$

$$\xi_i \geqslant 0,\, i = 1, 2, 3, \cdots, m$$

其中，ξ_i 即为松弛变量，可以将其理解为样本不满足约束条件的程度；C 可以理解为不满足约束条件的样本的惩罚系数。

3.8.3　通过 SVM 识别手写体数字

本节仍以手写体数字数据集（MNIST）为例，介绍如何使用 SVM 解决分类问题。SVM 既可以解决二分类问题，也能解决多分类问题。SVM 解决多分类问题的方法主要有两种：one-vs-one 和 one-vs-the-rest。one-vs-one 为每两类样本建立一个二分类器，则 k 个类别的样本需要建立 $\frac{k(k-1)}{2}$ 个二分类器。one-vs-the-rest 是为每个类别和其他剩余类别建立一个二分类器，从中选择预测概率最大的分类作为最终分类，k 个类别的样本需建立 k 个二分类器。scikit-learn 通过 SVC 类来解决分类问题，通过 SVR 类来解决回归问题（SVM 也可以解决回归问题）。本例采用 SVC 类解决手写体数字识别的多分类问题。

SVC 可以通过参数 kernel 指定采用的核函数，支持的核函数有：linear（线性核函数）、poly（多项式）、rbf（高斯）、sigmoid、precomputed 以及自定义形式 callable。若不指定 kernel，其默认采用 rbf。SVC 还有几个比较常用的参数：惩罚参数 C，即前面松弛变量中介绍的不满足约束条件样本的惩罚系数；参数 degree 是多项式核函数（kernel 设置为 poly）的阶数；参数 gamma 表示高斯核和 sigmoid 核中的内核系数，在高斯核中对应的是高斯核函数公式中的 $\frac{1}{2\sigma^2}$。

数据集的加载和划分同 3.7 节神经网络中的示例，不再赘述。此处主要介绍模型拟合与评估。

先定义一个 SVC 模型，这里采用高斯核函数，惩罚系数 C 为 1.0，gamma 为 0.001，当然也可以通过参数调优来确定参数。定义模型之后即可训练模型，然后对测试集进行预测，最后以准确率为指标评估预测结果。具体代码如下：

```
15.from sklearn import svm
16.from sklearn.metrics import accuracy_score
17.
18.# SVM, 高斯核
19.svc = svm.SVC(C=1.0, kernel='rbf', gamma=0.001)
```

```
20.
21.# 训练模型
22.svc.fit(X_train,y_train)
23.
24.# 预测
25.y_pred = svc.predict(X_test)
26.
27.# 用准确率进行评估
28.print "SVM 准确率: ", accuracy_score(y_test, y_pred)
```

输出结果如图 3-27 所示。

采用高斯核函数的 SVM 模型对手写体数字测试集的预测准确率约为 0.986。也可以采用其他核函数，如多项式核函数，代码如下：

```
1. # SVM，多项式核
2. svc = svm.SVC(C=1.0, kernel='poly', degree=3)
3.
4. # 训练模型
5. svc.fit(X_train,y_train)
6.
7. # 预测
8. y_pred = svc.predict(X_test)
9.
10.# 用准确率进行评估
11.print "SVM（多项式核）准确率: ", accuracy_score(y_test, y_pred)
```

输出结果如图 3-28 所示。

SVM（高斯核）　准确率: 0.986111111111	SVM（多项式核）　准确率: 0.986111111111
图 3-27　SVM（高斯核）模型评估	图 3-28　SVM（多项式核）模型评估

可以看到，在本例中采用多项式核函数和高斯核函数的预测准确率是相同的。读者也可自行尝试其他参数，观察不同参数对模型预测的影响。

3.9　小结

本章介绍了一些基础的机器学习算法的实现原理和应用，主要包括 KNN、线性回归、逻辑回归、决策树、排序算法等。通过本章的学习，读者可以从数学角度理解算法本身的实现原理。在今后的实际应用时，对算法原理的理解将极大提升对其灵活运用和优化的能力。后续学习过程中遇到疑难问题时，也不妨追本溯源，在掌握方法和原理后，很多问题即可迎刃而解。

第 4 章
XGBoost 小试牛刀

通过第 3 章的学习,相信读者对机器学习的基础知识已有一定了解。本章将正式开启 XGBoost 实战,将 scikit-learn 与 XGBoost 结合使用,解决机器学习的实际问题。4.1 节首先介绍 XGBoost 树模型的实现原理,后续 4 节通过实际案例说明如何通过 XGBoost 解决二分类、多分类、回归、排序等问题。最后介绍了 XGBoost 在机器学习实战中的一些常用功能,如自定义损失函数、交叉验证等。

4.1 XGBoost 实现原理

XGBoost 由多棵决策树(CART)组成,每棵决策树预测真实值与之前所有决策树预测值之和的残差(残差 = 真实值 − 预测值),将所有决策树的预测值累加起来即为最终结果。如图 4-1 所示,现有 A、B、C、D 这 4 个用户,通过决策树预测其是否使用支付宝(预测值越大,表明使用支付宝的可能性越大)。

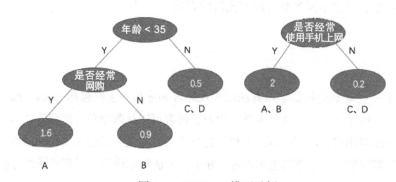

图 4-1　XGBoost 模型示例

在图 4-1 中，非叶子节点为决策树采用的特征，分别为：年龄是否小于 35 岁、是否经常网上购物、是否经常使用手机上网。每个样本最终都会被分到一个叶子节点上，叶子节点的值表示被分到该节点的样本的预测值。根据残差的定义，样本所在的所有叶子节点的预测值之和为最终预测值，则 A、B、C、D 4 个用户使用支付宝的预测值计算如下：

$$f(A)=1.6+2=3.6, f(B)=0.9+2=2.9$$
$$f(C)=0.5+0.2=0.7, f(D)=0.5+0.2=0.7$$

预测结果为，A、B 用户比 C、D 用户更倾向于使用支付宝。

4.2　二分类问题

由 4.1 节可知，XGBoost 树模型由多棵回归树组成，并将多棵决策树的预测值累计相加作为最终结果。回归树产生的是连续的回归值，如何用它解决二分类问题呢？通过前面的学习知道，逻辑回归是在线性回归的基础上通过 sigmoid 函数将预测值映射到 0 ~ 1 的区间来代表二分类结果的概率。和逻辑回归一样，XGBoost 也是采用 sigmoid 函数来解决二分类问题，即先通过回归树对样本进行预测，得到每棵树的预测结果，然后将其进行累加求和，最后通过 sigmoid 函数将其映射到 0 ~ 1 的区间代表二分类结果的概率。另外，对于二分类问题，XGBoost 的目标函数采用的是类似逻辑回归的 logloss，而非最小二乘。

XGBoost 中关于二分类的常用参数有如下几个。

（1）Objective

该参数用来指定目标函数，XGBoost 可以根据该参数判断进行何种学习任务，binary:logistic 和 binary:logitraw 都表示学习任务类型为二分类。binary:logistic 输出为概率，binary:logitraw 输出为逻辑转换前的输出分数。

（2）eval_metric

该参数用来指定模型的评估函数，和二分类相关的评估函数有：error、logloss 和 auc。error 也称错误率，即预测错误的样本数占总样本数的比例，准确来说是预测错误样本的权重和占总样本权重和的比例，也可通过 error@k 的形式手工指定二分类的阈值。logloss 通过惩罚分类来量化模型的准确性，最大限度减少 log loss，等同于最大化模型的准确率。另外，AUC 也是二分类中最常用的评估指标之一，计算方法参见 3.6.2 节，此处不再赘述。

第 2 章学习了判断蘑菇是否有毒的案例，本节仍然以该案例数据集进行说明。蘑菇数据集是一个非常著名的二分类数据集⊖。该数据集一共包含 23 个特征，包括大小、表面、颜色等，每一种蘑菇都会被定义为可食用的或者有毒的，需要通过样本数据分析这些特征与蘑菇

⊖　可参见 https://archive.ics.uci.edu/ml/datasets/Mushroom。

毒性的关系。以下是各个特征的详细说明。

　　1）帽形（cap-shape）：钟形＝b，圆锥形＝c，凸形＝x，平面＝f，把手形＝k，凹陷＝S

　　2）帽面（cap-surface）：纤维状＝f，凹槽状＝g，鳞片状＝y，光滑＝s。

　　3）帽颜色（cap-color）：棕色＝n，浅黄色＝b，肉桂色＝c，灰色＝g，绿色＝r，粉红色＝p，紫色＝u，红色＝e，白色＝w，黄色＝y。

　　4）创伤（bruises）：创伤＝t，no＝f。

　　5）气味（odor）：杏仁＝a，茴香＝1，石灰＝c，腥味＝y，臭味＝f，霉味＝m，无＝n，刺鼻＝p，辣＝s。

　　6）菌褶附属物（gill-attachment:）：附着＝a，下降＝d，自由＝f，缺口＝n。

　　7）菌褶间距（gill-spacing）：紧密＝c，拥挤＝w，远隔＝d。

　　8）菌褶大小（gill-size）：宽＝b，窄＝n。

　　9）菌褶颜色（gill-color）：黑色＝k，棕色＝n，浅黄色＝b，巧克力色＝h，灰色＝g，绿色＝r，橙色＝o，粉红色＝p，紫色＝u，红色＝e，白色＝w，黄色＝y。

　　10）茎形（stalk-shape）：扩大＝e，锥形＝t。

　　11）茎根（stalk-root）:球根＝b，棒状＝c，杯状＝u，均等的＝e，根状菌索＝z，扎根＝r，缺省＝？。

　　12）环上茎面（stalk-surface-above-ring）：纤维状＝f，鳞片状＝y，丝状＝k，光滑＝s。

　　13）环下茎面（stalk-surface-below-ring）：纤维状＝f，鳞片状＝y，丝状＝k，光滑＝s。

　　14）环上茎颜色（stalk-color-above-ring）：棕色＝n，浅黄色＝b，黄棕色＝c，灰色＝g，橙色＝o，粉红色＝p，红色＝e，白色＝w，黄色＝y。

　　15）环下茎颜色（stalk-color-below-ring）：棕色＝n，浅黄色＝b，黄棕色＝c，灰色＝g，橙色＝o，粉红色＝p，红色＝e，白色＝w，黄色＝y。

　　16）菌幕类型（veil-type）：部分＝p，普遍＝u。

　　17）菌幕颜色（veil-color）：棕色＝n，橙色＝o，白色＝w，黄色＝y。

　　18）环数量（ring-number）：没有＝n，一个＝o，两个＝t。

　　19）环类型（ring-type）：蛛网状＝c，消散状＝e，喇叭形＝f，大规模的＝1，无＝n，悬垂的＝p，覆盖＝s，环带＝z。

　　20）孢子显现颜色（spore-print-color）：黑色＝k，棕色＝n，蓝色＝b，巧克力色＝h，绿色＝r，橙色＝o，紫色＝u，白色＝w，黄色＝y。

　　21）种群（population）：丰富＝a，聚集＝c，众多＝n，分散＝s，个别＝v，单独＝y。

　　22）栖息地（habitat）：草地＝g，树叶＝1，草甸＝m，路上＝p，城市＝u，荒地＝w，树林＝d。

　　23）class：label 字段，有可食用（edible）和有毒性（poisonous）两个取值。

该数据集总共有 8124 个样本，其中类别为可食用的样本有 4208 个，类别为有毒性的样本有 3916 个。对于该二分类问题，XGBoost 工程文件中提供了示例代码。示例以命令行的方式调用 XGBoost，完成模型训练、预测等过程。示例位于 demo/binary_classification 文件夹下，其中包括下面几个文件：

- agaricus-lepiota.data——蘑菇数据文件；
- agaricus-lepiota.fmap——字段名称映射文件；
- agaricus-lepiota.names——蘑菇数据集描述文件；
- mapfeat.py——数据集特征值预处理；
- mknfold.py——划分数据集；
- mushroom.conf——模型配置文件；
- runexp.sh——运行脚本。

读者可自行尝试执行 runexp.sh 脚本，学习命令行形式的调用过程。本节重点介绍如何通过 Python 调用 XGBoost 进行模型训练和预测，并对处理流程中的各个阶段进行详细解析。

首先需要对特征进行预处理。因为原始文件 agaricus-lepiota.data 中的数据并不能直接作为 XGBoost 的输入进行加载，原始数据格式如下：

```
p,x,s,n,t,p,f,c,n,k,e,e,s,s,w,w,p,w,o,p,k,s,u
e,x,s,y,t,a,f,c,b,k,e,c,s,s,w,w,p,w,o,p,n,n,g
```

XGBoost 不能直接处理上述数据，需要进行预处理。这里将其中的字符数据转为数值型，并以 LibSVM 的格式输出。LibSVM 是机器学习中经常采用的一种数据格式，如下：

```
<label> <index1>:<value1> <index2>:<value2>...
```

label 为训练数据集的目标值；index 为特征索引，是一个以 1 为起始的整数；value 是该特征的取值，如果某一特征的值缺省，则该特征可以空着不填，因此对于一个样本来讲，输出后的数据文件 index 可能并不连续，上述样本处理后的格式如下：

```
1 3:1 10:1 11:1 21:1 30:1 34:1 36:1 40:1 41:1 53:1 58:1 65:1 69:1 77:1 86:1 88:1
92:1 95:1 102:1 105:1 117:1 124:1
0 3:1 10:1 20:1 21:1 23:1 34:1 36:1 39:1 41:1 53:1 56:1 65:1 69:1 77:1 86:1 88:1
92:1 95:1 102:1 106:1 116:1 120:1
```

第一个样本中最开始的 "1" 便是该样本的 label，在二分类问题中，一般 1 代表正样本，0 代表负样本。之后的每个特征为一项，冒号前为该特征的索引，如 3、10 等，冒号后为该特征取值，如 3、10 两个特征的取值都是 1。另外，观察处理后的数据可以发现，特征索引已经远远超过了 22，如第一行样本中特征索引最大已经达到了 124。

观察该数据集可以发现，其中大部分特征是离散型特征，连续型特征较少。在机器学习算法中，特征之间距离的计算是十分重要的，因此，直接把离散变量的取值转化为数值，并不能很好地代表特征间的距离，如菌幕颜色特征，其总共有棕色、橙色、白色、黄色 4 种颜色，假如将其映射为 1、2、3、4，则棕色和橙色之间的距离是 2 − 1=1，而棕色和白色之间的距离是 3 − 1=2。这显然是不符合实际情况的，因为任意两个颜色之间的距离应该是相等的。因此，需要对特征进行**独热编码**（one-hot encoding）。简单来讲，独热编码就是离散特征有多少取值，就用多少维来表示该特征。仍然以菌幕颜色特征为例，经过独热编码后，其将会转为 4 个特征，分别是菌幕颜色是否为棕色、菌幕颜色是否为橙色、菌幕颜色是否为白色和菌幕颜色是否为黄色，并且这 4 个特征取值只有 0 和 1。经过独热编码之后，每两个颜色之间的距离都是一样的，比之前的处理更合理。离散特征经过独热编码之后，数据集的总特征数会变多，这就是上述示例中出现较大特征索引的原因。下面来看一下特征处理的代码实现：

```python
1. #!/usr/bin/python
2.
3. def loadfmap( fname ):
4.     fmap = {}
5.     nmap = {}
6.
7.     for l in open( fname ):
8.         # 以空字符（空格、换行、制表符等）为分割符分割一行
9.         arr = l.split()
10.        # 解析每行中的特征名称、取值等
11.        # idx为初始特征索引，ftype为初始特征名称，content为该特征取值说明
12.        if arr[0].find('.') != -1:
13.            idx = int( arr[0].strip('.') )
14.            assert idx not in fmap
15.            fmap[ idx ] = {}
16.            ftype = arr[1].strip(':')
17.            content = arr[2]
18.        else:
19.            content = arr[0]
20.        # 解析取值说明
21.        # fmap是为特征的每个取值分配一个唯一标示的索引，nmap为处理后的新特征重新命名
22.        for it in content.split(','):
23.            if it.strip() == '':
24.                continue
25.            k , v = it.split('=')
26.            fmap[ idx ][ v ] = len(nmap) + 1
27.            nmap[ len(nmap) ] = ftype+'='+k
28.    return fmap, nmap
29.
30.def write_nmap( fo, nmap ):
31.    for i in range( len(nmap) ):
32.        fo.write('%d\t%s\ti\n' % (i, nmap[i]) )
```

```
33.
34.# start here
35.# 解析特征描述文件
36.fmap, nmap = loadfmap( 'agaricus-lepiota.fmap' )
37.# 保存处理后的新特征索引和名称的映射
38.fo = open( 'featmap.txt', 'w' )
39.write_nmap( fo, nmap )
40.fo.close()
41.
42.# 通过新特征索引处理原始数据，生成转化后的数据
43.fo = open( 'agaricus.txt', 'w' )
44.for l in open( 'agaricus-lepiota.data' ):
45.    arr = l.split(',')
46.    # 蘑菇分类为p（有毒）时，label为1，否则为0
47.    if arr[0] == 'p':
48.        fo.write('1')
49.    else:
50.        assert arr[0] == 'e'
51.        fo.write('0')
52.    # 若特征存在某取值，则该取值对应的新特征取值为1
53.    for i in range( 1,len(arr) ):
54.        fo.write( ' %d:1' % fmap[i][arr[i].strip()] )
55.    fo.write('\n')
56.
57.fo.close()
```

　　首先程序会加载特征描述文件 agaricus-lepiota.fmap，为每个特征的每个取值均分配一个唯一的索引标识，并为其重新命名，并将处理后的新特征索引和名称的映射保存为 featmap.txt 文件（该映射文件会在 XGBoost 中用到）。然后加载蘑菇数据集，通过新特征索引处理该数据集，生成转化后的新数据文件 featmap.txt。

　　特征处理完后即可通过 mknfold.py 划分数据集。在本示例中，划分数据集是通过代码实现的，当然读者也可以采用第 3 章介绍的 scikit-learn 中的 train_test_split 来划分数据集。下面看一下 mknfold.py 的代码：

```
1. #!/usr/bin/python
2. import sys
3. import random
4.
5. # 参数小于2，退出程序
6. if len(sys.argv) < 2:
7.     print ('Usage:<filename> <k> [nfold = 5]')
8.     exit(0)
9.
10.random.seed( 10 )
```

```
11.
12.k = int( sys.argv[2] )
13.# 若设置了nfold, 则取设置的nfold,未设置则默认为5
14.if len(sys.argv) > 3:
15.    nfold = int( sys.argv[3] )
16.else:
17.    nfold = 5
18.
19.fi = open( sys.argv[1], 'r' )
20.ftr = open( sys.argv[1]+'.train', 'w' )
21.fte = open( sys.argv[1]+'.test', 'w' )
22.# 取1到nfold间的随机数, 若为k则划分为测试集, 否则为训练集
23.for l in fi:
24.    if random.randint( 1 , nfold ) == k:
25.        fte.write( l )
26.    else:
27.        ftr.write( l )
28.
29.fi.close()
30.ftr.close()
31.fte.close()
```

生成训练集和测试集后, 便可通过 XGBoost 加载数据进行训练, 本节通过 Python 实现 XGBoost 的调用。先加载训练集和测试集:

```
1. import xgboost as xgb
2.
3. xgb_train = xgb.DMatrix("./agaricus.txt.train")
4. xgb_test = xgb.DMatrix("./agaricus.txt.test")
```

设定模型训练参数, 开始模型训练:

```
1. # 模型训练
2. params = {
3.     "objective": "binary:logistic",
4.     "booster": "gbtree",
5.     "eta": 1.0,
6.     "gamma": 1.0,
7.     "min_child_weight": 1,
8.     "max_depth": 3
9. }
10.
11.num_round = 2
12.watchlist = [(xgb_train, 'train'), (xgb_test, 'test')]
13.
14.model = xgb.train(params, xgb_train, num_round, watchlist)
```

　　params 中的 objective 和 booster 参数已经介绍过了，分别用于指定任务的学习目标和 booster 类型。objective 设为 binary:logistic，表示任务为二分类问题，最终输出为 sigmoid 变换后的概率。booster 为 gbtree 表示采用 XGBoost 中的树模型。参数 eta 表示学习率，类似于梯度下降中法的 α，每次迭代完更新权重的步长。参数 gamma 表示节点分裂时损失函数减小的最小值，此处为 1.0，表示损失函数至少下降 1.0 该节点才会进行分裂。参数 min_child_weight 表示叶子节点最小样本权重和，若节点分裂导致叶子节点的样本权重和小于该值，则节点不进行分裂。参数 max_depth 表示决策树分裂的最大深度。另外，该示例中指定了 num_round 为 2，即模型会进行两轮 booster 训练，最终会生成两棵决策树。通过定义参数 watchlist，模型在训练过程中会实时输出训练集和验证集的评估指标。模型训练过程的输出结果如图 4-2 所示。

```
[0]        train-error:0.014433    test-error:0.016139
[1]        train-error:0.001228    test-error:0
```

图 4-2　模型训练过程输出结果

　　模型训练完成之后，可通过 save_model 方法将模型保存成模型文件，以供后续预测使用，如下：

```
model.save_model("./0002.model")
```

　　预测时，先加载保存的模型文件，然后再对数据集进行预测，如下：

```
1. # 加载模型进行预测
2. bst = xgb.Booster()
3. bst.load_model("./0002.model")
4. pred = bst.predict(xgb_test)
5.
6. print pred
```

预测结果输出如图 4-3 所示。

```
[ 0.10828121  0.85500014  0.10828121 ...,  0.95467216  0.04156424
  0.95467216]
```

图 4-3　预测输出结果

　　可以看到，输出结果是一个浮点数组成的数组，其中每个值代表对应样本的预测概率。预测完成后，输出文本格式的模型，这里仍然采用两种方式，如下：

```
1. # 输出文本格式的模型（未做特征名称转换）
2. dump_model = bst.dump_model("./dump.raw.txt")
```

```
3.  # 输出文本格式的模型（完成特征名称转换）
4.  dump_model = bst.dump_model("./dump.nice.txt", "./featmap.txt")
```

下面主要以完成特征名称转换后的模型文件为例进行介绍。先来看一下索引和特征名称映射文件 featmap.txt，格式如下：

```
<featureid> <featurename> <q or i or int>\n
```

其中：

- featureid 为特征索引；
- featurename 为特征名称；
- q or i or int 为特征的数据类型，其中 q 代表特征是一个连续值，如距离、价格等；i 代表特征是一个二值特征（即特征只有两个取值），一般为 0 或 1；int 代表特征是整型值。

图 4-4 是截取了 featmap.txt 文件中的几个特征映射，可以看到，featmap.txt 中的很多特征都是二值特征。这个也不难理解，因为该数据集中大部分是离散型的类别特征，因此经过独热编码处理后，新生成的特征基本都是二值特征。

图 4-4　特征映射

了解了特征映射文件后，下面来看一下文本格式的 XGBoost 树模型文件，如图 4-5 所示。

```
booster[0]:
0:[odor=pungent] yes=2,no=1
        1:[stalk-root=cup] yes=4,no=3
                3:[stalk-root=missing] yes=8,no=7
                        7:leaf=1.90175
                        8:leaf=-1.95062
                4:[bruises?=no] yes=10,no=9
                        9:leaf=1.77778
                        10:leaf=-1.98104
        2:[spore-print-color=orange] yes=6,no=5
                5:[stalk-surface-below-ring=silky] yes=12,no=11
                        11:leaf=-1.98531
                        12:leaf=0.808511
                6:leaf=1.85965
booster[1]:
0:[odor=pungent] yes=2,no=1
        1:[bruises?=no] yes=4,no=3
                3:leaf=1.1457
                4:[gill-spacing=crowded] yes=8,no=7
                        7:leaf=-6.87558
                        8:leaf=-0.127376
        2:[spore-print-color=orange] yes=6,no=5
                5:[gill-size=narrow] yes=10,no=9
                        9:leaf=-0.0386054
                        10:leaf=-1.15275
                6:leaf=0.994744
```

图 4-5　文本格式的 XGBoost 树模型

在图 4-5 中，一个 booster 代表一棵决策树，该模型一共有两棵决策树。在每棵决策树中，每一行代表一个节点，位于行首的数字代表该节点的索引，数字 0 表示该节点为根节点。若该行节点是非叶子节点，则索引后面是该节点的分裂条件，如图 4-5 中第 2 行：

```
0:[odor=pungent] yes=2,no=1
```

该节点的索引为 0，表示该节点是根节点，其分裂条件是 odor= pungent，满足该条件的样本会被划分到节点 2，不满足的则被划分到节点 1。若该行节点是叶子节点，则索引后面是该叶子节点最终得到的权重。如图 4-5 中的第 5 行：

```
7:leaf=1.90175
```

leaf 表示该节点为叶子节点，最终得到的权重为 1.90175。

由此，通过文本格式的模型文件，可以使用户了解样本在模型中是如何被划分的，使模型更具有可解释性，并且在实际的机器学习任务中，也有利于用户更好地分析和优化模型。

4.3　多分类问题

与处理二分类问题类似，XGBoost 在处理多分类问题时也是在树模型的基础上进行转换，不过不再是 sigmoid 函数，而是 softmax 函数。相信读者对 softmax 变换并不陌生，第 3 章已有所介绍，它可以将多分类的预测值映射到 0 到 1 之间，代表样本属于该类别的概率。

XGBoost 中解决多分类问题的主要参数如下。

1）num_class：说明在该分类任务的类别数量。

2）objective：该参数中的 multi:softmax 和 multi:softprob 均是指定学习任务为多分类。multi:softmax 通过 softmax 函数解决多分类问题。multi:softprob 和 multi:softmax 一样，主要区别在于其输出的是一个 ndata*nclass 向量，表示样本属于每个分类的预测概率。

3）eval_metric：与多分类相关的评估函数有 merror 和 mlogloss。merror 也称多分类错误率，通过判断样本所有分类预测值中预测值最大的分类和样本 label 是否一致来确定预测是否正确，其计算方式和 error 相似。mlogloss 也是多分类问题中常用的评估指标。有关 merror 和 mlogloss 会在第 7 章中详细介绍。

下面以识别小麦种子的类别作为示例，介绍如何通过 XGBoost 解决多分类问题。已知小麦种子数据集包含 7 个特征，分别为面积、周长、紧凑度、籽粒长度、籽粒宽度、不对称系数、籽粒腹沟长度，且均为连续型特征，以及小麦类别字段，共有 3 个类别，分别用 1、2、3 表示。

下载数据集，下载命令如下：

```
wget https://archive.ics.uci.edu/ml/machine-learning-databases/00236/seeds_
dataset.txt
```

加载该数据并进行特征处理, 代码如下:

```
1. import pandas as pd
2. import xgboost as xgb
3. import numpy as np
4.
5. # 使label取值在0到num_class -1范围内
6. data = pd.read_csv('./seeds_dataset.txt', header=None, sep='\s+',
   converters={7: lambda x:int(x) - 1})
7.
8. # 将最后一列字段名设置为label
9. data.rename(columns={7:'label'}, inplace=True)
```

为便于后续处理, 将最后一个类别字段作为 label 字段, 因为 label 的取值需在 0 到 num_class -1 范围内, 因此需对类别字段进行处理 (数据集中的 3 个类别取值分别为 1 ~ 3), 这里直接减 1 即可。

完成数据加载后, 下面来看一下数据集的数据结构, 输出前 10 行数据, 代码如下:

```
1. data.head(10)
```

小麦数据集输出如图 4-6 所示。

	0	1	2	3	4	5	6	label
0	15.26	14.84	0.8710	5.763	3.312	2.221	5.220	0
1	14.88	14.57	0.8811	5.554	3.333	1.018	4.956	0
2	14.29	14.09	0.9050	5.291	3.337	2.699	4.825	0
3	13.84	13.94	0.8955	5.324	3.379	2.259	4.805	0
4	16.14	14.99	0.9034	5.658	3.562	1.355	5.175	0
5	14.38	14.21	0.8951	5.386	3.312	2.462	4.956	0
6	14.69	14.49	0.8799	5.563	3.259	3.586	5.219	0
7	14.11	14.10	0.8911	5.420	3.302	2.700	5.000	0
8	16.63	15.46	0.8747	6.053	3.465	2.040	5.877	0
9	16.44	15.25	0.8880	5.884	3.505	1.969	5.533	0

图 4-6   小麦数据集示例输出

可以看到, 数据集共包含 8 列, 其中前 7 列为特征列, 最后 1 列为 label 列, 和数据集描述相符。除 label 列外, 剩余特征没有指定列名, 所以 pandas 自动以数字索引作为列名。

下面对数据集进行划分 (训练集和测试集的划分比例为 4 : 1), 并指定 label 字段生成 XGBoost 中的 DMatrix 数据结构, 代码如下:

```
1. # 生成一个随机数并选择小于0.8的数据
2. mask = np.random.rand(len(data)) < 0.8
3. train = data[mask]
4. test = data[~mask]
5.
6. # 生成DMatrix
7. xgb_train = xgb.DMatrix(train.iloc[:, :6], label=train.label)
8. xgb_test = xgb.DMatrix(test.iloc[:, :6], label=test.label)
```

设置模型训练参数。设置参数 objective 为 multi:softmax，表示采用 softmax 进行多分类，学习率参数 eta 和最大树深度 max_depth 在之前的示例中已有所介绍，不再赘述。参数 num_class 指定类别数量为 3。相关代码如下：

```
1. # 通过softmax进行多分类
2. params = {
3.     'objective': 'multi:softmax',
4.     'eta': 0.1,
5.     'max_depth': 5,
6.     'num_class': 3
7. }
8.
9. watchlist = [(xgb_train, 'train'), (xgb_test, 'test')]
10.num_round = 50
11.bst = xgb.train(params, xgb_train, num_round, watchlist)
```

总共训练 50 轮，训练过程的部分输出结果如图 4-7 所示。

```
[0]     train-merror:0.018634    test-merror:0.061224
[1]     train-merror:0.006211    test-merror:0.081633
[2]     train-merror:0    test-merror:0.081633
[3]     train-merror:0    test-merror:0.081633
[4]     train-merror:0    test-merror:0.081633
[5]     train-merror:0.006211    test-merror:0.081633
[6]     train-merror:0.006211    test-merror:0.081633
[7]     train-merror:0.006211    test-merror:0.081633
[8]     train-merror:0.006211    test-merror:0.061224
[9]     train-merror:0.006211    test-merror:0.061224
[10]    train-merror:0.006211    test-merror:0.061224
```

图 4-7　训练过程输出结果（部分）

在未指定评估函数的情况下，XGBoost 默认采用 merror 作为多分类问题的评估指标。下面通过训练好的模型对测试集进行预测，并计算错误率，代码如下：

```
1. # 模型预测
2. pred = bst.predict(xgb_test)
3. error_rate = np.sum(pred != test.label) / test.shape[0]
4. print('测试集错误率（softmax）: {}'.format(error_rate))
```

通过模型得到预测值 pred，然后对比预测值和实际的 label 值，计算错误率，输出如下：

测试集错误率（softmax）：0.0408163265306

为了方便对比学习，下面采用 multi:softprob 方法重新训练模型，代码如下：

```
1. # 重新训练模型，输出概率值
2. params['objective'] = 'multi:softprob'
3. bst = xgb.train(params, xgb_train, num_round, watchlist)
```

模型训练过程输出结果如图 4-8 所示。对比两种函数变换方法的训练输出结果可以看出，不论采用 multi:softmax 还是 multi:softprob 作为 objective 训练模型，并不会影响到模型精度。

```
[0]     train-merror:0.018634    test-merror:0.061224
[1]     train-merror:0.006211    test-merror:0.081633
[2]     train-merror:0    test-merror:0.081633
[3]     train-merror:0    test-merror:0.081633
[4]     train-merror:0    test-merror:0.081633
[5]     train-merror:0.006211    test-merror:0.081633
[6]     train-merror:0.006211    test-merror:0.081633
[7]     train-merror:0.006211    test-merror:0.081633
[8]     train-merror:0.006211    test-merror:0.061224
[9]     train-merror:0.006211    test-merror:0.061224
[10]    train-merror:0.006211    test-merror:0.061224
```

图 4-8　采用 multi:softprob 训练过程输出（部分）

下面对测试集进行预测并计算错误率，代码如下：

```
1. # 模型预测
2. pred_prob = bst.predict(xgb_test)
3. print pred_prob
4.
5. # 取向量中预测值最大的分类作为预测类别
6. pred_label = np.argmax(pred_prob, axis=1)
7. print pred_label
8.
9. # 计算测试集错误率
10.error_rate = np.sum(pred_label != test.label) / test.shape[0]
11.print('测试集错误率（softprob）：{}'.format(error_rate))
```

此时模型预测输出的 pred_prob 是样本属于各类别的概率向量，如下：

```
[[0.9848162   0.00747692 0.00770695]
 [0.9873471   0.00649329 0.00615954]
 [0.9877571   0.00628293 0.00596   ]
 ...
 [0.013599    0.00780011 0.9786009 ]
 [0.0923629   0.03016073 0.87747633]
 [0.10541549 0.0177112  0.8768734 ]]
```

下一步是比较预测值与实际的 label 值来判断是否预测正确。和 multi:softmax 不同，此时需要借助 numpy 中的 argmax 函数将概率向量转化为样本预测值。argmax 函数可以获取每个样本的概率向量中最大值的索引，即为样本的预测类别，最终返回所有样本所属类别索引的向量，如下：

```
[0 0 0 1 0 0 0 0 0 0 0 0 0 0 0
 1 1 1 1 1 1 1 1 1 1 1 1 1 1 1
 1 1 0 2 2 2 2 2 2 2 2 2 2 2 2
 2 2 2 2 2]
```

之后的处理则和采用 multi:softmax 时一样，统计预测错误的样本数，最终计算出分类错误率。采用 multi:softprob 得到的错误率和 multi:softmax 也是一样的：

测试集错误率（softprob）：0.0408163265306

4.4　回归问题

用 XGBoost 解决回归问题是很顺理成章的事情，因为 XGBoost 本身采用的就是回归树，将每棵回归树对样本的预测值相加即为最终预测值。XGBoost 支持多种回归模型，包括线性回归、泊松回归、伽马（gamma）回归等，不同的回归模型有不同的目标函数。以下是回归问题中用到的主要参数。

1. objective

1）reg:linear：线性回归，并非指线性模型（线性模型由 booster 参数指定），用于数据符合正态分布的回归问题，目标函数为最小二乘。

2）reg:logistic：逻辑回归，目标函数为 logloss。

3）count:poisson：计数数据的泊松回归。

4）reg:gamma：对数连接函数下的伽马回归。

5）reg:tweedie：对数连接函数下的 tweedie 回归。

2. eval_metric

回归问题的评估指标主要有 RMSE、MAE，另外还有一些如 poisson-nloglik、gamma-nloglik、gamma-deviance、tweedie-nloglik 等用于特定回归的评估指标。其中 RMSE（Root Mean Square Error，均方根误差），是回归模型中最常采用的评估指标之一，是预测值与真实值偏差的平方和与样本数比值的平方根。指标 MAE（Mean Absolute Error，平均绝对误差），是回归模型中常用的评估指标，衡量的是预测值和真实值之间绝对差异的平均值。指标 RMSE 和 MAE 会在第 7 章详细介绍。

下面通过评估混凝土坍度的示例，介绍如何通过 XGBoost 解决一般的回归问题。混凝土坍度测试数据集是一个通过混凝土的各种指标特征评估其抗压强度的数据集⊖，共包含 1030 个样本、9 个特征，特征的具体信息如下：

1）水泥：数据类型为浮点型，单位为立方米每千克。

2）高炉渣：数据类型为浮点型，单位为立方米每千克。

3）煤灰：数据类型为浮点型，单位为立方米每千克。

4）水：数据类型为浮点型，单位为立方米每千克。

5）高效减水剂：数据类型为浮点型，单位为立方米每千克。

6）粗骨料：数据类型为浮点型，单位为立方米每千克。

7）细骨料：数据类型为浮点型，单位为立方米每千克。

8）年龄：数据类型为整型，单位为天。

9）混凝土抗压强度定量：数据类型为浮点型，单位为 MPa。

其中混凝土抗压强度定量为目标特征。可以看到，所有特征均为数值型特征且不存在缺省值，此类特征不用进行处理。了解数据结构后，通过如下命令下载数据集：

```
wget https://archive.ics.uci.edu/ml/machine-learning-databases/concrete/
compressive/Concrete_Data.xls
```

对数据进行加载和特征处理，这里采用 pandas 中的 read_excel 读取该数据集，处理代码如下：

```
1. import pandas as pd
2. import xgboost as xgb
3. import numpy as np
4.
5. data = pd.read_excel('./Concrete_Data.xls')
```

通过 head 函数输出前 10 行数据，查看数据集的数据结构，代码如下：

```
1. data.head(10)
```

输出结果如图 4-9 所示。

为便于后续处理，将混凝土抗压强度一列改名为 label，代码如下：

```
1. data.rename(columns={"Concrete compressive strength(MPa, megapascals)
                  ":'label'}, inplace=True)
```

⊖ Dua, D, Graff, C. UCI Machine Learning Repository [http://archive.ics.uci.edu/ml]. Irvine, CA: University of California, School of Information and Computer Science. 2019.

	Cement (component 1)(kg in a m^3 mixture)	Blast Furnace Slag (component 2)(kg in a m^3 mixture)	Fly Ash (component 3)(kg in a m^3 mixture)	Water (component 4)(kg in a m^3 mixture)	Superplasticizer (component 5) (kg in a m^3 mixture)	Coarse Aggregate (component 6)(kg in a m^3 mixture)	Fine Aggregate (component 7) (kg in a m^3 mixture)	Age (day)	Concrete compressive strength(MPa, megapascals)
0	540.0	0.0	0.0	162.0	2.5	1040.0	676.0	28	79.986111
1	540.0	0.0	0.0	162.0	2.5	1055.0	676.0	28	61.887366
2	332.5	142.5	0.0	228.0	0.0	932.0	594.0	270	40.269535
3	332.5	142.5	0.0	228.0	0.0	932.0	594.0	365	41.052780
4	198.6	132.4	0.0	192.0	0.0	978.4	825.5	360	44.296075
5	266.0	114.0	0.0	228.0	0.0	932.0	670.0	90	47.029847
6	380.0	95.0	0.0	228.0	0.0	932.0	594.0	365	43.698299
7	380.0	95.0	0.0	228.0	0.0	932.0	594.0	28	36.447770
8	266.0	114.0	0.0	228.0	0.0	932.0	670.0	28	45.854291
9	475.0	0.0	0.0	228.0	0.0	932.0	594.0	28	39.289790

图 4-9　混凝土坍度数据示例

数据集划分。按 4∶1 的比例将数据集划分为训练集和测试集，并指定 label 字段生成 XGBoost 中的 DMatrix 数据结构，代码如下：

```
1.  # 生成一个随机数并选择小于0.8的数据
2.  mask = np.random.rand(len(data)) < 0.8
3.  train = data[mask]
4.  test = data[~mask]
5.
6.
7.  xgb_train = xgb.DMatrix(train.iloc[:, :7], label=train.label)
8.  xgb_test = xgb.DMatrix(test.iloc[:, :7], label=test.label)
```

得到训练集和测试集后，即可加载数据并进行模型训练。本示例的模型训练代码和二分类示例十分相似，唯一不同的是参数 objective 设置为回归参数 reg:linear，代码如下：

```
1.  # 模型训练
2.  params = {
3.      "objective": "reg:linear",
4.      "booster": "gbtree",
5.      "eta": 0.1,
6.      "min_child_weight": 1,
7.      "max_depth": 5
8.          }
9.
10. num_round = 50
11. watchlist = [(xgb_train, 'train'), (xgb_test, 'test')]
12.
13. model = xgb.train(params, xgb_train, num_round, watchlist)
14. model.save_model("./model.xgb")
```

训练过程的部分输出结果如图 4-10 所示。

```
[0]     train-rmse:35.6826     test-rmse:35.2623
[1]     train-rmse:32.5602     test-rmse:32.2251
[2]     train-rmse:29.7816     test-rmse:29.5253
[3]     train-rmse:27.3006     test-rmse:27.1494
[4]     train-rmse:25.0901     test-rmse:25.0221
[5]     train-rmse:23.137      test-rmse:23.1592
[6]     train-rmse:21.4043     test-rmse:21.5031
[7]     train-rmse:19.8857     test-rmse:20.0745
[8]     train-rmse:18.539      test-rmse:18.8213
[9]     train-rmse:17.3628     test-rmse:17.7157
[10]    train-rmse:16.3348     test-rmse:16.781
```

图 4-10 训练过程输出结果（部分）

reg:linear 默认采用的评估指标是 RMSE，用户也可以通过设置 eval_metric 参数采用其他评估指标。

预测时首先加载训练好的模型，然后对测试集进行预测，如下：

```
1. # 加载模型进行预测
2. bst = xgb.Booster()
3. bst.load_model("./model.xgb")
4. pred = bst.predict(xgb_test)
5.
6. print pred
```

输出预测结果如下：

```
[27.55125   27.831049 51.764847 40.44402   40.44402   44.561554 27.831049
50.266476 49.144524 54.493378 63.622932 54.493378 54.493378 60.356216
58.592293 60.356216 50.325718 52.5515    58.29309   53.672264 43.73312
...
13.656752 28.447517 24.030714 26.017687 29.665392 14.327214 43.049538
39.24589  40.37293   12.389471 33.40335   32.625225 21.434898 40.57886
46.476    16.002542 32.98591  39.715042 41.869884 34.30334   34.10591 ]
```

可以看到，回归模型的预测结果不再是离散的分类值，或 0 ~ 1 的概率值，而是连续的数值型数据。

最后，将模型保存为文本格式，以供后续分析与优化，代码如下：

```
1. # 输出格式化后的模型
2. dump_model = bst.dump_model("./dump.txt")
```

4.5　排序问题

XGBoost 也可应用于机器学习中的排序问题。XGBoost 的排序学习采用一种将 Lambda-Rank 和 MART（Multiple Additive Regression Trees）结合的排序算法，即 LambdaMART 算法。其中 MART 模型的输出为一组回归树输出的线性组合，而 LambdaRank 则提供了一种梯度定义方法，针对不同问题可定义不同的梯度。LambdaMART 算法将会在第 5 章详细介绍。XGBoost 中排序问题的相关参数如下。

1）objective：该参数用来指定目标函数，rank:pairwise、rank:ndcg 和 rank:map 均表示排序任务。rank:pairwise 通过最小化 pairwise 损失完成排序任务，rank:ndcg 是以最大化 NDCG 为目标实现 list-wise 排序，而 rank:map 则以最大化 MAP 为目标实现 list-wise 排序。

2）eval_metric：该参数用来设置模型的评估指标，排序问题的评估指标有 map、ndcg、auc，实现原理参见 3.6.2 节。

下面通过查询文档排序的示例，介绍如何通过 XGBoost 解决排序问题。本示例采用了来自微软 LETOR 数据集⊖中的一个子数据集，LETOR 是研究 learn to rank 的一套基准数据集，本示例采用的 MQ2008 包含 800 个带有标记的文档查询。该数据集包含 5 个用于交叉验证的文件夹，每个文件夹分别包含训练子集、验证子集和测试子集。数据的每一行都是一个查询 – 文档对，第 1 列是该文档相关度的标签，该标签值越大，说明该文档与该查询的相关度越高。第 2 列为查询 id，后续几列为特征数据，包括 PageRank 值、URL 的 TD-IDF 值等。每一行的最后是关于该查询 – 文档对的注释，包含文档 ID 等信息。以下为数据集的样本示例：

```
0 qid:10002 1:0.005607 2:0.500000 3:1.000000 4:0.000000 5:0.006536 6:0.000000
7:0.000000 8:0.000000 9:0.000000 10:0.000000 11:0.463908 12:0.802660 13:1.000000
14:0.000000 15:0.475031 16:0.003559 17:0.250000 18:0.285714 19:0.500000 20:0.003557
21:0.845058 22:1.000000 23:0.725319 24:0.925405 25:1.000000 26:0.784655 27:0.994642
28:0.369513 29:1.000000 30:1.000000 31:1.000000 32:1.000000 33:0.000000 34:0.000000
35:0.000000 36:0.000000 37:0.953956 38:1.000000 39:0.779770 40:0.929435 41:0.250000
42:0.600000 43:0.000000 44:0.922305 45:0.333333 46:0.007042 #docid = GX246-16-5503229
inc = 1 prob = 0.133097
0 qid:10002 1:0.259813 2:1.000000 3:0.000000 4:0.000000 5:0.260504 6:0.000000
7:0.000000 8:0.000000 9:0.000000 10:0.000000 11:1.000000 12:1.000000 13:0.000000
14:0.000000 15:1.000000 16:0.409179 17:0.375000 18:0.285714 19:0.500000 20:0.409099
21:0.863798 22:0.398824 23:0.530183 24:0.657222 25:0.955733 26:1.000000 27:1.000000
28:1.000000 29:0.000000 30:0.000000 31:0.000000 32:0.000000 33:0.000000 34:0.000000
35:0.000000 36:0.000000 37:0.871348 38:0.393577 39:0.509718 40:0.660071 41:0.000000
42:1.000000 43:0.000000 44:0.095958 45:0.333333 46:0.035211 #docid = GX255-50-7550514
inc = 1 prob = 0.111686
```

⊖　参见 https://www.microsoft.com/en-us/research/project/letor-learning-rank-information-retrieval/。

```
   0 qid:10032 1:0.021201 2:0.000000 3:1.000000 4:0.000000 5:0.031802 6:0.000000
7:0.000000 8:0.000000 9:0.000000 10:0.000000 11:0.028148 12:0.000000 13:1.000000
14:0.000000 15:0.042285 16:0.006875 17:0.461538 18:0.370370 19:0.600000 20:0.007235
21:0.813884 22:0.225533 23:0.246500 24:0.225217 25:0.000000 26:0.000000 27:0.000000
28:0.000000 29:0.634608 30:0.760340 31:1.000000 32:0.747785 33:0.000000 34:0.000000
35:0.000000 36:0.000000 37:0.871945 38:0.408895 39:0.226590 40:0.422180 41:0.500000
42:0.468750 43:0.000000 44:1.000000 45:1.000000 46:0.153846 #docid = GX010-65-7921994
inc = 0.00137811889937823 prob = 0.0892077
```

在实际的排序应用中，样本往往会被分配到相应的分组中，例如在网页排序的场景下，网页实例按其查询进行分组。XGBoost 支持分组的输入格式，只需提供一个描述分组信息的文件即可。例如，当训练集文件为 train.txt 时，该文件对应的分组文件名命名为 train.txt.group。分组文件的格式如下：

```
5
6
```

上述分组文件表明，该数据集共包含 11 个样本，其中前 5 个样本属于一个分组，另外 6 个样本属于另一个分组。分组文件中数字的行数表示分组个数，每行数字的值表示分组所包含的样本数量。加载分组文件不需要用户进行配置，只需将分组文件和数据文件放在同一目录下，并命名为"xxx.group"（其中 xxx 为数据文件名）即可。XGBoost 会自动检测当前文件夹是否存在分组文件，若存在则自动加载。此外，也可通过在 libsvm 文件的每个样本中添加 qid:xx 字段来表明样本所属分组，如下：

```
1 qid:1 101:1.2 102:0.03
0 qid:1 1:2.1 10001:300 10002:400
0 qid:2 0:1.3 1:0.3
1 qid:2 0:0.01 1:0.3
0 qid:3 0:0.2 1:0.3
1 qid:3 3:-0.1 10:-0.3
0 qid:3 6:0.2 10:0.15
```

采用这种方法需要注意两点：① 要么都指定查询 id 要么都不指定，不能出现部分指定、部分不指定的情况。② 样本需要按查询 ID 升序排序，即排序靠后的样本的查询 ID 总是不小于排序靠前的查询 ID。

微软的 LETOR 原始数据集无法直接加载，需要通过预处理程序将其处理为 XGBoost 可加载的数据文件和分组文件。此处预处理程序采用 XGBoost 自带的 trans_data.py（demo 文件夹下 rank 示例中）进行处理，代码如下：

```
1. import sys
2.
3. def save_data(group_data,output_feature,output_group):
```

```
4.      if len(group_data) == 0:
5.          return
6.      # 保存样本分组
7.      output_group.write(str(len(group_data))+"\n")
8.      # 将该分组内的样本数据写入文件
9.      for data in group_data:
10.         # only include nonzero features
11.         feats = [ p for p in data[2:] if float(p.split(':')[1]) != 0.0 ]
12.         output_feature.write(data[0] + " " + " ".join(feats) + "\n")
13.
14.if __name__ == "__main__":
15.     if len(sys.argv) != 4:
16.         print ("Usage: python trans_data.py [Ranksvm Format Input] [Output
                    Feature File] [Output Group File]")
17.         sys.exit(0)
18.
19.     fi = open(sys.argv[1])
20.     output_feature = open(sys.argv[2],"w")
21.     output_group = open(sys.argv[3],"w")
22.
23.     group_data = []
24.     group = ""
25.     # 按行遍历数据文件
26.     for line in fi:
27.         if not line:
28.             break
29.         # 丢弃每行中#后的信息
30.         if "#" in line:
31.             line = line[:line.index("#")]
32.         splits = line.strip().split(" ")
33.         # 当前分组样本遍历完毕，将相关信息保存到数据文件和分组文件
34.         if splits[1] != group:
35.             save_data(group_data,output_feature,output_group)
36.             group_data = []
37.         group = splits[1]
38.         group_data.append(splits)
39.
40.     # 处理最后一个分组数据
41.     save_data(group_data,output_feature,output_group)
42.
43.     fi.close()
44.     output_feature.close()
45.     output_group.close()
```

调用 trans_data.py 即可对原始数据文件进行处理，命令如下：

```
python trans_data.py [Ranksvm Format Input] [Output Feature File] [Output
Group File]
```

其中 Ranksvm Format Input 表示原始数据文件，Output Feature File 为处理后的数据文件，Output Group File 为分组文件。按上述方法分别处理训练集和测试集数据，得到训练集数据文件 mq2008.train 和分组文件 mq2008.train.group，以及测试集数据文件 mq2008.test 和分组文件 mq2008.test.group。分组文件的格式前面已经讲到，数据文件是标准的 libsvm 格式，如下：

```
0 1:0.007477 3:1.000000 5:0.007470 11:0.471076 13:1.000000 15:0.477541
16:0.005120 18:0.571429 20:0.004806 21:0.768561 22:0.727734 23:0.716277 24:0.582061
29:0.780495 30:0.962382 31:0.999274 32:0.961524 37:0.797056 38:0.697327 39:0.721953
40:0.582568 46:0.007042
0 1:0.603738 3:1.000000 5:0.603175 13:0.122130 16:0.998377 17:0.375000
18:1.000000 20:0.998128 23:0.154578 24:0.555676 29:0.071711 39:0.117399 40:0.560607
42:0.280000 44:0.003708 45:0.333333 46:1.000000
0 1:0.214953 5:0.213819 11:0.401330 15:0.402388 16:0.140868 17:1.000000
18:0.285714 19:0.333333 20:0.141484 21:0.561349 22:0.771015 23:0.753872 24:1.000000
37:0.566409 38:0.760916 39:0.746370 40:1.000000 44:1.000000 45:1.000000 46:0.021127
```

下一步模型训练。与处理分类问题、回归问题类似，通过 XGBoost 进行数据排序包含加载数据、模型训练、保存模型、模型预测等步骤。先加载训练集、测试集和验证集：

```
1. import xgboost as xgb
2.
3. xgb_train = xgb.DMatrix("./mq2008.train")
4. xgb_vali = xgb.DMatrix("./mq2008.vali")
5.
6. xgb_test = xgb.DMatrix("./mq2008.test")
```

数据加载完成后，配置模型训练所需的参数：

```
1. # 模型训练
2. params = {
3.     "objective": "rank:pairwise",
4.     "eta": 0.1,
5.     "gamma": 1.0,
6.     "min_child_weight": 0.1,
7.     "max_depth": 6
8. }
9.
10.num_round = 50
```

排序的 objective 参数均以 rank 表示，此处采用的是 rank:pairwise，表示以 pairwise 的方式进行排序学习，其他参数的配置与分类问题、回归问题等类似。另外，设置训练过程中需实时观察评估结果的数据集：

```
watchlist = [(xgb_train, 'train'), (xgb_vali, 'vali')]
```

训练模型：

```
model = xgb.train(params, xgb_train, num_round, watchlist)
```

训练过程中的部分输出结果（此处只截取了最后 10 轮结果）如图 4-11 所示。

```
[40]    train-map:0.696353    vali-map:0.49717
[41]    train-map:0.701142    vali-map:0.495337
[42]    train-map:0.703679    vali-map:0.49382
[43]    train-map:0.705777    vali-map:0.493417
[44]    train-map:0.70952     vali-map:0.491948
[45]    train-map:0.712533    vali-map:0.492451
[46]    train-map:0.717541    vali-map:0.491937
[47]    train-map:0.720169    vali-map:0.491997
[48]    train-map:0.721941    vali-map:0.490453
[49]    train-map:0.724675    vali-map:0.490387
```

图 4-11　训练过程输出结果（部分）

可以看到，当目标函数采用 rank:pairwise 时，默认采用的评估指标为 MAP。此外，因为在 watchlist 中配置了训练集和验证集，因此可实时观测训练过程中两个数据集的 MAP 评估结果。模型训练完毕后保存模型文件，并通过模型对测试集进行预测，与分类问题、回归问题类似，不再赘述。

4.6　其他常用功能

本节以诊断乳腺肿瘤的二分类问题为例，介绍 XGBoost 中其他的常用功能，以下是数据加载和模型训练的代码：

```
1.  import xgboost as xgb
2.  import numpy as np
3.  from sklearn import datasets
4.  from sklearn.model_selection import train_test_split
5.
6.  # 加载数据
7.  cancer = datasets.load_breast_cancer()
8.  X = cancer.data
9.  y = cancer.target
10.
11. # 划分训练集、测试集
12. X_train, X_test, y_train, y_test = train_test_split(X, y ,
                                test_size = 1/5.,random_state = 8)
13.
```

```
14.xgb_train = xgb.DMatrix(X_train, label=y_train)
15.xgb_test = xgb.DMatrix(X_test, label=y_test)
16.
17.# 模型训练
18.params = {
19.    "objective": "binary:logistic",
20.    "booster": "gbtree",
21.    "eta": 0.1,
22.    "min_child_weight": 1,
23.    "max_depth": 5
24.}
25.
26.num_round = 50
27.watchlist = [(xgb_train, 'train'), (xgb_test, 'test')]
28.
29.model = xgb.train(params, xgb_train, num_round, watchlist)
```

1. 将 DMatrix 保存为二进制文件

XGBoost 可以将 DMatrix 数据结构保存为可直接加载的二进制文件。该操作的好处是将完成特征处理并且已转换为 DMatrix 格式的数据进行保存，下次加载时避免重复操作从而节省加载时间。将测试集保存为二进制文件，然后重新加载，最后的预测结果与之前是一致的。相关代码如下：

```
1. # 存储为二进制文件
2. xgb_test.save_binary('dtest.buffer')
3.
4. # 重新加载数据
5. xgb_test2 = xgb.DMatrix('dtest.buffer')
6.
7. # 用新数据预测
8. preds2 = bst.predict(xgb_test2)
```

2. 多种格式的数据加载

scipy 是 Python 中一个高级的科学计算包，包含了各种科学计算工具。CSR 和 CSC 是 scipy 中比较高效的存储稀疏矩阵（矩阵中大部分是 0 的矩阵）的存储格式[⊖]，其实现原理将在第 5 章 5.9 节介绍，本节主要介绍 CSR、CSC 格式的数据在 XGBoost 中的加载方法。XGBoost 支持将 CSR、CSC 格式的矩阵数据直接加载为 DMatrix。下面是加载 CSR 的示例代码：

```
1. import scipy
```

⊖ 参见 http://www.bu.edu/pasi/files/2011/01/NathanBell1-10-1000.pdf。

```
2.
3. row = []; col = []; dat = []
4. i = 0
5. # 解析数据文件
6. for arr in X_train:
7.     # 获取数据中元素的行号、列号及取值
8.     for k,v in enumerate(arr):
9.         row.append(i); col.append(int(k)); dat.append(float(v))
10.    i += 1
11.
12.# 构造CSR
13.csr = scipy.sparse.csr_matrix((dat, (row,col)))
14.# 加载CSR格式数据，并将其转为DMatrix
15.xgb_train = xgb.DMatrix(csr, label = y_train)
16.watchlist  = [(xgb_test,'eval'), (xgb_train,'train')]
17.bst = xgb.train(params, xgb_train, num_round, watchlist)
```

上述代码首先对数据进行解析，获取数据中元素的行号、列号和取值，然后再通过 scipy 中的 API 接口构造 CSR 格式数据，通过生成的 CSR 数据和 label 便可直接构造 DMatrix。

同样的方法，可以构造 CSC 格式数据并加载，代码如下：

```
# 构造CSC格式数据
csc = scipy.sparse.csc_matrix((dat, (row,col)))
xgb_train = xgb.DMatrix(csc, label=y_train)
watchlist  = [(xgb_test,'eval'), (xgb_train,'train')]
bst = xgb.train(params, xgb_train, num_round, watchlist)
```

scipy 中的很多操作都是通过 numpy array 进行计算的，XGBoost 也可以将 numpy array 格式的数据加载为 DMatrix 数据。示例代码如下：

```
1. # 将CSR格式转为numpy array格式
2. nparr = csr.todense()
3. # 加载numpy array，并将其转为DMatrix
4. xgb_train = xgb.DMatrix(nparr, label = y_train)
5. watchlist  = [(xgb_test,'eval'), (xgb_train,'train')]
6. bst = xgb.train(params, xgb_train, num_round, watchlist)
```

可以看到，将 CSR 格式的数据转为 numpy array 格式后，可直接加载为 DMatrix。

3. 基于历史预测值继续训练

XGBoost 支持在历史模型预测值的基础上继续训练，使模型快速达到较高的准确度，节省计算时间。此处的预测值为未进行转化（如 sigmoid、softmax 等）的原始值。

```
1. import xgboost as xgb
```

```
2. import numpy as np
3. from sklearn import datasets
4. from sklearn.model_selection import train_test_split
5.
6. cancer = datasets.load_breast_cancer()
7. X = cancer.data
8. y = cancer.target
9.
10.X_train, X_test, y_train, y_test = train_test_split(X, y ,
                                    test_size = 1/5.,random_state = 8)
11.
12.xgb_train = xgb.DMatrix(X_train, label=y_train)
13.xgb_test = xgb.DMatrix(X_test, label=y_test)
14.
15.
16.watchlist  = [(xgb_test,'eval'), (xgb_train,'train')]
17.###
18.# 在初始预测值的基础上开始训练
19.#
20.# 指定训练参数
21.params = {
22.    "objective": "binary:logistic",
23.    "booster": "gbtree",
24.    "eta": 0.1,
25.    "max_depth": 5
26.}
27.
28.# 训练模型，此处num_round设为10
29.bst = xgb.train(params, xgb_train, 10, watchlist )
30.
31.# 通过上述模型对数据集进行预测
32.# 此处output_margin参数设为True，表示最终输出的预测值为未进行sigmoid转化的原始值
33.pred_train = bst.predict(xgb_train, output_margin=True)
34.pred_test  = bst.predict(xgb_test, output_margin=True)
35.
36.# 设置预测值为初始值，这里设置的初始值需是未转化前的原始值
37.xgb_train.set_base_margin(pred_train)
38.xgb_test.set_base_margin(pred_test)
39.
40.print ('以下是设置初始预测值后的运行结果：')
41.bst = xgb.train( params, xgb_train, 10, watchlist )
```

运行结果如图 4-12 所示。

显然，设置历史预测值作为初始值训练模型时，模型很快达到了较高的准确度。

```
[0]      eval-error:0.035088        train-error:0.024176
[1]      eval-error:0.052632        train-error:0.015385
[2]      eval-error:0.070175        train-error:0.013187
[3]      eval-error:0.078947        train-error:0.004396
[4]      eval-error:0.078947        train-error:0.004396
[5]      eval-error:0.04386         train-error:0.004396
[6]      eval-error:0.052632        train-error:0.004396
[7]      eval-error:0.061404        train-error:0.004396
[8]      eval-error:0.052632        train-error:0.004396
[9]      eval-error:0.04386         train-error:0.004396
以下是设置初始预测值后的运行结果:
[0]      eval-error:0.04386         train-error:0.004396
[1]      eval-error:0.04386         train-error:0.004396
[2]      eval-error:0.04386         train-error:0.004396
[3]      eval-error:0.04386         train-error:0.004396
[4]      eval-error:0.035088        train-error:0.004396
[5]      eval-error:0.035088        train-error:0.004396
[6]      eval-error:0.035088        train-error:0.004396
[7]      eval-error:0.04386         train-error:0.004396
[8]      eval-error:0.04386         train-error:0.004396
[9]      eval-error:0.04386         train-error:0.004396
```

图 4-12　基于历史预测值训练模型

4. 自定义目标函数和评估函数

实际应用中的需求是多种多样的，XGBoost 内置的目标函数和评估函数并不能满足所有的应用需求，此时就需要自定义目标函数和评估函数。当然，并不是所有的函数都可以作为 XGBoost 的目标函数，由于 XGBoost 的特性，自定义目标函数时需返回其一阶、二阶梯度，因此目标函数需满足二次可微（第 5 章会详细介绍）。需要注意的是，通过自定义目标函数得到的预测值是模型预测的原始值，不会进行任何转换（如 sigmoid 转换、softmax 转换）。原因不难理解，自定义 objective 之后，模型并不知道该任务是什么类型的任务，因此也就不会再做转换。

自定义目标函数后，XGBoost 内置的评估函数不一定适用。比如用户自定义了一个 logloss 的目标函数，得到的预测值是没有经过 sigmoid 转换的，而内置的评估函数默认是经过转换的，因此评估时就会出错。下面示例便实现了一个自定义的 logloss 目标函数和自定义的评估函数，代码如下：

```
1. ###
2. # 自定义目标函数
3. #
4. import xgboost as xgb
5. import numpy as np
6. from sklearn import datasets
7. from sklearn.model_selection import train_test_split
8.
9. cancer = datasets.load_breast_cancer()
10.X = cancer.data
11.y = cancer.target
12.
13.X_train, X_test, y_train, y_test = train_test_split(X, y ,test_size =
```

```
    1/5.,random_state = 8)
14.
15.xgb_train = xgb.DMatrix(X_train, label=y_train)
16.xgb_test = xgb.DMatrix(X_test, label=y_test)
17.
18.
19.# 因为要自定义目标函数，此处objective不再指定
20.
21.params = {
22.    "booster": "gbtree",
23.    "eta": 0.1,
24.    "max_depth": 5
25.}
26.num_round = 50
27.
28.
29.# 自定义目标函数logloss，给定预测值，返回一阶、二阶梯度
30.def logregobj(preds, dtrain):
31.    labels = dtrain.get_label()
32.    preds = 1.0 / (1.0 + np.exp(-preds))
33.    grad = preds - labels
34.    hess = preds * (1.0-preds)
35.    return grad, hess
36.
37.
38.# 用户自定义评估函数，返回指标名称和结果
39.def evalerror(preds, dtrain):
40.    labels = dtrain.get_label()
41.    # 因为是未进行sigmoid转换的，因此以0作为分类阈值
42.    return 'error', float(sum(labels != (preds > 0.0))) / len(labels)
43.
44.# 通过自定义目标函数进行训练
45.bst = xgb.train(params, xgb_train, num_round, watchlist, obj=logregobj,
    feval=evalerror)
```

该示例实现了一个二分类对数似然函数的自定义目标函数和一个错误率的评估函数。下面介绍自定义目标函数的实现。前述可知，二分类对数似然函数形式如下：

$$l(y, \hat{y}^{(t-1)}) = (1-y) \log(1-\text{sigmoid}(\hat{y}^{(t-1)}))+y \log(\text{sigmoid}(\hat{y}^{(t-1)}))$$

对其求一阶导为：

$$g=\text{sigmoid}(\hat{y}^{(t-1)})-y$$

二阶导为：

$$h= \text{sigmoid}(\hat{y}^{(t-1)})(1-\text{sigmoid}(\hat{y}^{(t-1)}))$$

其中 y 为样本 label，$\hat{y}^{(t-1)}$ 为当前模型的预测值（未进行 sigmoid 变换），根据上述公式，logregobj 函数实现了二分类对数似然函数一阶梯度和二阶梯度的计算，并作为函数返回值返回，从而实现自定义目标函数。自定义评估函数实现简单，此处不再详述。

因为模型产出的预测值 preds 为原始值，所以在自定义目标函数内部对 preds 进行了 sigmoid 转换，转换之后再计算一阶、二阶梯度。另外，在自定义评估函数中的 preds 也为转换前的原始值，因此以 0（而非 0.5）作为分类阈值，即预测值大于 0 认为是正样本，小于 0 为是负样本。

实现了自定义函数后，即可通过该函数进行模型训练和评估，相关参数为 obj 和 feval（不同语言版本的名称略有不同）。这两个参数均为函数引用，默认值为 None，其中参数 obj 为目标函数，可调用系统内置的目标函数，也可调用用户自定义目标函数。参数 feval 为评估函数，可调用内置评估函数，也可调用用户自定义评估函数，通过指定的评估函数对模型预测结果进行评估。XGBoost 通过上述两个参数即可实现基于用户自定义函数的模型训练与评估。

在某些应用场景下，若评估函数存在一阶导数和二阶导数，也可将评估函数作为目标函数进行训练。

5. 交叉验证

交叉验证主要用于验证模型性能，评估机器学习算法的预测误差，分析其泛化能力。它的基本思想是将数据集划分为训练集和验证集，用训练集拟合模型，用验证集进行验证，从而评估预测误差（详见第 8 章交叉验证）。通过 XGBoost 进行交叉验证的代码如下：

```
1. xgb_train = xgb.DMatrix(X_train, label=y_train)
2. xgb_test = xgb.DMatrix(X_test, label=y_test)
3.
4. params = {
5.     "objective": "binary:logistic",
6.     "booster": "gbtree",
7.     "eta": 0.1,
8.     "max_depth": 5
9. }
10.num_round = 50
11.
12.
13.# 进行交叉验证
14.res = xgb.cv(params, xgb_train, num_round, nfold=5,
15.        metrics={'auc'}, seed = 0,
16.        callbacks=[xgb.callback.print_evaluation(show_stdv=True)])
```

XGBoost 通过 cv 函数进行交叉验证，参数 nfold 表示交叉验证中数据集被随机（参数

seed 为随机数种子）折叠为若干份，如 nfold=5 表示将数据集随机分为 5 份，选择第 i 份作为验证集，其余 4 份作为训练集。数据集中的每份都会依次作为验证集，这样最终会训练 5 个模型，得到 5 个结果。参数 metrics 是交叉验证使用的评估指标。参数 callbacks 可以定义多个 callback 函数，这些 callback 函数会在每一轮迭代的最后被调用，用户也可使用 XGBoost 中预定义的 callback 函数，如 xgb.callback.reset_learning_rate(custom_rates) 等。示例中采用了 XGBoost 内置的 callback 函数 print_evaluation 来输出评估指标的标准差。最终结果的输出格式为：

指标名称：均值 + 标准差

执行上述代码，交叉验证部分输出结果如图 4-13 所示。

```
[0]     train-auc:0.991683+0.00341849    test-auc:0.963693+0.0168564
[1]     train-auc:0.992837+0.00335976    test-auc:0.964844+0.0178177
[2]     train-auc:0.993212+0.00357081    test-auc:0.967527+0.021093
[3]     train-auc:0.994542+0.00290845    test-auc:0.967646+0.0224332
[4]     train-auc:0.995394+0.00212846    test-auc:0.968436+0.022748
[5]     train-auc:0.995742+0.00196583    test-auc:0.974978+0.0204071
[6]     train-auc:0.995788+0.00194419    test-auc:0.980594+0.0191992
[7]     train-auc:0.995863+0.0019482     test-auc:0.981476+0.0197346
[8]     train-auc:0.996556+0.00221079    test-auc:0.981334+0.0195152
[9]     train-auc:0.997245+0.002076      test-auc:0.981914+0.020159
[10]    train-auc:0.997876+0.00184199    test-auc:0.982344+0.0204925
```

图 4-13 交叉验证输出结果（部分）

如果不需要输出标准差，只输出 metrics 中定义的指标，则将 show_stdv 置为 False 即可。另外，可以借助 XGBoost 内置的 early_stop 函数，使模型在一定迭代次数内准确率没有提升时停止训练，本示例以 test-auc 作为准确率的评估指标。代码如下：

```
1. # 交叉验证，不输出标准差，若5轮评估指标未提升则停止训练
2. res = xgb.cv(params, xgb_train, num_boost_round=num_round,
3.             nfold=5, metrics={'auc'}, seed = 0,
4.             callbacks=[xgb.callback.print_evaluation
5.             (show_stdv=False), xgb.callback.early_stop(5)])
```

输出结果如图 4-14 所示。

可以看到，模型训练进行到第 20 轮时，test-auc 达到了 0.985238，后续经过 5 轮迭代，test-auc 并未提升，因此模型认为第 20 轮的模型为最优模型，停止后续训练过程。另外，cv 函数会返回历史评估数据，将上例中的 res 变量打印至终端，输出结果如图 4-15 所示。

交叉验证还支持自定义预处理函数，用于对数据集和参数进行预处理，再将处理后的数据进行随机划分。下面示例定义了一个预处理函数，该函数的功能是设置参数 scale_pos_weight，解决正负样本悬殊的问题。代码如下：

```
1. # 自定义预处理函数
2. # 该函数的功能是设置参数scale_pos_weight，解决正负样本悬殊的问题
```

```
3. def fpreproc(xgb_train, xgb_test, params):
4.     label = xgb_train.get_label()
5.     ratio = float(np.sum(label == 0)) / np.sum(label==1)
6.     params['scale_pos_weight'] = ratio
7.     return (xgb_train, xgb_test, params)
8.
9.
10.# 交叉验证，调用自定义预处理函数
11.xgb.cv(params, xgb_train, num_round, nfold=5,
12.          metrics={'auc'}, seed = 0, fpreproc = fpreproc)
```

```
[0]    train-auc:0.991683    test-auc:0.963693
Multiple eval metrics have been passed: 'test-auc' will be used for early stopping.

Will train until test-auc hasn't improved in 5 rounds.
[1]    train-auc:0.992837    test-auc:0.964844
[2]    train-auc:0.993212    test-auc:0.967527
[3]    train-auc:0.994542    test-auc:0.967646
[4]    train-auc:0.995394    test-auc:0.968436
[5]    train-auc:0.995742    test-auc:0.974978
[6]    train-auc:0.995788    test-auc:0.980594
[7]    train-auc:0.995863    test-auc:0.981476
[8]    train-auc:0.996556    test-auc:0.981334
[9]    train-auc:0.997245    test-auc:0.981914
[10]   train-auc:0.997876    test-auc:0.982344
[11]   train-auc:0.998052    test-auc:0.982575
[12]   train-auc:0.998248    test-auc:0.98371
[13]   train-auc:0.998947    test-auc:0.983715
[14]   train-auc:0.999027    test-auc:0.9839
[15]   train-auc:0.999206    test-auc:0.984729
[16]   train-auc:0.99936     test-auc:0.984927
[17]   train-auc:0.999404    test-auc:0.985019
[18]   train-auc:0.99945     test-auc:0.985026
[19]   train-auc:0.999619    test-auc:0.9847
[20]   train-auc:0.999705    test-auc:0.985238
[21]   train-auc:0.999764    test-auc:0.98523
[22]   train-auc:0.99983     test-auc:0.985223
[23]   train-auc:0.999889    test-auc:0.985223
[24]   train-auc:0.999915    test-auc:0.984904
[25]   train-auc:0.999941    test-auc:0.98501
Stopping. Best iteration:
[20]   train-auc:0.999705+0.000207852  test-auc:0.985238+0.0212502
```

图 4-14　设置提前停止参数结果

	test-auc-mean	test-auc-std	train-auc-mean	train-auc-std
0	0.963693	0.016856	0.991683	0.003418
1	0.964844	0.017818	0.992837	0.003360
2	0.967527	0.021093	0.993212	0.003571
3	0.967646	0.022433	0.994542	0.002908
4	0.968436	0.022748	0.995394	0.002128
5	0.974978	0.020407	0.995742	0.001966
6	0.980594	0.019199	0.995788	0.001944
7	0.981476	0.019735	0.995863	0.001948
8	0.981334	0.019515	0.996556	0.002211
9	0.981914	0.020159	0.997245	0.002076
10	0.982344	0.020493	0.997876	0.001842
11	0.982575	0.020360	0.998052	0.001907
12	0.983710	0.020665	0.998248	0.001902
13	0.983715	0.020712	0.998947	0.000777
14	0.983900	0.021013	0.999027	0.000731
15	0.984729	0.020862	0.999206	0.000549
16	0.984927	0.021163	0.999360	0.000497
17	0.985019	0.021223	0.999404	0.000509
18	0.985026	0.021202	0.999450	0.000437
19	0.984700	0.021385	0.999619	0.000289
20	0.985238	0.021250	0.999705	0.000208

图 4-15　交叉验证历史评估数据

前文介绍过，用户可以自定义目标函数来满足不同的应用需求，在交叉验证中，用户依然可以自定义目标函数，如下：

```
1. # 在交叉验证中自定义目标函数
2.
3. def logregobj(preds, xgb_train):
4.     labels = xgb_train.get_label()
5.     preds = 1.0 / (1.0 + np.exp(-preds))
6.     grad = preds - labels
7.     hess = preds * (1.0-preds)
8.     return grad, hess
9. def evalerror(preds, xgb_train):
10.     labels = xgb_train.get_label()
11.     return 'error', float(sum(labels != (preds > 0.0))) / len(labels)
12.
13. xgb.cv(params, xgb_train, num_round, nfold = 5, seed = 0,
14.        obj = logregobj, feval=evalerror)
```

6. 保存评估结果

由前述可知，XGBoost 会打印训练过程中的评估结果，用户可以实时观测模型的训练效果。为便于后续使用，我们也可以将评估结果保存下来，如下：

```
1. xgb_train = xgb.DMatrix(X_train, label=y_train)
2. xgb_test = xgb.DMatrix(X_test, label=y_test)
3.
4. params = {
5.     "objective": "binary:logistic",
6.     "booster": "gbtree",
7.     "eta": 0.1,
8.     "max_depth": 5
9. }
10. num_round = 50
11.
12.
13. watchlist = [(xgb_test,'eval'), (xgb_train,'train')]
14. # 定义dict类型的变量存储评估结果
15. evals_result = {}
16. bst = xgb.train(params, xgb_train, num_round, watchlist, evals_result=evals_result)
```

用户只需定义一个 dict 类型的变量 evals_result，并将其作为参数传入训练函数，即可将评估结果保存。通过访问 evals_result 来获取评估结果。代码如下：

```
1. print('直接通过evals_result访问error指标:')
2. print(evals_result['eval']['error'])
```

访问保留的评估结果如图 4-16 所示。

```
直接通过evals_result访问error指标:
[0.035088, 0.052632, 0.070175, 0.078947, 0.078947, 0.04386, 0.052632, 0.061404, 0.052632, 0.04386, 0.04386, 0.04386,
0.04386, 0.04386, 0.035088, 0.035088, 0.035088, 0.04386, 0.04386, 0.04386, 0.04386, 0.04386, 0.04386, 0.04386, 0.0438
6, 0.04386, 0.04386, 0.035088, 0.035088, 0.04386, 0.04386, 0.04386, 0.04386, 0.04386, 0.04386, 0.04386, 0.04386, 0.04
386, 0.04386, 0.04386, 0.04386, 0.04386, 0.04386, 0.04386, 0.04386, 0.04386, 0.04386, 0.04386, 0.04386]
```

图 4-16　访问保存的评估结果

7. 外存版本

XGBoost 的一个主要设计理念是提高内存效率，所以一般情况下需要将数据完全载入内存。但在很多业务场景中，往往有大量的数据不能完全载入内存，这种情况下，用户可以选择使用 XGBoost 的外存版本或分布式版本。本节主要介绍 XGBoost 的外存版本，分布式版本可参见第 6 章。

XGBoost 的外存版本和内存版本在使用上没什么不同，唯一的区别是在文件名称的格式上。外存版本采用下面的格式：

```
filename#cacheprefix
```

filename 表示需要加载的 LibSVM 格式的文件名称（目前外存版本只支持 LibSVM 文件格式），cacheprefix 是外存缓存文件的路径。代码如下：

```
xgb_train = xgb.DMatrix('./train.data#dtrain.cache')
```

另外，可以根据 CPU 的核数设置参数 nthread 来提高并行度。现在的 CPU 一般提供超线程，所以一个 4 核的 CPU 可以提供 8 个线程。代码如下：

```
1. params = {
2.     "objective": "binary:logistic",
3.     "booster": "gbtree",
4.     "eta": 0.1,
5.     "max_depth": 5,
6.     "nthread": 8
7. }
```

外存模式也可以用于分布式版本，只需将数据路径设置为如下格式：

```
data = "hdfs://path-to-data/#dtrain.cache"
```

XGBoost 会将数据缓存到本地的临时文件夹，因此可以直接使用 dtrain.cache 缓存到当前目录。

8. 通过前 n 棵树进行预测

默认情况下，XGBoost 会使用模型中所有决策树进行预测。在某些应用场景下，可以通过指定参数 ntree_limit 实现只使用前 n 棵树（非整个模型）进行预测，如下：

```
1. xgb_train = xgb.DMatrix(X_train, label=y_train)
2. xgb_test = xgb.DMatrix(X_test, label=y_test)
3.
4. params = {
5.     "objective": "binary:logistic",
6.     "booster": "gbtree",
7.     "eta": 0.1,
8.     "max_depth": 5
9. }
10.num_round = 50
11.
12.
13.watchlist = [(xgb_test,'eval'), (xgb_train,'train')]
14.
15.bst = xgb.train(params, xgb_train, num_round, watchlist)
16.
17.print ('通过前n棵树进行预测')
18.# 使用前10棵树进行预测
19.label = xgb_test.get_label()
20.pred1 = bst.predict(xgb_test, ntree_limit=10)
21.# 默认情况使用所有决策树预测
22.pred2 = bst.predict(xgb_test)
23.print ('前10棵树预测值AUC为: %f' % roc_auc_score(y_test,pred1))
24.print ('所有树预测值AUC为: %f' % roc_auc_score(y_test,pred2))
```

输出结果如图 4-17 所示。

```
通过前n棵树进行预测
前10棵树预测值AUC为: 0.995205
所有树预测值AUC为: 0.997123
```

图 4-17　前 n 棵树预测结果

由迭代轮数可知，模型由 50 棵决策树组成。示例中先使用前 10 棵决策树进行预测，再用整个模型预测。可以看到，两次预测结果的 AUC 是不同的，只用前 10 棵树预测的结果要略差一些。

9. 预测叶子节点索引

在 XGBoost 的树模型中，每个叶子节点在其所在的决策树中都有一个唯一索引。在预测阶段，样本在每棵决策树中都会被划分到唯一的叶子节点，所有叶子节点的索引组成一个向量，在某种程度上，该向量可以代表样本在模型中被划分的情况。XGBoost 支持用户获得这样的叶子节点索引向量，只需将参数 pred_leaf 置为 True 即可，如下：

```
1. print ('预测叶子节点索引')
2. # 通过前10棵树预测
3. leafindex = bst.predict(xgb_test, ntree_limit=10, pred_leaf=True)
4. print(leafindex.shape)
5. print(leafindex)
6. # 通过整个模型预测
7. leafindex = bst.predict(xgb_test, pred_leaf = True)
8. print(leafindex.shape)
```

输出结果如图 4-18 所示。

```
预测叶子节点索引
(114, 10)
[[15 15 15 ... 22 18 17]
 [15 15 15 ... 22 18 17]
 [15 15 15 ... 22 18 17]
 ...
 [15 15 15 ... 22 18 17]
 [15 15 15 ... 22 18 17]
 [15 15 15 ... 22 18 17]]
(114, 50)
```

图 4-18　叶子节点索引预测结果

可以看到，两种方式得到的索引矩阵行数均为 114，和数据集中的样本数量是一致的。通过前 10 棵树预测，得到的索引矩阵 leafindex 列数为 10，通过整个模型预测后的列数为 50，和决策树数量是一致的。索引矩阵中的元素便是该样本在对应决策树中归属叶子节点的索引。

10. scikit-learn 版本

XGBoost 有一个 scikit-learn 接口版本，该版本与 scikit-learn 实现了很好的融合，能够使用 scikit-learn 中的 Gridsearch 等实现 XGBoost 的超参数调优。还可以结合 pipeline，实现机器学习过程的流式化封装和管理。以下代码展示了如何通过 XGBoost 的 scikit-learn 接口版本解决分类、回归等问题：

```
 1. import xgboost as xgb
 2.
 3. import numpy as np
 4. from sklearn.model_selection import KFold, train_test_split, GridSearchCV
 5. from sklearn.metrics import mean_squared_error
 6. from sklearn import datasets
 7. from sklearn.metrics import roc_auc_score
 8.
 9.
10. print("二分类，乳腺癌数据集")
11. cancer = datasets.load_breast_cancer()
12. X = cancer.data
```

```
13.y = cancer.target
14.kf = KFold(n_splits=3, shuffle=True)
15.i = 0
16.for train_idx, test_idx in kf.split(X):
17.    model = xgb.XGBClassifier().fit(X[train_idx],y[train_idx])
18.    preds = model.predict(X[test_idx])
19.    labels = y[test_idx]
20.    print("kfold-%d AUC为: %f"% (i, roc_auc_score(labels, preds)))
21.    i += 1
22.
23.print("回归，波士顿房价数据集")
24.boston = load_boston()
25.X = boston.data
26.y = boston.target
27.kf = KFold(n_splits=3, shuffle=True)
28.i = 0
29.for train_idx, test_idx in kf.split(X):
30.    model = xgb.XGBRegressor().fit(X[train_idx],y[train_idx])
31.    preds = model.predict(X[test_idx])
32.    labels = y[test_idx]
33.    print("kfold-%d MSE为: %f"% (i, mean_squared_error(labels, preds)))
34.    i += 1
```

　　由上述示例可知，scikit-learn 接口版本通过 XGBClassifier 解决分类问题，通过 XGB-Regressor 解决回归问题，并与 scikit-learn 保持一致，通过 fit 方法完成模型拟合。

　　通过前面的学习，相信读者已经可以构建一个初始的 XGBoost 模型。但在解决实际应用的问题时，初始模型是远远不够的，需要对其进行参数调优。XGBoost 中有很多参数，单纯靠人工进行参数调优，工作量十分巨大，因此需要借助 skicit-learn 的 GridSearchCV，示例代码如下所示：

```
1. from sklearn.datasets import load_boston
2. from sklearn.model_selection import GridSearchCV
3. import xgboost as xgb
4.
5. print("超参数调优")
6. cancer = datasets.load_breast_cancer()
7. X = cancer.data
8. y = cancer.target
9. model = xgb.XGBClassifier()
10.clf = GridSearchCV(model,
11.                   {'max_depth': [4,5,6],
12.                    'n_estimators': [20,50,70],
13.                    'learning_rate': [0.05,0.1,0.2]
14.                   })
```

```
15.clf.fit(X,y)
16.print(clf.best_score_)
17.print(clf.best_params_)
```

示例中定义了每个参数的取值范围，将其传入 GridSearchCV 函数。GridSearchCV 会遍历所有的参数组合，并输出其中最优的组合，输出结果如图 4-19 所示。

```
超参数调优
0.9718804920913884
{'n_estimators': 70, 'learning_rate': 0.2, 'max_depth': 5}
```

图 4-19　超参数调优结果

如果 XGBoost 是在支持 OPENMP 的环境下构建的，可以通过设置环境变量实现超参数调优的并行化，如 os.environ["OMP_NUM_THREADS"]=“2”。如果模型训练时 fit 函数中设置了评估数据集参数 eval_set，则可通过 evals_result 函数获取所有评估数据集的评估结果；若设置了参数 eval_metric，则评估结果中会包含所有 eval_metric 中的评估指标，获取评估结果代码如下：

```
evals_result = clf.evals_result()
```

11. 提前停止训练

在 XGBoost 中，通过设置参数 early_stopping_rounds，可以实现在一定迭代次数内评估指标没有提升就停止训练。提前停止训练，需在参数 evals 中至少设置一个评估指标，当存在多个评估指标时，默认选择最后一个。提前停止训练后，模型会包含 3 个额外字段：bst.best_score, bst.best_iteration 和 bst.best_ntree_limit。其中，best_score 为模型训练中评估指标的最优值，best_iteration 为最优迭代轮数，best_ntree_limit 为最优的前 n 棵树。调用代码如下：

```
bst = xgb.train(params, xgb_train, num_round, watchlist, early_stopping_rounds=10)
```

sklearn 版本也支持提前停止训练，调用代码如下：

```
clf.fit(X_train, y_train, early_stopping_rounds=10, eval_metric="auc", eval_
set=[(X_test, y_test)])
```

部分输出结果如图 4-20 所示。

由图 4-20 可知，在第 41 轮之后 AUC 不再提高，因此 51 轮过后模型提前停止训练，模型最优的迭代轮数为第 41 轮。

12. 特征重要性

通常来讲，特征的重要性表明每个特征在模型中的重要性或价值，某个特征在决策树中做出的关键决策越多，其特征重要性评分越高。XGBoost 有 3 个衡量特征重要性的指标：

weight、gain 和 cover [⊖]。默认方式为 weight，表示在模型中一个特征被选作分裂特征的次数。gain 表示特征在模型中被使用的平均收益，收益通过损失函数的变化度量。cover 表示特征在模型中被使用的平均覆盖率，通过节点的二阶梯度和来度量。

```
[30]    validation_0-auc:0.997123
[31]    validation_0-auc:0.996803
[32]    validation_0-auc:0.996803
[33]    validation_0-auc:0.996803
[34]    validation_0-auc:0.997442
[35]    validation_0-auc:0.997123
[36]    validation_0-auc:0.997762
[37]    validation_0-auc:0.997762
[38]    validation_0-auc:0.997442
[39]    validation_0-auc:0.997442
[40]    validation_0-auc:0.997762
[41]    validation_0-auc:0.998082
[42]    validation_0-auc:0.997762
[43]    validation_0-auc:0.998082
[44]    validation_0-auc:0.997762
[45]    validation_0-auc:0.997442
[46]    validation_0-auc:0.997762
[47]    validation_0-auc:0.997762
[48]    validation_0-auc:0.997762
[49]    validation_0-auc:0.997762
[50]    validation_0-auc:0.997762
[51]    validation_0-auc:0.997762
Stopping. Best iteration:
[41]    validation_0-auc:0.998082
```

图 4-20　提前停止训练结果（部分）

XGBoost 提供了两个获取特征重要性评分的方法：get_fscore 和 get_score。get_fscore 函数采用了默认的 weight 指标计算特征重要性评分，而 get_score 可通过参数选择 weight、gain 或者 cover。首先介绍 get_fscore 函数，仍以二分类为例进行说明，代码如下：

```
1. import xgboost as xgb
2. import numpy as np
3. from sklearn import datasets
4. from sklearn.model_selection import train_test_split
5. import pandas as pd
6.
7. cancer = datasets.load_breast_cancer()
8. X = cancer.data
9. y = cancer.target
10.
11.X_train, X_test, y_train, y_test = train_test_split(X, y ,test_size =
   1/5.,random_state = 8)
12.
13.xgb_train = xgb.DMatrix(X_train, label=y_train)
14.xgb_test = xgb.DMatrix(X_test, label=y_test)
15.
16.params = {
```

⊖　后续 XGBoost 又增加了 total_gain 和 total_cover 两种方式，表示总收益和总覆盖率。

```
17.    "objective": "binary:logistic",
18.    "booster": "gbtree",
19.    "eta": 0.1,
20.    "max_depth": 5
21.}
22.num_round = 50
23.
24.
25.watchlist = [(xgb_test,'eval'), (xgb_train,'train')]
26.
27.bst = xgb.train(params, xgb_train, num_round, watchlist)
28.
29.
30.importance = bst.get_fscore()
31.importance = sorted(importance.items(), key=lambda x: x[1], reverse=True)
32.
33.df = pd.DataFrame(importance, columns=['feature', 'fscore'])
34.print df
35.df['fscore'] = df['fscore'] / df['fscore'].sum()
36.print df
```

　　模型训练完毕后，通过 get_fscore 获取模型特征重要性评分，然后按重要程度对特征排序，部分输出结果如图 4-21 所示。

　　在图 4-21 中，feature 为特征名称，此处因未指定特征映射文件，因此名称以编号展示，读者可尝试传入特征映射文件，观察特征名称的输出变化。fscore 为特征重要性评分，此处为该特征在模型中作为分裂特征的次数。计算每个特征在所有特征中的权重占比，可以得到如图 4-22 所示结果。

```
   feature  fscore
0      f23      56
1      f21      44
2      f27      42
3       f1      38
4      f13      31
5      f22      24
6      f24      22
7       f7      16
8      f26      15
9       f6      14
10     f20      13
```

```
   feature    fscore
0      f23  0.138614
1      f21  0.108911
2      f27  0.103960
3       f1  0.094059
4      f13  0.076733
5      f22  0.059406
6      f24  0.054455
7       f7  0.039604
8      f26  0.037129
9       f6  0.034653
10     f20  0.032178
```

图 4-21　特征重要性排序结果（部分）　　图 4-22　特征重要性权重占比结果（部分）

　　如果想以 gain 和 cover 作为评估特征重要性的指标，可通过 get_score 函数获取，代码如下：

```
1. importance = bst.get_score(importance_type='gain')
2.
```

```
3. importance = bst.get_score(importance_type='cover')
```

输出结果如图 4-23 所示。

```
特征重要性排名 (gain)          特征重要性排名 (cover)
    feature    fscore             feature    fscore
0      f22    52.436483        0      f22    48.921693
1       f7    26.417526        1      f10    36.920776
2       f6     8.740854        2       f7    34.824723
3      f23     8.377357        3      f27    32.228803
4      f27     5.790615        4      f14    30.254055
5      f26     4.273945        5      f13    27.105270
6      f21     2.599875        6      f23    21.294180
7      f20     2.465520        7      f16    21.131455
8       f3     2.429256        8       f3    21.014659
9       f1     2.220891        9      f12    19.485444
10     f18     2.034678       10      f19    17.545613
```

图 4-23   通过 gain 和 cover 指标评估特征重要性

可以看到，以不同的指标计算特征重要性，得到的排序结果是不同的，可以帮助用户从不同角度分析哪些特征更有价值。

此外，XGBoost 内置了一种可视化展示特征重要性排序的方法，即 plot_importance。该函数将特征按重要性评分降序排列，使用户可以直观地了解重要特征的分布情况。plot_importance 函数信息如下：

```
xgboost.plot_importance(booster, ax=None, height=0.2, xlim=None, ylim=None,
title='Feature importance', xlabel='F score', ylabel='Features', importance_
type='weight', max_num_features=None, grid=True, show_values=True, **kwargs)
```

主要参数说明如下。

- booster（Booster、XGBModel 或 dict）：Booster 或 XGBModel 实例，或通过 Booster. get_fscore() 得到的 dict 数据。
- ax（matplotlib Axes，默认为 None）：目标 axes 实例，如果为 None，则会创建新的 figure 和 axes。
- importance_type（str，默认为 'weight'）：计算特征重要性的指标，如 weight、gain 或 cover。
- max_num_features（int，默认为 None）：显示特征的数量，None 表示显示所有特征。

仍以上述二分类问题为例，可视化特征重要性排序的代码如下：

```
1. import matplotlib.pyplot as plt
2. xgb.plot_importance(bst, height=0.5)
3. plt.show()
```

输出结果如图 4-24 所示。

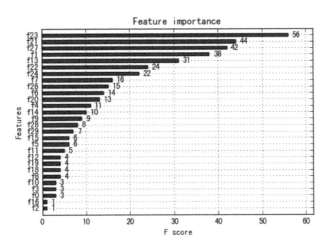

图 4-24　可视化展示特征重要性排名（特征名称未转换）

在图 4-24 中，横坐标为特征重要性评分，纵坐标为按重要程度由上到下排序的特征，可以看到 f23 特征最为重要，重要性得分为 56。plot_importance 默认采用 weight 方式计算特征重要性，可通过参数 importance_type 指定采用其他重要性计算方式，如 gain 或 cover。另外，可通过参数 max_num_features 指定显示的特征数量，默认显示所有特征。图 4-24 中特征名称未映射为真实的特征，需要用户自己进行映射，分析数据时十分不方便。用户可通过下列方式输出映射后的特征重要性排名：

```
1. xb = xgb.plot_importance(bst.get_fscore('featmap.txt'), height=0.5)
2. plt.show()
```

13. 基于特征重要性的特征选择

在了解了特征重要性之后，可以结合 scikit-learn 的 SelectFromModel 类进行特征选择。SelectFromModel 类相关信息如下：

```
class sklearn.feature_selection.SelectFromModel(estimator, threshold=None,
prefit=False, norm_order=1)[source]
```

参数说明如下。

- estimator：构建 transformer 的基础 estimator。estimator 既可以是已拟合的（如果 prefit 设置为 True），也可以是未拟合的，拟合过的 estimator 需要包含 feature_importances_ 或 coef_ 属性。
- threshold：特征提取的阈值。当特征重要性取值大于等于该阈值时，特征被选取，否则被丢弃。该参数可以是数值类型，也可以是字符串形式，如果设为 "median"，则表示该阈值取值为特征重要性的中位数；设为 "mean"，表示取值为特征重要性的平均值。另外，还可以加扩展因子，如 "1.25*mean"。当参数为 None 时，如果 estimator 有 L1 正则参数，则默认使用阈值 1e-5；如果没有 L1 正则参数，则默认使用 "mean"。

- prefit：是否为预装模型，直接传给构造函数，如果设置为 True，则必须直接调用 transform，并且 SelectFromModel 不能和 cross_val_score、GridSearchCV、克隆 estimator 的类似工具一起使用。如果设置为 False，则先通过 fit 训练模型，再调用 transform 进行特征选择。

- norm_order：范数的阶，当 estimator 的 coef_ 属性为二维时，用于过滤低于阈值的系数向量。

下面来看一个通过 SelectFromModel 对 XGBoost 模型进行特征选择的示例：

```
1. import xgboost as xgb
2. import numpy as np
3. from sklearn import datasets
4. from sklearn.model_selection import train_test_split
5. import pandas as pd
6. from sklearn.metrics import roc_auc_score
7. from sklearn.feature_selection import SelectFromModel
8.
9. cancer = datasets.load_breast_cancer()
10.X = cancer.data
11.y = cancer.target
12.
13.X_train, X_test, y_train, y_test = train_test_split(X, y ,test_size =
   1/5.,random_state = 8)
14.
15.model = xgb.XGBClassifier(max_depth=5, learning_rate=0.1,
16.                    n_estimators=50, silent=True,
                    objective='binary:logistic', booster='gbtree')
17.model.fit(X_train, y_train)
18.
19.# 对测试集进行预测，并计算AUC
20.y_pred = model.predict(X_test)
21.auc = roc_auc_score(y_test, y_pred)
22.print("AUC得分： %.2f" % (auc))
23.
24.# 获取特征重要性评分
25.importances = model.feature_importances_
26.
27.# 对特征重要性去重后作为候选阈值
28.thresholds = []
29.for importance in importances:
30.    if importance not in thresholds:
```

```
31.        thresholds.append(importance)
32.# 候选阈值排序
33.thresholds = sorted(thresholds)
34.
35.# 遍历候选阈值
36.for threshold in thresholds:
37.    # 通过threshold进行特征选择
38.    selection = SelectFromModel(model, threshold=threshold, prefit=True)
39.    select_X_train = selection.transform(X_train)
40.    # 训练模型
41.    selection_model = xgb.XGBClassifier(max_depth=5, learning_rate=0.1,
42                        n_estimators=50, silent=True,
                            objective='binary:logistic', booster='gbtree')
43.    selection_model.fit(select_X_train, y_train)
44.    # 评估模型
45.    select_X_test = selection.transform(X_test)
46.    y_pred = selection_model.predict(select_X_test)
47.    auc = roc_auc_score(y_test, y_pred)
48.    print("阈值: %.3f, 特征数量: %d, AUC得分: %.2f" % (threshold, select_X_train.
        shape[1], auc))
```

在上述代码中，首先通过 XGBoost 的 sklearn 版本中的 XGBClassifier 拟合训练集数据，计算模型对测试集预测结果的 AUC，用于和特征选择后的模型预测效果对比。然后获取模型的特征重要性评分，sklearn 版本通过 feature_importances_ 来获取，相当于 get_fscore()。因为要将每个特征重要性评分作为阈值进行特征选择，相同评分无须重复进行，因此要对特征重要性评分进行去重、排序的处理。遍历处理后的重要性评分，使其依次作为阈值进行特征选择，并输出每个阈值对应的特征选择数量，以及模型对测试集的预测结果评估，输出结果如图 4-25 所示。

```
AUC得分:  0.95
阈值: 0.000, 特征数量: 30, AUC得分:  0.95
阈值: 0.002, 特征数量: 28, AUC得分:  0.95
阈值: 0.007, 特征数量: 26, AUC得分:  0.95
阈值: 0.010, 特征数量: 23, AUC得分:  0.95
阈值: 0.012, 特征数量: 19, AUC得分:  0.94
阈值: 0.015, 特征数量: 18, AUC得分:  0.95
阈值: 0.017, 特征数量: 16, AUC得分:  0.95
阈值: 0.020, 特征数量: 15, AUC得分:  0.94
阈值: 0.022, 特征数量: 14, AUC得分:  0.94
阈值: 0.025, 特征数量: 13, AUC得分:  0.94
阈值: 0.027, 特征数量: 12, AUC得分:  0.94
阈值: 0.032, 特征数量: 11, AUC得分:  0.95
阈值: 0.035, 特征数量: 10, AUC得分:  0.95
阈值: 0.037, 特征数量: 9, AUC得分:  0.95
阈值: 0.040, 特征数量: 8, AUC得分:  0.96
阈值: 0.054, 特征数量: 7, AUC得分:  0.96
阈值: 0.059, 特征数量: 6, AUC得分:  0.97
阈值: 0.077, 特征数量: 5, AUC得分:  0.97
阈值: 0.094, 特征数量: 4, AUC得分:  0.95
阈值: 0.104, 特征数量: 3, AUC得分:  0.95
阈值: 0.109, 特征数量: 2, AUC得分:  0.95
阈值: 0.139, 特征数量: 1, AUC得分:  0.91
```

图 4-25 不同阈值的预测结果评估

可以看到，当特征数量为 5 和 6 时，测试集 AUC 均为 0.97。因此，在保证 AUC 的前提下，可将特征数量由 126 个缩减为 5 个。我们可以通过 SelectFromModel 类中的 get_support 方法获取被选择的特征，该方法包含一个参数 indices，默认取值为 False，表示方法的返回值为选择特征的掩码，如下：

```
1. selection = SelectFromModel(model, threshold=0.07, prefit=True)
2. select_X_train = selection.transform(X_train)
3. print selection.get_support()
```

输出结果如图 4-26 所示。

```
[False  True False False False False False False False False False False
 False  True False False False False False False False  True False  True
 False False False  True False False]
```

图 4-26　选择特征的掩码

输出结果是一个和原始数据集特征数量相同的数组，True 表示该特征被选择，False 表示该特征被丢弃。当参数 indices 设为 True 时，方法返回值为选择特征的索引，如下：

```
selection.get_support(True)
```

输出结果如图 4-27 所示。

```
[ 1 13 21 23 27]
```

图 4-27　选择特征的索引

当 indices 被置为 True 后，输出不再是与原始数据集特征数量相同的掩码数组，而是一个只包含被选特征索引的整型数组。

14. 个性化归因

在实际应用场景中，除了需要评估特征对模型的重要性之外，有时还需要评估特征对于单个样本的贡献值，即特征对于样本预测值的影响有多大。例如，银行对用户借贷是否逾期进行预测，除了希望得到预测结果外，分析师可能更想知道模型是如何判定一个样本会有逾期风险的。在 0.81 及以上版本的 XGBoost 中，提供了两种单样本的模型归因方法：SHAP 和 Saabas，这两种方法的实现原理会在第 5 章中介绍。本节主要聚焦于如何应用该归因方法。

和特征重要性类似，首先需要训练一个模型。模型训练好之后，即可通过归因方法计算预测样本的特征贡献度。以 SHAP 方法为例，其调用方法非常简单，只需在执行 predict 函数时将参数 pred_contribs 设置为 True 即可，代码如下：

```
1. # SHAP
2. pred_contribs = bst.predict(xgb_test, pred_contribs=True)
```

此时 predict 函数的返回值不再是数据集的预测值，而是每个样本的各个特征对该样本的贡献值。返回矩阵的行数为数据集的样本数量，列数则比特征总数量多一列。其中前 m （特征数量）列为各个特征对该样本的贡献值，最后一列为偏置项（Bias）。偏置项可以理解为在没有任何特征的情况下每个预测样本的基础分，一般为所有样本真实值的均值。下面将 pred_contribs 中的一个样本打印出来：

```
print pred_contribs[0]
```

输出结果如图 4-28 所示。

```
[ 0.          0.17877904  0.          0.         -0.00208315  0.
  0.13740501  0.3113143   0.         -0.00141968  0.01334799  0.
  0.06080661  0.33663246  0.         -0.12198     0.          0.
  0.          0.          0.          0.24762385  0.6608369   1.0351088
 -0.0266222   0.0126931   0.43115005  0.36779535  0.         -0.01008193
  0.8787434 ]
```

图 4-28　输出某样本特征贡献值及偏置项

因为该数据集包含 30 个特征，因此一个样本的输出向量有 31 列，最后一列即为偏置项。由图 4-28 可以清楚地看到每个特征对该样本的贡献值，正值表明该特征对样本的影响是正向的，负值表示是负向的。所有的特征贡献值（包括偏置项）加起来即为预测样本未转换（如 sigmoid 转换）前的预测值。此外，XGBoost 还支持 SHAP 方法对任意两两交叉特征贡献值的评估，只需将参数 pred_interactions 置为 True 即可，如下：

```
pred_interactions = bst.predict(xgb_test, pred_interactions=True)
```

此时的返回结果中，每个样本由一个二维矩阵解释，矩阵的行数和列数均为 31，矩阵中的值 Matrix[i][j] 表示第 i 个特征和第 j 个特征交叉对该样本的贡献值。矩阵中所有值的和即为样本未转换前的预测值。

除了 SHAP 方法外，XGBoost 还支持另外一种单样本归因方法 Sabbas。相比 SHAP 方法，Sabbas 实现简单、容易理解，但其弊端也是不可忽视的，即容易产生不一致的问题，具体可参见第 5 章。这里主要介绍它的调用方法，如下：

```
approx_contribs = bst.predict(xgb_test, pred_contribs=True, approx_contribs=True)
```

可以看到，只需在 SHAP 调用方法的基础上将参数 approx_contribs 设置为 True 即可。Sabbas 方法返回的数据格式与 SHAP 是一样的，即输出每个特征的贡献值和偏置项。

15. 模型可视化

3.4 节介绍了如何将 sk-learn 中的决策树可视化。可视化后的决策树更加直观并且有利于模型分析。XGBoost 也提供了可视化决策树的接口，即 plot_tree 方法，相关信息如下：

```
xgboost.plot_tree(booster, fmap='', num_trees=0, rankdir='UT', ax=None, **kwargs)
```

其中，booster 为训练好的模型，可以是 Booster 或 XGBModel 实例，fmap 是特征索引与特征名称的映射文件，num_trees 是目标树的序号。rankdir 是通过 graph_attr 传给 graphiz 的参数，用于设置图形布局的方向，例如 rankdir ='LR'，表示图形自左至右排列；rankdir ='RL'，表示图形自右至左排列；默认情况下为 'UT'，即图形从上到下排列。ax 表示目标 axes 实例，如果 ax 为 None，则会创建新的 figure 和 axes。kwargs 为传给 to_graphviz 的其他参数。

因为该方法依赖于 graphviz，因此使用前需要预安装 graphviz 库，安装方法看参见[一]。plot_tree 方法输出的是指定决策树，而非整个模型，若不指定参数 num_trees，则默认可视化第一棵决策树。仍以上述二分类模型为例，通过 plot_tree 可视化第 2 棵树，代码如下：

```
1. import matplotlib.pyplot as plt
2.
3. xgb.plot_tree(bst, num_trees=1)
4. plt.show()
```

输出结果如图 4-29 所示。

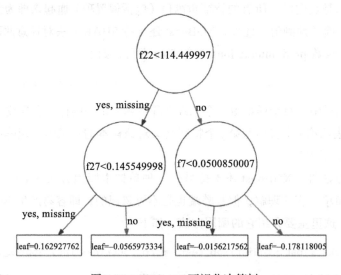

图 4-29　XGBoost 可视化决策树

也可设置参数 rankdir 为 LR，从左至右输出决策树，如图 4-30 所示。

　⊖　参见 http://www.graphviz.org/。

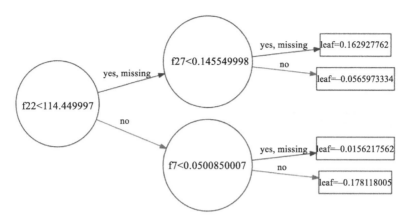

图 4-30　从左至右可视化决策树

此外，XGBoost 还提供了将指定树转化为 graphviz 实例的 to_graphviz 方法。详细信息可参见相关资料[⊖]，此处不做详述。

4.7　小结

本章以实际案例介绍了如何通过 XGBoost 解决分类、回归和排序问题，以及 XGBoost 中的常用功能，比如提前停止训练、自定义目标函数和评估函数、交叉验证等。目前网上已公开许多优秀的机器学习数据集，如 UCI[⊖]，其中包括分类、回归、排序等多种类型的数据，读者可以自行选取练习，从而强化对算法的理解和运用能力。

⊖　参见 http://xgboost.readthedocs.io/en/latest/python/python_api.html。

⊖　参见 http://archive.ics.uci.edu/ml/index.php。

第 5 章

XGBoost 原理与理论证明

本章将深入介绍 XGBoost 中树模型和线性模型的实现原理，并进行详细的公式推导，从理论上证明模型的有效性。XGBoost 树模型通过 CART 实现集成学习，通过 Gradient Boosting 进行模型训练，相关内容分别在 5.1 节和 5.2 节介绍。随后两节阐述 Gradient Tree Boosting 以及切分点查找算法的实现原理。XGBoost 通过算法优化，可以显著提高模型的训练速度，解决数据不能完全加载进内存引起的性能瓶颈问题。随后介绍了排序学习、DART、可解释性等在 XGBoost 中的实现，扩展了其适用的应用场景。本章的最后阐述了 XGBoost 系统优化的相关算法，不但可以解决缓存命中率低的问题，还将大大提高数据加载速度，节省训练时间。

5.1 CART

回顾一下 XGBoost 的实现原理。XGBoost 由多棵 CART（Classification And Regression Tree）组成，每一棵决策树学习的是目标值与之前所有树预测值之和的残差，多棵决策树共同决策，最后将所有树的结果累加起来作为最终的预测结果。在训练阶段，每棵新增加的树是在已训练完成的树的基础上进行训练的。CART 于 1984 年由 Breiman 等人提出，在数据分析和机器学习领域很受欢迎，并在近几十年中一直保持着强大的生命力。CART 算法的实现原理和第 3 章介绍的 ID3、C4.5 的实现原理类似，相信读者理解了 ID3、C4.5 算法后，学习 CART 算法也会易如反掌。

CART 算法的决策树类型：分类树和回归树。分类树的预测值是离散的，通常会将叶子节点中多数样本的类别作为该节点的预测类别。回归树的预测值是连续的，通常会将叶子节点中多数样本的平均值作为该节点的预测值。

CART 算法采用的是二分递归分裂的思想：首先按一定的度量方法选出最优特征及切分点，然后通过该特征及切分点将样本集划分为两个子样本集，即由该节点生成两个子节点，依次递归该过程直到满足结束条件。因此，CART 算法生成的决策树均为二叉树。通常 CART 算法在生成决策树后，采用剪枝算法对生成的决策树进行剪枝，防止对噪声数据或者一些孤立点的过度学习导致过拟合。

5.1.1　CART 生成

通过对第 3 章的学习可知，在特征选择方法上，ID3 算法采用信息增益来度量划分数据集前后不确定性减少的程度，从而进行最优特征选择，C4.5 算法采用的是信息增益比。CART 算法则采用了一种新的策略：分类树采用基尼指数最小化进行特征选择，回归树则采用平方误差最小化。

1. 分类树的生成

CART 生成树的过程是自上而下进行的，从根节点开始，通过特征选择进行分裂。CART 采用基尼指数作为特征选择的度量方式生成分类树，通过基尼指数最小化进行最优特征选择，决定最优切分点。

基尼指数的定义如下：

$$\text{Gini}(D) = 1 - \sum_{k=1}^{K} p_k^2$$

式中，D 为样本集；K 表示类别个数；p_k 表示类别为 k 的样本占所有样本的比值。由此可知，样本分布越集中，则基尼指数越小。当所有样本都是一个类别时，基尼指数为 0；样本分布越均匀，则基尼指数越大。对于二分类问题可进行如下推导：

$$\begin{aligned}
\text{Gini}(D) &= 1 - \sum_{k=1}^{2} p_k^2 \\
&= 1 - p_1^2 - p_2^2 \\
&= 1 - p_1^2 - (1 - p_1)^2 \\
&= 2 p_1 (1 - p_1)
\end{aligned}$$

基尼指数越大，表明经过 A 特征分裂后的样本不确定性越大，反之，不确定性越小。针对所有可能的特征及所有可能的切分点，分别计算分裂后的基尼指数，选择基尼指数最小的特征及切分点作为最优特征和最优切分点。通过最优特征和最优切分点对节点进行分裂，生成子节点，即将原样本集划分成了两个子样本集，然后对子节点递归调用上述步骤，直到满足停止条件。一般来说，停止条件是基尼指数小于某阈值或者节点样本数小于一定阈值。当然，如果某节点的样本已全部属于一种类别，分裂也会停止。由此，我们可以得出分类树生成的步骤。

1）从根节点开始分裂。

2）节点分裂之前，计算所有可能的特征及它们所有可能的切分点分裂后的基尼指数。

3）选出基尼指数最小的特征及其切分点作为最优特征和最优切分点。通过最优特征和最优切分点对节点进行分裂，生成两个子节点。

4）对新生成的子节点递归步骤 2、3，直至满足停止条件。

5）生成分类树。

下面通过一个例子来理解分类树生成的过程。表 5-1 是预测用户是否有购房意愿的数据集，数据包含 3 个特征：第一个特征为已购车，取值是或否；第二个特征是婚姻状况，取值单身或已婚；第三个特征为年收入，取值分别为高、中、低；最后一列为类别，即用户是否购买房产，类别可能值有两个，即是或否。

表 5-1 用户是否有购房意愿的数据集

ID	已购车	婚姻情况	年收入	是否购房
1	是	单身	高	是
2	否	已婚	中	是
3	否	单身	低	是
4	是	已婚	高	是
5	否	已婚	中	否
6	否	已婚	低	是
7	是	已婚	高	是
8	否	单身	低	否
9	否	已婚	低	是
10	否	单身	中	否

下面介绍对于表 5-1 所示数据集通过 CART 算法生成分类树的过程。

首先以已购车特征为例，用 F_1 表示，1 和 0 分别表示已购车和未购车。因为该特征取值只有 0 和 1 两个值，所以对应的切分点只有一个，此处以 $F_1=1$ 表示该切分点（以 $F_1=0$ 表示分切点是一样的）。由表 5-1 可知，已购车样本 3 个，未购车样本 7 个，统计已购车样本和未购车样本的最终购房情况，如表 5-2 所示。

表 5-2 最终购房情况统计

样本	购房	未购房
已购车	3	0
未购车	4	3

可以看到，已购车的 3 个样本最终均购买了房产，而未购车的 7 个样本中，4 个购买了房产，3 个未购买房产。因此，已购车样本购买房产的概率 $p_1=1$，可求得：

$$\text{Gini}_1 = 2 \times 1 \times (1 - 1) = 0$$

同理，未购车样本购买房产的概率 $p_2=4/7$，求得：

$$\text{Gini}_2 = 2 \times \frac{4}{7} \times \left(1 - \frac{4}{7}\right) \approx 0.490$$

因此，特征 F_1 是唯一的切分点，其基尼指数为

$$\text{Gini}(F_1=1) = \frac{3}{10} \times \text{Gini}_1 + \frac{7}{10} \times \text{Gini}_2 = 0.343$$

式中，3/10 和 7/10 表示已购车样本占比和未购车样本占比。特征 F_2 和特征 F_1 相同，只有两个取值，因此也只有一个切分点，求其基尼指数：

$$\text{Gini}(F_2 = 1) = 0.367$$

特征 F_3 有 3 个可能的取值，此处以 1、2、3 表示年收入的低、中、高，分别求其基尼指数：

$$\text{Gini}(F_3=1)=0.417$$
$$\text{Gini}(F_3=2)=0.305$$
$$\text{Gini}(F_3=3)=0.343$$

$\text{Gini}(F_3=2)$ 是特征 F_3 中基尼指数最小的，因此特征 F_3 的最优切分点为 $F_3=2$。综合上述计算可知，特征 F_3 在 3 个特征中的基尼指数最小，显然应将特征 F_3 作为最优特征。最终，求得最优特征 F_3 及其最优切分点 $F_3=2$。

找到最优特征和最优切分点之后，即可对根节点进行分裂，生成两个子样本集，然后依次递归该步骤生成分类树。

2. 回归树的生成

回归树是预测值为连续值的决策树，一般将叶子节点所有样本的平均值作为该节点的预测值。CART 算法生成回归树的方法与生成分类树的不同，不再通过基尼指数进行特征选择，而是采用平方误差最小化。平方误差的定义如下：

$$L = \sum_{x_i \in R^n} (y_i - f(x_i))^2$$

回归树在进行特征选择时，对于所有特征及切分点，分别计算分裂后子节点的平方误差之和，选择平方误差之和最小的作为最优特征和最优切分点。

回归树的生成步骤如下。

1）从根节点开始分裂。

2）节点分裂之前，计算所有可能的特征及它们所有可能的切分点分裂后的平方误差。

3）如果所有的平方误差均相同或减小值小于某一阈值，或者节点包含的样本数小于某一阈值，则分裂停止；否则，选择使平方误差最小的特征和切分点作为最优特征和最优切分点进行分裂，生成两个子节点。

4）对于每一个生成的新节点，递归执行步骤 2、步骤 3，直至满足停止条件。

XGBoost 中采用的决策树（即回归树），因而决策树的生成过程与上述过程类似，只不过在细节上稍有变化，在后续的章节中我们将陆续介绍。

5.1.2　剪枝算法

通过上面的介绍，相信读者已经了解了决策树的生成过程，CART 的生成树算法根据基尼指数或平方误差进行分裂，最终生成决策树。在这种情况下，生成的决策树往往较为复杂，虽然对训练样本的预测具有很高的准确率，但也可能因为过多地拟合噪声，导致泛化能力比较差，出现过拟合问题。剪枝算法用于修剪分裂前后预测误差变化不大的子树，降低树的复杂度，提高泛化能力，防止过拟合。

剪枝算法分为预剪枝算法和后剪枝算法。CART 算法采用后剪枝算法，即生成决策树后再对其剪枝。剪枝过程如下。

1）对于生成的决策树，从底部开始由下往上依次进行剪枝，直到根节点。对于每一种剪枝情况都会生成一棵子树，由此可得到一个子树集合。

2）在测试集上使用交叉验证的方法依次对每棵子树进行验证，选取最优子树。

在生成子树集合的过程中，首先会定义一个剪枝损失函数，该函数由预测误差和树的复杂度共同决定。对于一棵完整的树，其子树数目是有限的，我们可以找到这些有限的子树，而剪枝后的最优决策树也必定在这些有限子树中。在交叉验证中可采用独立于训练集的数据集作为验证集，比较各子树对于验证集的评估指标（分类树的评估指标为基尼指数，回归树的评估指标为平方误差），最后选出最优决策树。XGBoost 在实现时并未完全按照上述剪枝过程，而是采用了简单、高效的剪枝方法，即判断当前节点的收益是否小于定义的最小收益，若比最小收益小，则进行剪枝。

本节介绍了 CART 算法中的分类树的生成和回归树的生成。分类树的生成以基尼指数作为特征选择的度量方式，对所有特征及其切分点进行计算，选取基尼指数最小的特征及其切分点作为最优特征和最优切分点，生成分类树。回归树的生成与分类树的生成实现原理类似，区别只是其特征选择的度量方式采用的是平方误差而不是基尼系数。本节还介绍了 CART 的剪枝算法，首先生成子树集合，再通过交叉验证的方法从子树集合中选取最优子树。

因为 XGBoost 树模型就是由 CART 树组成的，因此 CART 算法是 XGBoost 实现原理中不可或缺的部分。理解了 CART 算法，也就理解了 XGBoost 模型构建的过程。

5.2　Boosting 算法思想与实现

由前述内容可知，XGBoost 是由多棵决策树（即 CART 回归树）构成的，那么多棵决策树是如何协作的呢？此时便用到了 Boosting 技术。Boosting 的基本思想是将多个弱学习器通过一定的方法整合为一个强学习器。在分类问题中，虽然每个弱分类器对全局的预测准确率不高，但可能对数据某一方面的预测准确率非常高，将很多局部预测准确率非常高的弱分类器进行组合，即可达到全局预测准确率高的强分类器的效果。

5.2.1　AdaBoost

AdaBoost 算法很好地继承了 Boosting 的思想，即为每个弱学习器赋予不同的权值，将所有弱学习器的权重和作为预测的结果，达到强学习器的效果。对于分类问题，AdaBoost 首先为每个训练样本赋予一个初始权值 $\omega_i(i = 1, 2, \cdots, n)$，每轮对一个弱分类器进行训练，其次将预测结果与样本的类别对比，提高预测错误的样本的权值，降低预测正确的样本的权值；然后计算该分类器的分类误差率，通过分类误差率计算该分类器的权值 α，分类误差率越小，权值越大，反之越小；进行下一轮训练得到下一个分类器，如此直至满足停止条件。假设共得到了 m 个分类器，对应的权值为 α_i $(i = 1, 2, \cdots, m)$，则最终分类结果由这 m 个分类器通过加权投票决定。权值越大的分类器发挥的作用越大，反之越小。AdaBoost 算法是一种精确度很高的算法，它可以用各种类型的学习器作为自己的子学习器，将其由弱学习器提升为强学习器。

5.2.2　Gradient Boosting

Gradient Boosting 是 Boosting 思想的另外一种实现，由 Friedman 于 1999 年提出。Gradient Boosting 与 AdaBoost 类似，也是将弱学习器通过一定方法的融合，提升为强学习器。与 AdaBoost 不同的是，它将损失函数梯度下降方向作为优化目标。因为损失函数用于衡量模型对数据的拟合程度，损失函数越小，说明模型对数据拟合得越好，在梯度下降的方向不断优化，使损失函数持续下降，从而提高了模型的拟合程度。

Gradient Boosting 既可以应用于分类问题，也可以应用于回归问题。下面以回归问题为例介绍 Gradient Boosting 的训练过程。假设模型为 $F(x)$，损失函数为 $L(y, F(x))=(y -$

$F(x))^2/2$，每一轮模型训练的目标是使预测值与真实值的平方误差最小。假设第 m 轮的模型函数为 $F_m(x)$，在进行第 $m+1$ 轮训练时，Gradient Boosting 并不改变 $F_m(x)$，而是在 $F_m(x)$ 的基础上增加一个新模型 $h(x)$，使得模型预测准确率得以提高，即 $F_{m+1}(x)=F_m(x)+\gamma_{m+1}h_{m+1}(x)$。$\gamma_{m+1}$ 为梯度下降的步长，子模型 $h(x)$ 可以是线性回归、决策树等模型。

首先，通过常数初始化模型，$F_0(x)=\arg\min\limits_{\gamma}\left(\sum\limits_{n=1}^{N}\dfrac{1}{2}(y-\gamma)^2\right)$，即通过训练一个常数使得所有样本的损失函数之和最小。随后，在第 1 ～ M 轮训练中，每个模型学习之前模型损失函数的梯度方向。具体方法为：先对损失函数求偏导：

$$-\frac{\partial L(y, F(x))}{\partial F(x)}=-2\times\frac{1}{2}(F(x)-y)=y-F(x)$$

偏导表示损失函数的梯度方向，再取负表示负梯度方向，通过负梯度方向逐步优化模型。在第 1 轮训练中，模型 $h_1(x)$ 以 $y - F_0(x)$ 为目标值进行学习，即学习真实值与 $F_0(x)$ 预测值之间的"残差"，再通过损失函数最小化找到最优 γ，由此得到 $F_1(x) = F_0(x) + \gamma_1 h_1(x)$。以此类推，第 $m+1$ 轮的模型 $h_{m+1}(x)$ 以 $y - F_m(x)$ 作为目标值进行学习，得到 $F_{m+1}(x) = F_m(x) + \gamma_{m+1} h_{m+1}(x)$，直到满足停止条件，最终得到模型 $F_M(x)$。

每次子模型学习的都是前面所有子模型的预测值之和与真实值之间的残差，每轮训练都可以使整体模型的预测值更趋近于真实值，从而使模型最终达到较好的预测效果。至此，我们对 Gradient Boosting 已经有了一个整体的了解，下面来看一下 Gradient Boosting 算法[⊖]，其流程如算法 5-1 所示。

算法5-1　Gradient Boosting算法流程

输入：训练集，损失函数 $L(y, F(x))$，训练轮数 M。

输出：最终模型 $F_M(x)$。

算法：

1）通过常数初始化模型。

$$F_0(x)=\arg\min\limits_{\gamma}\left(\sum\limits_{n=1}^{N}L(y_i, \gamma)\right)$$

2）对 $m = 1, 2, \cdots, M$，执行以下步骤。

① 计算负梯度：

$$r_{im}=-\left[\frac{\partial L(y_i, F(x_i))}{\partial F(x_i)}\right]_{F(x)=F_{m-1}(x)}, i=1, 2, \cdots, n$$

② 训练一个子模型 $h(x)$，用来拟合 r_{im}，

③ 计算步长 γ_m：

⊖　参见 https://en.wikipedia.org/wiki/Gradient_boosting。

$$\gamma_m = \arg\min_{\gamma}\left(\sum_{n=1}^{N} L(y_i, F_{m-1}(x_i) + \gamma h_m(x_i))\right)$$

④ 更新模型：

$$F_m(x) = F_{m-1}(x) + \gamma_m h_m(x)$$

3）输出 $F_M(x)$。

算法第 1 步初始化一个常数作为初始模型。在第 2 步中，每一轮均在前面训练的基础上训练一个新的子模型 $h(x)$。第 2 步①计算损失函数的负梯度，将其作为残差；第 2 步②训练一个子模型 $h(x)$，以拟合第 2 步①中的残差；第 2 步③通过线性搜索找到最优 γ_m，使得损失函数最小。最后，经过 M 轮训练更新模型，第 3 步输出最终模型。

5.2.3　缩减

缩减（shrinkage）的思想是每次沿梯度下降的方向走一小步，逐步逼近最优结果，而不是一步到位，这样可以有效地避免模型过拟合。缩减会为每一轮训练的新模型增加一个类似于"学习率"的系数，用来减小每轮在梯度下降方向的"步长"，具体如下：

$$F_m(x) = F_{m-1}(x) + v \cdot \gamma_m \, h_m(x),\ 0 < v \leqslant 1$$

Freidman 等人发现，较小的缩减系数 v 可以减少测试集的错误率，从而提高模型的泛化能力。而对于同一个训练集，当缩减系数 v 减小时，训练轮数 M 会增大，因此 v 取值较小意味着要花费更多的时间训练模型。针对上述问题，一种比较好的策略是先选取较小的 v，然后通过设定合适的停止条件停止训练，从而控制训练轮数 M。

5.2.4　Gradient Tree Boosting

Gradient Tree Boosting 是 Gradient Boosting 应用最为广泛的一种实现，它以决策树作为子模型，其中最具代表性的以 CART 作为子模型。Gradient Tree Boosting 主要具有如下优势：

- 可以有效挖掘特征及特征组合；
- 模型具有更好的泛化能力；
- 能够达到较高的预测准确率。

Gradient Tree Boosting 算法和 Gradient Boosting 类似，区别只在于 Gradient Tree Boosting 子模型为树模型。Gradient Tree Boosting 算法的执行过程如算法 5-2 所示。

算法5-2　Gradient Tree Boosting算法的执行过程

输入：训练集，损失函数 $L(y, F(x))$，训练轮数 M。

输出：最终模型 $F_M(x)$。

算法：

1）通过损失函数最小化初始化模型：

$$F_0(x) = \arg\min_\gamma \left(\sum_{n=1}^{N} L(y_i, \gamma) \right)$$

2）对 $m = 1, 2, \cdots, M$，执行以下步骤。

① 计算负梯度：

$$r_{im} = -\left[\frac{\partial L(y_i, F(x_i))}{\partial F(x_i)} \right]_{F(x) = F_{m-1}(x)}, i = 1, 2, \cdots, n$$

② 训练一个回归树去拟合目标值 r_{im}，树的终端区域为 R_{jm} ($j = 1, 2, \cdots, \mathcal{J}_m$)。

③ 对 $j = 1, 2, \cdots, \mathcal{J}_m$，计算步长 γ_{jm}。

$$\gamma_{jm} = \arg\min_\gamma \left(\sum_{x_i \in R_{jm}} L(y_i, F_{m-1}(x_i) + \gamma) \right)$$

④ 更新模型：

$$F_m(x) = F_{m-1}(x) + \sum_{j=1}^{\mathcal{J}_m} \gamma_{jm} I(x \in R_{jm})$$

3）输出 $F_M(x)$。

该算法与 Gradient Boosting 算法的不同之处在于第 2 步②，Gradient Tree Boosting 算法通过拟合一棵回归树去拟合负梯度，终端区域可以理解为叶子节点。在第 2 步③生成新的回归树时，对于每个终端区域均计算一个 γ_{jm}。

5.3　XGBoost 中的 Tree Boosting

本节将进一步对 XGBoost 的实现原理及其训练方法进行剖析，使读者更深入地理解和掌握 XGBoost。

由前述内容可知，XGBoost 树模型以 CART 作为子模型，通过 Gradient Tree Boosting 实现多棵 CART 树的集成学习，得到最终模型。其基本结构如图 5-1 所示。

XGBoost 训练时的树生成算法与 CART 算法是一致的，即通过计算节点分裂后与分裂前是否产生"增益"来确定节点是否分裂，并且通过参数控制树的深度。当一棵树生成完毕之后，再对其进行剪枝，防止过拟合。第 m 轮生成的树会学习真实值和 $m-1$ 轮模型的预测值的"残差"，使得模型预测结果逐步逼近真实值。以上便是 XGBoost 树模型的基本训练方法，下面对 XGBoost 中的各个环节进行详细介绍。

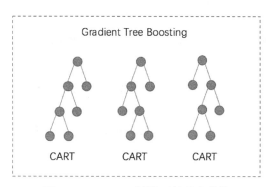

图 5-1　XGBoost 树模型的基本结构

5.3.1　模型定义

XGBoost 是一种通过 Gradient Tree Boosting 实现的有监督学习算法，可以解决分类、回归等机器学习问题。与 Gradient Boosting 类似，假设训练采用的数据集样本为 (x_i, y_i)，其中 $x_i \in \mathbb{R}^m$，$y_i \in \mathbb{R}$。x_i 表示具有 m 维的特征向量，y_i 表示样本标签，模型包含 K 棵树，则 XGBoost 模型的定义如下：

$$\hat{y}_i = F_K(x_i) = F_{K-1}(x_i) + f_K(x_i) \tag{5-1}$$

$f_K(x)$ 表示第 K 棵决策树，决策树会对样本特征进行映射，使每个样本落在该树的某个叶子节点上。每个叶子节点均包含一个权重分数，作为落在此叶子节点的样本在本棵树的预测值 ω。计算样本在每棵树的预测值（即 ω）之和，并将其作为样本的最终预测值。

在训练模型之前，首先应有一个目标函数，这样模型训练时才有优化的方向，才知道怎样训练能得到更好的模型。XGBoost 的目标函数定义如下：

$$\mathrm{Obj} = \sum_{i=1}^{n} L(y_i, \hat{y}_i) + \sum_{k=1}^{K} \Omega(f_k) \tag{5-2}$$

目标函数 Obj 由两项组成：第一项为损失函数，用于评估模型预测值和真实值之间的损失或误差，该函数必须是可微分的凸函数（原因后续解释）；第二项为正则化项，用来控制模型的复杂度，正则化项倾向于选择简单的模型，避免过拟合。正则化项的定义如下：

$$\Omega(f) = \gamma T + \frac{1}{2} \lambda \parallel \omega \parallel^2 \tag{5-3}$$

第一项 γT 通过叶子节点数及其系数控制树的复杂度，值越大则目标函数越大，从而抑制模型的复杂程度。第二项为 L2 正则项，用于控制叶子节点的权重分数。如果正则项设置为 0，则目标函数为传统的 Gradient Tree Boosting。

目标函数中 $\hat{y}_i^s = \hat{y}_i^{(s-1)} + f(x_i)$，其中 s 为迭代轮数，第 s 轮模型为 $s-1$ 轮模型加上一个新的子模型 $f(x_i)$。因此，模型的优化目标是找到最优的 $f(x_i)$，使得目标函数 Obj 最小。

5.3.2　XGBoost 中的 Gradient Tree Boosting

Gradient Tree Boosting 采用的方法是计算目标函数的负梯度，子模型以负梯度作为目标值进行训练，从而保证模型优化的方向。XGBoost 也应用了 Gradient Tree Boosing 的思想，并在其基础上做了优化[⊖]。

1. 目标函数近似

由 5.3.1 节可知，我们需要找到一个最优的 $f(x_i)$ 使目标函数最优，但对于公式中的目标函数，用传统的方法很难在欧氏空间中对其进行优化，因此，XGBoost 采用了近似的方法解决这个问题。首先对式（5-2）进行改写：

$$\text{Obj}^{(s)} = \sum_{i=1}^{n} L(y_i, \hat{y}_i^{(s-1)} + f_s(x_i)) + \Omega(f_s) \tag{5-4}$$

式中，$\hat{y}_i^{(s-1)}$ 为第 $s-1$ 轮样本 x_i 的模型预测值，$f_s(x_i)$ 为第 s 轮训练的新子模型。

XGBoost 引入泰勒公式来近似和简化目标函数。首先来看一下泰勒公式的定义。泰勒公式是一个用函数某点的信息描述其附近取值的公式，如果函数曲线足够平滑，则可通过某一点的各阶导数值构建一个多项式来近似表示函数在该点邻域的值。此处只取泰勒展开式的两阶，定义如下：

$$f(x + \Delta x) \cong f(x) + f'(x)\Delta x + \frac{1}{2}f''(x)\Delta x^2 \tag{5-5}$$

将式（5-4）中的 $\hat{y}_i^{(s-1)}$ 看作 x，将 $f_s(x_i)$ 看作 Δx，即可对 XGBoost 目标函数进行泰勒展开：

$$\text{Obj}^{(s)} \cong \sum_{i=1}^{n} \left[L(y_i, \hat{y}^{(s-1)}) + g_i f_s(x_i) + \frac{1}{2}h_i f_s^2(x_i) \right] + \Omega(f_s) \tag{5-6}$$

式中，g_i 为损失函数的一阶梯度统计；h_i 为二阶梯度统计。g_i、h_i 分别如下：

$$g_i = \frac{\partial L(y_i, \hat{y}^{(s-1)})}{\partial \hat{y}^{(s-1)}}$$

$$h_i = \frac{\partial^2 L(y_i, \hat{y}^{(s-1)})}{\partial \hat{y}^{(s-1)}}$$

⊖　Tianqi Chen, Carlos Guestrin. XGBoost: A scalable tree boosting system. In Proceedings of the 22Nd ACM SIGKDD International Conference on Knowledge Discovery and Data Mining, pages 785–794. ACM. 2016.

因为常数项并不影响优化结果，因此可以对式（5-6）进行进一步简化，去掉常数项 $L(y_i, \hat{y}^{(s-1)})$，并将 $\Omega(f_s)$ 表达式带入公式，则式（5-6）转换为

$$\text{Obj}^{(s)} = \sum_{i=1}^{n}\left[g_i f_s(x_i) + \frac{1}{2} h_i f_s^2(x_i)\right] + \gamma T + \frac{1}{2}\lambda\sum_{j=1}^{T}\omega_j^2 \tag{5-7}$$

可以看到，XGBoost 的目标函数与传统 Gradient Tree Boosting 方法有所不同，XGBoost 在一定程度上作了近似，并通过一阶梯度统计和二阶梯度统计来表示，这就要求 XGBoost 的损失函数需满足二次可微条件。

2. 最优目标函数和叶子权重

在式（5-7）中，前半部分的 $f_s(x_i)$ 为一个子模型，ω_j 表示叶子节点的权重。为了更好地进行后续推导，我们需要将这两者进行统一。$f_s(x_i)$ 实质上是树模型，每个样本必定会被划分到该树模型的某一叶子节点上。因此，可以将式（5-7）改写为

$$\text{Obj}^{(s)} = \sum_{j=1}^{T}\left[\left(\sum_{i\in I_j}g_i\right)\omega_j + \frac{1}{2}\left(\sum_{i\in I_j}h_i + \lambda\right)\omega_j^2\right] + \gamma T \tag{5-8}$$

式中，I_j 为叶子节点 j 的样本集，即落在叶子节点 j 上的所有样本。$f_s(x_i)$ 将样本划分到叶子节点，计算得到该叶子节点的分数 ω，因此当 $i \in I_j$ 时，可以用 ω_j 代替 $f_s(x_i)$。

可以从不同的角度理解式（5-7）和式（5-8）。式（5-7）最外层求和公式的维度为样本，可理解为最终的目标函数值是所有样本各自的目标函数值求和所得。式（5-8）以叶子节点为维度，每个样本都会对应到每棵树的某一叶子节点上，因此所有的叶子节点也必然能涵盖所有样本在所有树上对应的值。式（5-8）为先求得每个叶子节点包含的所有样本在该棵树的目标函数值之和，再将所有叶子节点的值求和得到最终目标函数值。这两个公式是等价的。

可以将式（5-8）看作一个自变量为 ω_j、因变量为 $\text{Obj}^{(s)}$ 的一元二次函数，根据一元二次函数最值公式，对于固定的树结构，叶子节点 j 的最优 ω_j^* 为

$$\omega_j^* = \frac{\displaystyle\sum_{i\in I_j}g_i}{-2\times\frac{1}{2}\left(\displaystyle\sum_{i\in I_j}h_i + \lambda\right)} = -\frac{\displaystyle\sum_{i\in I_j}g_i}{\displaystyle\sum_{i\in I_j}h_i + \lambda} \tag{5-9}$$

由式（5-9）可以看出，叶子权重不仅取决于一阶、二阶统计信息，还和 L2 正则系数 λ 相关。此时 L2 正则起到缩小叶子节点权重的效果，减少其对整个预测结果的影响，从而防止过拟合。得到叶子节点的最优 ω_j^* 后，对于固定的树结构，可以求得最优的目标函数值，即

$$\mathrm{Obj}^{(s)} = -\frac{1}{2}\sum_{j=1}^{T}\frac{\left(\sum_{i\in I_j}g_i\right)^2}{\sum_{i\in I_j}h_i+\lambda}+\gamma T \tag{5-10}$$

与 ω_j^* 类似，最优目标函数 $\mathrm{Obj}^{(s)}$ 同样会被 L2 正则系数 λ 影响，除此之外，$\mathrm{Obj}^{(s)}$ 还与控制树复杂度的 γT 有关，防止生成的决策树过于复杂，导致过拟合。

在式（5-9）和式（5-10）中，可用 G_j 表示 $\sum_{i\in I_j}g_i$，用 H_j 表示 $\sum_{i\in I_j}h_i$，则有

$$\omega_j^* = -\frac{G_j}{H_j+\lambda} \tag{5-11}$$

$$\mathrm{Obj}^{(s)} = -\frac{1}{2}\sum_{j=1}^{T}\frac{G_j^2}{H_j+\lambda}+\gamma T \tag{5-12}$$

式（5-12）可作为评价一个树模型的评分函数，评分越小，表明该树模型越好，反之，树模型越差。下面通过一个示例来说明目标函数的计算过程。如图 5-2 所示，树模型中的节点按年龄是否小于 35 岁，分裂出两个叶子节点，叶子节点 1 包含 A、B 两个样本，分别对应的梯度统计为 (g_A, h_A) 和 (g_B, h_B)；叶子节点 2 包含 C、D 两个样本，对应的梯度统计分别为 (g_C, h_C) 和 (g_D, h_D)。最终由式（5-12）可求得树模型的最终评分为

$$\mathrm{Obj} = -\frac{1}{2}\left(\frac{G_1^2}{H_1+\lambda}+\frac{G_2^2}{H_2+\lambda}\right)+2\gamma$$

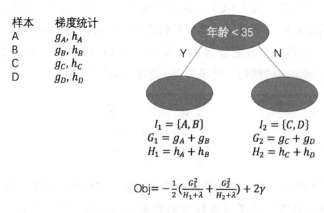

图 5-2　树模型计算目标函数

利用评分函数即可对一个确定的树模型进行评价。在每一轮训练过程中，只要对所有候

选的树模型分别计算评价得分，从中选出最优的即可。但候选树的个数是无穷的，我们不可能得到所有候选树的评价得分。XGBoost 采用了贪心算法，即先从树的根节点开始，计算节点分裂后比分裂前目标函数值是否减少，假设当前分裂前节点为 j，则其对目标函数的贡献为

$$\text{Obj}_j = -\frac{1}{2}\frac{G_j^2}{H_j + \lambda} + \gamma$$

因为其只有一个节点，因此其对树复杂度的贡献是 γ。而该节点分裂后，两个子节点的目标函数贡献为

$$\text{Obj}_s = -\frac{1}{2}\left(\frac{G_{jL}^2}{H_{jL} + \lambda} + \frac{G_{jR}^2}{H_{jR} + \lambda}\right) + 2\gamma$$

则目标函数变化为

$$\text{Obj}_{\text{split}}^{(j)} = \text{Obj}_j - \text{Obj}_s = \frac{1}{2}\left(\frac{G_{jL}^2}{H_{jL} + \lambda} + \frac{G_{jR}^2}{H_{jR} + \lambda} - \frac{G_j^2}{H_j + \lambda}\right) - \gamma$$

则最终可得到节点分裂的目标函数变化，公式如下：

$$\text{Obj}_{\text{split}} = \frac{1}{2}\left(\frac{G_L^2}{H_L + \lambda} + \frac{G_R^2}{H_R + \lambda} - \frac{G^2}{H + \lambda}\right) - \gamma \quad （5\text{-}13）$$

式中，G 和 H 表示当前节点的一阶、二阶梯度统计和；G_L 和 G_R 分别表示由当前节点分裂出的左子节点和右子节点样本集的一阶梯度统计和；H_L 和 H_R 分别为左子节点和右子节点样本集的二阶梯度统计和。在式（5-10）中，$\text{Obj}^{(s)}$ 是所有叶子节点目标函数值的和，一个节点分裂前后的两棵树，目标函数的区别只在于分裂节点分裂出两个新节点，其他节点均无变化，因此前后两棵树的目标函数之差为式（5-13）中的 $\text{Obj}_{\text{split}}$，即原节点目标函数贡献值减去分裂后的左子节点与右子节点的目标函数贡献值。在一个叶子节点的分裂过程中，计算所有特征及其切分点的 $\text{Obj}_{\text{split}}$，选取 $\text{Obj}_{\text{split}}$ 最大的特征及其切分点作为最优特征和最优切分点，使叶子节点按最优特征和最优切分点进行分裂。如图 5-3 所示，对于年龄这个特征，我们有 age $< b$，小于 b 的样本在左子节点，大于等于 c 的样本在右子节点，进而可计算年龄特征切分点为 age $< b$ 的 $\text{Obj}_{\text{split}}$。我们从左至右线性搜索年龄特征每一个切分点并算出其对应的 $\text{Obj}_{\text{split}}$。对于其他特征也是如此，选出最大的 $\text{Obj}_{\text{split}}$，即可找到最优特征和最优切分点。

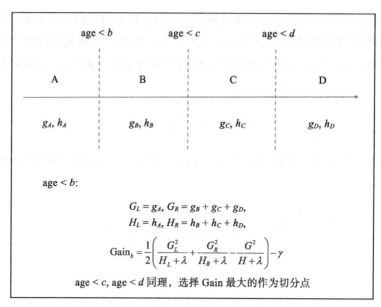

图 5-3　最优切分点的选取过程

在一棵新树生成后，XGBoost 会对其进行剪枝，判断当前节点的收益是否小于定义的最小收益，若比最小收益小，则进行剪枝。剪枝完成之后，将新生成的树模型 $f_s(x_i)$ 加入当前模型中，如下：

$$\hat{y}_i^s = \hat{y}_i^{(s-1)} + \eta f_s(x_i)$$

式中，系数 η 为新生成树模型的缩减系数。

XGBoost 也引入了缩减的思想，和之前介绍的缩减方法相同，在 XGBoost 的每一轮训练过程中，会在新的子模型前加一个参数 η，$0 < \eta \leq 1$。参数 η 和学习率类似，可以限制每棵树对模型的影响，使得在模型优化过程中每次只前进一小步，逐步达到最优，有效避免过拟合。

通过上面的介绍，我们对 XGBoost 的 Gradient Tree Boosting 算法有了一个比较深入的了解，下面对该算法的训练过程进行简要概括。

1）每轮训练增加一个新的树模型。

2）在每轮训练开始，首先计算梯度统计：

$$g_i = \frac{\partial L(y_i, \hat{y}^{(s-1)})}{\partial \hat{y}^{(s-1)}}$$

$$h_i = \frac{\partial^2 L(y_i, \hat{y}^{(s-1)})}{\partial \hat{y}^{(s-1)}}$$

3）根据贪心算法及梯度统计信息生成一棵完整树 $f_s(x)$。

① 节点分裂通过如下公式评估，选择最优切分点。

$$\text{Obj}_{\text{split}} = \frac{1}{2}\left[\frac{G_L^2}{H_L + \lambda} + \frac{G_R^2}{H_R + \lambda} - \frac{G^2}{H + \lambda}\right] - \gamma$$

② 最终树叶子节点的权重为

$$\omega_j^* = -\frac{G_j}{H_j + \lambda}$$

4）将新生成的树模型 $f_s(x)$ 加入模型中：

$$\hat{y}_i^s = \hat{y}_i^{(s-1)} + \eta f_s(x_i)$$

另外，XGBoost 还支持行采样和列采样。行采样是对样本进行有放回的采样，即多次采样的集合中可能出现相同的样本。对这样的采样集合进行训练，每棵树训练的样本都不是全部样本，从而避免过拟合。列采样是从 M 个特征中选取 m 个特征（$m \ll M$），用于对采样后的数据建立模型进行训练，而非采用所有特征。列采样最初被应用在随机森林算法中，XGBoost 借鉴该方法，既能避免模型过拟合，也减少了计算量。根据实践经验，列采样比行采样更能有效避免模型过拟合。

5.4　切分点查找算法

5.3 节介绍 XGBoost 在每轮训练生成新的树模型时，首先计算所有特征在所有切分点分裂前后的 $\text{Obj}_{\text{split}}$，然后选取 $\text{Obj}_{\text{split}}$ 最大的特征及其切分点作为最优特征和最优切分点。XGBoost 提供了多种最优特征和最优切分点的查找算法，统称为切分点查找算法。

5.4.1　精确贪心算法

XGBoost 在生成新树的过程中，最基本的操作是节点分裂。节点分裂中最重要的环节是找到最优特征及最优切分点，然后将叶子节点按照最优特征和最优切分点进行分裂。选取最优特征和最优切分点的一种思路如下：首先找到所有的候选特征及所有的候选切分点，一一求得其 $\text{Obj}_{\text{split}}$，然后选择 $\text{Obj}_{\text{split}}$ 最大的特征及对应切分点作为最优特征和最优切分点。我们称此种方法为**精确贪心算法**。该算法是一种启发式算法，因为在节点分裂时只选择当前最优的分裂策略，而非全局最优的分裂策略。精确贪心算法的计算过程如算法 5-3 所示。

算法5-3　精确贪心算法的计算过程

输入：当前节点的样本集 I，特征维度 d。

输出：最优分裂。

1）初始化分裂收益和梯度统计。

$$\text{gain} = 0, G = \sum_{i \in I} g_i, H = \sum_{i \in I} h_i$$

2）对每个特征 $k = 1, 2, \cdots, m$，执行以下步骤。

① 初始化左子节点的一阶梯度统计和二阶梯度统计。

$$G_L = 0, H_L = 0$$

② 对节点包含的所有样本在该特征下的取值进行排序，然后遍历每个取值 j（j in sorted(I, by x_{jk})）。

a. 计算左子节点和右子节点的梯度统计。

$$G_L = G_L + g_j, H_L = H_L + h_j$$
$$G_R = G - G_L, H_R = H - H_L$$

b. 计算最终分裂后收益，选取收益最大的。

$$\text{gain} = \max\left(\text{gain}, \frac{G_L^2}{H_L + \lambda} + \frac{G_R^2}{H_R + \lambda} - \frac{G^2}{H + \lambda}\right)$$

3）按照最大收益的特征及其分裂点进行分裂。

　　此算法会对所有的特征进行遍历。在遍历过程中，对于每个特征，都会将该节点包含的样本按该特征值进行排序，排序后按照

$$G_L = G_L + g_j, H_L = H_L + h_j$$
$$G_R = G - G_L, H_R = H - H_L$$

这种方式对左子节点和右子节点求梯度统计，因为 G、H 由该节点所有样本的 g、h 求和所得，因此当节点分裂条件由 $k < j$ 变为 $k < j + 1$ 时，左子节点的特征统计变为 $G_L = G_L + g_j$ 和 $H_L = H_L + h_j$，右子节点的特征统计变为 $G - G_L$ 和 $H - H_L$，其中 G_L 和 H_L 是更新后的值，即在原来 G_R 和 H_R 的基础上减去了 g_j 和 h_j。最后，找到收益最大的特征和分裂点，进行分裂。此算法排序的时间复杂度为 $O(n\log n)$，需要处理 d 个特征，进行 K 轮，因此算法的时间复杂度为 $O(ndK\log n)$。

　　假设有 A、B、C、D 这 4 个样本，候选特征为年龄、工资两个特征，其中年龄候选切分点为 b、c、d，工资候选切分点为 e、f、g，如图 5-4 所示。

　　如图 5-4 所示，先计算所有候选特征及所有候选切分点的梯度统计，假设其中 Gain_c 最大，则选择年龄特征为最优特征，c 为最优切分点，根节点按其进行分裂，如图 5-5 所示。

　　然后对其生成的左叶子节点和右叶子节点重复上述步骤，以此类推，最终生成决策树，如图 5-6 所示。

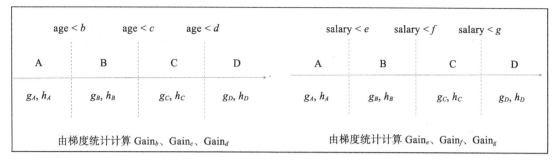

图 5-4　利用精确贪心算法计算候选切分点

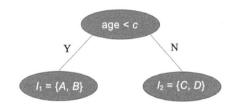

图 5-5　按最优切分点 c 对根节点进行分裂

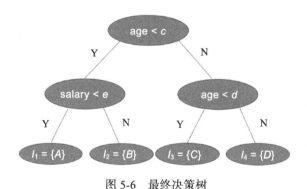

图 5-6　最终决策树

5.4.2　基于直方图的近似算法

精确贪心算法在选择最优特征和最优切分点时是一种十分有效的方法。它计算了所有特征、所有切分点的收益，并从中选择了最优的，从而保证模型能比较好地拟合了训练数据。但是当数据不能完全加载到内存时，**精确贪心算法**会变得非常低效，算法在计算过程中需要不断在内存与磁盘之间进行数据交换，这是一个非常耗时的过程，并且在分布式环境中面临同样的问题。为了能够更高效地选择最优特征及切分点，XGBoost 提出一种近似算法来解决该问题。

基于直方图的近似算法的主要思想是：对某一特征寻找最优切分点时，首先对该特征的所有切分点按分位数（如百分位）分桶，得到一个候选切分点集。特征的每一个切分点都可以分到对应的分桶；然后，对每个桶计算特征统计 G 和 H 得到直方图，G 为该桶内所有样本一阶特征统计 g 之和，H 为该桶内所有样本二阶特征统计 h 之和；最后，选择所有候选特征及候选切分点中对应桶的特征统计收益最大的作为最优特征及最优切分点。基于直方图的近似算法的计算过程如算法 5-4 所示。

算法5-4　基于直方图的近似算法的计算过程

1）对于每个特征 $k = 1, 2, \cdots, m$，按分位数对特征 k 分桶⊖，可得候选切分点，$S_k = \{S_{k1}, S_{k2}, \cdots, S_{kl}\}$[1]

2）对于每个特征 $k = 1, 2, \cdots, m$，有

$$G_{kv} = \sum_{j \in \{j | s_{k,v} \geq x_{jk} > s_{k,v-1}\}} g_i$$
$$H_{kv} = \sum_{j \in \{j | s_{k,v} \geq x_{jk} > s_{k,v-1}\}} h_i$$

3）类似精确贪心算法，依据梯度统计找到最大增益的候选切分点。

下面来看一个近似算法的例子。假设现在有一个年龄特征，其特征值为 18、19、21、31、36、37、55、57，我们需要通过近似算法找出年龄特征的最优切分点，如图 5-7 所示。

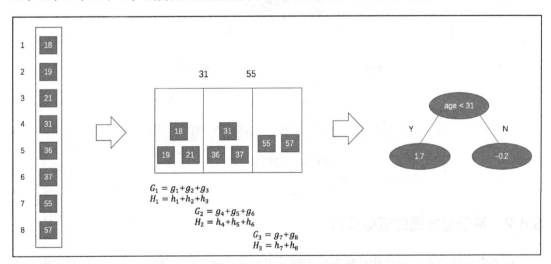

图 5-7　利用基于直方图的近似算法查找切分点

首先选取候选切分点，可以用分位数的方法选取，也可采用其他方法选取。这里选取了 31、55 作为候选切分点，得到候选切分点集 $S_{age} = \{31, 55\}$。计算每个分桶的特征统计 G_i

⊖　可以按全局和本地两种方法进行。

和 H_i (i = 1, 2, 3)，然后和精确贪心算法方法类似，计算以某一候选节点作为切分点时的收益 Gain。如以候选切分点 31 作为分裂点时的收益计算如下：

$$G_L = G_1,\ G_R = G_2 + G_3,$$

$$H_L = H_1,\ H_R = H_2 + H_3,$$

$$\text{Gain} = \frac{1}{2}\left(\frac{G_L^2}{H_L + \lambda} + \frac{G_R^2}{H_R + \lambda} - \frac{G^2}{H + \lambda} \right) - \gamma$$

同理，可求得切分点为 55 时的收益，选择收益最大的候选切分点作为分裂点，此处假设切分点为 31 时收益最大，则样本 1~3 被划分到左子节点，样本 4 ~ 8 被划分到右子节点。

近似算法也可以用在分布式树学习的环境中。其基本思想如下：首先将数据划分到多个 worker 节点上，在每轮训练过程中，worker 计算本节点上数据梯度统计生成直方图，并将数据直方图传给主节点；主节点依据各个节点梯度统计数据对节点进行分裂生成新的一层；主节点将下一层信息发送给 worker 节点，worker 节点再在新一层的基础上生成数据直方图；重复上述过程，直至决策树达到预定的深度后停止。

近似算法实现了两种候选切分点的构建策略：全局策略和本地策略。全局策略是在树构建的初始阶段对每一个特征确定一个候选切分点的集合，并在该树每一层的节点分裂中均采用此集合计算收益，整个过程候选切分点集合不改变。本地策略则是在每一次节点分裂时均重新确定候选切分点。全局策略需要更细的分桶才能达到本地策略的精确度，但全局策略在选取候选切分点集合时比本地策略更简单。在 XGBoost 系统中，用户可以根据需求自由选择使用精确贪心算法、近似算法全局策略、近似算法本地策略，算法均可通过参数进行配置。

5.4.3　快速直方图算法

除了基于直方图的近似算法之外，XGBoost 还实现了另外一种基于直方图的算法——快速直方图算法。快速直方图算法实质上是在近似算法的基础上的优化。通过前面的学习可知，基于直方图的近似算法将每个切分点划分到对应的分桶中，构建直方图数据，然后根据直方图数据近似求解最优特征和最优切分点，从而减少内存与磁盘之间的数据交换，提高计算效率。虽然近似算法相比精确贪心算法在计算性能上提升了很多，但直方图聚合仍是构建树的过程中的一个主要计算瓶颈，因此 XGBoost 参考 FastBDT [a]和 LightGBM [b]实现了快速直方图算法。

[a]　T. Keck. FastBDT: A speed-optimized and cache-friendly implementation of stochastic gradient-boosted decision trees for multivariate classification.CoRR abs/1609.06119. 2016.

[b]　S. Tyree, K. Weinberger, K. Agrawal, J. Paykin. Parallel boosted regression trees for web search ranking. In Proceedings of the 20th International Conference on World Wide Web, pages 387–396. ACM. 2011.

基于直方图的近似算法也会通过将连续的特征分为离散的桶来加速训练，该方法是每次迭代生成一组新的桶（包括本地策略和全局策略），而快速直方图算法则是在多次迭代中重用之前的分桶，并以此为基础进行了一些优化。

1）**数据预处理**：连续型特征一般用浮点数表示，但在树分裂过程中一般仅会用到梯度统计信息，而算法仅仅对值进行相互比较，并不会用到值本身。因此，可以将浮点数数据均匀映射为整型数据，一般以直方图的索引作为映射值。因为 CPU 对整型运算的效率要比浮点型运算的效率高很多，因此算法性能相比之前可以提高很多，另外这样将输入特征的分布映射到均匀分布，通常也能提高划分的质量。

2）**桶缓存**：将上述数据结构进行缓存，在模型拟合过程中进行复用，提升计算效率。

3）**直方图减法技巧**：简化节点直方图的计算，直接取父节点和兄弟节点的差。

除了以上改进外，该算法还有一些其他亮点，如稀疏矩阵的有效表示，不但支持稀疏矩阵，而且对于混合稀疏＋稠密矩阵也能够有效加速计算，并且可以扩展到 XGBoost 的其他现有功能。

前面介绍的 XGBoost 树构建算法均是以深度（depth-wise）的方式构建决策树，简单来讲，即建立新树时首先构建树的第一层节点，第一层节点构建完成之后再开始第二层。而快速直方图算法提供了另外一种树构建形式，即以损失函数收益变化（loss-guide）作为参考指标进行树的构建，不再拘泥于前层节点构建完成再进行下层节点的构建的形式，而是会选择最大收益增量的叶子节点进行分裂，从而获取到更多的收益，提高精确度。图 5-8 和图 5-9 分别为 depth-wise 和 loss-guide 的分裂过程。

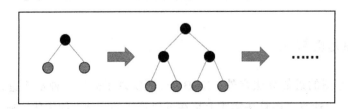

图 5-8　depth-wise 的分裂过程

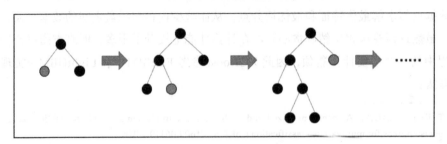

图 5-9　loss-guide 的分裂过程

值得注意的是，loss-guide 方法可以使模型更快收敛，但是同时带来了过拟合的风险，尤其是在数据量较少的情况下。因此，在使用 loss-guide 的过程中，读者可通过 XGBoost 中的 max_leaves 参数对分裂过程加以限制，防止过拟合。

用户将参数 tree_method 设置为 hist，即可使用快速直方图算法查找切分点，grow_policy 参数设置为 depthwise 和 lossguide 则分别表示采用 depth-wise 或 loss-guide 树构建方式。

5.4.4　加权分位数概要算法

5.4.3 节介绍了通过近似算法来确定最优特征和最优切分点。近似算法对特征的所有切分点按分位数取值得到一个候选切分点集，每个候选切分点对应一个分桶。计算桶的梯度统计信息和收益，将收益最大的桶的候选切分点作为该特征的最优切分点。此算法的关键在于怎么得到候选切分点集。分位数的方法经常会被用作特征数据选择候选切分点的依据。针对此问题，XGBoost 提出了带权值数据求分位数的近似算法——加权分位数概要算法，因为该算法并非本章介绍的重点，这里不详细介绍，感兴趣的读者可以参见相关资料⊖。

5.4.5　稀疏感知切分点查找算法

在很多应用场景下，样本的特征是非常稀疏的。例如，在文本挖掘中，需要统计每篇文章中关键字出现的频率。关键字有几千个，但每篇文章一般只包含几十或者几百个关键字，那么这样产生的数据就会是一个稀疏数据。造成样本稀疏的原因很多，一方面来自于数据本身，如数据缺失。特征值为 0 的样本比较多等，另一方面在数据处理的过程中也有可能会产生稀疏数据，如对类别型特征进行独热编码处理。稀疏数据绝不是无用数据，因此我们需要一个算法能够快速、有效地处理稀疏数据。

XGBoost 处理稀疏数据的方法是给每棵树指定一个默认方向，即当特征值缺失时，该样本会被划分到默认方向的节点上，如图 5-10 所示。

现有 S1、S2、S3 这 3 个样本，其中 S1 样本年龄字段值缺失，在决策树中将被划分到默认方向，即满足年龄小于 35 发的方向上，再通过是否经常网购字段划分到最终方向。S2 样本同理，是否经常网购字段缺失，在以该特征为分裂特征的节点上被划分到默认方向。S3 样本无缺失值，按正常方向划分。

⊖　Tianqi Chen, Carlos Guestrin. XGBoost: A scalable tree boosting system. In Proceedings of the 22Nd ACM SIGKDD International Conference on Knowledge Discovery and Data Mining, pages 785–794. ACM. 2016.

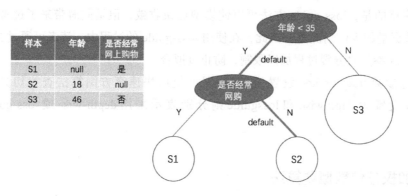

图 5-10　树模型指定默认方向

CART 树的每个节点都会分裂为两个方向，选哪个方向作为默认方向呢？ XGBoost 借助一种稀疏敏感的算法对数据进行学习，从而选择出默认方向，这种算法称作稀疏感知切分点查找算法。稀疏感知切分点查找算法的计算过程如算法 5-5 所示。

算法5-5　稀疏感知切分点查找算法的计算过程

输入：I 为当前节点样本集；$I_k = \{i \in I | x_{ik} \neq \text{missing}\}$；$d$ 为特征维度。

输出：最大收益的节点分裂及默认方向。

1）初始化分裂收益和梯度统计。

$$\text{gain} = 0, G = \sum_{i \in I} g_i, H = \sum_{i \in I} h_i$$

2）对每个特征 $k = 1, 2, \cdots, m$。

① 初始化左子节点的一阶梯度统计和二阶梯度统计，将缺失值划分到右子节点。

$$G_L = 0, H_L = 0$$

② 对该特征下的所有非缺失值进行排序，然后遍历每个取值 j（j in sorted(I_k, by x_{jk})）。

a. 计算左子节点和右子节点的梯度统计。

$$G_L = G_L + g_j, H_L = H_L + h_j$$
$$G_R = G - G_L, H_R = H - H_L$$

b. 计算最终分裂后收益，选取收益最大的。

$$\text{gain} = \max\left(\text{gain}, \frac{G_L^2}{H_L + \lambda} + \frac{G_R^2}{H_R + \lambda} - \frac{G^2}{H + \lambda}\right)$$

③ 初始化右子节点的一阶梯度统计和二阶梯度统计，将缺失值划分到左子节点。

$$G_L = 0, H_L = 0$$

④ 对该特征下的所有非缺失值进行排序，然后遍历每个取值 j（j in sorted(I_k, by x_{jk})）。

a. 计算左子节点和右子节点的梯度统计。

$$G_R = G_R + g_j, H_R = H_R + h_j$$
$$G_L = G - G_R, H_L = H - H_R$$

b. 计算最终分裂后收益，选取收益最大的。

3）选择最大收益的方向作为缺失值划分的默认方向。

该算法会遍历所有候选特征的所有候选切分点。对于每个切分点，算法首先将缺失值划分到右子节点，即计算划分到左子节点非缺失值的梯度统计，然后用总的梯度统计减去左子节点的梯度统计（相当于缺失值划到了右子节点中），计算收益，选出收益最大的；将缺失值划分到左子节点，重复上述步骤；最终选出收益最大的节点分裂及默认方向。此算法也适用于近似算法的情况，仅将非缺失值的样本统计划分到桶中即可。相较于不考虑稀疏数据的普通算法而言，稀疏感知切分点查找算法在每棵树的训练速度提高近 50 倍。

上述算法需要从左到右和从右到左两次扫描来完成缺省值默认方向的学习。XGBoost GPU 版本采用了一种替代算法，即先求得缺失值梯度对总和，然后通过一次扫描完成上述操作。

5.5 排序学习

排序问题是机器学习应用中的常见问题之一，因此 XGBoost 也实现了排序学习。第 3 章介绍过排序学习的常用方法：pointwise、pairwise 和 listwise。本节将会深入介绍 pairwise 方法的 3 种重要实现：RankNet、LambdaRank 和 LambdaMART[⊖]。XGBoost 的排序学习采用的是 LambdaMART 方法，而 LambdaMART 方法是 RankNet 和 LambdaRank 这两种方法的延伸与拓展，因此为了便于读者理解，本节首先介绍 RankNet 和 LambdaRank，在此基础上介绍 LambdaMART。

5.5.1 RankNet

RankNet 是一种 pairwise 的排序方法，它将排序问题转换为比较 $<d_i, d_j>$ 对的排序概率问题，即比较 d_i 排在 d_j 前面的概率。RankNet 提出了一种概率损失函数来学习排序模型，并通过排序模型对文档进行排序。这里的排序模型可以是任意对参数可微的模型，如增强树、神经网络等。

通过前面的学习可知，在监督学习过程中，每个样本都有一个标签值（用于指导模型的训练过程），模型训练完毕后模型对每个样本给出一个预测值 p，然后通过计算损失函数来对模型进行调整。RankNet 中定义了两个概率来分别表示预测值和标签值，分别是预测相关性概率和真实相关性概率。首先来介绍一下 RankNet 如何得到预测相关性概率。一般训练数据是按查询划分的，对每个查询内部数据进行排序，RankNet 通过评分函数 $f(x)$ 对输入的特征向量进行评分。对于给定的查询，选择具有不同标签的文档 D_i 和 D_j，并将其特征向量 x_i 和 x_j 输入给模型，分别计算得分 $v_i = f(x_i)$ 和 $v_j = f(x_j)$，通过 sigmoid 函数将两得分映射为一个学习概率，即 D_i 比 D_j 更相关的预测概率为

⊖ Burges. C.J. From RankNet to LambdaRank to LambdaMART: An Overview. 2010.

$$P_{ij} \equiv P(D_i \prec D_j) = \frac{1}{1 + e^{-\sigma(v_i - v_j)}}$$

式中，$D_i \prec D_j$ 表示 D_i 排在 D_j 前面；参数 σ 确定 sigmoid 函数形状，由此便得到了预测相关性概率。下面看一下如何定义真实相关性概率。对于给定的查询，每个文档对中的文档 D_i 和 D_j 均包含一个表征与该查询相关性的标签，如 D_i 关于该查询的标签为非常相关，D_j 为不相关，很明显 D_i 比 D_j 更相关。因此，真实相关性概率定义为

$$\overline{P}_{ij} = \frac{1}{2}(1 + V_{ij})$$

式中，$V_{ij} \in \{0, \pm 1\}$。如果 D_i 比 D_j 更相关，则 $V_{ij}=1$；如果 D_j 比 D_i 更相关，则 $V_{ij} = -1$；若其标签值相等，则 $V_{ij} = 0$。

至此，我们已经得到 RankNet 相对关系的预测相关性概率和真实相关性概率。像其他 pairwise 方法一样，RankNet 会评估所有文档对的相对关系，以错误的文档对最少作为优化目标。RankNet 引入了概率的思想，优化目标转换为预测相关性概率与真实相关性概率的差距最小。RankNet 采用交叉熵作为损失函数，公式如下：

$$L = -\overline{P}_{ij} \log P_{ij} - (1 - \overline{P}_{ij}) \log(1 - P_{ij})$$

将预测相关性概率公式和真实相关性概率公式代入损失函数，则有

$$L = \frac{1}{2}(1 - V_{ij})\sigma(v_i - v_j) + \log(1 + e^{-\sigma(v_i - v_j)})$$

当 $V_{ij} = 1$ 时，有

$$L = \log(1 + e^{-\sigma(v_i - v_j)})$$

当 $V_{ij} = -1$ 时，有

$$L = \log(1 + e^{-\sigma(v_j - v_i)})$$

当 $V_{ij}=0$ 时，有

$$L = \log 2$$

由此可以看出，两个排序不同的文档即使评估分值相同，损失函数也会对其进行惩罚。并且如果分数与实际排名不符，则损失函数为类线性函数；如果相符，则损失函数为 0。对 v_i 和 v_j 分别求导：

$$\frac{\partial L}{\partial v_i} = \sigma\left(\frac{1}{2}(1 - V_{ij}) - \frac{1}{1 + e^{-\sigma(v_i - v_j)}}\right) = -\frac{\partial L}{\partial v_j}$$

以上梯度可以用于更新模型参数，RankNet 采用随机梯度下降对参数 $w_k \in \mathbb{R}$ 进行更新。如下：

$$w_k \rightarrow w_k - \eta \frac{\partial L}{\partial w_k} = w_k - \eta \left(\frac{\partial L}{\partial v_i} \frac{\partial v_i}{\partial w_k} + \frac{\partial L}{\partial v_j} \frac{\partial v_j}{\partial w_k} \right)$$

式中，η 为学习率。另外，可以求得损失函数增量 ΔL 为

$$\Delta L = \sum_k \frac{\partial L}{\partial w_k} \Delta w_k = \sum_k \frac{\partial L}{\partial w_k} \left(-\eta \frac{\partial L}{\partial w_k} \right) = -\eta \sum_k \left(\frac{\partial L}{\partial w_k} \right)^2 < 0$$

$\Delta L < 0$，表明当 w_k 沿负梯度方向变化时损失函数会越来越小。可针对上述过程进行优化以加速训练。由每个文档对均需要更新一次模型参数，转变为每个文档更新一次，即 min-batch 学习，极大加速了模型的学习过程。由前述可知，对于输入样本，模型参数 w_k 的梯度为

$$\begin{aligned}
\frac{\partial L}{\partial w_k} &= \sum_{\{i,j\} \in I} \frac{\partial L}{\partial v_i} \frac{\partial v_i}{\partial w_k} + \frac{\partial L}{\partial v_j} \frac{\partial v_j}{\partial w_k} \\
&= \sum_{\{i,j\} \in I} \sigma \left(\frac{1}{2}(1 - V_{ij}) - \frac{1}{1 + \mathrm{e}^{-\sigma(v_i - v_j)}} \right) \left(\frac{\partial v_i}{\partial w_k} - \frac{\partial v_j}{\partial w_k} \right)
\end{aligned}$$

将 $\sigma \left(\dfrac{1}{2}(1 - V_{ij}) - \dfrac{1}{1 + \mathrm{e}^{-\sigma(v_i - v_j)}} \right)$ 以 λ_{ij} 表示可得

$$\frac{\partial L}{\partial w_k} = \sum_{\{i,j\} \in I} \lambda_{ij} \left(\frac{\partial v_i}{\partial w_k} - \frac{\partial v_j}{\partial w_k} \right)$$

其中

$$\lambda_{ij} \equiv \frac{\partial C(v_i - v_j)}{\partial v_i} = \sigma \left(\frac{1}{2}(1 - V_{ij}) - \frac{1}{1 + \mathrm{e}^{-\sigma(v_i - v_j)}} \right) \tag{5-14}$$

对于一个查询，排序不同的 D_i 和 D_j，用 I 表示索引对 $\{i, j\}$ 的集合，每个索引对只包含一个，即 $\{i, j\}$ 和 $\{j, i\}$ 等价。为了方便，假设 I 包含的索引对均满足 $D_i \prec D_j$，即 $V_{ij} = 1$。因为 RankNet 从概率分布中学习输出概率，并不需要每个文档都标记标签，只需通过 I 收集文档对的相对顺序关系即可，然后通过相对关系对参数 w_k 进行更新，计算 Δw_k：

$$\Delta w_k = -\eta \sum_{\{i,j\} \in I} \lambda_{ij} \left(\frac{\partial v_i}{\partial w_k} - \frac{\partial v_j}{\partial w_k} \right) = -\eta \sum_i \lambda_i \frac{\partial v_i}{\partial w_k}$$

此处引入了 λ_i，对应文档 D_i，一个文档对应一个 λ。λ_i 是由两个 λ 项求和得到的，首先找到所有与 i 组成文档对 $\{i, j\} \in I$ 的 j 和所有与 i 组成文档对 $\{k, i\} \in I$ 的 k。其中前一项 λ_{ij} 和作为 λ_i 增量，后一项 λ_{ki} 和作为减量。计算公式如下：

$$\lambda_i = \sum_{j:\{i,j\}\in I} \lambda_{ij} - \sum_{j:\{j,i\}\in I} \lambda_{ij}$$

公式的第二项将 k 也用 j 表示，意义是一样的。下面通过一个例子进行说明。假设有 3 个文档，其真实相关性满足 $D_1 \prec D_2 \prec D_3$，集合 I 包含 3 个索引对 $\{\{1,2\}, \{1,3\}, \{2,3\}\}$，则

$$\lambda_1 = \lambda_{12} + \lambda_{13}, \quad \lambda_2 = \lambda_{23} - \lambda_{12}, \quad \lambda_3 = -\lambda_{13} - \lambda_{23}$$

我们可以将 λ_i 看作文档 D_i 在迭代更新中移动的方向和幅度。因为 λ_i 是通过所有包含 i 的文档对计算得到的，所以可以认为文档 D_i 的移动方向和幅度取决于所有与其组成文档对的其他文档。经过 λ_i 改写后，由之前每个文档对进行一次参数更新转为每个查询所有文档进行一次参数更新，即 mini-batch 学习，极大加速了模型的学习过程。

5.5.2　LambdaRank

由前述内容可知，RankNet 主要针对文档对相对顺序关系的错误数量进行优化，而并不区分不同文档在优化时的权重。在重点关注头部排序的场景下，效果并不理想，如以 NDCG 作为评估指标，此时模型拟合应更关注于排序靠前的文档，但 RankNet 的优化目标与实际的优化目标是有偏差的，因此不能取得很好的效果，RankNet 没办法以 NDCG 这些指标作为优化目标进行迭代。以图 5-11 为例，其表示一个给定查询的二分类有序文档集，圆形表示与查询相关的文档，正方形表示与查询不相关的文档。对于 RankNet 而言，其损失函数 cost 通过文档对的错误数量来衡量。在图 5-11a 中，cost 为 6（通过排序错误对数量计算得到）；在图 5-11b（经过一轮优化后）中，将排序最靠前的相关文档下调 2 个位置，将底部的相关文档上调 3 个位置，此时 cost 为 5。但是对于像 NDCG 等更注重头部排序的指标，这并不是其想要的结果。图 5-11b 中的左边箭头代表 RankNet 的梯度方向和幅度，右边箭头代表真正需要的梯度方向和幅度，即更关注靠前位置的文档的提升。

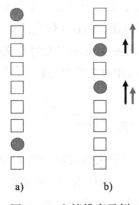

图 5-11　文档排序示例

LambdaRank 针对上述问题提出了一种经验算法，它不再像 RankNet 一样通过定义损失函数再求梯度的方式处理排序问题，而是直接定义梯度，即 Lambda 梯度，这样便可以解决大部分评估指标带来的问题。在训练模型时，我们不需要知道损失函数计算的代价本身，而只需要代价的梯度即可，在前面讨论的 λ 即为这样的梯度。可以将 λ 形象地看作物理学中的力（一种潜在函数的梯度），假设 λ_1 为 D_1 对应的 λ，则：如果 D_2 比 D_1 更相关，则 D_1 将被推下 $|\lambda_1|$ 个单位，而 D_2 则会被方向相反、大小相等的力推上 $|\lambda_1|$ 个单位；如果 D_1 比 D_2 更相关，则 D_1 被推上 $|\lambda_1|$ 个单位，D_2 被推下 $|\lambda_1|$ 个单位。

LambdaRank 在 RankNet 的基础上引入了评价指标。这里以 NDCG 为例，假设将 D_1、D_2 交换位置且其他文档的位置不变，NDCG 指标变化大小为 $|\Delta\text{NDCG}|$，对式（5-14）进行修改，乘以 $|\Delta\text{NDCG}|$，如下：

$$\lambda_{ij} \equiv \frac{\partial C(v_i - v_j)}{\partial v_i} = -\frac{\sigma}{1+\mathrm{e}^{-\sigma(v_i-v_j)}} |\Delta\text{NDCG}|$$

此处假设 I 包含的索引对均满足 $D_i \prec D_j$，即 $V_{ij} = 1$。损失函数的梯度代表了文档下一次的移动方向和幅度，引入评估指标 $|\Delta\text{NDCG}|$ 之后，可以使其更关注排序靠前的文档，避免下调排序靠前文档的情况。另外，对于其他评估指标如 MAP、MRR 等也可采用此方法，只需将 $|\Delta\text{NDCG}|$ 替换为相应指标即可。实验表明，LambdaRank 引入评估指标的方式对模型的提升效果非常显著。

5.5.3　LambdaMART

有了 RankNet 和 LambdaRank 的基础，下面来学习另外一种排序算法——LambdaMART，XGBoost 的排序学习框架是基于 LambdaMART 算法实现的。LambdaMART 是一种将 LambdaRank 和 MART 结合的排序算法。MART 全称为 Multiple Additive Regression Trees，即前面介绍过的 Gradient Tree Boosting 模型，模型输出为一组回归树输出的线性组合。MART 定义了一种增强树的框架，针对不同的问题可定义不同的梯度，而 LambdaRank 便提供了这样的梯度定义方法。因此，可以简单地认为 LambdaMART 是将 LambdaRank 定义的梯度应用到了 MART 的增强树框架中。下面来看 LambdaMART 算法。假设决策树数量为 N，训练样本数为 m，每棵树叶子数量为 L，学习率为 η。LambdaMART 算法的计算过程如算法 5-6 所示。

算法5-6　LambdaMART算法的计算过程

```
for i = 0 to m do
    F_0(x_i)=BaseModel(x_i)          // 如果 BaseModel 为空，则 F_0(x_i) = 0
end for
for k = 1 to N do
    for i = 0 to m do
```

$$y_i = \lambda_i$$

$$w_i = \frac{\partial y_i}{\partial F_{k-1}(x_i)}$$

end for

$\{R_{lk}\}_{l=1}^{L}$　　　　　　　// 通过数据集 $\{x_i, y_i\}_{i=1}^{m}$ 创建包含 L 个叶子的树

$$\gamma_{lk} = \frac{\sum\limits_{x_i \in R_{lk}} y_i}{\sum\limits_{x_i \in R_{lk}} w_i}$$　　　// 此处为通过牛顿法指定叶子节点权重

$$F_k(x_i) = F_{k-1}(x_i) + \eta \sum_l \gamma_{lk} I(x_i \in R_{lk})$$　　　// 通过学习率 η 进行模型更新

end for

由算法 5-6 可知，LambdaMART 首先通过初始模型对每个样本进行预测，若无初始模型则置 0；然后进行模型迭代，在每一轮迭代中，求得每个样本的 λ_i 和 λ_i 对上一轮模型预测值的一阶导；接着在数据集 $\{x_i, y_i\}_{i=1}^{m}$ 的基础上创建决策树，通过牛顿法计算叶子节点权重；最后将新树加入模型中，进行下一轮迭代。

XGBoost 排序学习的实现原理基本和 LambdaMART 的类似，是 LambdaMART 的一种变形，区别仅在于 XGBoost 对目标函数进行了泰勒展开，通过一阶梯度和二阶梯度计算分裂节点的收益和叶子节点的权重。

5.6 DART

由前述内容可知，XGBoost 是多棵决策树共同决策，即所有决策树的结果累加起来作为最终结果。这种方式在多种机器学习应用场景中取得了不错的效果，但是也存在一些问题。在这种情况下，首先加入模型的决策树对模型的贡献是非常大的，但是较为靠后的树则只影响少部分样本，而对大部分样本的贡献则微乎其微。这容易导致模型过拟合并且对少数初始生成的树过度敏感。XGBoost 采用缩减方法为每棵树设定一个很小的学习率，这在一定程度上缓解了此问题，但问题仍然存在。MART（Multiple Additive Regkession Trees）中亦是如此。2015 年，Rasmi 等人借鉴深度神经网络中的 dropout 技术（将神经网络单元按照一定概率暂时从网络中丢弃，从而达到防止过拟合的效果），将其应用到了增强树中，这种技术称为 DART [⊖]。DART 在一些场景下取得了不错的效果，因此 XGBoost 后续也引入了该项技术，作为可选项供用户使用。

MART 在每一轮迭代中会计算当前模型的损失函数的负梯度，然后通过训练一个新的回

⊖　K. Rashmi, R. Gilad-Bachrach. Dart: Dropouts Meet Multiple Additive Regression Trees. International conference on artificial intelligence and statistics.pp. 489-497.2015.

归树去拟合它，计算出步长（学习率）后更新模型。DART 成功将 dropout 技术引入 MART，在训练过程中暂时丢弃部分已生成的树，使模型中树的贡献更加均衡，防止模型过拟合。总结来说，DART 在 MART 的基础上做了两处优化。

第一处优化是在计算梯度时，仅仅从现有模型的所有树中随机选择一个子集。假设在经过 n 轮迭代后当前模型为 M，$M = \sum_{i=1}^{n} T_i$，T_i 为第 i 轮训练得到的树。DART 首先随机在现有模型中选择一个树的子集 $I \subset \{1, \cdots, n\}$，通过该树子集创建模型 $\hat{M} = \sum_{i \in I} T_i$，对于模型 $\hat{M}$，计算损失函数的负梯度，并通过一个新的回归树去拟合该负梯度。

第二处优化是对新增加的树进行标准化。因为新训练的树 T 会尽力缩小模型 $\hat{M}$ 和理想模型的差距，而丢弃树集也会缩小该差距，两者如果共同作用会导致模型超出拟合目标。为了解决该问题，DART 会对新训练的树进行标准化。假设模型 $\hat{M}$ 中丢弃树的数量为 k，则新树 T 相当于丢弃树集中的每棵树的 k 倍，因此 DART 会对新树 T 乘以一个 $1/k$ 的系数，以保证其和丢弃树集中的树在相同数量级。然后新树和丢弃树按 $k/(k+1)$ 比例进行缩放，确保丢弃树和新树的组合效果与单独丢弃树的效果是一致的，最后将新树加入模型中。

下面来看下 DART 算法的计算过程（见算法 5-7），假设 N 为需要训练的树的总数量。

算法5-7　DART算法的计算过程

$S_1 \leftarrow \{x, -L_x'(0)\}$
T_1 为在数据集 S_1 上已训练好的一棵树
$M \leftarrow \{T_1\}$
for $t = 2, \cdots, N$ do
　　$D \leftarrow$ 通过 p_{drop} 选取 M 的子集
　　if $D = \varnothing$ then $D \leftarrow$ 随机选取 M 中的一个元素
　　end if
　　$\hat{M} \leftarrow M \setminus D$
　　$S_t \leftarrow \{x, -L_x'(\hat{M}(x))\}$
　　T_t 为在数据集 S_t 上训练的树
　　$M \leftarrow M \cup \left\{ \dfrac{T_t}{|D|+1} \right\}$
　　for $T \in D$ do
　　　　对 D 中的 T 乘以系数 $\dfrac{|D|}{|D|+1}$
　　end for
end for
输出 M

其中，x 为样本特征，L 为损失函数，$-L_x'(\hat{M}(x))$ 表示模型 $\hat{M}$ 作用于样本特征 x 损失函数的负梯度。DART 可以看作通过控制丢弃树数量来实现的一种正则。一种极端情况是当没有树被丢弃时，DART 等同于 MART；另一种极端情况是丢弃了当前模型的所有树，此时 DART 相当于随机森林。可见，DART 其实是介于 MART 和随机森林之间的一种权衡实现。关于丢弃树的选择方法有很多种，DART 采用的方法是通过一个丢弃概率 p_{drop} 来选择已存在于模型的树是否丢弃。若通过上述方法没有树被丢弃，则随机选择一棵树丢弃，保证每轮至少有一棵树被丢弃。

XGBoost 也实现了 DART，设置参数为 booster，参数值为 dart 即可。DART 在 XGBoost 中随机选择丢弃树（参数为 sample_type）的方法有两种。

- Uniform：该方法会随机选择相应的树丢弃，为默认方法。
- Weighted：该方法会依据权重比例选择相应的树丢弃。

下面来看 DART 在 XGBoost 中是如何实现的[θ]。假设在 m 轮有 k 棵树被丢弃，定义 $D = \sum_{i \in K} F_i$ 为丢弃树集的叶子节点值，其中 K 为被丢弃树的集合。$F_m = \eta \tilde{F}_m$ 为新树的叶子节点值，则 XGBoost 目标函数可以改写为

$$\text{Obj} = \sum_{j=1}^{n} L(y_j, \hat{y}_j^{m-1} - D_j + \tilde{F}_m) + \Omega(\tilde{F}_m)$$

D 和 F_m 是超调的（overshooting），因此需要对其进行标准化：

$$y = \sum_{i \notin K} F_i + a\left(\sum_{i \in K} F_i + bF_m\right)$$

在 XGBoost 中，DART 标准化的方法（参数为 normalize_type）有两种。一种为新树和丢弃树集中的每一棵树具有相同的权重（参数为 tree）：

$$a\left(\sum_{i \in K} F_i + \frac{1}{k}F_m\right) = a\left(\sum_{i \in K} F_i + \frac{\eta}{k}\tilde{F}_m\right) \sim a\left(1 + \frac{\eta}{k}\right)D = a\left(\frac{k+\eta}{k}\right)D = D$$

$$a = \frac{k}{k+\eta}$$

另一种为新树和丢弃树集具有相同的权重（参数为 forest）：

$$a\left(\sum_{i \in K} F_i + F_m\right) = a\left(\sum_{i \in K} F_i + \eta\tilde{F}_m\right) \sim a(1+\eta)D = a(1+\eta)D = D$$

$$a = \frac{1}{1+\eta}$$

另外还有一些其他的参数，例如：rate_drop 用来指定 dropout 的概率，范围为 [0.0, 1.0]；skip_drop 用来指定跳过 dropout 的概率，如果 dropout 被跳过，则采用 gbtree 方式构建新树，

---

skip_drop 的取值范围为 [0,0,1.0]。

引入 DART 也会带来一些问题，例如，DART 在训练中引入了随机性，随机选择丢弃树会导致预测缓存失效，因此 DART 训练时会比 gbtree 慢，另外提前结束训练的功能也会变得不稳定。

5.7　树模型的可解释性

前文介绍过利用 weight、cover、gain 等特征重要性评估方法，这些方法均为整体评估，无法实现单个样本的个性化评估，而在某些应用场景下，数据分析人员需要了解各特征对每个样本预测结果的贡献，从而可以对预测结果进行解释。因此，XGBoost 也集成了基于单个样本的个性化归因方法，即 Saabas 和 SHAP 方法。

5.7.1　Saabas

对于一棵决策树，每个样本的预测值是由根节点到最终叶子节点路径上的一系列决策共同决定的，路径上的每个特征均会对该样本的最终预测值产生影响。一般而言，无论是随机森林还是 XGBoost，它们都是由多棵决策树构成的，模型结构较为复杂，无法通过分析每一棵树来了解样本的预测归因。Saabas [⊖] 提出了一种个性化启发式特征归因方法，可以方便地对单一样本进行解释。以回归模型为例，取 dumpModel 后的模型（这里我们只取模型中的一棵树）如下：

```
booster[0]:
0:[MMAX<22486] yes=1,no=2,missing=1,gain=1940991.75,cover=169
    1:[CACH<28] yes=3,no=4,missing=3,gain=186514.484,cover=143
        3:leaf=37.5213661,cover=116
        4:leaf=129.125,cover=27
    2:[MMAX<48001] yes=5,no=6,missing=5,gain=413679.562,cover=26
        5:leaf=279.895844,cover=23
        6:leaf=673.375,cover=3
```

其中，MMAX、CACH 等为模型中的特征。由上述模型可以看到，该树和通过 dumpModel 保存的模型略有区别，模型中多了一些统计信息，如 gain、cover 等，这些信息可以通过设定参数 with_stats 得到。另外，我们可以通过上述统计信息计算得到每个节点的 value，非叶子节点的 value 为其子节点 value 的加权平均，其中权重为该节点包含的样本数（cover），如图 5-12 中虚线框中的节点，其 value 计算如下：

⊖　参见 http://blog.datadive.net/interpreting-random-forests。

$$value = (280 \times 23 + 673 \times 3) / (23 + 3) \approx 325.35$$

其中，两叶子节点的 cover 值为 23 和 3。这里需要特别说明一下，cover 是该节点所有样本二阶统计信息 h 的和，代表该节点数据覆盖信息。在回归问题中，损失函数二阶统计信息为常数 1，因此对于回归问题而言，cover 是该节点包含的样本数。虽然分类问题中的 cover 不再是严格的样本数，但其可以代表某种带权重的样本覆盖信息，因此两者均是采用上述方法计算非叶子节点 value。

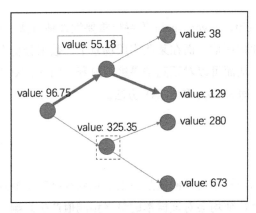

图 5-12　计算节点 value

得到各个节点的 value 后，下面来分析一下样本最终预测值是如何得到的。可以看到，样本预测值是由根节点到该叶子节点路径上的特征决定的。如图 5-12 所示，根节点本身有一个基础值（即数据集的均值），路径上每个特征的贡献值通过路径下一节点的 value 减去本节点的 value 得到，样本预测值为基础值与路径特征贡献值的和，以图 5-12 中标记路径为例，可得 predict = 96.75 + (55.18 − 96.75) + (129 − 55.18) = 96.75（基础分）− 41.57（特征 MMAX 贡献值）+ 73.82（特征 CACH 贡献值）= 129。

将上述过程以数学的方式表示，即

$$f(x) = b + \sum_{k=1}^{K} C(x, k)$$

式中，b 为基础分（偏置项）；K 为特征数量；$C(x, k)$ 表示对于样本 x 第 k 个特征的贡献值。此时我们完成了样本在一棵决策树上的特征贡献值的计算。在类似 XGBoost 等 Boosting 模型中，一个样本的最终预测值是由多棵决策树共同决定的，衡量样本在整个模型中各特征的贡献值，只需对每棵树中的贡献值求和即可，即

$$F(x) = \sum_{t=1}^{T} b_t + \sum_{k=1}^{K} \sum_{t=1}^{T} C(x, k)$$

式中，T 为决策树的数量。此处的计算方式取决于模型类型，若模型为随机森林，则上述求和便可以调整为求均值，因为随机森林中的样本预测值是由各决策树预测值求均值得到的。

　　Saabas 方法因其实现简单、计算效率高被广泛用于评估树模型预测结果的特征贡献度。XGBoost 本身也实现了这种方法，具体使用方法可参考第 4 章。

5.7.2　SHAP

　　Saabas 虽可以高效地评估树模型预测结果的特征贡献度，但是也有其局限性，即有时会出现不一致的问题。不一致问题指的是一个模型更为依赖于某些特征，但特征重要性评估方法分配给这些特征的重要性却很低，以图 5-13 所示的树模型为例。

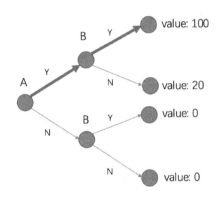

图 5-13　树模型示例

　　图 5-13 所示的树模型包含 2 个特征，即特征 A 和特征 B，现假设只有 4 个样本，其已被完美地划分到了 4 个叶子节点中。该模型可以用如下公式表示：

$$\text{predict} = [A \ \& \ B] \times 80 + [A] \times 20$$

　　若 A 特征、B 特征均为 Yes，则输出值为 100；若只有 A 特征为 Yes，则输出值为 20，否则输出值为 0。由此可以知道，对于图 5-13 所示的预测样本，A 特征的重要性要强于 B 特征的。通过 Saabas 方法计算的特征 A 和特征 B 的重要性可以得到

$$C(A) = 60 - 30 = 30$$
$$C(B) = 100 - 60 = 40$$

　　可以看到，其结果和实际情况并不一致。为了解决上述问题，Lundberg 等人提出了基于

shapley value 的 SHAP（SHapley Additive exPlanation）$\ominus$方法。shapley value 在博弈论中用于分配多人协作任务贡献值，例如，n 个人合作，创造了 $v(N)$ 的价值，如何对所创造的价值进行分配。SHAP 是一种特征归因加和方法（additive feature attribution methods），可以用如下线性方法表示：

$$g(z') = \phi_0 + \sum_{i=1}^{M} \phi_i z'$$

式中，ϕ_0 为基础值（偏置项）；ϕ_i 为特征的贡献值；$z' \in \{0, 1\}^M$，其中 M 为特征的数量，z' 表示被观察的特征（$z'=1$）或未知（$z'=0$）。SHAP 通过除 i 特征之外所有特征的组合中缺失 i 特征输出的变化来评估缺失特征对模型 f 的影响。

$$\phi_i = \sum_{S \subseteq N \setminus \{i\}} \frac{|S|!(M-|S|-1)!}{M!}[f_x(S \cup \{i\}) - f_x(S)] \qquad (5\text{-}15)$$

式中，N 为所有特征的集合；S 为其子集合。公式中的 $\dfrac{|S|!(M-|S|-1)!}{M!}$ 表示除了 i 特征，子集 S 的排列数的权重。S 集合可以理解为序列排在特征 i 之前的所有特征的集合，则其排列组合数为 $|S|!$，而 $(M-|S|-1)!$ 为序列中排在 i 特征后面的特征的排列组合数，$M!$ 为所有特征的排列组合数。公式中的 $f_x(S)$ 表示给定特征子集 S 的预期输出：

$$f_x(S) = E[f(x)|x_S]$$

$f_x(S \cup \{i\}) - f_x(S)$ 表示包含特征 i 与不包含该特征预期输出的差值。了解特征贡献值的评估方法之后，下一步需要考虑如何在树模型中计算特征贡献值。由式（5-15）可知，对于特征贡献值 ϕ_i 的计算，只要 S 集合确定，即可很容易计算出权重项 $\dfrac{|S|!(M-|S|-1)!}{M!}$，因此我们主要来介绍如何确定给定特征子集的预期输出。在树模型中评估 $f_x(S)$ 的一种较为简单的方法是递归遍历树，如算法 5-8 所示。

算法5-8　评估 $f_x(S)$

```
procedure EXPVALUE(x, S, tree = {v, a, b, t, r, d})
    procedure G(j, w)
        if 当前节点为叶子节点 then
            return w · v_j
        else
            if d_j ∈ S then
                return G(a_j, w) if x_{d_j} ≤ t_j else G(b_j, w)
            else
```

$\ominus$ Ensembles. Scott M. Lundberg, Gabriel G. Erion, Su-In Lee. Consistent individualized feature attribution for tree. University of Washington.

```
            return G(a_j, wr_{aj}/r_j) + G(b_j, wr_{bj}/r_j)
        end if
    end if
end procedure
return G(1,1)
end procedure
```

其中，v 表示节点值，非叶子节点的节点值为 internal，a 和 b 分别为左右子节点的索引，d 表示用于划分非叶子节点的特征索引，t 表示非叶子节点划分的阈值，r 代表每个节点的覆盖量，即该节点影响的样本数量（同 XGBoost 模型中的 cover 统计量）。权重 w 用于衡量满足条件集合 S 的训练样本落入叶子节点的比例。上述算法很容易理解，即对于某个固定的样本，首先从根节点开始，按决策树的划分条件进行划分，落到相应的子节点上。若当前节点为非叶子节点，判断此时用于划分的特征是否在 S 集合中。若在 S 集合中，则递归该样本归属的子节点，并将子节点返回的贡献值作为当前节点的贡献值返回给上一层；若划分的特征不在 S 集合中，即该特征不属于当前观察的特征，则递归左右子节点，将权重 w 按划分的训练样本数比例分给左右子节点，并将子节点贡献值的和作为当前节点的贡献值返回上一层。若递归为叶子节点，则直接返回权重与当前节点值的乘积。

下面通过前述决策树的例子来说明如何通过 SHAP 方法求树模型的特征贡献值。对图 5-14 中粗线标示的样本计算特征贡献值，假设 $S=\{A\}$，首先根据上述算法计算 $f_x(S)$，如图 5-14 所示。

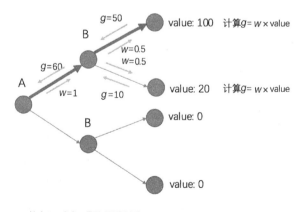

其中 $S = \{A\}$，最终得到 $f_x(S) = 60$

图 5-14　SHAP 方法中 $f_x(S)$ 的计算过程

首先从根节点开始，初始 w 为 1，根节点划分特征为 A 特征，属于 S 集合，因此直接递归样本划分的下一节点，w 仍为 1。此时当前节点划分特征为 B 特征，不属于 S 集合，因此需要同时递归其左右子节点，因为左右子节点包含的样本数相同，因此分配给左右子节点的权重 w 均为 0.5。到达叶子节点后，计算权重 w 与当前节点值 value 的乘积，并返回上一层，最后返回根节点。最终得到 $S=\{A\}$ 时 $f_x(S)$ 的值为 60。

同理，可得到 $S=\{\}$、$S=\{B\}$、$S=\{A, B\}$ 时 $f_x(S)$ 值，分别为 30、50、100。得到 $f_x(S)$ 后即可计算特征对该样本的贡献值了。模型共有两个特征，在计算某一特征贡献值时，S 集合共有两种可能，以计算特征 A 贡献值为例，S 有如下情况：

$$S=\{\}: \text{则 } |S|! = 1, (|M|-|S|-1)!=1,\ S \cup A=\{A\}$$

$$S=\{B\}: \text{则 } |S|! = 1, (|M|-|S|-1)!=1,\ S \cup A=\{A, B\}$$

由此可得

$$\phi_A = \frac{1 \times 1}{2!}\left[f_x(\{A=Y\})-f_x(\{\})+\frac{1 \times 1}{2!}[f_x(\{A=Y, B=Y\})-f_x(\{B=Y\})]\right]$$

$$= \frac{1}{2} \times (60-60)+\frac{1}{2} \times (100-50)=40$$

同理可得

$$\phi_B = \frac{1}{2} \times (50-30)+\frac{1}{2}(100-60)=30$$

$$\phi = \phi_0+\phi_A+\phi_B = 30 + 40 + 30 = 100$$

可以看到，对于此预测样本，特征 A 的特征贡献度为 40，特征 B 的特征贡献值为 30，基础值为 30，这 3 部分之和正好是其预测值。

上述计算特征贡献值的方法实现简单、容易理解，不过相信细心的读者也发现了问题，上述计算 $f_x(S)$ 的算法，每个叶子节点的所有 S 集合都需遍历算法过程进行计算，其时间复杂度是非常高的，为 $KT2^M$（K 为模型中树的数量，T 为树最大叶子节点数，M 为特征数量）。Lundberg 等人针对上述问题对算法进行了改进，提出了 Tree SHAP 算法（XGBoost 中即采用的 Tree SHAP 算法）。该算法递归地跟踪所有可能子集落入树中每个叶子节点的比例，类似对 2^M 个 S 同时执行优化前的算法。Tree SHAP 算法成功地将时间复杂度由 $KT2^M$ 降为了 KTD^2，这里对算法过程不作详细介绍，感兴趣的读者可以参考相关资料⊖。

⊖ Ensembles. Scott M. Lundberg, Gabriel G. Erion, Su-In Lee. Consistent individualized feature attribution for tree. University of Washington.

5.8　线性模型原理

XGBoost 不仅实现了以 CART 为基础的树模型，还实现了一个以 Elastic Net 和并行坐标下降为基础的线性模型，此时 XGBoost 相当于一个同时带有 L1 正则和 L2 正则的逻辑回归（分类问题）或者线性回归（回归问题）。通过对前面章节的学习，我们对 XGBoost 的树模型有了一个比较深入的理解。本节将介绍 XGBoost 线性模型的实现原理。5.8.1 节和 5.8.2 节将分别介绍 Elastic Net 回归和并行坐标下降法，为 XGBoost 线性模型提供了理论依据。5.8.3 节会详细介绍 XGBoost 线性模型的实现原理及理论证明，使读者能够更深入透彻地理解 XGBoost 线性模型。

5.8.1　Elastic Net 回归

在统计学模型中，回归分析是评估变量间关系的统计过程。它可以衡量变量之间的相关性，常被应用于预测分析、时间序列模型及发现变量的因果关系。例如，房价面积及其价格预测就是很经典的回归问题。回归分析作为建模和分析工具主要有如下优势：

1）可以衡量自变量与因变量之间的显著关系；

2）可以衡量多个自变量对一个因变量的影响强度。

回归分析有多种很多实现方法，包括线性回归、逻辑回归。本节将主要介绍 XGBoost 线性模型采用的回归方式 Elastic Net。为了更好地理解 Elastic Net 回归，我们首先介绍岭回归（ridge regression）和套索回归（lasso regression）。

1. 岭回归

岭回归是一种用于多重共线性（自变量高度相关）数据的回归技术。它实际是一种改良版的最小二乘法，可避免最小二乘法因为某些噪声数据产生过拟合。岭回归在标准最小二乘平方误差的基础上增加了正则项，公式如下：

$$J(\boldsymbol{\omega}) = \sum_{i=0}^{m} (y^{(i)} - \boldsymbol{\omega}^{\mathrm{T}} x^{(i)})^2 + \lambda \sum_{j=1}^{n} \omega_j^2$$

公式中的正则项就是 L2 正则项。岭回归通过 L2 正则项惩罚不重要特征的参数 ω 实现防止模型过拟合，提高泛化能力。

2. 套索回归

套索回归和岭回归类似，只不过套索回归采用了 L1 正则而非 L2 正则。L1 的惩罚函数采用了绝对值，这样会导致一些参数趋向于 0，相当于从 n 个变量中进行了变量选择。

$$J(\boldsymbol{\omega}) = \sum_{i=0}^{m}(y^{(i)} - \boldsymbol{\omega}^{\mathrm{T}}x^{(i)})^2 + \lambda\sum_{j=1}^{n}|\omega_j|$$

3. Elastic Net 回归

套索回归虽然可以使参数稀疏化（将一些参数收缩为 0），但是它也存在一些限制：如果 $p > n$，即变量维度大于样本量，则套索回归最多只能选择出 n 个变量，选择的特征数量受限于样本量；对于分组变量，套索回归只能选择其中一个变量而忽略其他变量。Elastic Net 回归解决了这些限制，它在套索回归的基础上增加了 L2 正则。L2 正则使得损失函数成为严格凸函数，因此它拥有唯一的最小值。Elastic Net 回归同时结合了岭回归 L1 正则和套索回归 L2 正则，具备了岭回归和套索回归的双重特点。Elastic Net 回归通过 lambda1 和 lambda2 两个参数来平衡两种正则项的组合。

$$J(\boldsymbol{\omega}) = \sum_{i=0}^{m}(y^{(i)} - \boldsymbol{\omega}^{\mathrm{T}}x^{(i)})^2 + \lambda_2\sum_{j=1}^{n}\omega_j^2 + \lambda_1\sum_{j=1}^{n}|\omega_j|$$

5.8.2　并行坐标下降法

并行坐标下降（parallel coordinate descent）法是由 Peter Richtárik 等人于 2013 年提出的。它实现了一种并行化的坐标下降解决方案，极大地提升了计算效率，加速了函数收敛。在介绍并行坐标下降法之前，首先学习一下什么是坐标下降法。

1. 坐标下降法

坐标下降法（coordinate descent method）是大数据优化领域经典的优化算法。坐标下降法的策略是在每一轮迭代过程中进行单个坐标（每个特征可看作一个坐标）方向的更新，即在当前点处沿着一个坐标方向进行一维搜索，直到找到函数的局部极小值，然后按此方法循环遍历其他不同坐标，直至函数收敛。坐标下降法的执行步骤如下。

1）选择一个初始参数向量 $\boldsymbol{\omega}$。

2）固定迭代轮数或者直至模型收敛：

① 从 $1 \sim n$ 中选择一个索引 i；

② 选择步长 α。

③ 更新 ω_i 为 $\omega_i - \alpha\dfrac{\partial F}{\partial \omega_i}(\boldsymbol{\omega})$。

坐标下降法和梯度下降法的主要区别是下降方向的选取。坐标下降法是每次沿一个坐标方向进行更新，而梯度下降法则是每次沿一个梯度方向进行更新。相比于梯度下降，坐标下降通常在一轮迭代中需要更少的内存，具有良好的可用性和可扩展性，但坐标下降比梯度下降需要更多的迭代轮数才能达到收敛。

2. 并行坐标下降法

有了坐标下降法的理论基础后，并行坐标下降法便很好理解了。并行坐标下降法，顾名思义，是坐标下降法的并行化。XGBoost 采用了并行坐标下降法中的 Shotgun 算法[⊖]，实现原理非常简单。在每一轮迭代中，独立均匀地选择 P 个坐标，然后并行地对这 P 个坐标进行更新，直至模型收敛。

5.8.3　XGBoost 线性模型的实现

前面我们学习了 Elastic Net 回归和并行坐标下降法，它们是 XGBoost 线性模型实现的基础。本节会详细介绍 XGBoost 是怎么通过 Elastic Net 回归和并行坐标下降法实现线性模型的。

1. 目标函数

由 3.2 节可知，线性模型试图学习一个通过特征的线性组合进行预测的函数，线性回归的数学定义为

$$y = \boldsymbol{\omega}^{\mathrm{T}} \cdot \boldsymbol{x} + b$$

式中，$\boldsymbol{\omega} = (\omega_1, \omega_2, \cdots, \omega_m)$，$m$ 为特征数量，模型训练即确定参数 $\boldsymbol{\omega}$ 和 b。当参数 $\boldsymbol{\omega}$ 和 b 确定后，对于给定的输入实例即可求得预测值 $\hat{y}$。因此，XGBoost 线性模型的目标函数定义为

$$\mathrm{Obj}^{(s)} = \frac{1}{n} \sum_{i=1}^{n} L(y_i, \hat{y}_i^{(s)}) + \Omega(\boldsymbol{\omega}, \boldsymbol{b}) \tag{5-16}$$

式中，$\hat{y}_i^{(s)}$ 为第 i 个样本在模型 s 轮时得到的预测值；y_i 为第 i 个样本的真实值；L 为损失函数；Ω 为正则化项。其中：

$$\Omega(\boldsymbol{\omega}, \boldsymbol{b}) = \frac{1}{2}\lambda \|\boldsymbol{\omega}\|^2 + \frac{1}{2}\lambda_b b^2 + \alpha \|\boldsymbol{\omega}\|_1$$

式中，m 为特征的数量；λ 为 L2 正则项对参数 $\boldsymbol{\omega}$ 的系数；λ_b 为 L2 正则对偏移量 b 的系数；α 为 L1 正则项的系数。正则化项 Ω 由 L1 正则项和 L2 正则项两项组成，这符合 Elastic Net 回归的定义。

⊖　Joseph K. Bradley, Aapo Kyrola, Danny Bickson, Carlos Guestrin. Parallel Coordinate Descent for L1-regularized Loss Minimization. In ICML, 2011.

2. 梯度计算

因为向量乘积满足分配率，所以可以对线性模型的参数进行如下改写：

$$\boldsymbol{\omega}_s^{\mathrm{T}} \cdot \boldsymbol{x} + b_s = (\boldsymbol{\omega}_{s-1}^{\mathrm{T}} + \Delta \boldsymbol{\omega}^{\mathrm{T}}) \cdot \boldsymbol{x} + b_{s-1} + \Delta b$$

式中，$\boldsymbol{\omega}_s$ 为第 s 轮训练时的参数；$\boldsymbol{\omega}_{s-1}$ 为 $s-1$ 轮的参数；$\Delta \boldsymbol{\omega}$ 为两轮训练中 $\boldsymbol{\omega}$ 的变化；b_s、b_{s-1} 分别第 s 轮和第 $s-1$ 轮训练时的偏移；Δb 为两轮训练中 b 的变化。由此，式（5-16）可以写为

$$\mathrm{Obj}^{(s)} = \frac{1}{n} \sum_{i=1}^{n} L(y_i, \hat{y}_i^{(s-1)} + \Delta \boldsymbol{\omega} \cdot \boldsymbol{x}_i + \Delta b) + \Omega(\boldsymbol{\omega}, \boldsymbol{b})$$

和 XGBoost 树模型一样，可以对线性模型公式进行泰勒展开：

$$\mathrm{Obj}^{(s)} \cong \frac{1}{n} \sum_{j=1}^{m} \sum_{i=1}^{n} \left[L(y_i, \hat{y}^{(s-1)} + \Delta b) + g_i(\Delta \omega_j x_i) + \frac{1}{2} h_i (\Delta \omega_j x_i)^2 \right]$$
$$+ \frac{1}{2} \lambda \sum_{j=1}^{m} (\omega_{(s-1)j} + \Delta \omega_j)^2 + \frac{1}{2} \lambda_b b^2 + \alpha \sum_{j=1}^{m} |\omega_{(s-1)j} + \Delta \omega_j|$$

为了简化问题，暂时只考虑 L2 正则项，去掉 L1 正则项和常数项，上述公式整理可得

$$\mathrm{Obj}^{(s)} \cong \frac{1}{n} \sum_{j=1}^{m} \left[\left(\sum_{i=1}^{n} g_i x_i + \lambda \omega_{(s-1)j} \right) \Delta \omega_j + \frac{1}{2} \left(\sum_{i=1}^{n} h_i x_i^2 + \lambda \right) (\Delta \omega_j)^2 \right]$$

此时目标函数相当于一个以 $\Delta \omega_j$ 为自变量的一元二次函数，根据一元二次函数最值公式，可以得到 $\Delta \omega_j$ 最优值：

$$\Delta \omega_j = -\frac{\sum\limits_{i=1}^{n} g_i x_i + \lambda \omega_{(s-1)j}}{\sum\limits_{i=1}^{n} h_i x_i^2 + \lambda} \qquad (5\text{-}17)$$

此时重新引入 L1 正则项，首先判断 $\omega_{(s-1)j} + \Delta \omega_j$ 与 0 的大小关系。如果 $\omega_{(s-1)j} + \Delta \omega_j \geq 0$，则

$$\Delta \omega_j^* = \max \left(-\frac{\sum\limits_{i=1}^{n} g_i x_i + \lambda \omega_{(s-1)j} + \alpha}{\sum\limits_{i=1}^{n} h_i x_i^2 + \lambda}, -\omega_{(s-1)j} \right)$$

否则

$$\Delta\omega_j^* = \min\left(-\frac{\sum_{i=1}^n g_i x_i + \lambda\omega_{(s-1)j} - \alpha}{\sum_{i=1}^n h_i x_i^2 + \lambda}, -\omega_{(s-1)j}\right)$$

$\Delta\omega_j^*$ 即为最终求得的梯度。对于偏移 b，也可以采用此种方法求解：

$$\Delta b^* = -\frac{\sum_{i=1}^n g_i + \lambda_b b_{(s-1)}}{\sum_{i=1}^n h_i + \lambda_b}$$

3. 训练过程

在得到梯度后，XGBoost 即可通过梯度更新参数。XGBoost 线性模型的训练过程如下。

1）初始化线性模型。

2）对于样本 $i = 1, 2, \cdots, n$，计算每个样本的梯度统计：

$$G = \sum_{i=1}^n g_i$$

$$H = \sum_{i=1}^n h_i$$

3）计算偏移 b 的梯度 Δb^*，并更新 $b_{(s)} = b_{(s-1)} + \Delta b^*$：

$$\Delta b^* = -\frac{G + \lambda_b b_{(s-1)}}{H + \lambda_b}$$

4）计算参数 ω 的梯度统计信息：

$$G' = \sum_{i=1}^n g_i x_i$$

$$H' = \sum_{i=1}^n h_i x_i^2$$

5）对于每个参数 $\omega_j (j = 1, 2, \cdots, m)$，计算 $\Delta\omega_j^*$，并通过并行坐标下降法更新 ω。

6）满足停止条件，训练结束。

5.9　系统优化

学到这里，相信读者对 XGBoost 模型训练涉及的算法有了深入理解。本节将介绍

XGBoost 在系统设计方面的实现和优化。5.9.1 节介绍 XGBoost 如何基于 CSC 格式列存储数据块进行并行学习，并对算法的时间复杂度进行分析。5.9.2 节和 5.9.3 节则分别介绍缓存感知访问技术和外存块的计算，通过上述技术使得模型训练效率显著提升，节省时间成本。

5.9.1　基于列存储数据块的并行学习

XGBoost 在构建树的过程中需对候选特征值进行排序，而排序往往十分花费时间和计算资源，为优化排序阶段的性能 XGBoost 提出了基于列存储数据块的并行学习方法。对于减少排序开销最直接的想法是对数据进行预处理，提前进行排序，然后在每轮训练时均复用此数据。XGBoost 正是采用了此思路，提出了一种特殊的内存单元来存储数据，我们将该内存单元称为块（在本节中，块均代表此内存单元）。每个块中的数据都是以 CSC（Compressed Sparse Column）列压缩格式进行存储的。

CSC 是一种稀疏矩阵的存储格式，它通过压缩的手段减少矩阵的存储空间。将特征数据存储为 CSC 格式，能大大减少特征缺失值所占的存储空间，节省资源。在介绍 CSC 格式之前，首先介绍一下 CSR（Compressed Sparse Row，行压缩格式）的实现原理。CSR 格式由 3 类数据表达：行偏移、列索引、数值。列索引和数值均存储的是非零元素的列索引和数值，行偏移表示在每一行第一个元素在数值中的偏移位置。现有矩阵如下：

$$\begin{bmatrix} 1 & 7 & 0 & 0 \\ 0 & 2 & 8 & 0 \\ 5 & 0 & 3 & 9 \\ 0 & 6 & 0 & 4 \end{bmatrix}$$

用 CSR 格式表示则为

行偏移：[0 2 4 7 9]

列索引：[0 1 1 2 0 2 3 1 3]

数值：[1 7 2 8 5 3 9 6 4]

可见，数值中存储的是非零元素的值，列索引中是这些非零元素所在的列号。行偏移的生成过程如下：

第 1 行元素 1 的行偏移为 0；

第 2 行元素 0 的行偏移为 2，因为在数值中第一行非零元素有 2 个（1、7）；

第 3 行元素 5 的行偏移为 4，因为数值中第一行和第二行的非零元素总共有 4 个（1、7、2、8）。

依次类推，最后会在行偏移加上矩阵的元素（非零元素）个数，上述矩阵中是 9。

CSC 与 CSR 的不同只在于 CSC 是按列压缩的，仍以上述矩阵为例，用 CSC 表示为

列偏移：[0 2 5 7 9]

行索引：[0 2 0 1 3 1 2 2 3]

数值：[1 5 7 2 6 8 3 9 4]

CSC 列压缩格式，也通过 3 类数据来表达：列偏移、行索引和数值。类似的，数值即矩阵中非零元素的值；行索引表示数的元素中值对应的行号；列偏移表示每一列的第一个元素在数值中的偏移量。由切分点查找算法可知，不同特征之间是独立的，可以并行处理，而 CSC 正是按列进行存储的，因此可以提升列数据的读取效率，从而加速算法计算过程。另外，其列存储的特性使得列采样变得更加便捷和高效。

块中每个特征的特征值都是有序的，在训练之前对特征值进行一次排序，之后每轮训练均可复用此有序数据，而不需要再重新排序，大大提高了训练过程中的计算效率，如图 5-15 所示。

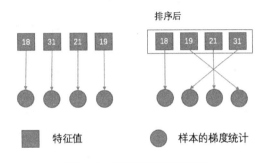

图 5-15　块数据预排序过程

图 5-15 展现了排序前和排序后的特征值和样本梯度统计之间的关系。了解了块的存储结构和实现原理后，下面来看一下其如何在算法中发挥作用。对于精确贪心算法（见图 5-16），将数据存储在单个块中，然后对已排序的数据进行扫描，通过切分点查找算法选出最优切分点。该过程可以并行进行，因为每棵树在训练过程中，各个叶子节点的分裂是相互不影响的。因此，一棵树的所有叶子节点可以同时通过切分点查找算法选取最优切分点，这样就大大提高了训练效率，减少了训练时间。这样对于块只需进行一次扫描即可计算出所有叶子节点的统计信息。而对于近似算法，同样可以通过上述方法进行训练。这种情况下可以同时应用多个块，每个块存储样本集的一个子集，可以将不同的块分布到不同机器或者存储于外存。通过预先排序的数据块，分位数计算只需进行一次线性扫描即可。我们知道近似算法有两种策略：**全局策略**和**本地策略**。本地策略中候选特征在每个分支的计算要比采用全局策略频繁得多，因此通过块结构效果会更加明显。针对直方图聚合的二分查找算法变为一个线性时间的合并算法。例如，在近似算法中，将数据按分位数分桶，对于某个特征值属于哪个桶，我们需要进行二分查找，通过值找到其对应的桶。而现在因为特征值是有序的，我

们只需要按段进行合并即可得到相应的分桶。

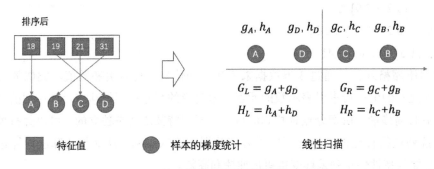

图 5-16   基于排序后数据的精确贪心算法

下面对上述算法进行时间复杂度分析，从时间复杂度的角度来理解其对算法效率的提升。假设 d 为树的最大深度，K 为树的数量，n 为样本数，$\|x\|_0$ 代表训练集中非缺失值的数量。对于精确贪心算法，初始空间感知算法（即不采用块结构）的时间复杂度为 $O(Kd\|x\|_0 \log n)$，树与树之间的训练是串行的，每棵树的所有叶子节点进行分裂时是并行的，因此时间复杂度为 $O(Kd)$。而对于特征值进行排序的时间复杂度为 $O(\|x\|_0 \log n)$，因此总时间复杂度为 $O(Kd\|x\|_0 \log n)$。基于块结构的算法的时间复杂度为 $O(Kd\|x\|_0 + \|x\|_0 \log n)$，其中 $O(\|x\|_0 \log n)$ 是进行一次预处理数据的代价。由此可以看到，基于块结构的算法的时间复杂度可以少一个额外的 $\log n$ 因子，这在 n 很大的情况下效果是非常明显的。对于近似算法，通过二分查找的初始算法的时间复杂度为 $O(Kd\|x\|_0 \log q)$，其中 q 为数据集中候选特征值的数量，或者可以理解为桶的数量，通常 q 取值为 $32 \sim 100$，因此 $\log$ 因子仍然带来了额外的开销。通过块结构，时间复杂度可降为 $O(Kd\|x\|_0 + \|x\|_0 \log B)$，其中 B 是每个块中样本的最大数量，我们仍然可以节省 $\log q$ 带来的额外计算代价。

5.9.2   缓存感知访问

通过 5.9.1 节的介绍，我们了解了如何通过块结构优化切分点查找算法的计算复杂度。但新算法同时带来了新问题，因为数据是按特征值排序的，此时通过索引获取梯度统计时，会导致非连续内存访问的问题。通常的做法是通过非连续内存 fetch 操作直接读写，但这种方法在此场景下会有较多的梯度统计数据不能被 CPU 缓存命中，大大降低了算法的计算速度。

对于精确贪心算法，XGBoost 通过一种缓存感知预取算法解决上述问题。XGBoost 会给每个线程分配一个内部缓存，获取的梯度统计数据均放入该缓存中，通过 mini-batch 的方式聚合在一起。上述操作在 XGBoost 中的实现也很简单，当遍历某特征计算切分收益时，初始化一个缓存大小为 Kbuffer 的数组，并将待处理的 Kbuffer 个特征值对应的梯度统计信息存入该数组，在计算时直接调用该缓存数组即可。另外，样本所在节点等信息也会被缓存，实现原理类似。这种预取的方法将直接读写依赖变为一个更长的依赖，当行数量比较大时可有效减少运行时的额外开销。

对于近似算法，XGBoost 通过选择一个合适的块大小来解决缓存命中率低的问题。我们定义块大小为一个块中实例数量的最大值，因为其反映了梯度统计的缓存存储代价。如果块比较小，则每个线程的负载较小，但是会导致不能充分并行；如果块比较大，则会因为梯度统计无法进入 CPU 的缓存而导致缓存没有命中。因此，我们需要平衡这两个因素，选择一个合适的块大小。

5.9.3　外存块计算

通过前两节的学习，我们了解了基于块结构、缓存感知等算法可以有效提高模型训练的效率，解决缓存命中率低的问题。但在模型训练中还有另外一部分代价不容忽视，即无法完全加载到内存的数据每次在进行计算时需先由磁盘读取到内存。由于磁盘读取相比 CPU 计算及内存读取慢很多，因此这一过程会带来很大的时间开销。为了使模型训练更加高效，我们将数据划分为多个块结构。在计算过程中，XGBoost 通过一个独立的线程将块结构加载到内存缓存，即计算线程和数据读取线程分离，从而实现了数据读取和计算并行处理，提高了计算效率。然而，这种方法虽然实现了读取与计算并行，但仍然没有解决数据读取时间代价过大的问题。为了解决这个问题，提高磁盘 I/O 的吞吐量就变得十分必要了，XGBoost 采用两种方法实现。

1. 块压缩

XGBoost 首先采用的技术是对块结构进行压缩。因为块结构是列存储的，因此很容易应用压缩算法，压缩率也会较高。压缩后的块结构存储于磁盘，当块结构被加载到内存时，采用一个独立的线程对其解压。这样可以使磁盘读取和解压两个阶段按流水线的方式运行，实现一定程度的并行。我们采用通用压缩算法对特征值进行压缩。用块头部的索引和块内的偏移量来表示行索引，经实验验证，该算法对大部分数据集均有效。

2. 块分片

XGBoost 采用的第二项技术是对块结构进行分片，将分片后的块结构分别存储到不同的磁盘上。在每一块磁盘上单独指定一个预取线程，将数据从硬盘读到内存缓存中，训练的线程再交替从每个缓存中读取数据。这样多个磁盘同时读取有助于提高磁盘 I/O 的吞吐量，减少数据读取时间。

5.10　小结

　　树模型是 XGBoost 的核心，也是 XGBoost 的魅力所在。本章深入介绍了 XGBoost 树模型的实现原理，从理论上验证其有效性，进一步加深读者对 XGBoost 的认识和理解。掌握排序学习、DART、解释性等技术方法，将对读者今后的实际应用大有助益。对于任何一门技术来说，掌握系统优化是技术进阶的必经考验，因而本章最后阐述了 XGBoost 系统优化的相关算法，从工程角度分析系统实现中的优化点。

分布式 XGBoost

随着互联网的蓬勃发展，信息流通越来越方便，数据的爆炸式增长使数据规模达到了空前的水平。大数据的时代背景下，单机模式往往无法满足用户需求，XGBoost 也相应推出了分布式版本。本章首先介绍 XGBoost 的 Rabit 框架[⊖]，为理解分布式 XGBoost 的原理打好基础；随后讲解 XGBoost 基于 YARN 的分布式训练。6.3 节和 6.4 节分别详阐述了 XGBoost 基于 Spark 与 Flink 平台的实现。最后对 XGBoost 基于 GPU 加速的实现进行说明。

6.1　分布式机器学习框架 Rabit

分布式机器学习是近年来机器学习研究的一个比较热门的方向，涌现了很多并行机器学习方法和框架，Allreduce 为其中一种。XGBoost 通过 Rabit 实现分布式，而 Rabit 为基于 AllReduce 实现的优秀框架之一。

6.1.1　AllReduce

AllReduce 最早是 MPI[⊖] 的原语，MPI 是由来自学术界和工业界的一组研究人员设计的标准化、便携式消息传递系统，用于各种并行计算架构。许多分布式算法基于 MPI_AllReduce 实现了并行梯度计算，从而解决了分布式学习的问题。在业界许多应用环境中，数据通常存储于类似 Hadoop 这样的集群环境中，采用基于 MPI 的模型训练不是很方便。因

⊖　Tianqi Chen, Carlos Guestrin. XGBoost: Reliable Large-scale Tree Boosting System University of Washington.

⊖　参见 https://en.wikipedia.org/wiki/Message_Passing_Interface。

此，Microsoft 公司的 Alekh Agarwal 等人又提出了一种基于 Hadoop 的 AllReduce 方法[⊖]，并在健壮性等方面做了优化。

AllReduce 是分布式机器学习算法最直接的抽象。比较典型的实现是基于通信节点的树结构，主要分两部分：① 数字按树结构进行求和（Reduce 阶段）；② 求和结果通过树结构反向传给各个节点（Broadcast 阶段）。AllReduce 示例如图 6-1 所示。

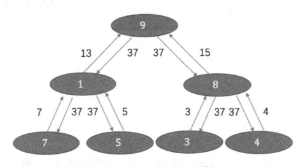

图 6-1　AllReduce 示例

在图 6-1 中，每个节点保存自己的数值，节点与节点之间组成一个树结构。数值由底部自下向上进行传递，接收到数值的节点将自己的数值与接收到的数值相加，然后将结果传递给上游节点。根节点对结果进行最终汇总，并沿原路下发给所有其他节点，最后每个节点都拥有一份最终结果。

下面通过一个例子[⊖]来理解一下 AllReduce 操作，代码如下：

```
1.  #include <rabit.h>
2.  using namespace rabit;
3.  const int N = 3;
4.  int main(int argc, char *argv[]) {
5.    int a[N];
6.    //初始化rabit
7.    rabit::Init(argc, argv);
8.    for (int i = 0; i < N; ++i) {
9.      a[i] = rabit::GetRank() + i;
10.   }
11.   //输出AllReduce操作前的数组
12.   printf("@node[%d] before-allreduce: a={%d, %d, %d}\n",
13.          rabit::GetRank(), a[0], a[1], a[2]);
14.   // AllReduce取所有进程各个位置元素的最大值
15.   Allreduce<op::Max>(&a[0], N);
```

⊖　A. Agarwal, O. Chapelle, M. Dudik, J. Langford. A reliable cffective terascale linear learning system. In AISTATS. 2011.
⊜　该例出自于 XGBoost 中 Rabit 源码。

```
16.    // 输出AllReduce操作后的数组
17.    printf("@node[%d] after-allreduce-max: a={%d, %d, %d}\n",
18.           rabit::GetRank(), a[0], a[1], a[2]);
19.    rabit::Finalize();
20.    return 0;
21.}
```

上面的示例中会启动两个进程（此处进程数由用户指定的命令行参数决定），分别为进程 rank 0 和 rank 1，每个进程执行相同的代码，可以通过 rabit::GetRank() 函数获取当前进程的 rank。在调用 AllReduce 操作之前，进程 0 包含数组 a={0,1,2}，进程 1 包含数组 a={1,2,3}，调用 AllReduce 操作之后，两个进程的数组值会被 AllReduce 结果替换，在本例中，数组的每个位置都会被该位置的最大值所替代。所以，在调用 AllReduce 操作之后，两个进程数组结果均为 a={1,2,3}。除了 Max 之外，Rabit 还可以提供其他规约操作，如 Sum、Min 等。若将此例中的 AllReduce 操作换为 Sum，则两个进程的结果为 a={1,3,5}。

了解 AllReduce 的基本实现原理之后，下面介绍 AllReduce 如何应用于机器学习的算法中，此处以线性模型为例：

$$\min_{\omega \in \mathbb{R}^d} \sum_{i=1}^{n} L(\omega^{\mathrm{T}} x_i, y_i) + \Omega(\omega) \tag{6-1}$$

式中，n 表示样本的数量；d 为特征的维度；x_i 和 y_i 表示第 i 个样本的特征向量和目标值。ω 为线性模型的参数向量；L 为损失函数；$\Omega(\omega)$ 为正则项。模型进行训练时，主要对参数向量 ω 进行优化，此时会涉及向量求和或求平均等分布式操作，便可采用 AllReduce 进行求解。

以梯度下降为例，ω 的更新过程如下：在每一轮训练中，各个节点分别进行梯度计算得到 $\Delta\omega$，将 $\Delta\omega$ 通过 AllReduce 树形结构由根节点进行汇总，然后更新 ω，并将更新后的 ω 下发到每个节点上，然后开始下一轮训练。对于式（6-1）形式的问题，AllReduce 提供了直接基于梯度的并行优化算法，如梯度下降、L-BFGS 等，通过本地进行梯度计算，然后通过 AllReduce 汇总。通常来讲，任何统计查询算法都可以通过 AllReduce 并行处理。

6.1.2　Rabit

XGBoost 算法需要进行分位数估计和直方图聚合操作，而分布式算法的实现则需要依赖通信框架来完成，因此 AllReduce 成了不二之选。AllReduce 已经成功应用于如线性模型等众多机器学习算法中，其最主要的优势在于可以直接完成从单节点到分布式的过渡。AllReduce 可以保留多次规约时的程序状态，这是一个非常重要的特性。因为机器学习算法一般会包含多次规约操作，但是中间阶段的程序状态是很难通过明确的检查点（CheckPoint）获取的。目前 AllReduce 的实现基本在每轮之间是没有容错的，这样非常容易受机器故障的影响，因此 XGBoost 采用了一种可容错的 AllReduce——Rabit。

1. 恢复协议

AllReduce 的一个关键特性是每个节点都会得到相同的最终结果,Rabit 利用这个特性构建了恢复协议。

具体过程如下:在完成 AllReduce 一轮操作后,每个节点都会拥有一份结果,此时,当一个节点故障并重新启动后,该节点可从其他节点取得此轮操作后得到的结果,而不需要重新计算。

图 6-2 展示了节点故障恢复的过程。假设集群包含 2 个节点,每个节点都顺利完成了第一轮计算。第二轮计算开始后,节点 2 在第一次 AllReduce 之后出现故障,此时节点 2 会重启本节点,并从其他仍正常运行的节点(此处为节点 1)获取上一个版本检查点的数据,将数据恢复到该版本。然后节点 2 继续从节点 1 获取检查点之后的 AllReduce 数据,直到赶上其他正常节点。如果在 AllReduce 阶段计算发生了错误,运行中的节点会将状态置为该 AllReduce 之前的状态,停止计算,然后开始恢复步骤,等故障节点赶上了正常节点之后再开始计算。

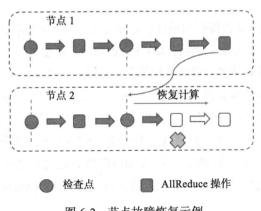

图 6-2　节点故障恢复示例

为了实现恢复协议,Rabit 需要一个各个节点都接受的公共协议来决定哪一步需要恢复。这样的公共协议仍然可以通过 AllReduce 来实现,不过这里的 AllReduce 是没有容错的,即通过没有容错的 AllReduce 先实现一个公共协议,然后通过该公共协议实现可以容错的 AllReduce。具体实现方法如下:每个节点维护一个属于自己的计数器,记录自己计算的步骤,AllReduce 统计所有节点计数器中计数最小的,并把该步骤作为数据恢复的终点,然后将该步骤之前的数据发给故障节点进行恢复。恢复协议建立于两个低级别的原语(Reduce、Broadcast)之上,低级别的原语不需要具有容错能力(这里的容错能力是指故障后自我恢复的能力）。这样设计的好处是可以根据应用场景将低级别原语转换为运行平台中其他本地的实现。

2. 检查点

因为每一个节点都会保存模型的备份，故障节点可以直接加载另一个节点的检查点。检查点在下一轮迭代开始之前只需保存在内存中，从而实现训练进程中快速恢复数据。

检查点的引入使得节点可以安全地丢弃最新检查点之前 AllReduce 的历史结果，节省了系统用于备份的内存消耗。每个节点的检查点都是由户定义的模型，分为两部分：全局模型和本地模型。全局模型是所有节点共享的，可以被任意一个节点备份。本地模型则只被部分其他节点复制，存为副本（使用环形策略进行选择）。全局模型和本地模型将在 6.1.3 节进行详细介绍，这里不作过多叙述。检查点不保存在磁盘而仅存于内存中，使得 Rabit 系统更高效。Rabit 的策略不同于失败重启策略，即任意节点出现故障，所有节点在相同检查点重启。Rabit 采用的策略是当任意节点出现故障时，其他运行的节点阻塞于 AllReduce 调用前帮助故障节点进行恢复，直到故障节点赶上其他节点后，再进行正常运算。

Rabit 通过恢复协议和检查点实现了一种可容错的 AllReduce，它可以应用于多个平台，如 MPI、SGE、YARN 等。XGBoost 通信层即建立在 Rabit 之上，不但很好地解决了机器节点故障的问题，而且使得 XGBoost 可以很好地应用于上述多个平台。

6.1.3　Rabit 应用

很多分布式机器学习算法基本是将数据划分到多个节点，然后在本地计算统计信息，最后进行全局聚合，一般需要多轮迭代计算，算法才能收敛。Rabit 能够很好地满足这个需求，其应用场景主要有如下几个方面：

1）梯度聚合，用于如 L-BFGS 等算法的优化；

2）统计信息聚合，用于如 KMeans、高斯混合模型等；

3）寻找最优切分点及聚合切分点统计信息，用于树模型。

Rabit 是可靠且可移植的，不但可以使程序运行于不同的平台之上，而且可以确保程序运行的可靠性。

下面介绍如何通过 Rabit API 实现 Rabit 程序。首先介绍基本的 Rabit 程序结构，其他 Rabit 的程序都可以套用这个结构。

```
1. #include <rabit.h>
2. int main(int argc, char *argv[]) {
3.    ...
4.    //Rabit初始化
```

```
5.    rabit::Init(argc, argv);
6.    // 加载最新版本检查点的模型
7.    int version = rabit::LoadCheckPoint(&model);
8.    // 如果是第一个版本则初始化一个模型
9.    if (version == 0) model.InitModel();
10.   // 版本号标志着迭代轮数的开始
11.   for (int iter = version; iter < max_iter; ++iter) {
12.     //此处模型可以恢复程序状态
13.     ...
14.     //每轮迭代可以包含多个Allreduce/Broadcast操作调用
15.     rabit::Allreduce<rabit::op::Max>(&data[0], n);
16.     ...
17.     //在一轮迭代完成后,保存模型检查点
18.     rabit::CheckPoint(&model);
19.   }
20.   rabit::Finalize();
21.   return 0;
22.}
```

首先初始化 Rabit, 并加载最新版本检查点模型。如果加载版本为初始版本, 则初始化一个新的模型, 若为计算过程中某一版本, 则恢复此版本数据, 并以该版本为起点开始计算。迭代开始后, 模型在开始处恢复程序状态, 随后进行迭代计算, 迭代计算可以包含多个 Allreduce/Broadcast 操作调用。最后, 迭代计算完成保存模型检查点。示例中的 LoadCheckPoint、CheckPoint 和 Allreduce/Broadcast 也是 Rabit 定义的操作, 主要用于计算过程容错。

当节点刚刚启动时 (如第一轮迭代), LoadCheckPoint 返回 0, 节点会初始化一个新的模型; 节点故障重新启动时, LoadCheckPoint 可以恢复最近保存的模型。当一个节点出现故障后, 其他节点会在调用 Allreduce/Broadcast 操作时阻塞, 直到故障节点恢复并赶上其他节点。CheckPoint 操作则用于保存每轮迭代完成后的模型, 保存的模型仅存于本地内存中, 不写入磁盘。以上是一个 Rabit 应用的抽象示例, 完整版可以参考 KMeans 的实现代码⊖。

1. AllReduce 操作和 Lazy Preparation 操作

AllReduce 是 Rabit 中重要的操作之一, 在分布式算法领域有着非常广泛的应用。在 Rabit 中, 可以通过如下函数调用 AllReduce 操作:

```
Allreduce<operator>(pointer_of_data, size_of_data);
```

其中, operator 是进行规约的操作, 如 Max、Sum 等; pointer_of_data 是数据的指针; size_of_data 为缓存的大小。

⊖ 参见 https://github.com/dmlc/wormhole/blob/master/learn/kmeans/kmeans.cc。

通常用户需要通过代码实现将准备数据写入数据缓存中，然后将该数据缓存传给 AllReduce 操作，最后得到规约结果。由 Rabit 恢复协议可知，当一个节点发生故障后，可以通过其他节点恢复计算结果，因此无须用户实现代码来准备数据。因此，Rabit 的 AllReduce 操作提供了一个可选参数来实现这个功能，用户可以传一个用于准备数据的函数（Lazy Preparation）给 AllReduce 操作调用，该函数只有在需要时才会被调用。下面通过例子进行说明，代码如下：

```
1.  #include <rabit.h>
2.  using namespace rabit;
3.  const int N = 3;
4.  int main(int argc, char *argv[]) {
5.    int a[N] = {0};
6.    rabit::Init(argc, argv);
7.    // 数据准备函数
8.    auto prepare = [&]() {
9.      printf("@node[%d] run prepare function\n", rabit::GetRank());
10.     for (int i = 0; i < N; ++i) {
11.       a[i] = rabit::GetRank() + i;
12.     }
13.   };
14.   printf("@node[%d] before-allreduce: a={%d, %d, %d}\n",
15.         rabit::GetRank(), a[0], a[1], a[2]);
16.   // Allreduce取所有进程各个位置元素的最大值
17.   Allreduce<op::Max>(&a[0], N, prepare);
18.   printf("@node[%d] after-allreduce-sum: a={%d, %d, %d}\n",
19.         rabit::GetRank(), a[0], a[1], a[2]);
20.   // 第二次Allreduce操作调用
21.   Allreduce<op::Sum>(&a[0], N);
22.   printf("@node[%d] after-allreduce-max: a={%d, %d, %d}\n",
23.         rabit::GetRank(), a[0], a[1], a[2]);
24.   rabit::Finalize();
25.   return 0;
26.}
```

本示例实现了一个数据准备函数，该函数会在 AllReduce 执行规约操作之前初始化数据。如果 AllReduce 的结果直接被恢复，则数据准备函数将不被调用。

因为数据准备函数在执行过程中有可能不会被调用，所以用户在使用此功能时需要特别注意。例如，如果把内存分配的代码放入了数据准备函数，而数据准备函数没有被调用则会导致不会分配内存。数据准备函数采用了 Lambda 函数的形式，可以使处理过程更简洁。

2. CheckPoint 和 LazyCheckpoint

通过对 6.1.2 节的学习，了解到一般的机器学习算法都需要进行多轮迭代运算，分布式算法会将每轮迭代运算结果同步到各个节点，并保存每轮迭代运算后的结果，即建立检查点，一旦节点出现故障，故障节点可以加载最新版本检查点的数据，对备份数据进行恢复。

有两种模型参数可以传给 CheckPoint 函数和 LoadCheckpoint 函数，分别是全局模型和本地模型。

- 全局模型：全局模型可以被所有节点共享。例如，KMeans 算法中的质心。
- 本地模型：特定于当前节点的模型。例如：在主题模型中，当前节点文档子集的主题分配就是一个本地模型。

全局模型和本地模型对应的备份策略是不同的。对于全局模型，每一个节点都会保存，即各个节点的内存中都会保留一份全局模型。而对于本地模型，只有一些节点会备份，选择哪些节点备份是由环形策略决定的。在内存资源比较充足时，使用全局模型会更高效。

为了启动模型的检查点功能，用户需要实现模型序列化。模型序列化只需继承 rabit::Serializable 类，实现 Save 函数和 Load 函数即可。对于 Python API，用户可以对任何可序列化的对象启用检查点功能。XGBoost 中的 Learner 类即继承于 rabit::Serializable，实现了序列化，因此在 XGBoost 训练过程中发生的节点故障可以自动通过检查点恢复。

除了 CheckPoint 函数之外，Rabit 还提供了另外一种函数——LazyCheckpoint。Lazy Checkpoint 函数仅在某些特定情况下用于全局模型，并且仅保存全局模型的指针而并不进行内存备份。在使用此函数之前，用户必须确保全局模型直到最后一次 Allreduce/Broadcast 调用时才会发生改变，也就是说，全局模型在同一版本中只有在最后一次 Allreduce/Broadcast 调用和下次 LazyCheckpoint 之间改变，其他阶段均不改变。假设有如下调用顺序的操作：LazyCheckpoint、code1、Allreduce、code2、Broadcast、code3、LazyCheckpoint/（或者是 CheckPoint），全局模型只可以在 code3 阶段发生改变。许多场景都满足这样的条件，用户通过使用 LazyCheckpoint 函数可以提高程序的效率。

本节首先介绍了 AllReduce 的实现原理，详细阐述了 AllReduce 如何应用于机器学习算法；然后深入分析了 Rabit 的容错机制，介绍了如何基于恢复协议和检查点两方面保证 XGBoost 的可容错性；最后对 Rabit 中的 AllReduce、Checkpoint 等 API 进行说明，并通过示例加以分析，进一步理解 Rabit 的应用场景。

6.2　资源管理系统 YARN

XGBoost 支持多种方式进行分布式训练，如 YARN、MPI、SGE、Spark、Flink 等。

本节将主要介绍 YARN [⊖] 后续章节会对基于 Spark 和 Flink 平台的 XGBoost 进行介绍。XGBoost 通过 dmlc-core 库实现 YARN 的任务提交的。dmlc-core 是一个分布式机器学习基础库，它提供了所有分布式平台的数据读写和平台任务的提交脚本，以及如线程预读、数据缓冲等通用的机器学习模块。

YARN 是一种通用的资源管理系统，它可以为上层应用提供有效的资源管理和调度。在近几年来，数据密集型的计算框架不断出现，从一开始离线计算的 MapReduce，到后来擅长迭代计算的 Spark，另外还有流数据处理框架 Storm、分布式列存储数据库 HBase 等。在业界很多公司都会同时用到上述系统中的几种，所以他们希望尽可能地将这些系统部署到同一个集群中，共享集群资源，并对集群资源进行统一调度和使用，同时保证各个任务之间仍是隔离的，因此 YARN 应运而生。

6.2.1 YARN 的基本架构

YARN 的基本思想是将资源管理和作业控制拆分成两个独立的进程。基于这个思想，在 YARN 中有一个全局的资源管理器 ResourceManager（RM），负责系统的资源分配和调度。另外，每个应用程序有一个特有的 ApplicationMaster（AM），负责该应用程序的管理。

资源管理器 ResourceManager 和节点管理器 NodeManager 共同构成了整个数据计算框架，如图 6-3 所示。资源管理器 ResourceManager 负责所有应用程序的资源调配。节点管理器 NodeManager 是每个节点上的资源和任务管理器，向资源管理器 ResourceManager 汇报资源使用情况（CPU、内存、硬盘、网络）和各个 Container 的运行状态。Container 是 YARN 中的资源抽象，它包括某个节点上的内存、CPU、磁盘、网络等多维度的资源。

资源管理器 ResourceManager 主要由两个部分组成：调度器 Scheduler 和应用管理器 ApplicationsManager。

调度器 Scheduler 根据容量、队列等限制条件给各种运行的应用程序分配资源。调度器是一个"纯调度器"，它不负责监视或跟踪应用程序的状态，此外，当应用程序出现故障或者出现硬件故障时，调度器也不负责重启任务。调度器根据应用的资源需求执行资源调度功能，资源分配单位为一个 Container。调度器是一个可插拔的组件，在各种队列、应用程序之间划分集群资源。YARN 提供了多种直接可用的调度器，比如 FairScheduler、Capacity Scheduler 等。

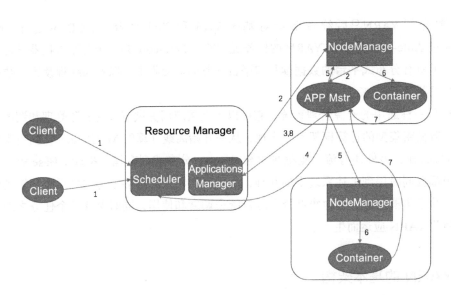

图 6-3　YARN 基本架构及工作流程

应用管理器 ApplicationsManager 负责接收作业，与调度器协调第一个 Container 启动应用程序的 ApplicationMaster，当发生错误时重启 ApplicationMaster Container 重新提供服务。启动后的 ApplicationMaster 负责与调度器协商获取资源（用 Container 表示），跟踪其状态并监视进度。

6.2.2　YARN 的工作流程

当用户提交 YARN 的应用程序后，资源管理器 ResourceManager 会给该应用程序启动一个 ApplicationMaster，然后由 ApplicationMaster 创建应用程序，并为其申请资源，监控整个运行过程，直至程序结束。YARN 的工作流程具体如下。

1）用户通过客户端（Client）向 YARN 提交应用程序。

2）资源管理器 ResourceManager 为该应用程序分配第一个 Container，用于启动该应用程序的 ApplicationMaster，并与对应的节点管理器 NodeManager 进行通信。

3）ApplicationMaster 首先会向资源管理器 ResourceManager 进行注册，用户可以通过资源管理器 ResourceManager 查看应用程序的运行状态，然后 ApplicationMaster 为任务申请资源，并监控整个运行过程，直至程序结束，即重复步骤 4 ~ 7。

4）ApplicationMaster 通过轮询的方式向资源管理器 ResourceManager 申请资源。

5）ApplicationMaster 申请到资源后，和相应的节点管理器 NodeManager 进行通信，要求启动任务。

6）节点管理器 NodeManager 为任务设置好运行环境，并启动该任务。

7）各个任务在运行过程中向 ApplicationMaster 汇报自己的状态和进度，从而让 ApplicationMaster 掌握各个任务的运行状态，任务失败时可以重新启动任务。

8）应用程序执行完成后，ApplicationMaster 向资源管理器 ResourceManager 注销并关闭自己。

6.2.3　XGBoost on YARN

了解了 YARN 的基本原理后，下面来介绍 XGBoost on YARN 的实现机制。XGBoost 通过 dmlc-core 实现 YARN 的任务提交，然后 YARN 为 XGBoost 任务分配资源并进行调度，完成整个应用程序的运行。图 6-4 展示了 XGBoost on YARN 的工作流程，和图 6-3 相比，其不同之处在于提交 YARN job 阶段和 Container 启动任务阶段，图 6-4 更为详细地展现了这个过程，下面详细介绍整个执行过程。

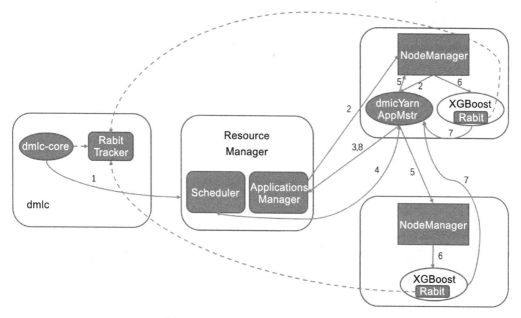

图 6-4　XGBoost on YARN 的工作流程

XGBoost 通过 dmlc-core 中的 Tracker 模块实现了提交 dmlc job（包括 YARN job、MPI job 等）、启动 Rabit Tracker、帮助节点之间建立连接等功能。Tracker 提交 YARN job 的工作流程如下。

1）启动 Rabit Tracker 的 daemon 服务，为 worker 分配 Rank 编号，构建树结构的网络

拓扑。

2）检查是否满足提交 YARN job 的条件，如 Hadoop 版本、环境变量等。

3）通过 Client 提交 YARN job（Client 是 dmlc-core 基于 YARN Client 接口的一个实现）。

另外，dmlc-core 实现了一个 ApplicationMaster 类，它是 YARN 中 ApplicationMaster 接口的实现，为 XGBoost 申请资源并监控程序运行状态。此时，XGBoost 完成了 YARN job 的提交阶段。

完成 YARN job 的提交后，YARN 便开始分配资源、调度运行，主要流程和 YARN 的工作流程类似，此处不再赘述。此处只介绍 XGBoost 在节点上的执行过程。

1）初始化 Rabit，与 Rabit Tracker 进行通信，完成自身信息的注册，并取得整个网络拓扑的信息。

2）执行 XGBoost 相关迭代计算，通过 Rabit 实现计算结果同步及容错。

3）计算过程中向 ApplicationMaster 汇报自己的状态和进度，完成计算后关闭自己并注销。

熟悉了 XGBoost on YARN 的执行流程后，下面通过一个示例来说明如何运行一个 XGBoost on YARN 的程序。XGBoost 源码提供了一个现成的示例供读者学习，即 demo 文件夹下的 distributed-training 示例。该示例采用的是辨别蘑菇是否有毒的数据集，XGBoost 在官方文档中给出了一个在 AWS EC2 集群上运行分布式 XGBoost 的操作说明⊖，此处只介绍提交 Job 的命令：

```
../../dmlc-core/tracker/dmlc-submit --cluster=yarn --num-workers=2 --worker-cores=2\
    ../../xgboost mushroom.aws.conf nthread=2\
    data=s3://${BUCKET}/xgb-demo/train\
    eval[test]=s3://${BUCKET}/xgb-demo/test\
    model_dir=s3://${BUCKET}/xgb-demo/model
```

其中，cluster 参数指明任务提交的集群类型，包括 yarn、mpi、sge、local；num-workers 为工作节点的数量；worker-cores 为每个节点分配的核数；mushroom.aws.conf 文件用于保存 XGBoost 模型训练的参数，如 objective、eta、num_round 等；nthread 为线程数；data、eval[test] 分别表示训练集和测试集的存储路径；model_dir 表示模型的存储路径。如果通过 HDFS 存储数据而非 AWS，则只需将存储路径改为 HDFS 的路径即可，执行如下命令：

```
../../dmlc-core/tracker/dmlc-submit --cluster=yarn --num-workers=2 --worker-cores=2\
    ../../xgboost mushroom.hdfs.conf nthread=2\
    data=hdfs://${HDFS-CLUSTER}/xgb-demo/train\
    eval[test]=hdfs://${ HDFS-CLUSTER }/xgb-demo/test\
    model_dir=hdfs://${ HDFS-CLUSTER }/xgb-demo/model
```

⊖ 参见 https://xgboost.readthedocs.io/en/latest/tutorials/aws_yarn.html。

由此可以看出，通过 YARN 提交 XGBoost 的 job 还是非常方便的，只需命令行即可实现，完全不用考虑集群数据读写、进程管理等问题，这主要归功于 dmlc-core。

6.3 可移植分布式 XGBoost4J

XGBoost4J 是一种可移植分布式的 XGBoost，可应用于 Spark、Flink 等数据平台。通过前面的学习可知，XGBoost 系统比很多现有的机器学习工具速度更快，耗费资源更少，因此 XGBoost 需要兼容更多的生产场景，以便更好地发挥作用。

基于 Java 虚拟机（JVM）的编程语言和数据处理 / 存储系统在大数据的生态环境中发挥着重要作用，如 Hadoop、Spark、Flink 等。但是原生的 XGBoost 很难与这些系统进行融合，一般比较通用的做法是，用户首先通过像 Spark、Flink 这样的系统进行数据预处理和清洗，再将处理后的数据传给 XGBoost 完成模型训练等机器学习阶段。然而这样跨过两种系统的工作流程不但给用户带来了极大的不便，而且增加了基础架构的运营成本。

为了能够使得两种系统更好地融合，XGBoost4J 应运而生。它是一个基于 JVM 的 XGBoost 平台，能够提供方便的 Java/Scala API，可集成于大多数基于 JVM 的数据处理系统。用户可以通过 XGBoost4J 在 Spark 或 Flink 平台上使用分布式的 XGBoost。XGBoost4J 与其他 XGBoost 库共享统一内核，这意味着用户可以通过 R/Python 读取或可视化分布式训练的模型，在单机环境下即可使用训练过数以亿计样本的模型。

图 6-5 展示了 XGBoost4J 单机结构。XGBoost4J 内部仍然调用 XGBoost 库的核心功能，包括 XGBoost 本地库（C++ 实现）、Rabit 本地库等；对外为用户提供 Java/Scala API，方便用户调用。

图 6-5　XGBoost4J 单机结构

XGBoost4J 不仅支持单机模型训练，而且提供了一个抽象层，掩盖了底层数据处理引擎的差异，并将训练扩展到分布式服务器。图 6-6 展示了 XGBoost4J 分布式结构。XGBoost4J 构建于 Spark/Flink 的基础上，通过 Spark/Flink 集群申请资源，在 Spark/Flink 任务中调用 XGBoost worker 的运行实例，并在集群中运行，worker 之间通过 Rabit 进行通信。用户通过调用 XGBoost4J API 即可实现 XGBoost 分布式训练。

通过 XGBoost4J 的抽象，用户可以构建一个统一的数据分析应用程序，包括数据预处理、特征工程、机器学习等过程。图 6-7 为构建于 Spark 上的应用示例，应用程序将 XGBoost 无缝嵌入数据处理流水线中，并通过 Spark 的分布式内存与其他基于 Spark 的处理阶段交换数据。

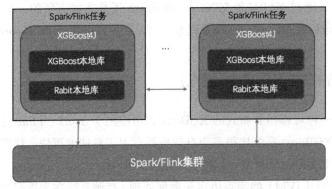

图 6-6　XGBoost4J 分布式结构

图 6-7　数据分析应用程序示例处理流程

图 6-7 所示应用示例构建于分布式内存结构 RDD（Resilient Distributed Dataset）上，通过 Spark 中的相关操作符完成数据预处理（数据抽取、转换及加载）、特征工程及最终提供数据产品服务，其中机器学习由 XGBoost 完成，包括模型训练、预测等。

下面介绍 XGBoost4J 的使用方法。首先需要安装 XGBoos4J 包，目前 XGBoost4J 只支持源代码安装的方式。XGBoost4J 使用 Maven（Maven 3 或者更高版本）构建其中 JNI 需要 Java 7+ 和 CMake 3.2+ 来编译。因为 XGBoost4J 需要依赖 JNI 完成 JVM 与本地库的交互，所以在安装 XGBoost4J 前，需要将环境变量 JAVA_HOME 设置为 JDK 目录，确保编译器可以找到 jni.h 文件。安装 XGBoost4J 只需在 jvm-package 目录下执行以下代码：

```
mvn package
```

即可生成 XGBoost4J 的可执行 jar 包，如果需要跳过测试，则执行以下代码：

```
mvn -DskipTests=true package
```

若需要将其发布到本地的 Maven 库运行，则执行以下代码：

```
mvn install
```

如果想要跳过测试，则执行以下代码：

```
mvn -DskipTests install
```

该命令用于将 XGBoost 二进制文件、已编译的 Java 类及 Java 源文件发布到本地的 Maven 库。如果想要在 Java 工程中调用 XGBoost4J，则只需在 pom.xml 文件中加入如下依赖：

```
<dependency>
  <groupId>ml.dmlc</groupId>
  <artifactId>xgboost4j</artifactId>
  <version>0.7</version>
</dependency>
```

熟悉了 XGBoost4J 的安装流程后，下面通过一个示例来说明一下 XGBoost4J API 的使用方法，示例通过 Scala 语言演示，XGBoost4J 也提供 Java 的 API，使用方法类似。

首先需要进行数据读取，读取训练集和测试集，此处采用 XGBoost demo 提供的数据集。代码如下：

```
1. val trainSet = new DMatrix("../../demo/data/agaricus.txt.train")
2. val testSet = new DMatrix("../../demo/data/agaricus.txt.test")
```

然后设置模型训练的参数。训练参数可以根据实际问题和样本进行调整：

```
1. val params = Map(
2.    "eta" -> 0.1f,
3.    "silent" -> 1,
4.    "max_depth" -> 7,
5.    "objective" -> "binary:logistic"
6. )
7. val watches = Map(
8.    "train" -> trainset,
9.    "test" -> testSet
10.)
11.
12.val round = 30
```

进行模型训练：

```
val booster = XGBoost.train(trainSet, params.toMap, round, watches.toMap)
```

模型训练结束后，通过训练好的模型进行预测：

```
val predicts = booster.predict(testSet)
```

predicts 为模型对测试集的预测结果。另外，XGBoost 也支持自定义目标函数模型，可参考 XGBoost 中提供的示例[⊖]。

⊖　参见 https://github.com/dmlc/xgboost/blob/master/jvm-packages/xgboost4j-example/src/main/scala/ml/dmlc/xgboost4j/scala/example/CustomObjective.scala。

6.4　基于 Spark 平台的实现

Spark 是一个通用且高效的大数据处理引擎，它是基于内存的大数据并行计算框架[⊖]。因为 Spark 计算基于内存，因此能够保证大数据计算的实时性，相比传统的 Hadoop MapReduce 效率提升很多。Spark 拥有一个丰富的生态环境，以 Spark 为核心，涵盖支持：结构化数据查询与分析的 Spark SQL、分布式机器学习库 MLlib、并行图计算框架 GraphX、可容错流计算框架 Spark Streaming 等。由于 Spark 在工业界广泛应用，用户群体庞大，因此 XGBoost 推出了 XGBoost4J-Spark 以支持 Spark 平台。

6.4.1　Spark 架构

如图 6-8 所示，Spark 主要由如下组件构成。

- Client：提交 Spark job 的客户端。
- Driver：接受 Spark job 请求，启动 SparkContext。
- SparkContext：整个应用的上下文，可以控制应用的生命周期。
- ClusterManager：集群管理器，为 Application 分配资源，包括多种类型，如 Spark 自带的 Standalone、Meso 或者 YARN 等。
- Worker：集群中任意可执行 Application 代码的节点，运行一个或者多个 Executor。
- Executor：在 Worker 节点中提交 Application 的进程，启动并运行任务，负责将数据存于内存或者硬盘中。每个 Application 均有各自的 Executor 执行任务。

由图 6-8 可知，Spark 作业提交流程如下：首先 Client 提交应用，Driver 接收到请求后，启动 SparkContext。SparkContext 连接 ClusterManager，ClusterManager 负责为应用分配资源。Spark 将在集群节点中获取到执行任务的 Executor，这些 Executor 负责执行计算和存储数据。Spark 将应用程序的代码发送给 Executor，最后 SparkContext 将任务分配给 Executor 去执行。

在 Spark 应用中，整个执行流程在逻辑上会转化为 RDD（Resilient Distributed Dataset，弹性分布式数据集）的 DAG（Directed Acyclic Graph，有向无环图）。RDD 是 Spark 的基本运算单元，后续会详细介绍。Spark 将任务转化为 DAG 形式的工作流进行调度，并进行分布式分发。图 6-9 通过示例展示了 Spark 执行 DAG 的整个流程。

⊖　参见 https://spark.apache.org/docs/latest/cluster-overview.html。

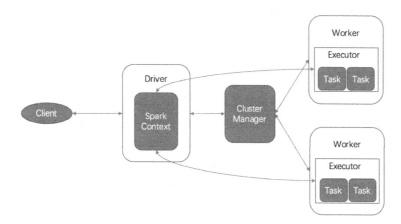

图 6-8　Spark 架构

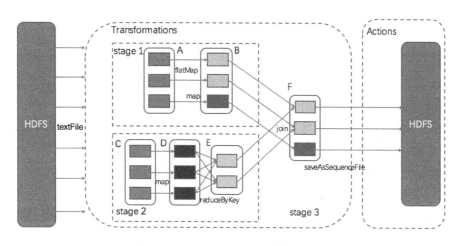

图 6-9　Spark 执行 DAG 的整个流程

在图 6-9 中，Transformations 是 RDD 的一类操作，包括 map、flatMap、filter 等，该类操作是延迟执行的，即从一个 RDD 转化为另一个 RDD 不立即执行，而只是将操作记录下来，直到遇到 Actions 类的操作才会真正启动计算过程进行计算。Actions 类操作会返回结果或将 RDD 数据写入存储系统，是触发 Spark 启动计算的动因。Action 算子触发后，将所有记录的算子生成一个 RDD，Spark 根据 RDD 之间的依赖关系将任务切分为不同的阶段（stage），然后由调度器调度 RDD 中的任务进行计算。图 6-9 中的 A ～ E 分别代表不同的 RDD，RDD 中的方块代表不同的分区。Spark 首先通过 HDFS 将数据读入内存，形成 RDD A 和 RDD C。RDD A 转化为 RDD B，RDD C 执行 map 操作转化为 RDD D，RDD B 和 RDD E 执行 join 操作转化为 RDD F。RDD B 和 RDD E 连接转化为 RDD F 的过程中会执行 Shuffle 操作，最后 RDD F 通过函数 saveAsSequenceFile 输出并保存到 HDFS 上。

6.4.2 RDD

Spark 引入了 RDD 概念，RDD 是分布式内存数据的抽象，是一个容错的、并行的数据结构，是 Spark 中基本的数据结构，所有计算均基于该结构进行，Spark 通过 RDD 和 RDD 操作设计上层算法。

RDD 作为数据结构，本质上是一个只读的分区记录的集合，逻辑上可以把它想象成一个分布式数组，数组中的元素可以为任意的数据结构。一个 RDD 可以包含多个分区，每个分区都是数据集的一个子集。RDD 可以相互依赖，通过依赖关系形成 Spark 的调度顺序，通过 RDD 的操作形成整个 Spark 程序。

RDD 有两种操作算子：转换（transformation）与行动（actions）。

1. 转换

转换操作是延迟执行的，即从一个 RDD 转化为另一个 RDD，且不立即执行，而只是将操作记录下来，直到遇到 Actions 类的操作才会真正启动计算过程。转换操作包括 map、flatMap、mapPartitions 等多种操作，下面对常用的转换操作进行介绍。

- map：对原始 RDD 中的每个元素执行一个用户自定义函数生成一个新的 RDD。任何原始 RDD 中的元素在新的 RDD 中有且只有一个元素与之对应。
- flatMap：与 map 类似，原始 RDD 中的元素通过函数生成新的元素，并将生成的 RDD 的每个集合中的元素合并为一个集合。
- mapPartitions：获取每个分区的迭代器，在函数中对整个迭代器的元素（即整个分区的元素）进行操作。
- union：将两个 RDD 合并，合并后不进行去重操作，保留所有元素。使用该操作的前提是需要保证 RDD 元素的数据类型相同。
- filter：对元素进行过滤，对每个元素应用函数，返回值为 True 的元素被保留。
- sample：对 RDD 中的元素进行采样，获取所有元素的子集。
- cache：将 RDD 元素从磁盘缓存到内存，相当于 persist（MEMORY_ONLY）。
- persist：对 RDD 数据进行缓存，由参数 StorageLevel 决定数据缓存到哪里，如 DISK_ONLY 表示仅磁盘缓存、MEMORY_AND_DISK 表示内存和磁盘均缓存等。
- groupBy：将 RDD 中元素通过函数生成相应的 key，然后通过 key 对元素进行分组。
- reduceByKey：将数据中每个 key 对应的多个 value 进行用户自定义的规约操作。
- join：相当于 SQL 中的内连接，返回两个 RDD 以 key 作为连接条件的内连接。

2. 行动

行动操作会返回结果或将 RDD 数据写入存储系统,是触发 Spark 启动计算的动因。行动操作包括 foreach、collect 等。下面对常用的行动操作进行介绍。

- foreach:对 RDD 中每个元素都调用用户自定义函数操作,返回 Unit。
- collect:对于分布式 RDD,返回一个 scala 中的 Array 数组。
- count:返回 RDD 中元素的个数。
- saveAsTextFile:将数据以文本的形式存储到 HDFS 的指定目录。

DataSet 是分布式的数据集合,它是在 Spark 1.6 之后新增的一个接口,其不但具有 RDD 的优点,而且同时具有 Spark SQL 优化执行引擎的优势。DataFrame 是一个具有列名的分布式数据集,可以近似看作关系数据库中的表,但 DataFrame 可以从多种数据源进行构建,如结构化数据文件、Hive 中的表、RDD 等。DataFrame API 可以在 Scala、Java、Python 和 R 中使用。下面只介绍几个常用的 API(更多 API 可以参考相关资料⊖)。

- select(cols: Column*):选取满足表达式的列,返回一个新的 DataFrame。其中,cols 为列名或表达式的列表。
- filter(condition: Column):通过给定条件过滤行。
- count():返回 DataFrame 行数。
- describe(cols: String*):计算数值型列的统计信息,包括数量、均值、标准差、最小值、最大值。
- groupBy(cols: Column*):通过指定列进行分组,分组后可通过聚合函数对数据进行聚合。
- join(right: Dataset[_]):和另一个 DataFrame 进行 join 操作。
- withColumn(colName: String, col: Column):添加列或者替换具有相同名字的列,返回新的 DataFrame。

6.4.3 XGBoost4J-Spark

随着 Spark 在工业界的广泛应用,积累了大量的用户,越来越多的企业以 Spark 为核心构建自己的数据平台来支持挖掘分析类计算、交互式实时查询计算,于是 XGBoost4J-Spark 应运而生⊖。本节将介绍如何通过 Spark 实现机器学习,如何将 XGBoost4J-Spark 很好地应用于 Spark 机器学习处理的流水线中。

⊖ 参见 http://spark.apache.org/docs/latest/api/scala/index.html#org.apache.spark.sql.Dataset。
⊖ 参见 https://xgboost.ai/2016/03/14/xgboost4j-portable-distributed-xgboost-in-spark-flink-and-dataflow.html。

XGBoost4J-Spark 在 jvm-package 中实现，因此在工程中调用 XGBoost4J 时，只需在 pom.xml 文件中加入如下依赖即可：

```
<dependency>
  <groupId>ml.dmlc</groupId>
  <artifactId>xgboost4j-spark</artifactId>
  <version>0.7</version>
</dependency>
```

图 6-10 展示了如何将 XGBoost4J-Spark 应用于 Spark 机器学习处理的流水线框架中。首先通过 Spark 将数据加载为 RDD、DataFrame 或 DataSet。如果加载类型为 DataFrame/DataSet，则可通过 Spark SQL 对其进行进一步处理，如去掉某些指定的列等。由 Spark MLlib 库完成特征工程，其提供了多种特征工程的方法供用户选择，此步骤是机器学习过程中非常重要的一步，因为好的特征可以决定机器学习的上限。特征工程完成后，便可将生成的训练数据送入 XGBoost4J-Spark 中进行训练，在此过程中可通过 Spark MLlib 进行参数调优，得到最优模型。得到训练模型后对预测集进行预测，最终得到预测结果。为了避免每次重复的训练模型，可将训练好的模型保存下来，在使用时直接加载即可。另外，训练完成后，XGBoost4J-Spark 可对特征重要程度进行排名。最后，形成数据产品应用于相关业务。

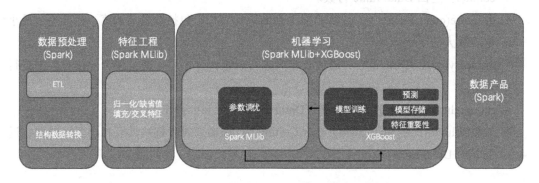

图 6-10　XGBoost4J-Spark 模型训练流程图

0.70 版本及以上版本的 XGBoost4J-Spark 支持用户在 Spark 中使用低级和高级内存抽象，即 RDD 和 DataFrame/DataSet，而低版本（0.60 版本）的仅支持 RDD 方式。DataFrame/DataSet 可以近似看作数据库的一张表，不但包含数据，而且包含表结构，是结构化的数据。用户可以方便地利用 Spark 提供的 DataFrame/DataSet API 对其操作，也可以通过用户自定义函数（UDF）进行处理，例如，通过 select 函数可以很方便地选取需要的特征形成一个新的 DataFrame/DataSet。以下示例将结构化数据保存在 JSON 文件中，并通过 Spark 的 API 解析为 DataFrame，并以两行 Scala 代码来训练 XGBoost 模型。

```
1. val df = spark.read.json("data.json")
2. //调用 XGBoost API 训练DataFrame类型的训练集
3. val xgboostModel = XGBoost.trainWithDataFrame(
4.      df, paramMap, numRound, nWorkers, useExternalMemory)
```

上述代码是 XGBoost4J-Spark 0.7x 版本的实现代码，XGBoost4J-Spark 0.8x 及以上版本中的部分 API 有所改动。训练代码如下：

```
1. val xgbClassifier = new XGBoostClassifier(paramMap).
2.                  setFeaturesCol("features").
3.                  setLabelCol("label")
4. val xgbClassificationModel = xgbClassifier.fit(df)
```

下面通过示例简单介绍 XGBoost4J-Spark 中的一些常用 API，其他可参考官方文档。

首先，加载数据集，可通过 Spark 进行读取，例如外部文件加载、Spark SQL 等。

然后，设置模型参数，可根据具体问题及数据分布调整模型参数：

```
1. val paramMap = Map(
2.      "eta" -> 0.1f,
3.      "num_class" -> 3,
4.      "max_depth" -> 3,
5.      "objective" -> "multi:softmax")
```

模型训练调用方式这里不再赘述，下面介绍训练函数中各参数的含义。

- trainingData：训练集 RDD。
- params：模型训练参数。
- round：模型迭代轮数。
- nWorkers：XGBoost 训练节点个数，如果设为 0，则 XGBoost 会将训练集 RDD 的分区数作为 nWorkers 的数量。
- obj：用户定义的目标函数，默认为 Null。
- eval：用户定义的评价函数，默认为 Null。
- useExternalMemory：是否利用外存缓存，如果设置为 True，则可以节省运行 XGBoost 的 RAM 成本。
- missing：数据集中指定为缺省值的值（注意，此处为 XGBoost 会将 missing 值作为缺省值，在训练之前会将 missing 值置为空）。

模型训练完成之后，可将模型文件进行保存以供预测时使用。模型被保存为 Hadoop 文件，存储于 HDFS 上。0.7 版本通过 saveModelAsHadoopFile 可实现该功能，调用示例如下：

```
xgboostModel.saveModelAsHadoopFile("/tmp/bst.model")
```

0.8 及以上版本直接可通过 save 函数实现，如下：

```
xgboostModel.write.overwrite().save("/tmp/bst.model")
```

XGBoost 可以将之前训练好的模型文件直接加载，以供使用，0.7x 版本代码如下：

```
val model = XGBoost.loadModelFromHadoopFile("/tmp/bst.model")
```

0.8 及以上版本，如下：

```
val model = XGBoostClassificationModel.load("/tmp/bst.model")
```

此处为分类模型，若为回归模型则为：

```
val model = XGBoostRegressionModel.load("/tmp/bst.model")
```

将预测集传入训练好的模型即可进行预测，0.7x 版本对 RDD 类型数据预测代码，如下：

```
val predicts = model.predict(test)
```

0.8 及以上版本则直接对 DataSet 类型数据进行预测，如下：

```
val predicts = model.transform(test)
```

Spark 训练好的模型也可以下载到本地，通过本地的 XGBoost（Python、Java 或 Scala）加载并进行预测。这样既可以实现模型通过分布式训练海量样本，提高模型的准确度，又可以通过单机调用分布式训练的模型进行预测，提高模型预测速度。

用户不仅可以通过 DataFrame/DataSet API 对数据集进行操作，而且可以通过 Spark 提供的 MLlib 机器学习包对特征进行处理。MLlib 是构建于 Spark 之上的机器学习库，由通用的学习算法和工具类组成。通过 MLlib 可以方便地对特征进行提取和转化⊖。MLlib 还提供了非常丰富的算法，包括分类、回归、聚类、协同过滤、降维等，用户可以根据应用场景将这些算法和 XGBoost 结合使用。另外，MLlib 还提供了模型选择工具，用户可以通过 API 定义的自动参数搜索过程来选择最佳模型。

1. 特征提取、变换和选择

在将训练集送入 XGBoost4J-Spark 训练之前，可以首先通过 MLlib 对特征进行处理，包括特征提取、变换和选择。这是在进行模型训练前十分重要的一步，但不是必需的，用户可以根据应用场景进行选择。

在 MLlib 中，特征提取方法主要有如下 3 种。

- TF-IDF：词频率 – 逆文档频率，是常见的文本预处理步骤。字词的重要性随着它在文件中出现的次数呈正比增加，但也会随着它在语料库中出现的频率呈反比下降。
- Word2Vec：其将文档中的每个单词都映射为一个唯一且固定长度的向量。

⊖ 参见 http://spark.apache.org/docs/latest/ml-features.html。

- CountVectorizer：用向量表示文档中每个词出现的次数。

特征变换在 Spark 机器学习流水线中占有重要地位，广泛应用在各种机器学习场景中。MLlib 提供了多种特征变换的方法，此处只选择常用的方法进行介绍。

（1）StringIndexer

StringIndexer 将标签的字符串列编码为标签索引列。索引取值为 [0, numLabels]，按标签频率排序。如表 6-1 所示，category 列为原数据列，categoryIndex 列为通过 StringIndexer 编码后的列。a 出现最频繁（编码为 0.0），依次为 c（编码为 1.0）、b（编码为 2.0）。

表 6-1　StringIndexer 编码

ID	category	categoryIndex
0	a	0.0
1	b	2.0
2	c	1.0
3	a	0.0
4	a	0.0
5	c	1.0

调用代码非常简单，只需如下两行即可实现：

```
1. val indexer = new StringIndexer()
2.                .setInputCol("category")
3.                .setOutputCol("categoryIndex")
4.
5. val indexed = indexer.fit(df).transform(df)
```

（2）OneHotEncoder

OneHotEncoder 将一列标签索引映射到一列二进制向量，最多只有一个单值，可以将前面 StringIndexer 生成的索引列转化为向量。OneHotEncoder 主要应用于类别特征上，如性别、国籍等。类别特征不能直接应用于机器学习模型中，因为即使通过 StringIndexer 将字符串转为数值型特征后，模型往往默认数据是连续的，并且是有序的；但是，类别特征数字并不是有序的，只是每个数字代表一个类别。

OneHotEncoder 可以结合 StringIndexer 使用，代码如下：

```
1. val indexer = new StringIndexer()
2.                .setInputCol("category")
3.                .setOutputCol("categoryIndex")
4.                .fit(df)
5. val indexed = indexer.transform(df)
6.
7. val encoder = new OneHotEncoder()
```

```
8.                    .setInputCol("categoryIndex")
9.                    .setOutputCol("categoryVec")
10.
11.val encoded = encoder.transform(indexed)
```

（3）Normalizer

Normalizer 可以将多行向量输入转化为统一的形式。参数 p（默认为 2）用来指定正则化操作中使用的 p-norm。正则化操作可以使输入数据标准化并提高后期模型的效果。

```
1. val normalizer = new Normalizer()
2.                  .setInputCol("features")
3.                  .setOutputCol("normFeatures")
4.                  .setP(1.0)
5.
6. val l1NormData = normalizer.transform(dataFrame)
```

（4）StandardScaler

StandardScaler 处理 Vector 数据，标准化每个特征使得其有统一的标准差及（或者）均值为零。它有如下参数：

1）withStd：默认值为真，使用统一标准差方式。

2）withMean：默认为假。这种方法将产生一个稠密输出，所以不适用于稀疏输入。

```
1. val scaler = new StandardScaler()
2.             .setInputCol("features")
3.             .setOutputCol("scaledFeatures")
4.             .setWithStd(true)
5.             .setWithMean(false)
6.
7. // 通过拟合StandardScaler计算汇总统计信息
8. val scalerModel = scaler.fit(dataFrame)
9.
10.// 标准化特征
11.val scaledData = scalerModel.transform(dataFrame)
```

（5）MinMaxScaler

MinMaxScaler 通过重新调节大小将 Vector 形式的列转换到指定的范围内，通常为 [0,1]。它的参数有以下 2 个。

1）min：默认为 0.0，为转换后所有特征的上边界。

2）max：默认为 1.0，为转换后所有特征的下边界。

```
1. val scaler = new MinMaxScaler()
2.             .setInputCol("features")
3.             .setOutputCol("scaledFeatures")
```

```
4.
5. // 计算统计信息，生成MinMaxScalerModel
6. val scalerModel = scaler.fit(dataFrame)
7.
8. // 重新缩放每个特征至[min, max]范围
9. val scaledData = scalerModel.transform(dataFrame)
```

（6）SQLTransformer

SQLTransformer 实现了基于 SQL 语句定义的特征转换，如"SELECT ... FROM __ THIS__ ..."，其中"__THIS__"表示输入数据集的基础表。

```
1. val df = spark.createDataFrame(
2.   Seq((0, 1.0, 3.0), (2, 2.0, 5.0))).toDF("id", "v1", "v2")
3.
4. val sqlTrans = new SQLTransformer().setStatement(
5.   "SELECT *, (v1 + v2) AS v3, (v1 * v2) AS v4 FROM __THIS__")
6.
7. sqlTrans.transform(df)
```

（7）VectorAssembler

VectorAssembler 将给定的列列表组合到单个向量列中。它可以将原始特征和一系列通过其他转换器得到的特征合并为单一的特征向量，以训练如逻辑回归和决策树等机器学习算法。

```
1. val assembler = new VectorAssembler()
2.                 .setInputCols(Array("hour", "mobile", "userFeatures"))
3.                 .setOutputCol("features")
4.
5. val output = assembler.transform(dataset)
```

除了以上介绍的几种方法之外，MLlib 还提供了其他特征变换方法，如用于特征分桶的 Bucketizer、用于降维的 PCA 等，此处不再一一介绍，读者如感兴趣可查阅相关资料⊖，基于应用场景合理选择相应的特征转变换方法。

特征选择是指通过剔除不相关或冗余的特征，从而达到减少特征个数、提高模型精确度、减少运行时间的目的。MLlib 提供了如下几种特征选择的方法。

- VectorSlicer：从特征向量中输出一个新特征向量，该新特征向量为原特征向量的子集，在向量列中提取特征时很有用。
- RFormula：选择由 R 模型公式指定的列。
- ChiSqSelector：Chi-Squared 特征选择，应用于类别特征数据。

⊖ 参见 http://spark.apache.org/docs/latest/ml-features.html。

在进行 XGBoost 模型训练前，通过 MLlib 对数据集进行特征提取、变换、选择，能够使数据集的特征更具有代表性，减少模型受到的噪声干扰，提高模型精度。另外，选取出真正相关的特征简化模型，协助理解数据产生的过程。下面通过示例介绍如何将 MLlib 的特征提取、变换、选择与 XGBoost 结合起来，此处采用 iris 数据集。首先来看 0.7x 版本的实现：

```scala
1. import ml.dmlc.xgboost4j.scala.spark.XGBoost
2. import org.apache.spark.ml.feature.StringIndexer
3. import org.apache.spark.ml.feature.VectorAssembler
4. import org.apache.spark.sql.types.{DoubleType, StringType,
   StructField, StructType}
5.
6. // 读取数据集，生成DataFrame
7. val schema = new StructType(Array(
8.    StructField("sepal length", DoubleType, true),
9.    StructField("sepal width", DoubleType, true),
10.   StructField("petal length", DoubleType, true),
11.   StructField("petal width", DoubleType, true),
12.   StructField("class", StringType, true)))
13. val df = spark.read.schema(schema).csv("{HDFS_PATH}/iris.txt")
14.
15. // 定义StringIndexer，将字符串类型列class转为数值型列label
16. val indexer = new StringIndexer()
17.   .setInputCol("class")
18.   .setOutputCol("label")
19.
20. // 对前述定义的列进行转换，并去掉原来的classz字段
21. val labelTransformed = indexer.fit(df).transform(df).drop("class")
22.
23. // 对特征进行vectorAssembler，生成features列
24. val vectorAssembler = new VectorAssembler().
25.   setInputCols(Array("sepal length", "sepal width", "petal length",
      "petal width")).
26.   setOutputCol("features")
27. val xgbInput = vectorAssembler.transform(labelTransformed).select
    ("features", "label")
28.
29. // 定义训练参数
30. val paramMap = Map(
31.    "eta" -> 0.1f,
32.    "num_class" -> 3,
33.    "max_depth" -> 3,
34.    "objective" -> "multi:softmax"
35.
36. val numRound = 10
37. val nWorkers = 1
```

```
38.
39.// 训练模型
40.val xgboostModel = XGBoost.trainWithDataFrame(xgbInput, paramMap,
     numRound, nWorkers)
```

以下是 0.8x 版本的实现：

```
1. import ml.dmlc.xgboost4j.scala.spark.{TrackerConf, XGBoostClassificationModel,
    XGBoostClassifier, XGBoostRegressionModel, XGBoostRegressor}
2. import org.apache.spark.ml.feature.StringIndexer
3. import org.apache.spark.ml.feature.VectorAssembler
4. import org.apache.spark.sql.types.{DoubleType, StringType, StructField,
    StructType}
5.
6. // 读取数据集，生成DataFrame
7. val schema = new StructType(Array(
8.    StructField("sepal length", DoubleType, true),
9.    StructField("sepal width", DoubleType, true),
10.   StructField("petal length", DoubleType, true),
11.   StructField("petal width", DoubleType, true),
12.   StructField("class", StringType, true)))
13.val df = spark.read.schema(schema).csv("{HDFS PATH}/iris.txt")
14.
15.// 定义StringIndexer，将字符串类型列class转为数值型列label
16.val indexer = new StringIndexer()
17.   .setInputCol("class")
18.   .setOutputCol("label")
19.
20.// 对前述定义的列进行转换，并去掉原来的classz字段
21.val labelTransformed = indexer.fit(df).transform(df).drop("class")
22.
23.// 对特征进行vectorAssembler，生成features列
24.val vectorAssembler = new VectorAssembler().
25.   setInputCols(Array("sepal length", "sepal width", "petal length",
       "petal width")).
26.   setOutputCol("features")
27.val xgbInput = vectorAssembler.transform(labelTransformed).select
     ("features", "label")
28.
29.// 定义训练参数
30.val paramMap = Map(
31.    "eta" -> 0.1f,
32.    "num_class" -> 3,
33.    "max_depth" -> 3,
34.    "objective" -> "multi:softmax",
35.    "num_round" -> 10,
```

```
36.    "num_workers" -> 1)
37.
38.// 训练模型
39.val xgbClassifier = new XGBoostClassifier(paramMap).setFeaturesCol("features").
   setLabelCol("label")
40.val xgbClassificationModel = xgbClassifier.fit(xgbInput)
```

2. Pipelines

MLlib 中的 Pipeline 主要受 scikit-learn 项目的启发，旨在更容易地将多个算法组合成单个管道或工作流，向用户提供基于 DataFrame 的更高层次的 API 库，以更方便地构建复杂的机器学习工作流式应用。一个 Pipeline 可以集成多个任务，如特征变换、模型训练、参数设置等。下面介绍几个重要的概念。

- DataFrame：相比于 RDD，DataFrame 还包含 schema 信息，可以将其近似看作数据库中的表。
- Transformer：Transformer 可以看作将一个 DataFrame 转换成另一个 DataFrame 的算法。例如，模型即可看作一个 Transformer，它将预测集的 DataFrame 转换成了预测结果的 DataFrame。
- Estimator：一种可以适应 DataFrame 来生成 Transformer 的算法，操作于 DataFrame 数据并生成一个 Transformer。
- Pipeline：可以连接多个 Transformer 和 Estimator 形成机器学习的工作流。
- Parameter：设置 Transformer 和 Estimator 的参数。

Pipeline 是多个阶段形成的一个序列，每个阶段都是一个 Transformer 或者 Estimator。这些阶段按顺序执行，当数据通过 DataFrame 输入 Pipeline 中时，数据在每个阶段按相应规则进行转换。在 Transformer 阶段，对 DataFrame 调用 transform() 方法。在 Estimator 阶段，对 DataFrame 调用 fit() 方法产生一个 Transformer，然后调用该 Transformer 的 transform()。

MLlib 允许用户将特征提取 / 变换 / 选择、模型训练、数据预测等构成一个完整的 Pipeline。XGBoost 也可以作为 Pipeline 集成到 Spark 的机器学习工作流中。下面通过示例介绍如何将特征处理的 Transformer 和 XGBoost 结合起来构成 Spark 的 Pipeline。0.7.x 版本的实现代码如下：

```
1. import ml.dmlc.xgboost4j.scala.spark.XGBoost
2. import ml.dmlc.xgboost4j.scala.spark.XGBoostEstimator
3. import org.apache.spark.ml.feature.StringIndexer
4. import org.apache.spark.ml.feature.VectorAssembler
5. import org.apache.spark.sql.types.{DoubleType, StringType, StructField,
   StructType}
6. import org.apache.spark.ml.Pipeline
```

```
7.
8.   // 读取数据集，生成DataFrame
9.   val schema = new StructType(Array(
10.      StructField("sepal length", DoubleType, true),
11.      StructField("sepal width", DoubleType, true),
12.      StructField("petal length", DoubleType, true),
13.      StructField("petal width", DoubleType, true),
14.      StructField("class", StringType, true)))
15.  val df = spark.read.schema(schema).csv("{HDFS PATH}/iris.txt")
16.
17.  // 定义StringIndexer，将字符串类型列class转为数值型列label
18.  val indexer = new StringIndexer().
19.      setInputCol("class").
20.      setOutputCol("label")
21.
22.  // 对特征进行vectorAssembler，生成features列
23.  val vectorAssembler = new VectorAssembler().
24.      setInputCols(Array("sepal length", "sepal width", "petal length",
         "petal width")).
25.      setOutputCol("features")
26.
27.  // 定义训练参数
28.  val paramMap = Map(
29.      "eta" -> 0.1f,
30.      "num_class" -> 3,
31.      "max_depth" -> 3,
32.      "objective" -> "multi:softmax",
33.      "num_round" -> 10,
34.      "num_workers" -> 1)
35.
36.  // 构建Pipeline
37.  val pipeline = new Pipeline().setStages(Array(indexer, vectorAssembler, new
         XGBoostEstimator(paramMap)))
38.  val model = pipeline.fit(df)
39.
40.  // 预测
41.  val predict = model.transform(df)
```

0.8x 版本的实现大体和上述过程相同，只是 0.8x 版本对相关的 API 进行了改进，更适应 Spark ML Pipeline 的执行流程。代码如下：

```
1.  import ml.dmlc.xgboost4j.scala.spark.{TrackerConf, XGBoostClassificationModel,
        XGBoostClassifier, XGBoostRegressionModel, XGBoostRegressor}
2.  import org.apache.spark.ml.feature.StringIndexer
3.  import org.apache.spark.ml.feature.VectorAssembler
4.  import org.apache.spark.sql.types.{DoubleType, StringType, StructField,
```

```
       StructType}
5.  import org.apache.spark.ml.Pipeline
6.
7.  // 数据读取，定义indexer、vectorAssembler等实现，同0.7x版本
8.
9.  ...
10.
11. // 定义模型
12. val xgbClassifier = new XGBoostClassifier(paramMap).
       setFeaturesCol("features").setLabelCol("label")
13.
14. // 构建pipeline
15. val pipeline = new Pipeline().setStages(Array(indexer, vectorAssembler,
       xgbClassifier))
16. val model = pipeline.fit(df)
17.
18. // 预测
19. val predict = model.transform(df)
```

3. 模型选择

模型选择是机器学习中非常重要的任务，即通过数据找到具体问题的最佳模型和参数，也称超参数调整。模型选择可以在单独的 Estimator（如逻辑回归）中完成，也可以在包含多个算法或者其他步骤的 Pipeline 中完成。用户可以一次调整整个 Pipeline 中的参数，而不是单独调整 Pipeline 中的每一个元素。MLib 支持 CrossValidator 和 TrainValidationSplit 两个模型选择工具。

（1）CrossValidator

即交叉验证，将数据集划分为若干份子集分别进行训练和测试。例如，设置 k 值为 3，CrossValidator 将产生 3 组数据，每组数据中的 2/3 作为训练集进行训练，1/3 作为测试集进行测试。CrossValidator 计算 3 组数据训练模型的评估准则的平均值。确定了最佳参数之后，CrossValidator 使用最佳参数重新对整个数据集进行拟合得到最终模型。

（2）Train-Validation Split

除了 CrossValidator 之外，MLib 还提供了 Train-Validation Split 用以超参数调整。和 CrossValidator 不同的是，Train-Validation Split 只验证 1 次，而非 k 次。Train-Validation Split 的计算代价相较于 CrossValidator 更低，但是当训练数据集不够大时，结果可靠性不高。Train-Validation Split 通过 trainRatio 参数将数据集分成两个部分。例如，设置 trainRatio = 0.75，TrainValidation Split 则将 75% 的数据用于训练，25% 的数据用于测试。

模型选择确定最佳参数是最大限度提高 XGBoost 模型的关键步骤之一。通过手工调整参数是一项费时又乏味的过程。最新版本的 XGBoost4J-Spark 可以通过 MLib 的模型

选择工具进行参数调优，极大地提高了机器学习过程中参数调优的效率。下面通过一个示例来说明如何利用 MLlib 模型选择工具对 XGBoost 进行参数调优。0.7x 版本的实现代码如下：

```
1. import org.apache.spark.ml.tuning.ParamGridBuilder
2. import org.apache.spark.ml.evaluation.MulticlassClassificationEvaluator
3. import org.apache.spark.ml.tuning.TrainValidationSplit
4.
5. // 创建XGBoostEstimator
6. val xgbEstimator = new XGBoostEstimator(paramMap).setFeaturesCol("features").
   setLabelCol("label")
7.
8. // 设定参数调优时参数的范围
9. val paramGrid = new ParamGridBuilder().
10.       addGrid(xgbEstimator.maxDepth, Array(5, 6)).
11.       addGrid(xgbEstimator.eta, Array(0.1, 0.4)).
12.       build()
13.
14.// 构建TrainValidationSplit, 设置trainRatio=0.8, 即80%的数据用于训练, 20%的数据用于测试
15.val tv = new TrainValidationSplit().
16.       setEstimator(xgbEstimator).
17.       setEvaluator(new MulticlassClassificationEvaluator().
                    setLabelCol("label")).
18.       setEstimatorParamMaps(paramGrid).
19.       setTrainRatio(0.8)
20.val model = tv.fit(xgbInput)
```

0.8x 版本的实现与 0.7x 版本的类似，只需用 XGBoostClassifier 来定义模型即可。上述示例利用 MLlib 中的 Train-Validation Split 和 RegressionEvaluator 对 XGBoost 的 eta 和 maxDepth 两个参数进行调整，选择 RegressionEvaluator 定义的最小成本函数值的模型作为最佳模型。

通过 XGBoost4J-Spark，用户可以构建一个基于 Spark 的更高效的数据处理流水线。该流水线可以很好地利用 DataFrame/DataSet API 对结构化数据进行处理，并且同时拥有强大的 XGBoost 作为机器学习模型。另外，XGBoost4J-Spark 使得 XGBoost 和 Spark MLlib 无缝连接，使得特征提取 / 变换 / 选择和参数调优工作比以前更容易。

6.5　基于 Flink 平台的实现

Flink 是一个面向流数据和批量数据处理的分布式数据平台[⊖]，可以在一个 Flink 运行时，

⊖　参见 http://flink.apache.org/introduction.html。

同时支持流处理和批处理两种类型的应用。

- 流处理：只要数据生成，则连续执行处理。
- 批处理：在一定时间内运行至完整处理，完成之后释放计算资源。

Flink 依赖于流式处理模型，对连续生成的数据进行连续处理[⊖]。现有的计算方案一般是将流处理和批处理作为两种不同的应用类型，而 Flink 完全支持流处理，并将批处理看作一种输入数据有界的特殊的流处理。在 Flink 中，DataStream 用于流处理，DataSet 用于批处理。Flink 作为一个分布式流处理的计算框架有如下优势：

- 在无序或延迟数据的情况下，仍能得到准确结果；
- 具有状态和容错能力，可以实现一次应用状态的故障无缝恢复；
- 可以大规模部署，运行于上千个节点上，高吞吐、低延时。

6.5.1　Flink 原理简介

一个好的计算框架必然会有一个丰富的生态圈，Flink 也不例外。Flink 通过 Gelly 实现了图计算，通过 FlinkML 实现了机器学习，通过 Cep 实现了复杂事务处理，通过 Table 提供接口化的 SQL 支持，即 API 支持，而不是文本化的 SQL 解析和执行。Flink 的技术栈如图6-11 所示。

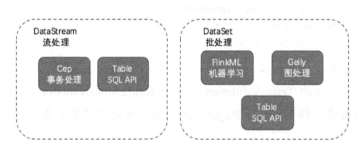

图 6-11　Flink 技术栈

Flink 可以运行于云环境、Standalone 模式的集群或者通过 YARN、Mesos 管理的集群环境下。Flink 的核心是分布式流数据引擎，数据是一次处理而非一系列的批次。Flink 的DataStream API 适用于实现数据流转换。

通常，Flink 基本程序流程由以下 3 部分构成，如图 6-12 所示。

⊖　参见 https://ci.apache.org/projects/flink/flink-docs-release-1.1/concepts/concepts.html。

图 6-12　Flink 基本程序流程

- Data Source：Flink 需处理的输入数据。
- Transformations：Flink 处理输入数据的处理步骤。
- Data Sink：处理后的发送数据。

一个较为完善的生态系统支持数据有效地输入、输出是十分必要的，Flink 支持各种连接器或者第三方系统为 Data Source、Data Sink 输入或输出数据，如 Kafka、Elasticsearch、HDFS 等，以及第三方系统 Zeppelin、Mahout 等。

1. Flink 数据流

Flink 程序在处理过程中主要由两个基本单元构成：Stream 和 Transformation。Stream 是中间结果，Transformation 是一个操作，对 Stream 进行计算，其输入、输出为一个或者多个 Stream。Flink 在运行时将会映射为 Streaming Dataflow，它是由一组 Stream 和 Transformation 组成的，类似于一个 DAG，以一个或者多个 Source Operator 开始，以一个或者多个 Sink Operator 结束。如下例所示：

```
1. // Source
2. DataStream<String> msgs = env.addSource(
3.                          new FlinkKafkaConsumer<>(...));
4. // Transformation
5. DataStream<Result> results= msgs.map((msg) -> process(msg));
6.
7. // Sink
8. results.addSink(new RollingSink(path));
```

图 6-13 是示例代码的数据流图。此示例是一个简单的 Flink 程序，首先以 FlinkKafkaConsumer 作为 Source Operator 输入数据，然后经过数据解析等一系列 Transformation 操作，最终以 RollingSink 作为 Sink Operator 输出数据。

图 6-13　数据流图

2. 并发数据流

Flink 程序本质上是并发、分布式的。Streams 被划分为 Stream 分区，Operators 被划分为 Operator 子任务。Operator 子任务分别独立运行于不同机器的不同线程。一个 Operator 的并行度等于该 Operator 子任务的个数，一个 Stream 的并行度等于产生该 Stream 的 Operator 的并行度。

Streams 可以以两种模式在两个 Operator 之间传递数据：一种是 One-to-one，另一种是 Redistributing。

1）One-to-one：会保留元素的分区和顺序，如图 6-14 中 Source Operator 到 Map Operator。Map Operator 子任务的数据流中的元素顺序和 Source Operator 的顺序是一致的。

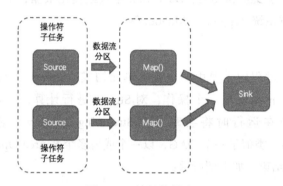

图 6-14   并行数据流

2）Redistributing：会改变流的分区。每个 Operator 子任务依据选择的 Transformation 发送数据到不同的目标子任务，如 keyBy()（通过哈希重新分区）、broadcast() 或 rebalance()（随机再分配）。在进行重分配的过程中，每对发送子任务与接收子任务之间的数据顺序是不变的。

3. 任务和操作符链

在分布式执行的过程中，Flink 链将 Operator 子任务进行合并，每个合并后的任务由一个线程执行。将 Operator 连接为一个任务是非常有用的，减少了线程切换和缓存的开销，减少了延迟并增加了吞吐量。链可以在 API 中进行配置，图 6-15 中的示例数据流最终合并为 3 个子任务，因此使用 3 个并行线程执行。

4. 窗口和时间

（1）窗口

流处理的聚合操作（如 count、sum）和批处理不同，例如：不可能首先计算流数据中的所有元素，然后返回聚合的结果，因为流数据是无界的。因此，流数据的聚合是有窗口限定范围的，例如，最近 10min 的计数、最后 300 个元素的和等。

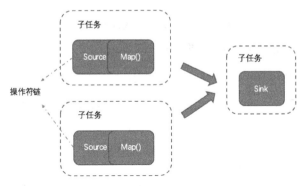

图 6-15　Flink 任务合并和操作符链

窗口支持时间驱动（如每 30s）或数据驱动（如每 200 个元素）。窗口具有不同的类型，如翻滚窗口（无重叠）、滑动窗口（重叠）和会话窗口（活动间隙）。

（2）时间

当流程序中引用到时间（如定义窗口）时，Flink 提供了不同的时间可供参考。

- Event Time：为事件创建时间，通常由事件时间戳来描述，Flink 通过时间戳分配器访问事件时间戳。
- Ingestion time：为事件进入 Flink 数据流的 Source Operator 的时间。
- Processing Time：执行基于时间的 Operator 时，该 Operator 的本地时间。

6.5.2　XGBoost4J-Flink

随着 Flink 成为 Apache 的顶级项目，被越来越多的企业所接受，成为了企业数据处理中不可或缺的一环，因此 XGBoost 相应推出了其 Flink 版本——XGBoost4J-Flink。

XGBoost4J-Flink 是在 jvm-package 中实现的，调用方法同 XGBoost4J-Spark，只需在 pom.xml 文件中加入如下依赖：

```
<dependency>
  <groupId>ml.dmlc</groupId>
  <artifactId>xgboost4j-flink</artifactId>
  <version>0.7</version>
</dependency>
```

XGBoost4J-Flink 可以很好地融合到 Flink 机器学习数据处理过程之中，减少用户因跨平台而产生的不必要的开销。FlinkML 是 Flink 实现的一个机器学习库[⊖]，包含特征处理、监督

⊖　参见 https://ci.apache.org/projects/flink/flink-docs-release-1.3/dev/libs/ml/index.html。

学习、非监督学习、推荐等多类算法。XGBoost4J-Flink 可以与 FlinkML 无缝结合,共同实现满足用户需求的机器学习产品。

下面通过一个简单的示例来说明如何实现一个 XGBoost4J-Flink 程序。首先加载 LibSVM 文件格式的训练数据,通过 FlinkML 中的 MLUitls 实现:

```
val trainData = MLUtils.readLibSVM(env, "/path/to/data/agaricus.txt.train")
```

训练数据加载完成后,通过 XGBoost4J-Flink 对训练集进行训练,训练函数为 train(),其包含如下参数。

- dtrain:训练集数据,类型为 DataSet[LabeledVector]。
- params:XGBoost 相关参数。
- round:训练轮数。

API 示例如下:

```
val xgboostModel = XGBoost.train(trainData, paramMap, round)
```

模型训练完成后,可以对模型进行保存。当在业务场景下需要利用模型进行预测时,只需重新加载模型即可,不必重新训练。保存加载模型 API 如下:

```
1. xgboostModel.saveModelAsHadoopFile(modelPath)
2. val model = XGBoost.loadModelFromHadoopFile(modelPath)
```

加载测试集,利用训练好的模型进行预测分为两种情况,一种为本地预测,另一种为分布式预测。本地预测即将测试集汇集到本地,在本地进行预测;分布式预测即为集群多节点分布式进行预测。

```
1. val testData = MLUtils.readLibSVM(env, "/path/to/data/agaricus.txt.test")
2.
3. // 本地预测
4. xgboostModel.predict(testData.collect().iterator)
5.
6. // 分布式预测
7. xgboostModel.predict(testData.map{x => x.vector})
```

以上是一个简单的 XGBoost4J-Flink 程序的基本流程。FlinkML 除了提供了加载数据的 API 外,还支持特征处理的功能,如特征的标准化、归一化等。在应用时,可结合具体业务场景进行选择,此处不再详细介绍,有兴趣的读者可以查阅相关资料⊖。

⊖ 参见 https://ci.apache.org/projects/flink/flink-docs-release-1.3/dev/libs/ml/index.html。

6.6　基于 GPU 加速的实现

GPU（Graphics Processing Unit，图形处理器）是一种专门用于在嵌入式设备、个人计算机、游戏机和一些移动设备（如手机、平板电脑等）上进行图像运算的微处理器。现代 GPU 在处理计算机图形和图像方面十分高效。与 CPU 相比，GPU 高度并行的结构使其更适合于大量数据高度并行处理算法，如一些复杂的数学计算和几何计算，而这些计算又是图形渲染所必需的，因此早期 GPU 经常被用在 3D 图形处理方面。在个人计算机上，GPU 可以嵌入显卡，也可以直接嵌在主板上。

随着机器学习尤其是深度学习的出现，GPU 的重要性日益提高。虽然机器学习发展已有数十年了，但是两个较为新近的趋势才促使其被广泛应用：大数据的出现和 GPU 强大的并行计算能力。GPU 已不再限于 3D 图形计算，在通用计算领域也引起了业界的关注，很多研究已经证明在浮点运算、并行计算等方面，GPU 的计算性能比 CPU 高出数十倍甚至上百倍。工业和学术界许多数据科学家已经将 GPU 应用于机器学习的各个领域，如图像分类、语音识别、自然语言处理等。

6.6.1　GPU 及其编程语言简介

利用 GPU 进行机器学习模型训练，在运行时间更短、占用基础设施更少的情况下能够支持远比从前更大的数据量和吞吐量。与单纯使用 CPU 的做法相比，GPU 具有数以千计的计算核心，可实现 10~100 倍应用吞吐量，因此 GPU 已经成为数据科学家处理大数据的利器。

CUDA 是通用 GPU 应用非常广泛的一种编程语言，XGBoost 的 GPU 版本即采用 CUDA 实现。CUDA 为 GPU 计算提供原语，许多复杂的并行算法是由这些原语组成的，具有高性能、高可读性和高可靠性。下面介绍 CUDA 的一些基本的原语操作和常用概念。

1）规约：一个并行的规约操作是将一组数据通过一个二元操作符进行计算并输出最终结果。如图 6-16 所示，给定一个二元操作符 $\oplus$ 和一组数据元素，进行规约操作，最终返回结果为 $a_0 \oplus a_1 \oplus a_2 \oplus a_3$。

2）并行前缀和（扫描）：一个并行的扫描操作是给定一组数据和一个二元操作符进行计算并输出前缀和。例如，给定一个二元操作符 $\oplus$ 和一组数据元素，进行扫描操作，返回 $[a_0, (a_0 \oplus a_1), \cdots, (a_0 \oplus a_1 \oplus \cdots \oplus a_{n-1})]$。

3）基数排序：CUDA 实现的基于 GPU 的并行基数排序算法。

4）交错序列：表 6-2 展示了两个通过 ID 标记的交错的序列，不同序列的值混合在一起，同一个序列的值并没有驻留在一段连续的内存。

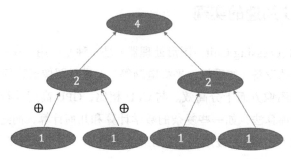

图 6-16　规约操作

表 6-2　交错序列

序列 ID	0	1	1	0	0	1
值	1	1	1	1	1	1
值扫描	1	1	2	2	3	3

5）**段序列**：表 6-3 展示了两个段序列，同一个段序列在内存中是连续存储的。

表 6-3　段序列

序列 ID	0	0	0	1	1	1
值	1	1	1	1	1	1
值扫描	1	2	3	1	2	3

6）**段扫描**：应用于段序列的扫描，扫描算法是在常规并行扫描算法的基础上将二元操作符改为可以处理键值对的操作符即可。

7）**段规约**：在段扫描的基础上取每个序列的最后一个元素即可。

8）Multireduce：对交错序列的规约操作，即在并行规约基础上将单个值改为向量。

9）Multiscan：对交错序列的扫描操作。Multiscan 和 Multireduce 类似，即传递一个向量作为二元操作符的输入。

10）Warp：GPU 执行程序时的调度单位。目前 CUDA 的 Warp 的大小为 32，同在一个 Warp 的线程，以不同数据资源执行相同的指令。

6.6.2　XGBoost GPU 加速原理

决策树学习和梯度提升大多数是基于多核 CPU 的，XGBoost 提供了一种基于 GPU 的方式，极大提高了针对大数据集的计算性能[⊖]。

⊖ Rory Mitchell, Eibe Frank. Accelerating the XGBoost algorithm using GPU computing. Department of Computer Science. University of Waikato.

早在 2008 年，Sharp 等人已经开始研究如何通过 GPU 加速决策树和森林。2011 年，Grahn 等人在随机森林中实现了 GPU 应用，其速度在模型较复杂的情况下比 CPU 的速度快 30 倍。作者采用的方法是对模型中的每棵树都分配一个独立的 GPU 线程进行处理。2014 年，Nasridinov 等人实现了一种用于 ID3 决策树的 GPU 加速算法。Strnad 等人（2016 年）设计了一种决策树构建算法，将批量的节点存储在主机的工作队列中，并在 GPU 上处理这些工作单元。

XGBoost 通过 GPU 实现加速计算与之前的研究方法有所不同，其采用相关论文⊖中的方法。首先，XGBoost GPU 同时处理一层中的所有节点，可以以接近恒定的运行时间进行扩展。一次只处理一个节点的 GPU 树构建算法对每个处理节点都会产生不必要的内核启动开销。另外，由于训练集在每个层面会被递归地划分，所以每个节点的训练样本的平均数量迅速减少，单个 GPU 内核处理少量训练样本导致设备严重不足，也意味着运行时间会随着树的深度的增加而增加。XGBoost 在一层中同时处理所有节点的方法更适用。其次，XGBoost 的决策树实现算法并不是一个 CPU 和 GPU 的混合算法，所以不使用 CPU 计算，而是将整个构建树算法的所有阶段均通过 GPU 计算。另外，XGBoost 通过 GPU 实现了稀疏感知算法，使其可以在运行时高效地处理稀疏输入矩阵。

XGBoost 以层次的方式处理节点来构建模型中的树，这样可以充分利用 GPU 性能。在每层处理过程中，搜索叶子节点的最优切分点，然后根据最优切分点更新样本的位置信息，如有必要则进行数据重分区。在达到树最大深度前，GPU 算法主要在树构建过程中实现如下 3 个过程：① 查找最优切分点；② 更新节点位置；③ 节点桶排序（如果需要）。

1. 查找最优切分点

算法第一步是查找当前层次所有叶子节点的最优切分点。

（1）数据布局

为了方便对切分点进行枚举，特征值应该保持有序。因此，数据采用如表 6-4 和表 6-5 所示的布局。在表 6-4 中，第一列为样本 0，位于节点 0 上，特征 f_A 的值为 0.2，第二列、第三列分别为样本 2 和样本 3，这 3 个样本按特征 f_A 排序。特征 f_B 和 f_C 类似。在寻找切分点时，除了将样本按特征值的排序外，还需得到每个样本对应的梯度统计信息。表 6-5 表示样本 ID 和梯度对的关联信息，特征值数据则可通过样本 ID 和梯度对进行关联，从而可以找到每个样本的梯度对。所有数据均以矩阵的形式存于设备内存中，而模型的每棵树因为是严格二分的且可以事先知道树的最大深度，所以可以将其存于一个固定长度的数组中。

⊖　Rory Mitchell, Eibe Frank. Accelerating the XGBoost algorithm using GPU computing. PeerJ Preprints, 5:e2911v1. 2017.

表 6-4　设备内存布局：特征值

特征	f_A			f_B	f_C			
节点 ID	0	0	0	0	0	0	0	0
样本 ID	0	2	3	3	2	0	1	3
特征值	0.2	0.7	1.2	3.2	2.1	2.6	3.3	4.2

表 6-5　设备内存布局：梯度对

样本 ID	0	1	2	3
梯度对	p_0	p_1	p_2	p_3

（2）块级别并行

利用上述数据布局格式存储数据，则每个特征都会驻留在一段连续的内存块中，这样可以对每个特征独立并行地进行处理。由此在计算树根节点的最优切分点时，算法为每个特征分配一个单独的线程计算最优切分点，然后将每个特征的最优切分点写入全局内存中，并由第二个核执行规约操作得到最优切分点。

（3）计算切分点

下面来看一下如何具体计算每个特征的最优切分点。由第 5 章中式（5-13）可知，评估候选切分点依赖于 (G_L, H_L) 和 (G_R, H_R)（其中 $G_L = \sum_{i \in I_L} g_i$，$H_L = \sum_{i \in I_L} h_i$，$G_R$ 和 H_R 同理）。(G_L, H_L) 可通过对所有特征值关联的梯度对执行并行 Scan 操作获得，因为并行 Scan 返回的为前缀和，因此可以求得每个候选切分点的 (G_L, H_L)。(G_R, H_R) 可由已知的所有节点总的 (G, H) 减去相应的 (G_L, H_L) 得到。

对于给定的特征，线程块从左向右移动处理一个输入块。这里的输入块指的是由线程块一次迭代同时处理的输入项的集合。图 6-17 展示了一个 4 线程的线程块处理一个包含 4 个输入项的输入块的过程。对于一个给定的输入块，梯度对都会被扫描，返回的前缀和即输入块中每个候选切分点对应的 G_L 和 H_L 信息，继而可以求得 G_R 和 H_R。每 32 个线程（warp）会执行规约操作找到局部最优切分点，并将最优切分点的特征值和梯度统计信息存于共享内存中。特征处理结束后，对所有局部最优切分点执行规约操作，找到特征的最优切分点。

（4）缺省值处理

我们知道，XGBoost 处理缺失值的方法是将缺省值分别划分到左右两个节点，然后分别计算收益，选收益大的方向作为缺省值的默认方向。在这种情况下，XGBoost 需要通过对输入数据执行两次扫描（从左到右进行扫描和从右向左进行扫描，其缺省值分别位于右侧和左侧）来处理这个问题。GPU 算法采用了一种替代方法，在扫描之前对整个特征进行求和的规约操作，而缺省值的梯度统计量为节点总统计量减去之前的规约结果。如果知道了缺失值的梯度对总和，便可只通过一次扫描完成计算。这种方法的规约成本比两次扫描减少很多。

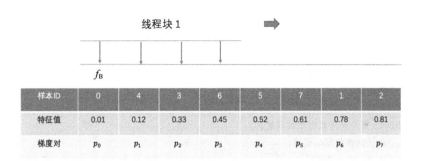

图 6-17　单线程块评估切分点

（5）节点桶

上述寻找最优切分点的方法仅限于所有样本在一个节点的情况下，而当节点分裂后样本会被划分到不同的节点上，这个问题可以通过以下两种方法进行处理。

第一种是交错算法。该算法将所有样本保留在当前节点，通过一个辅助数组来标记样本属于哪个节点，如表 6-6 所示。当对数据进行扫描时，为每个节点保留一个临时统计信息。通过交错算法处理数据时，对于节点 ID 数据是交错的，而特征值是有序的。这是 XGBoost CPU 采用的方法，GPU 也采用了这种方式，但只用于树深为 5 左右的树。

表 6-6　交错节点桶

特征	f_A			f_B	f_C			
节点 ID	1	2	1	1	2	1	2	1
样本 ID	0	2	3	3	2	0	1	3
特征值	0.2	0.7	1.2	3.2	2.1	2.6	3.3	4.2

第二种方法是排序算法，即在树的每一层对节点桶中的样本进行基数排序操作。数据在当前节点中是有序的，如表 6-7 所示。这将第一种方法的节点交替扫描问题转换为了片段扫描，仅需要确定大小的临时存储空间，并且在 GPU 的实现可以扩展到任意深度。

表 6-7　排序节点桶

特征	f_A			f_B	f_C			
节点 ID	1		2	1	1		2	
样本 ID	0	3	2	3	0	3	2	1
特征值	0.2	1.2	0.7	3.2	2.6	4.2	2.1	3.3

下面详细介绍这两种方法的实现原理。

交错算法通过规约和扫描算法枚举每个候选切分点，并选择最优切分点。一个线程块处理树的单个特征的完整算法见算法 6-1。

算法6-1　交错算法——线程块执行

1）加载输入数据块。

2）通过 Multireduce 操作处理数据块的梯度对。

3）重复执行步骤 1 ~ 2，直至所有数据块处理完毕，得到每个节点桶的规约信息。

4）返回第一个数据块。

5）加载输入数据块。

6）通过 Multiscan 操作处理数据块的梯度对。

7）为每个唯一的特征值扫描数据块。

8）计算每个候选切分点的收益。

9）存储每个 Warp 的最优切分点。

10）重复执行步骤 5 ~ 9，直至所有数据块处理完毕。

11）输出全局最优切分点。

　　排序算法通过对节点桶中的特征值数据进行排序从而达到最终寻找最优切分点的目的。对于给定的数据，先按节点 ID 排序，然后按特征值进行排序。排序之后，只使用固定的临时存储空间即可对整个特征执行段扫描或段规约操作。算法 6-2 展示了一个线程块处理单个特征的切分点查找算法，该算法输出和交错算法一样，包含每个节点的每个特征的最优切分点。

算法6-2　排序算法——线程块执行

1）加载输入数据块。

2）通过段规约操作处理数据块的梯度对。

3）重复执行步骤 1 ~ 2，直至所有数据块处理完毕，得到每个节点桶的规约信息。

4）返回第一个数据块。

5）加载输入数据块。

6）通过段扫描操作处理数据块的梯度对。

7）为每个唯一的特征值扫描数据块。

8）计算每个候选切分点的收益。

9）存储每个 Warp 的最优切分点。

10）重复执行步骤 5 ~ 9，直至所有数据块处理完毕。

11）输出全局最优切分点。

2. 更新节点位置

　　节点的最优切分点计算完成之后，需要更新样本的节点位置信息，因为样本将被划分到分裂的新叶子节点中。因为缺省值的存在，所以不能直接更新节点位置信息。XGBoost GPU 算法通过如下方式进行更新：首先创建一个包含所有样本的未分裂的节点位置信息的数组，并先将所有样本的节点位置信息更新为缺省值对应的默认节点；然后基于样本特征值更新此数组，而缺省值的样本不再被更新；数组中的样本节点位置信息更新完成之后，再将位置信息重新写回特征值矩阵中。

下面通过一个例子来详细介绍一下更新过程。图 6-18 展示的是一棵完成了第一层分裂的决策树,根节点 Node 0 分裂为 Node 1 和 Node 2 两个节点。

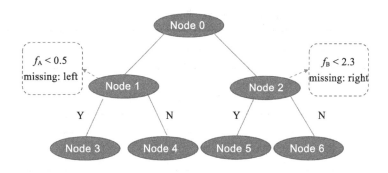

图 6-18 决策树:4 个新节点

继续分裂之前,必须更新用于切分点查找的数据结构中的节点位置信息(见表 6-8)。

表 6-8 特征值矩阵

特征	f_A			f_B			
节点 ID	1	1	2	1	1	2	2
样本 ID	0	3	2	0	3	2	1
特征值	0.2	1.2	0.7	2.6	4.2	2.1	3.3

为了完成上述工作,算法通过一个样本与节点的映射数组实现(见表 6-9)。

表 6-9 节点 ID 映射表

样本 ID	0	1	2	3
节点 ID	1	2	2	1

首先将样本与节点的映射更新为缺省值默认节点。属于节点 1 的样本更新为其缺省值默认节点 3,同理,节点 2 的样本更新为节点 6,修改后的节点 ID 映射如表 6-10 所示。然后按照表 6-8 中的特征值更新映射表。样本 0 属于节点 1,检查是否满足 $f_A < 0.5$,满足该条件,因此应该被划分到节点 3。同理,样本 1 被划分到节点 6,样本 2 被划分到节点 5,样本 3 被划分到节点 4。若有样本在划分特征上为缺省值,则其节点 ID 不进行更新,仍为缺省值节点。更新后的节点 ID 映射如表 6-11 所示。

所有数据处理完成后,在节点 ID 映射表中,每个样本在最新层上均有一个对应的节点 ID,此时便可将最新的节点 ID 信息写回特征值矩阵了(见表 6-12)。

表 6-10 　更新为缺省值默认节点

样本 ID	0	1	2	3
节点 ID	3	6	6	3

表 6-11 　更新后节点 ID 映射表

样本 ID	0	1	2	3
节点 ID	3	6	5	4

表 6-12 　更新后特征值矩阵

特征	f_A			f_B			
节点 ID	3	4	5	3	4	5	6
样本 ID	0	3	2	0	3	2	1
特征值	0.2	1.2	0.7	2.6	4.2	2.1	3.3

3. 节点桶排序

如果采用排序算法，则特征值需要按节点 ID 进行排序，以便进行下次算法迭代。如果采用交错算法，则不需要此步骤。特征值排序后，每个节点桶都可以存储在一段连续内存中。排序通过对分段的键值对进行基数排序来实现，每个特征代表一个段，排序的 key 是节点 ID 和特征值。

6.6.3 　XGBoost GPU 应用

熟悉了 XGBoost GPU 的加速原理之后，下面介绍如何使用 GPU 加速[⊖]。首先需在安装 XGBoost 时选择支持 GPU。在 Linux 和 Windows 环境下，通过 CMake 安装设置支持 GPU。以 Linux 为例，首先进入 XGBoost 文件夹下，然后执行如下命令：

```
$ mkdir build
$ cd build
$ cmake .. -DUSE_CUDA=ON
$ make -j
```

在 Windows 环境下使用 CMake，执行命令如下：

```
$ mkdir build
$ cd build
$ cmake .. -G"Visual Studio 14 2015 Win64" -DUSE_CUDA=ON
```

⊖ 　参见 https://xgboost.readthedocs.io/en/latest/gpu/index.html。

为了加快编译速度，可以给 CMake 指定特定的 GPU 版本，如 -DGPU_COMPUTE_ VER=50。CMake 会在 build 目录中创建一个 xgboost.sln 解决方案文件。无论是 Visual Studio 还是命令行，在稳定版本中均以 x64 构建的：

```
cmake --build . --target xgboost --config Release
```

安装完成之后，用户即可配置 XGBoost 使用 GPU 加速。XGBoost 通过 GPU 进行模型训练非常简单，只需要配置 tree_method 参数即可，该参数中与 GPU 相关的参数有如下两项，其他训练参数如表 6-13 所示。

1）gpu_exact：标准的 XGBoost 树构建算法，会对每个切分点进行计算，比 gpu_hist 方式慢且占用更多内存。

2）gpu_hist：XGBoost 直方图算法，速度更快且所需内存更少。

两者对不同功能参数的支持情况是不一样的，如表 6-13 所示。

表 6-13　gpu_exact 和 gpu_hist 支持参数表

参数	gpu_exact	gpu_hist
subsample	×	√
colsample_bytree	×	√
colsample_bylevel	×	√
max_bin	×	√
gpu_id	√	√
n_gpus	×	√
predictor	√	√
grow_policy	×	√
monotone_constraints	×	√
single_precision_histogram	×	√

注：×—不支持；√—支持。

可以通过 tree_method 参数启用 GPU 加速。另外，也可通过设置 predictor 参数为 cpu_ predictor 采用 CPU 预测。如果想要节省 GPU 内存，这个参数是非常有用的。同理，如果在采用 CPU 算法时，将 predictor 设置为 gpu_predictor 也可以启用 GPU 预测。通过 gpu_id 参数可以选择 GPU 设备号，默认是 0。通过 n_gpus 参数可以设置使用多个 GPU 该参数可以和 grow_gpu_hist 参数一起使用，n_gpus 默认为 1，如果其设置为 –1 则表示使用所有可用的 GPU。由于 PCI 总线带宽的限制，多 GPU 并不一定总比单 GPU 更快。另外，CPU 对多个 GPU 的调用开销也可能限制多 GPU 的使用。

下面看一个 XGBoost 通过 GPU 加速训练的示例，该示例由 XGBoost 官方提供，通过 Python 实现，源码位于工程的 demo 文件夹下。

```
1. import xgboost as xgb
2. import numpy as np
3. from sklearn.datasets import fetch_covtype
4. from sklearn.model_selection import train_test_split
5. import time
6.
7. # 通过sklearn获取数据集
8. cov = fetch_covtype()
9. X = cov.data
10.y = cov.target
11.
12.# 按照0.75/0.25的比例创建训练集和测试集
13.X_train, X_test, y_train, y_test = train_test_split(X, y, test_size=0.25,
                                                    train_size=0.75,
14.                                                  random_state=42)
15.
16.# 指定训练迭代轮数
17.num_round = 3000
18.
19.# 指定参数
20.param = {'objective': 'multi:softmax', # 多分类参数
21.         'num_class': 8, # 类别数量为8
22.         'tree_method': 'gpu_hist' # 通过GPU加速算法计算
23.         }
24.
25.# 将输入数据集由numpy转为XGBoost的格式
26.dtrain = xgb.DMatrix(X_train, label=y_train)
27.dtest = xgb.DMatrix(X_test, label=y_test)
28.
29.gpu_res = {} # 用于存储准确率结果
30.tmp = time.time()
31.# 训练模型
32.xgb.train(param, dtrain, num_round, evals=[(dtest, 'test')],
           evals_result=gpu_res)
33.
34.# 输出GPU训练时间
35.print("GPU Training Time: %s seconds" % (str(time.time() - tmp)))
36.
37.# 再通过CPU算法进行训练
38.tmp = time.time()
39.param['tree_method'] = 'hist'
40.cpu_res = {}
41.xgb.train(param, dtrain, num_round, evals=[(dtest, 'test')],
           evals_result=cpu_res)
42.
43.# 输出CPU算法时间
44.print("CPU Training Time: %s seconds" % (str(time.time() - tmp)))
```

上述示例通过 GPU 对 XGBoost 直方图算法进行加速，常规算法调用方法类似，只需将参数改为 gpu_exact 即可。另外，示例还对比了 GPU 加速算法和 CPU 算法的运行时间。表 6-14 是示例运行的对比结果，可见在训练精度相差无几的情况下，CPU 的运行时间是 GPU 的运行时间的约 2.3 倍。

表 6-14　示例代码 CPU 与 GPU 对比

GPU/CPU	Test-merror	Training Time(s)
GPU	0.031628	1186.15904522
CPU	0.031566	2718.82353806

6.7　小结

本章主要介绍了 XGBoost 的分布式实现及应用。XGBoost 以 Rabit 框架为基础实现了分布式学习，并通过恢复协议、检查点等技术解决了训练过程中的故障恢复问题。XGBoost 实现了与资源管理系统 YARN 相结合，可方便地在该系统上完成任务提交等操作。另外，XGBoost 还支持多种分布式计算框架，如 Spark、Flink 等，并能与其生态系统下的机器学习工具完美融合。随着 GPU 重要性的日益提高，XGBoost 也实现了自己的 GPU 版本，极大提高了针对大数据集的计算性能。

第 7 章

XGBoost 进阶

有了第 5 章和第 6 章的基础，本章将深入剖析 XGBoost 各个组件的实现原理。XGBoost 支持树模型和线性模型两大类型的模型训练，采用了多种构建树的优化方法，极大提高了模型训练的效率。本章将以 XGBoost 0.7 版本⊖为例，详细介绍 XGBoost 组件中的重要操作的实现，并回顾整个算法过程的工作原理。

7.1 模型训练、预测及解析

XGBoost 主要包含模型训练、模型预测和模型解析（DumpModel）3 个处理流程。

1）模型训练：通过学习器单机或者分布式训练线性模型或者树模型。

2）模型预测：通过训练好的模型对预测数据进行预测。

3）模型解析：XGBoost 将模型文件解析为文本格式，解析后的文件是非常工整的模型树描述。用户可以通过它对模型进行分析，也可以根据实际需要自己实现代码解析该文件进行模型预测，适用于无法部署 XGBoost 库的生产环境。

7.1.1 树模型训练

通过前面的学习，相信读者已经对决策树、Gradient Tree Boosting 和树模型的更新算法等知识具备了一定的理论基础。下面介绍 XGBoost 模型训练的具体实现流程，此处以树模型为例，如图 7-1 所示。

⊖ 后续版本原理相同。

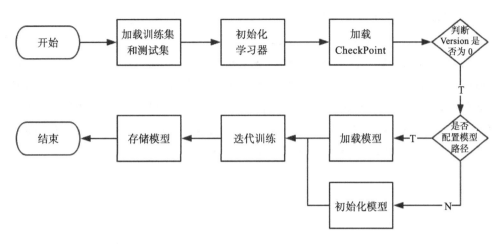

图 7-1　模型训练流程图

首先，XGBosot 通过配置的训练参数加载训练集和测试集，如果配置了 eval_train，则训练集也会被加入评估。随后初始化一个学习器并加载 Rabit 的 CheckPoint。判断加载 CheckPoint 后的版本号，如果版本号为 0，说明模型是新建立或需要重新训练，如果配置了模型路径，则依据路径加载模型，否则直接初始化模型。如果版本号非 0，则直接在之前的模型基础上继续训练。代码如下：

```
1.  void CLITrain(const CLIParam& param) {
2.    ...
3.    // 初始化learner
4.    std::unique_ptr<Learner> learner(Learner::Create(cache_mats));
5.
6.    // 加载CheckPoint
7.    int version = rabit::LoadCheckPoint(learner.get());
8.    // 若版本为0，即为新模型或者需重新训练旧模型
9.    if (version == 0) {
10.     if (param.model_in != "NULL") {
11.       // 如果配置了模型路径，则按此路径加载模型
12.       std::unique_ptr<dmlc::Stream> fi(
13.           dmlc::Stream::Create(param.model_in.c_str(), "r"));
14.       learner->Load(fi.get());
15.       learner->Configure(param.cfg);
16.     } else {
17.       // 否则初始化模型
18.       learner->Configure(param.cfg);
19.       learner->InitModel();
20.     }
21.   }
22.   ...
23. }
```

图 7-2 是模型迭代更新流程图。在模型迭代更新的过程中，更新和评估交替进行，因此一轮完整的迭代包括模型更新和评估两部分，先进行模型更新（UpdateOneIter），然后进行评估（EvalOneIter）。首先，更新模型时，先对模型进行一次迭代更新，再通过 Rabit 记录 CheckPoint，用以故障恢复；然后通过配置的 metrics 评估模型结果，对于分布式训练则评估结果会在主节点输出，对于单机训练则评估结果直接输出到终端。评估完成后，根据配置完成模型存储，若 save_period 参数不为 0 且配置合法，则主节点每 save_period 轮存储一次模型。最后，再记录一次 CheckPoint，结束一轮迭代训练。

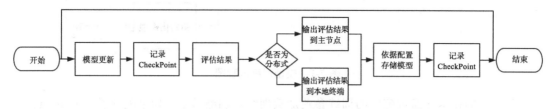

图 7-2　模型迭代更新流程图

模型迭代更新过程的代码实现如下：

```
1.    void CLITrain(const CLIParam& param) {
2.    ...
3.    // 迭代训练(UpdateOneIter)并进行评估(EvalOneIter)
4.    for (int i = version / 2; i < param.num_round; ++i) {
5.      double elapsed = dmlc::GetTime() - start;
6.      if (version % 2 == 0) {
7.        // 版本为偶数，迭代训练
8.        if (param.silent == 0) {
9.          LOG(CONSOLE) << "boosting round " << i << ", " << elapsed
                          << " sec elapsed";
10.       }
11.       // 模型进行一次迭代更新
12.       learner->UpdateOneIter(i, dtrain.get());
13.       //rabit记录CheckPoint(一个阶段完成，rabit需要记CheckPoint)
14.       if (learner->AllowLazyCheckPoint()) {
15.         rabit::LazyCheckPoint(learner.get());
16.       } else {
17.         rabit::CheckPoint(learner.get());
18.       }
19.       version += 1;
20.     }
21.     // 版本为奇数时，模型评估
22.     CHECK_EQ(version, rabit::VersionNumber());
23.     // 生成相应metrics的评估结果
24.     std::string res = learner->EvalOneIter(i, eval_datasets, eval_data_names);
```

```
25.    if (rabit::IsDistributed()) {
26.    // 如果为分布式，结果输出到主节点，否则，输出到终端
27.      if (rabit::GetRank() == 0) {
28.        LOG(TRACKER) << res;
29.      }
30.    } else {
31.      if (param.silent < 2) {
32.        LOG(CONSOLE) << res;
33.      }
34.    }
35.    // 满足配置条件，则每个save_period周期存储一次模型
36.    if (param.save_period != 0 &&
37.        (i + 1) % param.save_period == 0 &&
38.        rabit::GetRank() == 0) {
39.      std::ostringstream os;
40.      os << param.model_dir << '/'
41.        << std::setfill('0') << std::setw(4)
42.        << i + 1 << ".model";
43.      std::unique_ptr<dmlc::Stream> fo(
44.        dmlc::Stream::Create(os.str().c_str(), "w"));
45.      learner->Save(fo.get());
46.    }
47.    // 记录rabit的CheckPoint
48.    if (learner->AllowLazyCheckPoint()) {
49.      rabit::LazyCheckPoint(learner.get());
50.    } else {
51.      rabit::CheckPoint(learner.get());
52.    }
53.    version += 1;
54.    CHECK_EQ(version, rabit::VersionNumber());
55.  }
56.  ...
57.}
```

下面介绍每一次迭代更新（UpdateOneIter）的具体操作（EvalOneIter 在 7.4.1 节详细介绍）。迭代更新（UpdateOneIter）流程如图 7-3 所示，首先检查训练集的 DMatrix，确认是否可以进行训练。确认后先对训练集进行预测，然后根据预测结果计算出梯度统计信息，最后通过定义的 Updater 对模型进行更新。XGBoost 定义了多种 Updater，如 updater_colmaker、

图 7-3　迭代更新（UpdateOneIter）流程图

updater_fast_hist 等，通过不同的 Updater 实现不同的树更新算法。默认 Updater 有两个，为 updater_colmaker 和 prune，updater_colmaker 负责建树，prune 负责剪枝。

迭代更新（UpdateOneIter）实现代码如下：

```
1.  void UpdateOneIter(int iter, DMatrix* train) override {
2.    CHECK(ModelInitialized())
3.        << "Always call InitModel or LoadModel before update";
4.    if (tparam.seed_per_iteration || rabit::IsDistributed()) {
5.      common::GlobalRandom().seed(tparam.seed * kRandSeedMagic + iter);
6.    }
7.    // 初始化并检查训练集DMatrix
8.    this->LazyInitDMatrix(train);
9.    // 通过现有模型对训练集进行预测
10.   this->PredictRaw(train, &preds_);
11.   // 计算梯度统计信息
12.   obj_->GetGradient(preds_, train->info(), iter, &gpair_);
13.   // 根据梯度统计信息更新模型
14.   gbm_->DoBoost(train, &gpair_, obj_.get());
15. }
```

1. 样本预测

样本通过得到的当前模型进行预测，第一轮训练以初始值作为首轮预测值。

样本预测的详细过程会在后续章节介绍，此处主要介绍模型训练中梯度统计信息计算和根据统计信息构建新决策树的过程。

2. 梯度统计信息计算

根据目标函数求得一阶、二阶求导公式，通过预测值和真实值计算出梯度统计信息。梯度统计信息在模型训练过程中，通过 GetGradient 接口获得，下面以二分类问题的 binary:logistic 为例进行介绍。首先对样本的预测值进行变换，如在二分类问题中为 sigmoid 变换，然后更新当前样本的权重。若当前样本为负样本，则直接获取权重 ω；若当前样本为正样本，则更新权重 $\omega = \omega \times scale\_pos\_weight$。参数 scale_pos_weight 用于控制正样本和负样本的平衡，主要用在正负样本比例较悬殊的情况下，一般设置为 sum(negative cases) / sum(positive cases)。权重更新之后，程序会检查 label 值是否合法，如二分类问题中 label 取值范围为 0 ~ 1。最后，通过得到变换后的预测值和 label 计算一阶梯度和二阶梯度。对于本例，其一阶求导公式为

$$f' = \text{predicate} - \text{label}$$

二阶求导公式为

$$f'' = \text{predicate} \times (1.0 - \text{predicate})$$

根据公式计算出一阶梯度和二阶梯度后，更新到样本梯度统计对即可。相关代码如下：

```
1.  void GetGradient(const std::vector<bst_float> &preds,
2.                    const MetaInfo &info,
3.                    int iter,
4.                    std::vector<bst_gpair> *out_gpair) override {
5.    ...
6.    const omp_ulong ndata = static_cast<omp_ulong>(preds.size());
7.    #pragma omp parallel for schedule(static)
8.    for (omp_ulong i = 0; i < ndata; ++i) {
9.      // 对预测值进行变换，此处为sigmoid变换
10.     bst_float p = Loss::PredTransform(preds[i]);
11.     // 获取样本权重
12.     bst_float w = info.GetWeight(i);
13.     // 若为正样本，则权重w = w * param_.scale_pos_weight
14.     if (info.labels[i] == 1.0f) w *= param_.scale_pos_weight;
15.     // 检查label是否合法
16.     if (!Loss::CheckLabel(info.labels[i])) label_correct = false;
17.     // 求一阶梯度和二阶梯度
18.     out_gpair->at(i) = bst_gpair(Loss::FirstOrderGradient(p, info.labels[i]) * w,
19.                                  Loss::SecondOrderGradient(p, info.labels[i]) * w);
20.   }
21.   ...
22. }
```

3. 新树的构建

在 DoBoost 中，主要通过 BoostNewTrees 进行模型迭代操作，BoostNewTrees 会创建新的决策树，并将其加入更新列表中。process_type（用户可配置）用于判断是新建模型还是更新模型。若 process_type 为 default，则初始化一棵新树，并通过 Updater 构建。若 process_type 为 update，则从一个现有模型开始，只对树进行更新。在每一轮迭代中会从初始模型中取出一棵树，并通过 Updater 更新，然后将新生成的树加入新模型。相比于原模型，新模型树的数量只会更少或相同，具体数目取决于迭代轮数，但不会比原模型更多。

XGBoost 通过 Updater 构建或更新树，updater_colmaker 是 Updater 中最基本、最常用的一个方法，实现了精确贪心算法。下面以 updater_colmaker 为例介绍构建新树的过程。

updater_colmake 主要通过 Update 接口完成决策树的构建。首先对数据进行初始化，包括初始化样本节点位置信息，完成行采样（若配置）和列采样（若配置），构造根节点等。然后根据配置的树的最大深度逐层建树，每层处理步骤如下：① 寻找最优切分点；② 重新设置样本节点位置信息；③ 更新待分裂节点队列；④ 建立新的待分裂节点。新树达到最大深度后停止分裂，更新叶子节点的权重。代码如下：

```
1. virtual void Update(const std::vector<bst_gpair>& gpair,
```

```
2.                          DMatrix* p_fmat,
3.                          RegTree* p_tree) {
4.    // 初始化数据，包括初始样本节点位置信息、行采样（若配置）、列采样（若配置）
5.    this->InitData(gpair, *p_fmat, *p_tree);
6.    // 初始化根节点
7.    this->InitNewNode(qexpand_, gpair, *p_fmat, *p_tree);
8.    for (int depth = 0; depth < param.max_depth; ++depth) {
9.      // 计算最优切分点
10.     this->FindSplit(depth, qexpand_, gpair, p_fmat, p_tree);
11.     // 重设节点位置信息
12.     this->ResetPosition(qexpand_, p_fmat, *p_tree);
13.     // 更新待分裂节点队列
14.     this->UpdateQueueExpand(*p_tree, &qexpand_);
15.     // 初始化新的待分裂节点
16.     this->InitNewNode(qexpand_, gpair, *p_fmat, *p_tree);
17.     if (qexpand_.size() == 0) break;
18.   }
19.   // 更新最终叶子节点权重
20.   for (size_t i = 0; i < qexpand_.size(); ++i) {
21.     const int nid = qexpand_[i];
22.     (*p_tree)[nid].set_leaf(snode[nid].weight * param.learning_rate);
23.   }
24.
25.   ...
26.
27.}
```

（1）初始化新节点

树模型在建立根节点或产生新节点时都需要对节点进行初始化，这一过程通过 Init NewNode 函数实现。

实现过程如下：首先进行一些初始化的操作，然后通过多线程计算节点样本梯度统计信息和，即 G 和 H。因为多线程的缘故，处理完成后，需对同一节点不同线程处理结果进行汇总，求得全局梯度统计信息和。最后，根据得到的节点梯度统计信息，计算节点的收益和权重。代码如下：

```
1. inline void InitNewNode(const std::vector<int>& qexpand,
2.                         const std::vector<bst_gpair>& gpair,
3.                         const DMatrix& fmat,
4.                         const RegTree& tree) {
5.   {
6.
7.     ...
8.
9.     // 按每个线程对线程负责的各个节点的样本梯度统计信息分别求和
```

```
10.    const bst_omp_uint ndata = static_cast<bst_omp_uint>(rowset.size());
11.    #pragma omp parallel for schedule(static)
12.    for (bst_omp_uint i = 0; i < ndata; ++i) {
13.      const bst_uint ridx = rowset[i];
14.      const int tid = omp_get_thread_num();
15.      if (position[ridx] < 0) continue;
16.      stemp[tid][position[ridx]].stats.Add(gpair, info, ridx);
17.    }
18.    // 对相同节点各个线程的梯度统计信息求和
19.    for (size_t j = 0; j < qexpand.size(); ++j) {
20.      const int nid = qexpand[j];
21.      TStats stats(param);
22.      for (size_t tid = 0; tid < stemp.size(); ++tid) {
23.        stats.Add(stemp[tid][nid].stats);
24.      }
25.      // 更新节点统计信息
26.      snode[nid].stats = stats;
27.    }
28.
29.    ...
30.
31.    // 计算收益和权重
32.    for (size_t j = 0; j < qexpand.size(); ++j) {
33.      const int nid = qexpand[j];
34.      snode[nid].root_gain = static_cast<float>(
35.          constraints_[nid].CalcGain(param, snode[nid].stats));
36.      snode[nid].weight = static_cast<float>(
37.          constraints_[nid].CalcWeight(param, snode[nid].stats));
38.    }
39. }
```

XGBoost 通过 CalcGain 和 CalcWeight 计算节点的收益（此处收益即目标函数值）和权重。第 5 章介绍了收益和权重的公式推导和计算方法，见式（5-11）至式（5-13），本节会对收益和权重计算的实现细节进行介绍，使读者能够深入地探究其实现机制，以加深理解。

　　节点收益是寻找最优切分点的依据，对构建决策树是十分重要的。由前述可知，计算节点收益即对目标函数求最值，通过一元二次函数最值公式即可求解。在计算时，会比较二阶梯度和与 min_child_weight 的大小关系，若二阶梯度和小于设置的 min_child_weight，则直接返回 0。参数 min_child_weight 是二阶梯度和的最小限制，若节点样本的二阶梯度和小于该值，则限制节点进一步分裂，因此该值越大，算法越趋于保守，反之，算法越激进。此外，还会判断 max_delta_step 参数的大小，即允许权重的最大增量步长，若其为 0，则没有约束，若其为正值，则更新步骤更为保守。为了方便读者理解，首先来看不考虑 max_delta_step 约束的情况。由前述可知，若未设置 L1 正则项，则返回收益如下：

$$\text{gain} = \frac{G^2}{H + \lambda}$$

式中，G 为一阶梯度和；H 为二阶梯度和；λ 为 L2 正则参数。

若设置了 L1 正则项，则首先通过 ThresholdL1 函数进行计算，具体逻辑如下：

```
1. XGB_DEVICE inline static T1 ThresholdL1(T1 w, T2 lambda) {
2.    if (w > +lambda)
3.       return w - lambda;
4.    if (w < -lambda)
5.       return w + lambda;
6.    return 0.0;
7. }
```

因此，最终返回收益如下：

$$\text{gain} = \frac{(\text{ThresholdL1}(G, \alpha))^2}{H + \lambda}$$

理解了上述过程后，下面介绍设置了最大增量步长（max_delta_step）的情况。设置 max_delta_step 后，权重 ω 便有了约束条件，最值公式不再适用，因为此时 ω 并不一定能取到最值对应的最优值。在这种情况下，首先通过 CalcWeight 函数计算权重值 ω（计算逻辑稍后介绍）。得到权重 ω 后带入式（5-12）求得目标函数值。如果设置了 L1 正则项，则在前述目标函数值的基础上加上 L1 正则项 $\alpha|\omega|$。收益计算的代码如下：

```
1. XGB_DEVICE inline T CalcGain(const TrainingParams &p, T sum_grad, T sum_hess) {
2.    // 如果二阶梯度和小于min_child_weight，则返回0
3.    if (sum_hess < p.min_child_weight)
4.       return 0.0;
5.    // 判断最大更新权重max_delta_step
6.    if (p.max_delta_step == 0.0f) {
7.       // L1正则项未设置则直接计算目标函数
8.       if (p.reg_alpha == 0.0f) {
9.          return Sqr(sum_grad) / (sum_hess + p.reg_lambda);
10.      } else {
11.         // 设置了L1正则项，则先对sum_grad求一截断，逻辑如下，然后计算目标函数
12.         return Sqr(ThresholdL1(sum_grad, p.reg_alpha)) /
13.               (sum_hess + p.reg_lambda);
14.      }
15.   } else {
16.      // 若设置了最大更新权重，则首先计算权重
17.      T w = CalcWeight(p, sum_grad, sum_hess);
18.      // 得到权重w后，计算目标函数
19.      T ret = sum_grad * w + 0.5 * (sum_hess + p.reg_lambda) * Sqr(w);
20.      if (p.reg_alpha == 0.0f) {
21.         return -2.0 * ret;
```

```
22.    } else {
23.      // 若配置了L1正则项，则加上p.reg_alpha * std::abs(w)正则项
24.      return -2.0 * (ret + p.reg_alpha * std::abs(w));
25.    }
26.  }
27.}
```

权重通过 CalcWeight 函数计算得到，流程和收益计算类似。首先判断二阶梯度和的大小，其小于 min_child_weight 则返回权重 0。否则，在未配置最大增量步长（max_delta_step）和 L1 正则项的情况下，根据式（5-11）计算权重：

$$\omega = \frac{-G}{H+\lambda}$$

若配置了 L1 正则项，则为

$$\omega = \frac{-\mathrm{ThresholdL1}(G, \alpha)}{H+\lambda}$$

若配置了最大增量步长，则比较计算的权重 ω 与 max_delta_step、–max_delta_step 的大小关系。若权重 ω 大于 max_delta_step 或小于 –max_delta_step，则最终 ω 为 max_delta_step 或 –max_delta_step，否则，权重值不变。权重计算代码如下：

```
1. XGB_DEVICE inline T CalcWeight(const TrainingParams &p, T sum_grad, T
2.                                sum_hess) {
3.   // 如果二阶梯度和小于min_child_weight，则返回0
4.   if (sum_hess < p.min_child_weight)
5.     return 0.0;
6.   T dw;
7.   if (p.reg_alpha == 0.0f) {
8.     // 计算w
9.     dw = -sum_grad / (sum_hess + p.reg_lambda);
10.  } else {
11.    // 若配置L1正则项，则通过ThresholdL1计算
12.    dw = -ThresholdL1(sum_grad, p.reg_alpha) / (sum_hess + p.reg_lambda);
13.  }
14.  // 通过max_delta_step配置对权重进行截断
15.  if (p.max_delta_step != 0.0f) {
16.    if (dw > p.max_delta_step)
17.      dw = p.max_delta_step;
18.    if (dw < -p.max_delta_step)
19.      dw = -p.max_delta_step;
20.  }
21.  return dw;
22.}
```

收益和权重计算完成后，初始化节点的部分就结束了。由上述可知，节点初始化主要包括节点样本梯度信息统计和收益、权重计算等过程，为后续寻找最优切分点等流程提供了依据信息。

（2）节点分裂

根节点初始化完成后，XGBoost 依据树最大深度等配置信息逐层建树，对每层待分裂节点进行如下处理：① 寻找最优切分点；② 重新设置样本节点位置信息；③ 更新待分裂节点队列；④ 初始化新节点。

1）寻找最优切分点。

在树模型中，待分裂节点是否继续分裂及如何分裂都是通过切分点查找算法实现的。XGBoost 中的 updater_colmaker 实现了精确贪心算法来寻找最优切分点。如前所述，该算法是一种启发式算法，通过求解每一步的局部最优来达到最终全局最优的目标。因此，在树模型节点分裂的过程中，只需找到当前收益最大的特征及其切分点即可，详细步骤如下。

首先根据配置信息（colsample_bylevel）进行列采样，colsample_bylevel 为 1.0 表示不进行采样，否则，以 colsample_bylevel 作为采样率进行采样。采样完成后，遍历现在的列，计算最优切分点，并通过 UpateSolution 生成节点的划分方案（包括划分特征、划分值等）。该步骤是多线程处理的，因此需要汇总每个节点所有线程的计算结果，生成每个节点的最终划分方案。最后，依照每个节点的划分方案进行节点分裂，如果节点收益小于定义的最小收益值，则不进行分裂，并将该叶子节点的权重设置为 $\omega \times$ learning_rate。此处的学习率并非保持不变，而是随着模型每轮迭代更新而减小。寻找最优切分点由 findsplit 函数实现，具体代码如下：

```
1.  inline void findsplit(int depth,
2.  const std::vector<int> &qexpand, const std::vector<bst_gpair> &gpair,
3.                      DMatrix *p_fmat,
4.                      RegTree *p_tree) {
5.    // 列采样
6.    std::vector<bst_uint> feat_set = feat_index;
7.    if (param.colsample_bylevel != 1.0f) {
8.      std::shuffle(feat_set.begin(), feat_set.end(), common::GlobalRandom());
9.      unsigned n = static_cast<unsigned>(param.colsample_bylevel *
                      1*feat_index.size());
10.     CHECK_GT(n, 0U)
11.         << "colsample_bylevel is too small that no feature can be included";
12.     feat_set.resize(n);
13.   }
14.   dmlc::DataIter<ColBatch>* iter = p_fmat->ColIterator(feat_set);
15.   while (iter->Next()) {
16.     //更新解决方案
```

```
17.     this->UpdateSolution(iter->Value(), gpair, *p_fmat);
18.   }
19.   // 同步每个节点上所有线程计算的最优候选切分点，并选出全局最优切分点
20.   this->SyncBestSolution(qexpand);
21.   // 得到最优切分点后，执行解决方案
22.   for (size_t i = 0; i < qexpand.size(); ++i) {
23.     const int nid = qexpand[i];
24.     NodeEntry &e = snode[nid];
25.     // 依照每个节点的解决方案，进行分裂
26.     if (e.best.loss_chg > rt_eps) {
27.       // 收益大于定义的最小收益值则进行分裂
28.       p_tree->AddChilds(nid);
29.       (*p_tree)[nid].set_split(e.best.split_index(), e.best.split_value,
                e.best.default_left());
30.       (*p_tree)[(*p_tree)[nid].cleft()].set_leaf(0.0f, 0);
31.       (*p_tree)[(*p_tree)[nid].cright()].set_leaf(0.0f, 0);
32.     } else {
33.       // 收益值过小，则不分裂。叶子节点权重为weight * learning_rate
34.       (*p_tree)[nid].set_leaf(e.weight * param.learning_rate);
35.     }
36.   }
37.}
```

下面介绍 UpdateSolution 如何生成每个节点的划分方案。UpdateSolution 采用多线程并行处理的方式将数据分为多个 batch，每个线程负责一个 batch。在处理数据时，UpdateSolution 会进行两次判断——是否需要从小到大、从大到小进行扫描。该判断主要考虑到缺省值的情况，通过两次扫描学习出缺省值划分到哪个方向收益更大。另外，若一个特征所有的样本都是同一个值，则不会进行扫描，因为对模型来讲这类特征是无价值的。在两次扫描过程中，UpdateSolution 通过 EnumerateSplit 计算收益，确定划分点。生成节点解决方案的代码如下：

```
1. virtual void UpdateSolution(const ColBatch& batch,
2.                             const std::vector<bst_gpair>& gpair,
3.                             const DMatrix& fmat) {
4.   ...
5.
6.   // 并行处理配置
7.   #if defined(_OPENMP)
8.   const int batch_size = std::max(static_cast<int>(nsize /
                                this->nthread / 32), 1);
9.   #endif
10.  int poption = param.parallel_option;
11.  if (poption == 2) {
12.    poption = static_cast<int>(nsize) * 2 < this->nthread ? 1 : 0;
```

```
13.    }
14.    if (poption == 0) {
15.      #pragma omp parallel for schedule(dynamic, batch_size)
16.      for (bst_omp_uint i = 0; i < nsize; ++i) {
17.        ...
18.        // 对于只有一个值的特征, 不再进行扫描计算
19.        const bool ind = c.length != 0 && c.data[0].fvalue ==
                            c.data[c.length - 1].fvalue;
20.        if (param.need_forward_search(fmat.GetColDensity(fid), ind)) {
21.          // 判断是否需要从小到大进行检索
22.          this->EnumerateSplit(c.data, c.data + c.length, +1,
23.                              fid, gpair, info, stemp[tid]);
24.        }
25.        if (param.need_backward_search(fmat.GetColDensity(fid), ind)) {
26.          // 判断是否需要从大到小进行检索
27.          this->EnumerateSplit(c.data + c.length - 1, c.data - 1, -1,
28.                              fid, gpair, info, stemp[tid]);
29.        }
30.      }
31.    } else {
32.      for (bst_omp_uint i = 0; i < nsize; ++i) {
33.        this->ParallelFindSplit(batch[i], batch.col_index[i],
34.                              fmat, gpair);
35.      }
36.    }
37.}
```

EnumerateSplit 从左到右（或从右到左）遍历特征值, 对特征值左边（即小于该特征值）的梯度统计信息求和, 作为左子节点梯度信息和, 再通过节点梯度统计信息和减去左子节点梯度信息和得到右子节点梯度信息和。然后计算出分裂后收益增量, 即左子节点收益 + 右子节点收益 - 原节点收益。根据收益增量更新节点的最优切分信息, 得到最终节点划分方案。另外, EnumerateSplit 还提供了一种通过缓存预取进行优化的实现, 读者如有兴趣, 可自行研究, 此处不再详述。EnumerateSplit 代码如下:

```
1. inline void EnumerateSplit(const ColBatch::Entry *begin,
2.                            const ColBatch::Entry *end,
3.                            int d_step,
4.                            bst_uint fid,
5.                            const std::vector<bst_gpair> &gpair,
6.                            const MetaInfo &info,
7.                            std::vector<ThreadEntry> &temp) { // NOLINT(*)
8.    // 通过cacheline优化进行切分点评估算法, 采用缓存预取优化, 提高计算速度
9.    if (TStats::kSimpleStats != 0 && param.cache_opt != 0) {
10.     EnumerateSplitCacheOpt(begin, end, d_step, fid, gpair, temp);
```

```
11.    return;
12.  }
13.  ...
14.  // 此处c为右子节点样本的梯度统计信息
15.  TStats c(param);
16.  for (const ColBatch::Entry *it = begin; it != end; it += d_step) {
17.    const bst_uint ridx = it->index;
18.    const int nid = position[ridx];
19.    if (nid < 0) continue;
20.    const bst_float fvalue = it->fvalue;
21.
22.    // 获取节点的统计信息，e存储了左子节点样本的梯度统计信息
23.    ThreadEntry &e = temp[nid];
24.    // 如果是第一次执行，则e为空，加上第一个值的统计信息
25.    if (e.stats.Empty()) {
26.      e.stats.Add(gpair, info, ridx);
27.      e.last_fvalue = fvalue;
28.    } else {
29.      if (fvalue != e.last_fvalue &&
30.          e.stats.sum_hess >= param.min_child_weight) {
31.        // c等于节点统计信息减去e存储的统计信息
32.        c.SetSubstract(snode[nid].stats, e.stats);
33.        if (c.sum_hess >= param.min_child_weight) {
34.          bst_float loss_chg;
35.          // 判断方向是从左到右还是从右到左
36.          if (d_step == -1) {
37.            // 计算左子节点收益+右子节点的收益（CalcSplitGain实现）-为分裂前节点收益
38.            loss_chg = static_cast<bst_float>(
39.                constraints_[nid].CalcSplitGain(param, fid, c, e.stats) -
40.                snode[nid].root_gain);
41.          } else {
42.            loss_chg = static_cast<bst_float>(
43.                constraints_[nid].CalcSplitGain(param, fid, e.stats, c) -
44.                snode[nid].root_gain);
45.          }
46.          // 判断收益大小，更新最优切分点
47.          e.best.Update(loss_chg, fid,
48.                        (fvalue + e.last_fvalue) * 0.5f, d_step == -1);
49.        }
50.      }
51.      e.stats.Add(gpair, info, ridx);
52.      e.last_fvalue = fvalue;
53.    }
54.  }
55.  ...
56. }
```

2）重新设置样本节点位置信息。

找到最优切分点后，便需要更新样本的节点位置信息。对于划分至非默认节点的样本，判定相应特征取值与最优切分点的大小关系。若取值小于最优切分点，则样本被划分至左子节点，否则被划分至右子节点。划分至默认节点的样本包含两种类型，分别是所在节点为叶子节点的样本和所在节点非叶子节点但切分特征取值缺省的样本。第一种类型的样本节点信息为该节点本身，第二种类型的样本则会被划分到经过学习的缺省节点中。上述过程由 ResetPosition 函数实现。

3）更新待分裂节点队列。

将更新后的新一层节点加入待分裂节点队列中，新一层的节点为本轮迭代中新生成的子节点。如果队列中无新加入节点，说明已无额外收益，决策树已停止分裂，退出迭代过程；否则，判断树是否达到规定的最大深度，若未达到，则继续迭代计算待分裂节点，直至决策树达到最大深度或无额外收益后停止分裂。上述过程由 UpdateQueueExpand 函数实现。

4）初始化新节点。

在一轮迭代计算的最后，会对本轮迭代生成的新节点进行初始化。其初始化的过程与根节点的初始化过程相同，此处不再详述。

4. 剪枝

新树的节点分裂和构建完成之后，还需对新生成的树进行剪枝，降低树的复杂度，提高泛化能力。在 XGBoost 中，updater_prune 负责决策树的剪枝。模型在训练过程中，通过 updater_colmaker 等 Updater 完成树的构建后，即会调用 updater_prune 进行剪枝。updater_prune 主要通过 Update 函数实现，代码如下：

```
1.  void Update(const std::vector<bst_gpair> &gpair,
2.              DMatrix *p_fmat,
3.              const std::vector<RegTree*> &trees) override {
4.    // 通过树数量计算本轮学习率
5.    float lr = param.learning_rate;
6.    param.learning_rate = lr / trees.size();
7.    for (size_t i = 0; i < trees.size(); ++i) {
8.      // 通过DoPrune实行剪枝
9.      this->DoPrune(*trees[i]);
10.   }
11.   param.learning_rate = lr;
12.   // 若为分布式环境，将树模型通过Rabit同步给其他节点
13.   syncher->Update(gpair, p_fmat, trees);
14. }
```

首先计算学习率（learning_rate），当前学习率由上轮学习率除以树的数量得到，其会随着模型迭代轮数的增加而减小。学习率确定后，便会对新树进行剪枝，通过 DoPrune 实现：

```
1.  inline void DoPrune(RegTree &tree) {
2.    int npruned = 0;
3.    ...
4.    // 扫描叶子节点
5.    for (int nid = 0; nid < tree.param.num_nodes; ++nid) {
6.      if (tree[nid].is_leaf()) {
7.        npruned = this->TryPruneLeaf(tree, nid, tree.GetDepth(nid), npruned);
8.      }
9.    }
10.   ...
11. }
```

首先扫描叶子节点，并通过 TryPruneLeaf 函数处理。TryPruneLeaf 函数判断叶子节点的父节点的孩子为叶子节点的数量，若数量小于 2，则直接返回，继续扫描；否则，通过比较收益与定义的最小收益的大小关系，判断该节点是否需要剪枝，若比最小收益小，则剪枝，否则，不剪枝。剪枝即把左右两个子节点去掉，将当前节点设为叶子节点，并对此节点递归调用 TryPruneLeaf 函数，直至无节点需剪枝或到达根节点。迭代完成后，继续扫描其他叶子节点，处理过程同上，直至扫描完成。分布式环境下，剪枝完成后的模型通过 Rabit 同步给其他计算节点。TryPruneLeaf 代码如下：

```
1.  inline int TryPruneLeaf(RegTree &tree, int nid, int depth, int npruned) {
2.    // 根节点返回
3.    if (tree[nid].is_root()) return npruned;
4.    // 统计该节点的父节点目前孩子为叶子节点的数量
5.    int pid = tree[nid].parent();
6.    RegTree::NodeStat &s = tree.stat(pid);
7.    ++s.leaf_child_cnt;
8.    // 若孩子为叶子节点数量大于等于2且收益小于定义的最小收益，则实行剪枝
9     if (s.leaf_child_cnt >= 2 && param.need_prune(s.loss_chg, depth - 1)) {
10.     // 对该节点进行剪枝，将其改变为叶子节点
11.     tree.ChangeToLeaf(pid, param.learning_rate * s.base_weight);
12.     // 递归调用该节点
13.     return this->TryPruneLeaf(tree, pid, depth - 1, npruned + 2);
14.   } else {
15.     return npruned;
16.   }
17. }
```

7.1.2　线性模型训练

相比于树模型，线性模型的训练过程要简单一些，第 5 章已经介绍过了线性模型的基本原理和训练过程，读者可自行回顾相关知识，本节主要介绍线性模型训练过程的实现。

线性模型同树模型一样，也是通过 DoBoost 函数实现训练过程。首先，对模型进行初始化，主要是初始化模型参数，包括权重 ω、偏差 bias 等。然后对每个样本的所有输出组求梯度信息和 G、H，然后移除偏差 bias 影响，方法同 ω，先求 Δb，然后对 bias 进行更新。求得 Δb 后，对每一个样本的一阶梯度信息进行更新。这里解释一下用 Δb 更新 g 的逻辑，此处也是一个二次展开式，即 $g = g + h\Delta b$。然后得到用于计算 $\Delta \omega$ 的 G' 和 H'，需要注意 G'、H' 计算方法和之前用于求 Δb 的 G、H 计算方法不同，G、H 由样本的一阶梯度 g 和二阶梯度 h 直接求和得到，G' 和 H' 则为 gx 和 hx^2。下面看下如何利用 G' 和 H' 求 $\Delta \omega$，通过式（5-18）可得到 $\Delta \omega$ 的计算公式，首先不考虑 L1 正则项，先计算 tmp 值：

$$tmp = \omega - \frac{G' + \lambda\omega}{H' + \lambda}$$

式中，λ 为 L2 正则权重。

然后考虑 L1 正则项，首先判断 tmp 值的正负，分两种情况处理。

若 tmp 为正，则

$$\Delta\omega = \max\left(-\frac{G' + \lambda\omega + \alpha}{H' + \lambda}, -\omega\right)$$

式中，α 为 L1 正则权重。

若 tmp 为负，则

$$\Delta\omega = \min\left(-\frac{G' + \lambda\omega + \alpha}{H' + \lambda}, -\omega\right)$$

由上可知，如果 ω 的绝对值小于求得的 $\Delta\omega$ 绝对值，则直接将 $\Delta\omega$ 设为 $-\omega$，即最终更新后 ω 为 0。得到 $\Delta\omega$ 后，对 ω 进行更新，最后，再次更新数据的一阶梯度统计信息 g。相关代码如下：

```
1. void DoBoost(DMatrix *p_fmat,
2.              std::vector<bst_gpair> *in_gpair,
3.              ObjFunction* obj) override {
4.    // 模型初始化
5.    if (model.weight.size() == 0) {
6.      model.InitModel();
7.    }
8.
```

```
9.     std::vector<bst_gpair> &gpair = *in_gpair;
10.    const int ngroup = model.param.num_output_group;
11.    const RowSet &rowset = p_fmat->buffered_rowset();
12.    // 对于所有分组进行处理
13.    for (int gid = 0; gid < ngroup; ++gid) {
14.      // 计算G和H
15.      double sum_grad = 0.0, sum_hess = 0.0;
16.      const bst_omp_uint ndata = static_cast<bst_omp_uint>(rowset.size());
17.      #pragma omp parallel for schedule(static) reduction(+: sum_grad, sum_hess)
18.      for (bst_omp_uint i = 0; i < ndata; ++i) {
19.        bst_gpair &p = gpair[rowset[i] * ngroup + gid];
20.        if (p.hess >= 0.0f) {
21.          sum_grad += p.grad; sum_hess += p.hess;
22.        }
23.      }
24.      // 移除bias影响
25.      bst_float dw = static_cast<bst_float>(
26.        param.learning_rate * param.CalcDeltaBias
                  (sum_grad, sum_hess, model.bias()[gid]));
27.      model.bias()[gid] += dw;
28.      // 更新梯度信息
29.      #pragma omp parallel for schedule(static)
30.      for (bst_omp_uint i = 0; i < ndata; ++i) {
31.        bst_gpair &p = gpair[rowset[i] * ngroup + gid];
32.        if (p.hess >= 0.0f) {
33.          p.grad += p.hess * dw;
34.        }
35.      }
36.    }
37.    dmlc::DataIter<ColBatch> *iter = p_fmat->ColIterator();
38.    while (iter->Next()) {
39.      const ColBatch &batch = iter->Value();
40.      const bst_omp_uint nfeat = static_cast<bst_omp_uint>(batch.size);
41.      #pragma omp parallel for schedule(static)
42.      for (bst_omp_uint i = 0; i < nfeat; ++i) {
43.        const bst_uint fid = batch.col_index[i];
44.        ColBatch::Inst col = batch[i];
45.        for (int gid = 0; gid < ngroup; ++gid) {
46.          double sum_grad = 0.0, sum_hess = 0.0;
47.          for (bst_uint j = 0; j < col.length; ++j) {
48.            const bst_float v = col[j].fvalue;
49.            bst_gpair &p = gpair[col[j].index * ngroup + gid];
50.            if (p.hess < 0.0f) continue;
51.            sum_grad += p.grad * v;
52.            sum_hess += p.hess * v * v;
53.          }
```

```
54.        bst_float &w = model[fid][gid];
55.        bst_float dw = static_cast<bst_float>(param.learning_rate *
                                    param.CalcDelta(sum_grad, sum_hess, w));
56.        w += dw;
57.        // 更新梯度信息
58.        for (bst_uint j = 0; j < col.length; ++j) {
59.          bst_gpair &p = gpair[col[j].index * ngroup + gid];
60.          if (p.hess < 0.0f) continue;
61.          p.grad += p.hess * col[j].fvalue * dw;
62.        }
63.      }
64.    }
65.  }
66.}
```

7.1.3　模型预测

训练好的模型最终会被用于数据预测和分析，从而使得机器学习能够在实际场景中应用。模型预测是指通过训练好的模型对样本数据进行预测，样本可以是已知 label 的样本，使用不同指标对预测值和真实值进行评估来验证模型的准确性，也可以是未知样本，得到的预测值应用于生产环境。

模型预测的第一步是加载待预测数据和现有模型，然后通过树模型的预测 API 进行预测。在树模型中，关于预测的 API 有两种：一种是预测值，另一种是预测叶子节点，即预测样本所在叶子节点的索引。因为两种方式的实现原理大体相同，所以下面主要以预测值为例进行介绍。

XGBoost 通过 Predict 函数实现样本预测，得到样本预测值。Predict 首先判断是否可以从缓存中读取预测值。若模型没有限制预测树的数量（ntree_limit = 0）或者限制树数量与输出组数目（num_output_group）的乘积大于模型树数量（ntree_limit × num_output_group > trees.size），则 Predict 会尝试从缓存数据中读取预测值，这样可以节省大量计算时间，提高效率。

下面解释一下 ntree_limit 和 num_output_group 这两个参数的含义，ntree_limit 是用于预测的树的数量，即用户可以选择不用所有树进行预测，而只使用其中一部分。num_output_group 是输出组的数量，表示最后模型预测结果有几组，如二分类问题组数量是 1，在多分类问题中，若预测每个分类的概率，则最终输出为一个向量，输出组的数量是向量的长度。若不满足缓存读取的条件，则可通过 PredLoopInternal 函数计算样本的预测值。Predict 代码如下：

```
1.    void Predict(DMatrix* p_fmat,
2.                 std::vector<bst_float>* out_preds,
3.                 unsigned ntree_limit) override {
4.      // 若满足判断条件，则读取缓存的预测值
5.      if (ntree_limit == 0 ||
6.          ntree_limit * mparam.num_output_group >= trees.size()) {
7.        auto it = cache_.find(p_fmat);
8.        if (it != cache_.end()) {
9.          std::vector<bst_float>& y = it->second.predictions;
10.         if (y.size() != 0) {
11.           out_preds->resize(y.size());
12.           std::copy(y.begin(), y.end(), out_preds->begin());
13.           return;
14.         }
15.       }
16.     }
17.     // 不满足条件，通过PredLoopInternal进行预测
18.     PredLoopInternal<GBTree>(p_fmat, out_preds, 0, ntree_limit, true);
19. }
```

PredLoopInternal 首先会计算预测树的数量，即 ntree_limit × num_output_group，若没有限制预测树数量，则模型所有树都作为预测树。另外，通过 base_margin 初始化预测值，base_margin 参数为指定的初始预测值。然后，通过选择的预测树对样本进行预测。预测时采用多线程并行处理，将样本划分为多个 batch，每个 batch 均由 8 个线程并行进行扫描预测。

下面介绍每个样本的预测过程。遍历所有选择的预测树，每棵树首先获取样本所在的叶子节点索引，然后通过索引得到该节点的权重，将该样本在所有预测树的权重相加，即得到预测结果。代码如下：

```
1.  inline bst_float PredValue(const RowBatch::Inst &inst,
2.                             int bst_group,
3.                             unsigned root_index,
4.                             RegTree::FVec *p_feats,
5.                             unsigned tree_begin,
6.                             unsigned tree_end) {
7.    bst_float psum = 0.0f;
8.    p_feats->Fill(inst);
9.    // 遍历所有选择的预测树，计算叶子节点索引，并获取叶子权重，累加所有权重得到预测值
10.   for (size_t i = tree_begin; i < tree_end; ++i) {
11.     if (tree_info[i] == bst_group) {
12.       int tid = trees[i]->GetLeafIndex(*p_feats, root_index);
13.       psum += (*trees[i])[tid].leaf_value();
14.     }
15.   }
```

```
16.      p_feats->Drop(inst);
17.      return psum;
18.   }
```

预测过程中的关键问题是获取叶子节点的索引，这是一个二叉树查找过程。对于每个样本，先从根节点开始，根据切分条件向下探索，若特征值小于切分点，则将左子节点作为下一个查找节点，否则，将右子节点作为下一个查找节点。如果对应特征值缺省，则以默认节点作为下一个查找节点。另外，会判断当前查找节点是否为叶子节点，若为叶子节点则结束，返回索引，否则继续探索。代码如下：

```
1.   inline int RegTree::GetLeafIndex(const RegTree::FVec& feat,
            unsigned root_id) const {
2.      int pid = static_cast<int>(root_id);
3.      // 对于每个样本，从根节点开始通过划分条件进行探索
4.      while (!(*this)[pid].is_leaf()) {
5.         unsigned split_index = (*this)[pid].split_index();
6.         pid = this->GetNext(pid, feat.fvalue(split_index),
                feat.is_missing(split_index));
7.      }
8.      return pid;
9.   }
10.
11.  inline int RegTree::GetNext(int pid, bst_float fvalue, bool is_unknown) const {
12.     bst_float split_value = (*this)[pid].split_cond();
13.     // 如果特征为缺省值，则直接返回默认节点
14.     if (is_unknown) {
15.        return (*this)[pid].cdefault();
16.     } else {
17.     // 特征值小于切分点划分为左子节点，否则划分为右子节点
18.        if (fvalue < split_value) {
19.           return (*this)[pid].cleft();
20.        } else {
21.           return (*this)[pid].cright();
22.        }
23.     }
24.  }
```

以上为模型预测的整体流程，其本质是通过生成的模型对样本进行划分，并通过样本所在叶子节点的权重得到最终预测值。此过程包含了预测叶子节点索引的过程，因此对于预测叶子节点索引的实现，此处不再单独介绍。

7.1.4　模型解析

模型解析是指将 XGBoost 模型转化为用户可读的文本格式，直观地展示模型结构。模型解析可以使用户更好地了解模型细节，完成模型分析。另外，某些特殊的线上生产环境可能无法部署 XGBoost 包。此时，可以将离线训练好的模型解析为可解释的文本格式，然后在线上环境中自己实现预测代码。

模型解析的实现十分简单，首先遍历模型的所有树，对于每一棵树，通过递归的方法遍历树的所有节点，然后结构化地输出节点的统计信息，最终写入文件即可。非叶子节点的统计信息包括节点 ID、深度、切分点信息、默认路径、gain、cover 等，叶子节点的统计信息则相对较少，为节点 ID、cover 和叶子节点值。其中，节点的 gain 和 cover 需通过指定 with_stats 为 True 才会输出。模型解析的输出格式有两种形式：TEXT 和 JSON，可以通过 dump_format 参数指定。综上，回归树解析代码如下：

```
1.  void DumpRegTree(std::stringstream& fo,  // NOLINT(*)
2.                   const RegTree& tree,
3.                   const FeatureMap& fmap,
4.                   int nid, int depth, int add_comma,
5.                   bool with_stats, std::string format) {
6.    if (format == "json") {
7.      if (add_comma) fo << ",";
8.      if (depth != 0) fo << std::endl;
9.      for (int i = 0; i < depth+1; ++i) fo << "  ";
10.   } else {
11.     for (int i = 0; i < depth; ++i) fo << '\t';
12.   }
13.
14.   if (tree[nid].is_leaf()) {
15.     // 叶子节点输出
16.     if (format == "json") {
17.       // JSON格式
18.       fo << "{ \"nodeid\": " << nid
19.          << ", \"leaf\": " << tree[nid].leaf_value();
20.       if (with_stats) {
21.         fo << ", \"cover\": " << tree.stat(nid).sum_hess;
22.       }
23.       fo << " }";
24.     } else {
25.       // TEXT格式
26.       fo << nid << ":leaf=" << tree[nid].leaf_value();
27.       if (with_stats) {
28.         fo << ",cover=" << tree.stat(nid).sum_hess;
29.       }
```

```
30.        fo << '\n';
31.      }
32.  } else {
33.      // 非叶子节点输出
34.      bst_float cond = tree[nid].split_cond();
35.      const unsigned split_index = tree[nid].split_index();
36.      if (split_index < fmap.size()) {
37.          // 不同数据类型输出格式不同
38.          switch (fmap.type(split_index)) {
39.            case FeatureMap::kIndicator: {
40.              int nyes = tree[nid].default_left() ?
41.                  tree[nid].cright() : tree[nid].cleft();
42.              if (format == "json") {
43.                fo << "{ \"nodeid\": " << nid
44.                      << ", \"depth\": " << depth
45.                      << ", \"split\": \"" << fmap.name(split_index) << "\""
46.                      << ", \"yes\": " << nyes
47.                      << ", \"no\": " << tree[nid].cdefault();
48.              } else {
49.                fo << nid << ":[" << fmap.name(split_index) << "] yes=" << nyes
50.                      << ",no=" << tree[nid].cdefault();
51.              }
52.              break;
53.            }
54.            case FeatureMap::kInteger: {
55.              if (format == "json") {
56.                fo << "{ \"nodeid\": " << nid
57.                      << ", \"depth\": " << depth
58.                      << ", \"split\": \"" << fmap.name(split_index) << "\""
59.                      << ", \"split_condition\": " << int(cond + 1.0)
60.                      << ", \"yes\": " << tree[nid].cleft()
61.                      << ", \"no\": " << tree[nid].cright()
62.                      << ", \"missing\": " << tree[nid].cdefault();
63.              } else {
64.                fo << nid << ":[" << fmap.name(split_index) << "<"
65.                      << int(cond + 1.0)
66.                      << "] yes=" << tree[nid].cleft()
67.                      << ",no=" << tree[nid].cright()
68.                      << ",missing=" << tree[nid].cdefault();
69.              }
70.              break;
71.            }
72.            case FeatureMap::kFloat:
73.            case FeatureMap::kQuantitive: {
74.              if (format == "json") {
75.                fo << "{ \"nodeid\": " << nid
```

```
76.                     << ", \"depth\": " << depth
77.                     << ", \"split\": \"" << fmap.name(split_index) << "\""
78.                     << ", \"split_condition\": " << cond
79.                     << ", \"yes\": " << tree[nid].cleft()
80.                     << ", \"no\": " << tree[nid].cright()
81.                     << ", \"missing\": " << tree[nid].cdefault();
82.               } else {
83.                 fo << nid << ":[" << fmap.name(split_index) << "<" << cond
84.                     << "] yes=" << tree[nid].cleft()
85.                     << ",no=" << tree[nid].cright()
86.                     << ",missing=" << tree[nid].cdefault();
87.               }
88.             break;
89.           }
90.           default: LOG(FATAL) << "unknown fmap type";
91.           }
92.       } else {
93.         if (format == "json") {
94.           fo << "{ \"nodeid\": " << nid
95.               << ", \"depth\": " << depth
96.               << ", \"split\": " << split_index
97.               << ", \"split_condition\": " << cond
98.               << ", \"yes\": " << tree[nid].cleft()
99.               << ", \"no\": " << tree[nid].cright()
100.              << ", \"missing\": " << tree[nid].cdefault();
101.        } else {
102.          fo << nid << ":[f" << split_index << "<"<< cond
103.              << "] yes=" << tree[nid].cleft()
104.              << ",no=" << tree[nid].cright()
105.              << ",missing=" << tree[nid].cdefault();
106.        }
107.      }
108.      if (with_stats) {
109.        if (format == "json") {
110.          fo << ", \"gain\": " << tree.stat(nid).loss_chg
111.              << ", \"cover\": " << tree.stat(nid).sum_hess;
112.        } else {
113.          fo << ",gain=" << tree.stat(nid).loss_chg << ",cover="
                  << tree.stat(nid).sum_hess;
114.        }
115.      }
116.      if (format == "json") {
117.        fo << ", \"children\": [";
118.      } else {
119.        fo << '\n';
120.      }
```

```
121.    // 递归当前节点的左子节点
122.    DumpRegTree(fo, tree, fmap, tree[nid].cleft(), depth + 1, false,
                    with_stats, format);
123.    // 递归当前节点的右子节点
124.    DumpRegTree(fo, tree, fmap, tree[nid].cright(), depth + 1, true,
                    with_stats, format);
125.    if (format == "json") {
126.      fo << std::endl;
127.      for (int i = 0; i < depth+1; ++i) fo << "  ";
128.      fo << "]}";
129.    }
130.  }
131. }
```

7.2　树模型更新

通过对 7.1 节的学习，相信读者已经掌握了 XGBoost 决策树构建算法的实现原理。本节将介绍 XGBoost 中几种树更新算法的实现，如 updater_histmaker 和 updater_fast_hist。updater_histmaker 是 XGBoost 寻找最优切分点近似算法的实现，updater_fast_hist 是快速直方图近似算法的实现。

7.2.1　updater_colmaker

updater_colmaker 是 XGBoost 精确贪心算法的实现。7.1.1 节学习模型训练流程时，已经对 updater_colmaker 作过较为详细的介绍，此处不再赘述。

7.2.2　updater_histmaker

updater_histmaker 是 XGBoost 中直方图近似算法的实现，其实现原理如下：首先对数据进行分桶，每个分桶的梯度统计信息构成直方图，并以桶为粒度获取所有候选切分点，然后通过精确贪心算法最终得到全局最优切分点。

近似算法有两种策略：全局策略和本地策略。全局策略是对每个特征确定一个候选切分点集合，并在树生成过程中，节点分裂均采用此集合计算收益，候选切分点集合在整个过程中不改变。本地策略则是在每次节点分裂时均确定一个候选切分点。下面以全局策略为例对 updater_histmaker 进行介绍。

updater_histmaker 和 updater_colmaker 一样，属于 Updater 类，通过 Update 函数完成新

树的构建。XGBoost 可以通过配置信息选择 updater_histmaker 完成决策树的构造。updater_histmaker 构造决策树的过程如下：首先对数据进行初始化，主要包括初始化样本的节点位置信息、行采样（若配置）、列采样（若配置）及构造根节点等过程，另外，还会初始化本轮待处理特征的集合，然后根据树的最大深度等配置逐层建树。在建树过程中，对待分裂节点，进行如下处理：

- 重设位置信息并计算候选切分点；
- 创建统计信息直方图；
- 寻找最优切分点；
- 分裂后重设位置信息；
- 更新待分裂节点队列。

代码如下：

```
1.  virtual void Update(const std::vector<bst_gpair> &gpair,
2.                      DMatrix *p_fmat,
3.                      RegTree *p_tree) {
4.    // 初始化
5.    this->InitData(gpair, *p_fmat, *p_tree);
6.    this->InitWorkSet(p_fmat, *p_tree, &fwork_set);
7.
8.    ...
9.    for (int depth = 0; depth < param.max_depth; ++depth) {
10.     // 重设位置信息并计算候选切分点
11.     this->ResetPosAndPropose(gpair, p_fmat, fwork_set, *p_tree);
12.     // 创建直方图
13.     this->CreateHist(gpair, p_fmat, fwork_set, *p_tree);
14.     // 基于统计信息直方图寻找最优切分点
15.     this->FindSplit(depth, gpair, p_fmat, fwork_set, p_tree);
16.     // 分裂后重设位置信息
17.     this->ResetPositionAfterSplit(p_fmat, *p_tree);
18.     // 更新待分裂节点队列
19.     this->UpdateQueueExpand(*p_tree);
20.     // 无叶子节点需分裂，退出循环
21.     if (qexpand.size() == 0) break;
22.   }
23.   ...
24.
25. }
```

下面主要针对计算候选桶切分点、创建直方图和寻找最优切分点进行介绍。

1. 计算候选桶切分点

直方图近似算法通过 HistMaker 类完成直方图的构建。第一步需要找到候选切分点来完

成桶的划分，该功能通过 ResetPosAndPropose 函数实现。ResetPosAndPropose 是 HistMaker 中的方法，近似算法主要涉及两种 HistMaker：GlobalHistMaker 和 LocalHistMaker，分别代表全局策略和本地策略的直方图构建，下面以 GlobalHistMaker 为例进行介绍。

GlobalHistMaker 首先检查是否已经计算过分桶切分点，如果已经计算过，则不重复计算，否则，计算分桶切分点。分桶切分点的计算流程如下：① 初始化和准备工作；② 计算分位数概要；③ 将得到的分位数概要进行广播；④ 通过分位数概要计算分桶的切分点。

此处分位数概要即通过带权重的分位数概要算法计算，计算步骤如下：首先按照划分条件对样本进行划分，更新节点位置信息；然后遍历数据特征值，生成初始分位数概要；再对初始分位数概要执行 merge、prune 等操作，生成最终的分位数概要；最后，对最终分位数概要执行 prune 操作，保证其大小不超过 max_size（由配置的 sketch 参数计算得到）。代码如下：

```
1.  void ResetPosAndPropose(const std::vector<bst_gpair> &gpair,
2.                          DMatrix *p_fmat,
3.                          const std::vector<bst_uint> &fset,
4.                          const RegTree &tree) override {
5.    ...
6.
7.    // 开始计算统计信息
8.    dmlc::DataIter<ColBatch> *iter = p_fmat->ColIterator(work_set);
9.    iter->BeforeFirst();
10.   while (iter->Next()) {
11.     const ColBatch &batch = iter->Value();
12.     // 按划分条件对样本进行划分,更新位置信息
13.     this->CorrectNonDefaultPositionByBatch(batch, fsplit_set, tree);
14.
15.     // 遍历特征值，生成初始分位数概要
16.     const bst_omp_uint nsize = static_cast<bst_omp_uint>(batch.size);
17.     #pragma omp parallel for schedule(dynamic, 1)
18.     for (bst_omp_uint i = 0; i < nsize; ++i) {
19.       int offset = feat2workindex[batch.col_index[i]];
20.       if (offset >= 0) {
21.         this->UpdateSketchCol(gpair, batch[i], tree,
22.                               work_set_size, offset,
23.                               &thread_sketch[omp_get_thread_num()]);
24.       }
25.     }
26.   }
27.   for (size_t i = 0; i < sketchs.size(); ++i) {
28.     common::WXQuantileSketch<bst_float, bst_float>::SummaryContainer out;
29.     // 对初始分位数概要进行merge、prune等操作，得到最终分位数概要
30.     sketchs[i].GetSummary(&out);
31.     // 对最终的分位数概要再进行prune操作,将其大小缩减到max_size
```

```
32.     summary_array[i].SetPrune(out, max_size);
33.   }
34.   CHECK_EQ(summary_array.size(), sketchs.size());
35.
36.   ...
37.}
```

分位数概要计算完成后，程序会将其广播到所有计算节点，同步分位数概要信息。代码如下：

```
1. void ResetPosAndPropose(const std::vector<bst_gpair> &gpair,
2.                         DMatrix *p_fmat,
3.                         const std::vector<bst_uint> &fset,
4.                         const RegTree &tree) override {
5.   ...
6.   // 将分位数概要广播至其他计算节点
7.   if (summary_array.size() != 0) {
8.     size_t nbytes = WXQSketch::SummaryContainer::CalcMemCost(max_size);
9.     sreducer.Allreduce(dmlc::BeginPtr(summary_array), nbytes,
                          summary_array.size());
10.  }
11.  ...
12.}
```

下面介绍如何通过分位数概要计算桶的切分点。对每个待分裂的节点，遍历所有需要处理的特征，进行如下操作。

1）获取节点的特征概要。

2）将概要中满足条件的值依次加入分桶切分点列表中，需满足的条件为概要中第一个值或者概要值不等于目前最后一个切分点，即相同概要值不会两次进入切分点列表。

3）加入一个大于所有值的切分点。由此可以看出，分桶的切分点采用了分位数概要中的值，并在此基础上进行了去重。

```
1. void ResetPosAndPropose(const std::vector<bst_gpair> &gpair,
2.                         DMatrix *p_fmat,
3.                         const std::vector<bst_uint> &fset,
4.                         const RegTree &tree) override {
5.   ...
6.
7.   // 根据最终概要结果设置分桶切分点
8.   for (size_t wid = 0; wid < this->qexpand.size(); ++wid) {
9.     for (size_t i = 0; i < fset.size(); ++i) {
10.      int offset = feat2workindex[fset[i]];
11.      if (offset >= 0) {
12.        // 获取节点的特征概要
```

```
13.          const WXQSketch::Summary &a = summary_array[wid *
                                    work_set_size + offset];
14.          for (size_t i = 1; i < a.size; ++i) {
15.            bst_float cpt = a.data[i].value - rt_eps;
16.            // 概要中第一个值或者概要值不等于目前最后一个切分点时，直接将其加入切分点列表中，
               // 即相同概要值不会两次进入切分点列表
17.            if (i == 1 || cpt > this->wspace.cut.back()) {
18.              this->wspace.cut.push_back(cpt);
19.            }
20.          }
21.          // 加入最后一个切分点，该切分点大于所有值
22.          if (a.size != 0) {
23.            bst_float cpt = a.data[a.size - 1].value;
24.            bst_float last = cpt + fabs(cpt) + rt_eps;
25.            this->wspace.cut.push_back(last);
26.          }
27.          this->wspace.rptr.push_back(static_cast<unsigned>
                                    (this->wspace.cut.size()));
28.        } else {
29.          CHECK_EQ(offset, -2);
30.          bst_float cpt = feat_helper.MaxValue(fset[i]);
31.          this->wspace.cut.push_back(cpt + fabs(cpt) + rt_eps);
32.          this->wspace.rptr.push_back(static_cast<unsigned>
                                    (this->wspace.cut.size()));
33.        }
34.      }
35.      ...
36.  }
37.
38.  ...
39.}
```

2. 创建直方图

得到桶切分点后，便可以根据切分点信息创建直方图。首先更新样本节点位置信息，按照划分条件将样本信息更新为对应节点位置。然后对样本进行遍历，将样本的梯度统计信息划分到不同的分桶，并更新节点的梯度统计信息和。最后，将各节点直方图信息进行汇总。代码如下：

```
1. void CreateHist(const std::vector<bst_gpair> &gpair,
2.                 DMatrix *p_fmat,
3.                 const std::vector<bst_uint> &fset,
4.                 const RegTree &tree) override {
5.   ...
6.
```

```
7.    {
8.        ...
9.
10.      // 开始计算梯度统计信息
11.      dmlc::DataIter<ColBatch> *iter = p_fmat->ColIterator(this->work_set);
12.      iter->BeforeFirst();
13.      while (iter->Next()) {
14.          const ColBatch &batch = iter->Value();
15.          // 按划分条件对样本进行划分，更新位置信息
16.          this->CorrectNonDefaultPositionByBatch(batch, this->fsplit_set, tree);
17.
18.          // 开始枚举，将数据按照前述的桶切分点分到不同的桶中
19.          const bst_omp_uint nsize = static_cast<bst_omp_uint>(batch.size);
20.          #pragma omp parallel for schedule(dynamic, 1)
21.          for (bst_omp_uint i = 0; i < nsize; ++i) {
22.              int offset = this->feat2workindex[batch.col_index[i]];
23.              if (offset >= 0) {
24.                  this->UpdateHistCol(gpair, batch[i], info, tree,
25.                                      fset, offset,
26.                                      &this->thread_hist[omp_get_thread_num()]);
27.              }
28.          }
29.      }
30.
31.      // 更新节点的梯度统计信息和
32.      this->GetNodeStats(gpair, *p_fmat, tree,
33.                         &(this->thread_stats), &(this->node_stats));
34.      for (size_t i = 0; i < this->qexpand.size(); ++i) {
35.          const int nid = this->qexpand[i];
36.          const int wid = this->node2workindex[nid];
37.          this->wspace.hset[0][fset.size() + wid * (fset.size()+1)]
38.              .data[0] = this->node_stats[nid];
39.      }
40.  }
41.  // 汇总各节点直方图信息
42.  this->histred.Allreduce(dmlc::BeginPtr(this->wspace.hset[0].data),
43.                          this->wspace.hset[0].data.size());
44.}
```

3. 寻找最优切分点

updater_histmaker 寻找最优切分点的实现与 updater_colmaker 实现类似，但略有区别。updater_colmaker 是以特征值为粒度寻找最优切分点的，而 updater_histmaker 则是以直方图为粒度寻找最优切分点。updater_histmaker 通过 FindSplit 函数遍历所有待分裂的节点，获取

计算节点的梯度统计信息和，然后遍历该节点上的所有待处理特征，通过 EnumerateSplit 函数进行计算，最终得出该节点的最优切分点。

EnumerateSplit 执行过程如下：① 计算原节点收益（计算收益的方法同 7.1.1 节中的 CalcGain），然后从左至右对该特征的直方图数据进行遍历，在每一轮遍历过程中计算左子节点梯度统计信息和，再通过原节点与左子节点作差，得到右子节点梯度统计信息和；② 求得左右子节点收益，计算分裂后的收益增量（左子节点收益 + 右子节点收益 – 原节点收益）；③ 遍历完成后，再从右至左遍历一次，执行相同的操作；④ 选取收益增量最大的切分点作为最优切分点。此处进行两次遍历主要是为了学习缺省值的默认方向。综上，寻找最优切分点的代码如下：

```cpp
1.  inline void EnumerateSplit(const HistUnit &hist,
2.                             const TStats &node_sum,
3.                             bst_uint fid,
4.                             SplitEntry *best,
5.                             TStats *left_sum) {
6.    if (hist.size == 0) return;
7.    // 计算原节点收益
8.    double root_gain = node_sum.CalcGain(param);
9.    TStats s(param), c(param);
10.   for (bst_uint i = 0; i < hist.size; ++i) {
11.     // 计算左子节点梯度统计信息和
12.     s.Add(hist.data[i]);
13.     if (s.sum_hess >= param.min_child_weight) {
14.       // 计算右子节点梯度统计信息和
15.       c.SetSubstract(node_sum, s);
16.       if (c.sum_hess >= param.min_child_weight) {
17.         // 计算收益增量
18.         double loss_chg = s.CalcGain(param) + c.CalcGain(param) - root_gain;
19.         // 更新最优切分方案信息
20.         if (best->Update(static_cast<bst_float>(loss_chg),
                            fid, hist.cut[i], false)) {
21.           *left_sum = s;
22.         }
23.       }
24.     }
25.   }
26.   s.Clear();
27.   for (bst_uint i = hist.size - 1; i != 0; --i) {
28.     // 计算右子节点梯度统计信息和
29.     s.Add(hist.data[i]);
30.     if (s.sum_hess >= param.min_child_weight) {
31.       // 计算左子节点梯度统计信息和
32.       c.SetSubstract(node_sum, s);
```

```
33.        if (c.sum_hess >= param.min_child_weight) {
34.          // 计算收益增量
35.          double loss_chg = s.CalcGain(param) + c.CalcGain(param) - root_gain;
36.          // 更新最优切分方案信息
37.          if (best->Update(static_cast<bst_float>(loss_chg), fid,
                              hist.cut[i-1], true)) {
38.            *left_sum = c;
39.          }
40.        }
41.      }
42.  }
43.}
```

得到最优切分方案后，程序会依据该方案生成相应的叶子节点，然后更新分裂后样本的位置信息和待分裂节点队列，开始下一轮迭代。

至此，直方图近似算法全局策略的实现就介绍完了，本地策略的实现和全局策略的类似，唯一区别是在计算桶切分点时，不再对是否已经计算作检查，而是每次重新计算桶切分点。

7.2.3　updater_fast_hist

快速直方图算法在多次迭代中重用分桶数据，通过桶缓存、loss-guide 等方法对训练算法进行优化，提高了训练效率。该算法由 Updater 中的 updater_fast_hist 实现，本节将对 update_fast_hist 进行介绍。

和 updater_histmaker 一样，updater_fast_hist 首先通过分位数概要计算桶切分点，计算方式和 updater_histmaker 的类似，此处不再赘述。快速直方图算法中的 max_bin 参数用来指定特征的最大桶数量，类似于 updater_histmaker 中的 max_size。得到桶切分点后，会将其存储于一种特殊的数据结构——GHistIndexMatrix，它是一种预处理的全局索引矩阵，可以将直方图中的浮点数转化为整型索引（相当于将其分到整型索引的桶里），并会统计每个桶的命中元素数量。

GHistIndexMatrix 结构如图 7-4 所示。其中，row_ptr 存储每行的索引；index 存储各个桶的索引；hit_count 为每个桶索引命中的元素数量；即划分到该桶索引的元素数量；cut 表示切分点相关信息；Init 函数用于创建 GHistIndexMatrix；operator 重载操作符用于获取第 *i* 行信息；GetFeatureCounts 用于获取每个特征的命中数量。

GHistIndexMatrix 生成后，即可用生成好的 GHistIndexMatrix 数据构造 ColumnMatrix 数据结构。ColumnMatrix 将特征值数据转为桶索引进行存储，不仅支持稀疏矩阵，对于混合稀疏＋稠密矩阵也有较高的处理效率。对于以上数据结构，updater_fast_hist 都会进行缓存，在每轮迭代生成新的决策树时重用该结构，而无须重复计算。ColumnMatrix 结构如图 7-5 所示。

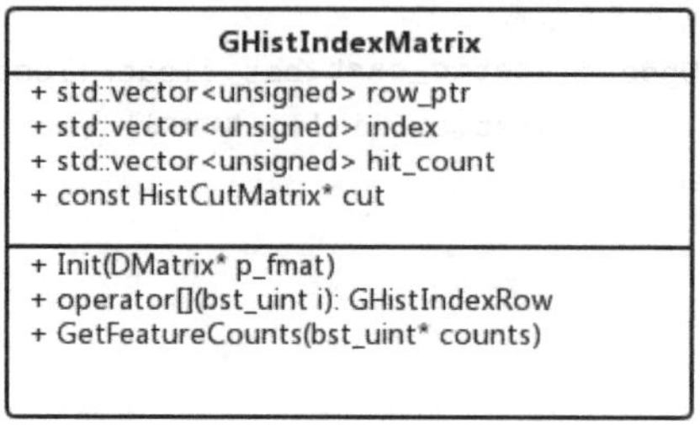

图 7-4　GHistIndexMatrix 结构

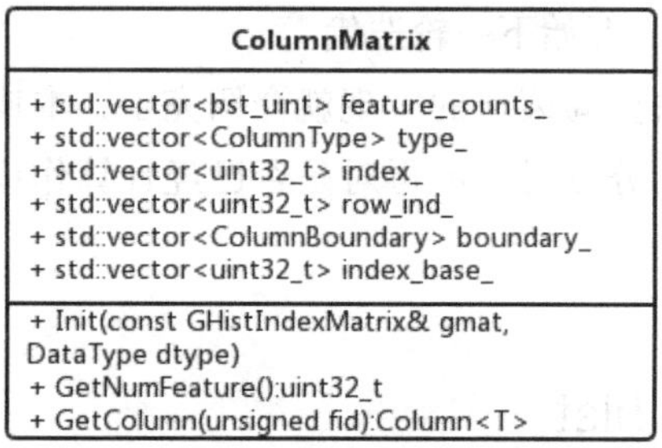

图 7-5　ColumnMatrix 结构

其中：

- feature_counts_ 为每个特征的命中数量；
- type_ 为特征类型，类型分为稠密特征和稀疏特征；
- index_ 存储每行每个特征所属的 index，index_[i]+index_base[fid] 为该特征值所属的桶 ID；
- row_ind_ 存储每个非零特征值对应的行号；
- boundary_ 为每列特征索引和行索引的存储位置；
- index_base_ 为每个特征最小的桶 ID；
- Init 函数用于 GHistIndexMatrix 创建 ColumnMatrix 数据结构；
- GetNumFeature 函数用于获取特征数量；
- GetColumn 用于获取某一特征相关信息。

ColumnMatrix 将数据由浮点型数据转化为整型的桶索引，可以高效地获取特征值所属分桶及对应的行索引。另外，ColumnMatrix 会对特征列进行类型标记，将特征列标记为稠密特征或稀疏特征，后续处理中可针对不同类型采取不同的处理方式，提高计算效率。

ColumnMatrix 构建完成后，通过调用 Builder 的 Update 函数开始构建树。首先创建直

方图，创建方法与 updater_histmaker 的类似，得到每个分桶的梯度统计信息和。然后计算根
节点梯度统计信息和、收益和权重，通过 EnumerateSplit 得到最优切分点，并将根节点加入
待分裂节点队列。待分裂节点队列中的节点是按优先级排序的，优先级定义由配置的 grow_
policy 决定。若 grow_policy 配置为 depthwise，则按照节点深度排序，节点深度相同时依据
时间戳进行二次排序；若 grow_policy 配置为 lossguide，则按照收益增量排序，同样，收益
增量相同时依据时间戳进行二次排序。根节点处理代码如下：

```
1.  virtual void Update(const GHistIndexMatrix& gmat,
2.                      const ColumnMatrix& column_matrix,
3.                      const std::vector<bst_gpair>& gpair,
4.                      DMatrix* p_fmat,
5.                      RegTree* p_tree) {
6.    ...
7.
8.    for (int nid = 0; nid < p_tree->param.num_roots; ++nid) {
9.      // 初始化直方图
10.     hist_.AddHistRow(nid);
11.     // 构造直方图
12.     builder_.BuildHist(gpair, row_set_collection_[nid], gmat,
                           feat_set, hist_[nid]);
13.     // 计算梯度统计信息和、收益和权重
14.     this->InitNewNode(nid, gmat, gpair, *p_fmat, *p_tree);
15.     // 寻找最优切分点
16.     this->EvaluateSplit(nid, gmat, hist_, *p_fmat, *p_tree, feat_set);
17.     // 将待分裂的叶子节点加入待分裂节点队列
18.     qexpand_->push(ExpandEntry(nid, p_tree->GetDepth(nid),
19.                                snode[nid].best.loss_chg,
20.                                timestamp++));
21.     ++num_leaves;
22.   }
23.
24.   ...
25. }
```

　　根节点处理完成后，开始对待分裂节点队列进行迭代处理。迭代过程如下：首先选取队
列中优先级最高的节点作为候选分裂节点。判断是否满足停止分裂条件，包括达到树最大深
度 max_depth 或最大叶子节点数等。若满足停止条件，则停止分裂，将当前节点设置为叶子
节点，并更新权重。若未达到停止条件，则依据当前节点的最优切分方案生成左右子节点。
在节点分裂过程中，Update 会判断最优切分特征的稀疏性，以不同方式处理稠密特征和稀疏
特征，提高计算效率。节点分裂完成后，Update 会对左右子节点构建直方图。为了减少计算
量，程序首先判断左右子节点样本数量的大小关系，先构建样本数量少的节点的直方图，另
一节点直方图由原节点和兄弟节点作差求得。直方图构建完成后，Update 会对新节点进行初

始化，包括设置父节点及计算梯度统计信息和、收益、权重等。然后对左右子节点分别计算最优切分点，得到相应的最优切分方案。最后，将待分裂的左右子节点加入待分裂节点队列中进行下一轮迭代。迭代过程的代码如下：

```
1.  virtual void Update(const GHistIndexMatrix& gmat,
2.                      const ColumnMatrix& column_matrix,
3.                      const std::vector<bst_gpair>& gpair,
4.                      DMatrix* p_fmat,
5.                      RegTree* p_tree) {
6.  ...
7.
8.  while (!qexpand_->empty()) {
9.    // 选取优先级最高的待分裂节点
10.    const ExpandEntry candidate = qexpand_->top();
11.    const int nid = candidate.nid;
12.    qexpand_->pop();
13.    // 判断是否达到停止条件
14.    if (candidate.loss_chg <= rt_eps
15.        || (param.max_depth > 0 && candidate.depth == param.max_depth)
16.        || (param.max_leaves > 0 && num_leaves == param.max_leaves) ) {
17.      (*p_tree)[nid].set_leaf(snode[nid].weight * param.learning_rate);
18.    } else {
19.      tstart = dmlc::GetTime();
20.      // 根据分裂条件执行分裂
21.      this->ApplySplit(nid, gmat, column_matrix, hist_, *p_fmat, p_tree);
22.
23.      // 分别构建左右子节点的直方图信息
24.
25.      const int cleft = (*p_tree)[nid].cleft();
26.      const int cright = (*p_tree)[nid].cright();
27.      hist_.AddHistRow(cleft);
28.      hist_.AddHistRow(cright);
29.      // 先对包含样本数少的节点构造直方图，另一节点直方图由父节点直方图
      // 和兄弟节点直方图作差所得
30.      if (row_set_collection_[cleft].size() <
          row_set_collection_[cright].size()) {
31.        builder_.BuildHist(gpair, row_set_collection_[cleft], gmat, feat_set,
                            hist_[cleft]);
32.        builder_.SubtractionTrick(hist_[cright], hist_[cleft], hist_[nid]);
33.      } else {
34.        builder_.BuildHist(gpair, row_set_collection_[cright], gmat, feat_set,
                            hist_[cright]);
35.        builder_.SubtractionTrick(hist_[cleft], hist_[cright], hist_[nid]);
36.      }
37.
```

```
38.        // 初始化新节点
39.        this->InitNewNode(cleft, gmat, gpair, *p_fmat, *p_tree);
40.        this->InitNewNode(cright, gmat, gpair, *p_fmat, *p_tree);
41.        // 分别寻找左右子节点的最优切分点，更新切分条件
42.        this->EvaluateSplit(cleft, gmat, hist_, *p_fmat, *p_tree, feat_set);
43.        this->EvaluateSplit(cright, gmat, hist_, *p_fmat, *p_tree, feat_set);
44.        // 将待分裂的左右子节点加入到待分裂节点队列中
45.        qexpand_->push(ExpandEntry(cleft, p_tree->GetDepth(cleft),
46.                                   snode[cleft].best.loss_chg,
47.                                   timestamp++));
48.        qexpand_->push(ExpandEntry(cright, p_tree->GetDepth(cright),
49.                                   snode[cright].best.loss_chg,
50.                                   timestamp++));
51.
52.        ++num_leaves;  // give two and take one, as parent is no longer a leaf
53.      }
54.  }
55.
56.  ...
57.}
```

若因达到停止条件提前结束迭代，则所有待分裂节点队列中的节点会被设置为叶子节点，并更新权重。

所有操作完成后，记录节点的统计信息（如 base_weight、sum_hess 等），并对生成的决策树进行剪枝。相关代码如下：

```
1.  virtual void Update(const GHistIndexMatrix& gmat,
2.                      const ColumnMatrix& column_matrix,
3.                      const std::vector<bst_gpair>& gpair,
4.                      DMatrix* p_fmat,
5.                      RegTree* p_tree) {
6.    ...
7.    // 若前述迭代因停止条件提前退出，则待分裂节点队列中的节点被设置为叶子节点，并更新权重
8.    while (!qexpand_->empty()) {
9.      const int nid = qexpand_->top().nid;
10.     qexpand_->pop();
11.     (*p_tree)[nid].set_leaf(snode[nid].weight * param.learning_rate);
12.   }
13.   // 记录节点统计信息
14.   for (int nid = 0; nid < p_tree->param.num_nodes; ++nid) {
15.     p_tree->stat(nid).loss_chg = snode[nid].best.loss_chg;
16.     p_tree->stat(nid).base_weight = snode[nid].weight;
17.     p_tree->stat(nid).sum_hess = static_cast<float>
                                     (snode[nid].stats.sum_hess);
18.     snode[nid].stats.SetLeafVec(param, p_tree->leafvec(nid));
```

```
19.    }
20.
21.    // 对树进行剪枝
22.    pruner_->Update(gpair, p_fmat, std::vector<RegTree*>{p_tree});
23.
24.    ...
25.}
```

以上为快速直方图构建算法的完整流程。由上述过程可以看出，updater_fast_hist 相较于 updater_histmaker 作了如下优化：updater_fast_hist 通过 GHistIndexMatrix 和 ColumnMatrix 结构将连续的特征值转化为离散的桶索引，通过高效的稀疏矩阵表示方法提高了稠密–稀疏混合数据的处理速度。updater_fast_hist 对 GHistIndexMatrix 和 ColumnMatrix 进行了缓存，模型训练的每一轮迭代中均可重用该结构，无须重复计算，而 updater_histmaker 在新一轮迭代中需要重新计算分桶。另外，在计算节点直方图时，updater_fast_hist 仅需计算样本数量较少的子节点直方图，另一节点直方图则由父节点和兄弟节点作差得到，减少了计算量，缩短了计算时间。

7.2.4 其他更新器

除了上文介绍的更新器，XGBoost 还实现了一些其他更新器，如用于剪枝的 updater_prune、用于不同节点间同步树信息的 updater_sync 等。下面对这些更新器逐一进行介绍。

1. updater_skmaker

updater_skmaker 实现了一种近似概要算法，基本实现流程与 updater_histmaker 和 updater_fast_hist 类似，只是在计算梯度统计和时有所区别，此处不再详述，读者若有兴趣可自行研究。

2. updater_sync

updater_sync 是一种同步器，通过 Rabit 将树相关信息同步给其他分布式节点。updater_sync 通过 Rabit 的 Broadcast 算子同步树模型。实现代码如下：

```
1. void Update(const std::vector<bst_gpair> &gpair,
2.             DMatrix* dmat,
3.             const std::vector<RegTree*> &trees) override {
4.    // 若只有一个计算节点，则直接返回
5.    if (rabit::GetWorldSize() == 1) return;
6.    std::string s_model;
7.    common::MemoryBufferStream fs(&s_model);
8.    int rank = rabit::GetRank();
```

```
9.    if (rank == 0) {
10.      // 若为主节点，则存储树模型
11.      for (size_t i = 0; i < trees.size(); ++i) {
12.        trees[i]->Save(&fs);
13.      }
14.    }
15.    fs.Seek(0);
16.    // 对树模型进行广播
17.    rabit::Broadcast(&s_model, 0);
18.    // 加载模型
19.    for (size_t i = 0; i < trees.size(); ++i) {
20.      trees[i]->Load(&fs);
21.    }
22.}
```

3. updater_prune

updater_prune 在 7.1.1 节中介绍剪枝时已经介绍过了，此处不再赘述。

4. updater_refresh

updater_refresh 是一种根据当前数据集更新树的统计信息和叶子节点值的更新器。updater_refresh 会遍历每个样本，更新该样本所涉及的节点的梯度信息，该功能能由 AddStats 函数实现。AddStats 首先会获取树的根节点索引，然后将样本的梯度信息计入根节点的梯度统计信息和，再由根节点开始对该样本所在节点进行遍历。遍历方法如下：根据当前节点的切分点条件，获取样本划分的下一节点（左子节点或右子节点），然后更新该节点的梯度统计信息和，迭代上述过程，直至达到叶子节点为止。AddStats 代码如下：

```
1.  inline static void AddStats(const RegTree &tree,
2.                              const RegTree::FVec &feat,
3.                              const std::vector<bst_gpair> &gpair,
4.                              const MetaInfo &info,
5.                              const bst_uint ridx,
6.                              TStats *gstats) {
7.    // 获取根节点索引
8.    int pid = static_cast<int>(info.GetRoot(ridx));
9.    // 更新根节点梯度统计信息和
10.   gstats[pid].Add(gpair, info, ridx);
11.   // 遍历该样本所在节点，更新梯度统计信息和
12.   while (!tree[pid].is_leaf()) {
13.     unsigned split_index = tree[pid].split_index();
14.     pid = tree.GetNext(pid, feat.fvalue(split_index),
15.             feat.is_missing(split_index));
15.     gstats[pid].Add(gpair, info, ridx);
16.   }
17.}
```

由于不同样本是由不同线程进行处理的，因此最后需要将各个节点的计算结果进行汇总，得到最终的梯度统计信息和。通过 AddStats 函数计算节点梯度统计信息和的结果保存在临时数组中，并没有真正更新节点信息，计算完成后需通过 Refresh 函数进行更新。Refresh 通过递归的方法完成树节点的遍历。每一轮递归调用，Refresh 首先更新当前节点信息，如计算节点权重、更新二阶梯度统计信息和等，然后判断当前节点是否为叶子节点。若当前节点为叶子节点，则设置节点权重后退出；若当前节点为非叶子节点，则计算分裂左右子节点的收益，并对左右子节点递归调用 Refresh，直至所有节点信息更新完毕。代码如下：

```
1.  inline void Refresh(const TStats *gstats,
2.                       int nid, RegTree *p_tree) {
3.    RegTree &tree = *p_tree;
4.    // 更新当前节点相关信息
5.    tree.stat(nid).base_weight = static_cast<bst_float>(gstats
                                      [nid].CalcWeight(param));
6.    tree.stat(nid).sum_hess = static_cast<bst_float>(gstats[nid].sum_hess);
7.    gstats[nid].SetLeafVec(param, tree.leafvec(nid));
8.    if (tree[nid].is_leaf()) {
9.      // 当前节点为叶子节点，且配置了对叶子节点进行更新，更新叶子节点权重
10.     if (param.refresh_leaf) {
11.       tree[nid].set_leaf(tree.stat(nid).base_weight * param.learning_rate);
12.     }
13.   } else {
14.     // 计算收益，递归左右子节点
15.     tree.stat(nid).loss_chg = static_cast<bst_float>(
16.         gstats[tree[nid].cleft()].CalcGain(param) +
17.         gstats[tree[nid].cright()].CalcGain(param) -
18.         gstats[nid].CalcGain(param));
19.     this->Refresh(gstats, tree[nid].cleft(), p_tree);
20.     this->Refresh(gstats, tree[nid].cright(), p_tree);
21.   }
22. }
```

7.3　目标函数

在监督学习中，通常会构造一个目标函数，使用训练样本训练，通过不断调整参数最小化目标函数，达到参数学习的目的。XGBoost 定义了一种规范化学习目标：

$$\text{Obj} = \sum_{i=1}^{n} l(y_i, \hat{y}_i) + \sum_{k=1}^{K} \Omega(f_k)$$

另外，XGBoost 针对不同的问题和应用场景，实现了多种类型的目标函数（通过参数

objective 指定)，本节将会逐一介绍。

7.3.1　二分类

对于二分类问题，XGBoost 的处理方式和逻辑回归的类似，即模型训练得到叶子节点权
重后，对其进行 sigmoid 变换，映射到 0 ~ 1 之间，数值越大，表示其为正例的可能性越大。
单个样本的损失函数为

$$l(y, \hat{y}^{(t-1)}) = (1 - y) \log(1 - \text{sigmoid}(\hat{y}^{(t-1)})) + y \log(\text{sigmoid}(\hat{y}^{(t-1)}))$$

式中，$\hat{y}^{(t-1)}$ 为上一轮预测的权重，其一阶导和二阶导分别为

$$g = \text{sigmoid}(\hat{y}^{(t-1)}) - y$$

$$h = \text{sigmoid}(\hat{y}^{(t-1)})(1 - \text{sigmoid}(\hat{y}^{(t-1)}))$$

求导过程在第 3 章已经介绍，此处不再赘述。对于二分类问题，参数 objective 有
binary:logistic 和 binary:logitraw 两种配置方式。binary:logistic 输出结果为叶子节点权重
sigmoid 转换之后的预测值；而 binary:logitraw 的最终结果不作转换，为预测的原始值。下面
以 binary:logistic 为例介绍二分类目标函数的实现。binary:logistic 的实现代码如下：

```
1.  struct LogisticClassification : public LogisticRegression {
2.    // 默认评价指标为error
3.    static const char* DefaultEvalMetric() { return "error"; }
4.  };
5.  struct LogisticRegression {
6.    // 返回预测概率
7.    static bst_float PredTransform(bst_float x) { return common::Sigmoid(x); }
8.    static bool CheckLabel(bst_float x) { return x >= 0.0f && x <= 1.0f; }
9.    // 一阶梯度计算
10.   static bst_float FirstOrderGradient(bst_float predt,
          bst_float label) { return predt - label; }
11.   // 二阶梯度计算
12.   static bst_float SecondOrderGradient(bst_float predt, bst_float label) {
13.       const float eps = 1e-16f;
14.       return std::max(predt * (1.0f - predt), eps);
15.   }
16.   // 计算预测值sigmoid变换之前的权重
17.   static bst_float ProbToMargin(bst_float base_score) {
18.     CHECK(base_score > 0.0f && base_score < 1.0f)
19.         << "base_score must be in (0,1) for logistic loss";
20.     return -std::log(1.0f / base_score - 1.0f);
21.   }
22.   static const char* LabelErrorMsg() {
```

```
23.    return "label must be in [0,1] for logistic regression";
24.  }
25. static const char* DefaultEvalMetric() { return "rmse"; }
26.};
```

binary:logistic 由 LogisticClassification 结构体实现，其继承了 LogisticRegression 的大部分方法，包括一阶、二阶梯度计算及预测概率等，只有默认评价指标未继承 Logistic Regression，而是使用了较常见的 error。另外，可以看到，LogisticRegression 一阶梯度计算和二阶梯度计算的实现和之前我们的理论推导的结果是一致的。LogisticRegression 中的 ProbToMargin 可将进行 sigmoid 变换后的预测值还原为原始值，适用于在给定初始预测值，并以此为基础进行模型更新的应用场景。binary:logitraw 的实现方式和 binary:logistic 的实现方式类似，只是返回的预测值不进行 sigmoid 变换，而是直接返回原始值。

7.3.2　回归

XGBoost 针对不同的回归问题，定义了 5 种目标函数的参数，分别为 reg:linear ⊖、reg:logistic、reg:poisson、reg:gamma 和 reg:tweedie。logistic 的目标函数在介绍二分类时已经介绍过了，其和二分类的区别是不再进行 sigmoid 转换，默认评价指标为 rmse。下面来看一下其他 3 种目标函数。

reg:linear 通过最小二乘法对模型进行拟合，基于均方误差最小化对模型求解，其损失函数如下：

$$l = \frac{1}{2}(y - \hat{y})^2$$

其一阶导和二阶导分别为

$$l' = \hat{y} - y$$
$$l'' = 1.0$$

实现代码如下：

```
1. struct LinearSquareLoss {
2.    ...
3.    // 一阶梯度计算
4.    static bst_float FirstOrderGradient(bst_float predt,
            bst_float label) { return predt - label; }
5.    // 二阶梯度计算
6.    static bst_float SecondOrderGradient(bst_float predt,
            bst_float label) { return 1.0f; }
```

⊖　0.8 以上版本已更名为 reg:squarederror。

```
7.   ...
8.   // 默认评价指标
9.   static const char* DefaultEvalMetric() { return "rmse"; }
10.};
```

poisson 用于计数数据的泊松回归，输出为泊松分布的均值。泊松分布适合于描述单位时间（或空间）内随机事件发生的次数。一个随机变量 Y 满足泊松分布的概率函数为

$$P(Y = y) = \frac{\lambda^y}{y!}e^{-\lambda}$$

式中，y 为整数，表示事件发生次数 λ 为单位区间（时间）的平均事件数量，泊松分布的均值和方差均为 λ。给定一组参数 θ 和一个输入向量 $\boldsymbol{x}$，预测的泊松分布的均值由下式给出：

$$\lambda = e^{\theta' x}$$

假设有一个包含 m 个向量的数据集 $x_i \in \mathbb{R}^{n+1}$, $i=1, \cdots, m$ 及 m 个 $y_1, \cdots, y_m \in \mathbb{R}$，对参数 θ 求极大似然估计，似然函数如下：

$$L(\theta \mid X, Y) = \prod_{i=1}^{m} \frac{e^{y_i\theta' x_i}e^{-e^{\theta' x_i}}}{y_i!}$$

对数似然函数：

$$l(\theta \mid X, Y) = \log L(\theta \mid X, Y) = \sum_{i=1}^{m}(y_i\theta' x_i - e^{\theta' x_i} - \log(y_i!))$$

去掉常数项 $\log(y_i!)$，则有

$$l(\theta \mid X, Y) = \sum_{i=1}^{m}(y_i\theta' x_i - e^{\theta' x_i})$$

则每个样本的损失函数为

$$l(y, \hat{y}^{(t-1)}) = y\,\hat{y}^{(t-1)} - e^{\hat{y}^{(t-1)}}$$

式中，$\hat{y}^{(t-1)}$ 为前一轮预测值。$\hat{y}^{(t-1)}$ 的一阶导和二阶导分别为

$$g = y_i - e^{\hat{y}^{(t-1)}}$$

$$h = -e^{\hat{y}^{(t-1)}}$$

XGBoost 基于上式对损失函数取反，即损失函数越小，似然函数越大。代码如下：

```
1. class PoissonRegression : public ObjFunction {
```

⊖　参见 https://en.wikipedia.org/wiki/Poisson_regression。

```
2.    ...
3.
4.    void GetGradient(const std::vector<bst_float> &preds,
5.                     const MetaInfo &info,
6.                     int iter,
7.                     std::vector<bst_gpair> *out_gpair) override {
8.      ...
9.      // 开始计算梯度统计信息
10.     const omp_ulong ndata = static_cast<omp_ulong>(preds.size()); // NOLINT(*)
11.     #pragma omp parallel for schedule(static)
12.     for (omp_ulong i = 0; i < ndata; ++i) { // NOLINT(*)
13.       bst_float p = preds[i];
14.       bst_float w = info.GetWeight(i);
15.       bst_float y = info.labels[i];
16.       if (y >= 0.0f) {
17.         // 计算一阶梯度和二阶梯度
18.         out_gpair->at(i) = bst_gpair((std::exp(p) - y) * w,
19.                                      std::exp(p + param_.max_delta_step) * w);
20.       } else {
21.         ...
22.       }
23.     }
24.   }
25.   ...
26.}
```

gamma 是对数连接函数下的 gamma 回归[⊖]。对数连接函数用于对模型的均值进行对数变换，并把变换后的均值表示为线性预测项；可以对任意满足 gamma 分布的输出建模，gamma 分布主要用于描述大于零的连续型随机变量，因此比较适用于对损失金额等大于零的因变量进行建模，如保险索赔金额等。

tweedie 是对数连接函数下的 tweedie 回归。tweedie 分布是泊松分布和 gamma 分布的复合分布，以保险索赔为例，可以理解为损失次数服从泊松分布，每次损失金额服从 gamma 分布下的累计损失分布，因此其通常用于建立累计损失的预测模型。关于 gamma 分布和 tweedie 分布的更多信息可参考相关资料[⊜]。

7.3.3 多分类

对于多分类问题，参数 objective 有两个取值：分别为 multi:softmax 和 multi:softprob。

⊖ 参见 https://en.wikipedia.org/wiki/Gamma_distribution。
⊜ 孟生旺. 回归模型. 北京：中国人民大学出版社. 2015.

两者的目标函数是相同的，区别在于 multi:softmax 直接输出该样本的分类，而 multi:softprob 输出的是一个 k 维向量（k 为类别个数），向量中的元素表示每个分类的预测概率。XGBoost 的多分类是在树模型的基础上进行 softmax 变换。softmax 变换可将任意 K 维向量中的值映射到 $0 \sim 1$，softmax 损失函数的一阶导数、二阶导数为：

$$g = 1\{y = j\} - \mathrm{softmax}(\hat{y}^{(t-1)})$$

$$h = \mathrm{softmax}(\hat{y}^{(t-1)})(1 - \mathrm{softmax}(\hat{y}^{(t-1)}))$$

XGBoost 会对上述损失函数取反，即损失函数越小，似然函数越大。下面介绍 XGBoost 多分类求梯度统计信息的过程。XGBoost 会遍历所有样本，对于每个样本，首先获取其上一轮的预测值，并进行 softmax 变换，然后通过样本 label 和权重等信息，依据求导公式求得 g 和 h。代码如下：

```
1.   void GetGradient(const std::vector<bst_float>& preds,
2.                    const MetaInfo& info,
3.                    int iter,
4.                    std::vector<bst_gpair>* out_gpair) override {
5.
6.       ...
7.       // 获取上一轮预测值
8.       for (omp_ulong i = 0; i < ndata; ++i) {
9.         for (int k = 0; k < nclass; ++k) {
10.          rec[k] = preds[i * nclass + k];
11.        }
12.        // 对预测值进行softmax变换
13.        common::Softmax(&rec);
14.        // 获取label
15.        int label = static_cast<int>(info.labels[i]);
16.        if (label < 0 || label >= nclass)  {
17.          label_error = label; label = 0;
18.        }
19.        // 获取权重
20.        const bst_float wt = info.GetWeight(i);
21.        // 计算梯度统计信息
22.        for (int k = 0; k < nclass; ++k) {
23.          bst_float p = rec[k];
24.          const bst_float h = 2.0f * p * (1.0f - p) * wt;
25.          if (label == k) {
26.            out_gpair->at(i * nclass + k) = bst_gpair((p - 1.0f) * wt, h);
27.          } else {
28.            out_gpair->at(i * nclass + k) = bst_gpair(p* wt, h);
29.          }
30.        }
31.      }
```

```
32.
33.    ...
34.
35.  }
```

7.3.4 排序学习

前述可知，XGBoost 排序框架是基于 LambdaMART 实现的，是 LambdaMART 的一个变形。LambdaMART 实际是一种 LambdaRank 和 MART 相结合的排序算法。前面我们已经详细介绍了 XGBoost 的增强树模型和 LambdaRank 的实现原理，本节重点介绍 XGBoost 中 LambdaRank 的实现。

关于排序学习，objective 参数有三种取值，分别为 rank:pairwise、rank:ndcg 和 rank:map。其中 rank:pairwise 实现的是未引入评估指标（评估指标为常量，如 1.0）的 LambdaRank 排序算法。rank:ndcg 和 rank:map 分别实现的是引入 NDCG 与 MAP 评估指标的 LambdaRank 排序算法。XGBoost 通过 LambdaRankObj 类的 GetGradient 函数生成梯度信息，从而实现排序算法。其具体流程为：对于每个样本均会随机抽选 num_pairsample 个与其 label 不同的样本组成 num_pairsample 个样本对，然后求得每个样本对的 Lambda 权重 w，这里的 w 即为引入的评价指标，如 $|\Delta \text{NDCG}|$ 等。XGBoost 定义样本对 (D_i, D_j) 中，D_i 排序优于 D_j 的预测概率，如下：

$$P(D_i \prec D_j) = \frac{1}{1+e^{(v_i - v_j)}}$$

其中，v_i 和 v_j 分别为 D_i 与 D_j 的预测值，一阶梯度和二阶梯度为：

$$g = P(D_i \prec D_j) - 1$$
$$h = P(D_i \prec D_j)(1 - P(D_i \prec D_j))$$

遍历每一个样本对，样本对左边样本 D_i 的一阶梯度和二阶梯度为

$$g_i = g_i' + gw$$
$$h_i = h_i' + 2wh$$

式中，g_i' 和 h_i' 为遍历当前样本对之前已求得样本 D_i 的一阶梯度和二阶梯度。

样本对右边样本 D_j 的一阶梯度和二阶梯度为

$$g_j = g_j' - gw$$
$$h_j = h_j' + 2wh$$

式中，g_j' 和 h_j' 为遍历当前样本对之前已求得样本 D_j 的一阶梯度和二阶梯度，最终可求得每

个样本的一阶梯度统计信息和二阶梯度统计信息。代码如下：

```
1.  void GetGradient(const std::vector<bst_float>& preds,
2.                   const MetaInfo& info,
3.                   int iter,
4.                   std::vector<bst_gpair>* out_gpair) override {
5.
6.    std::vector<bst_gpair>& gpair = *out_gpair;
7.    gpair.resize(preds.size());
8.    std::vector<unsigned> tgptr(2, 0); tgptr[1] = static_cast
                            <unsigned>(info.labels.size());
9.    const std::vector<unsigned> &gptr = info.group_ptr.size() == 0 ?
                                tgptr : info.group_ptr;
10.
11.   const bst_omp_uint ngroup = static_cast<bst_omp_uint>(gptr.size() - 1);
12.   #pragma omp parallel
13.   {
14.     // 并行构建，声明随机数生成器，每个线程有自己的随机数生成器，并通过线程ID和
        // 当前迭代轮数生成种子
15.     common::RandomEngine rnd(iter * 1111 + omp_get_thread_num());
16.
17.     // 以索引形式存储样本对，样本对是有序的，前一样本比后一样本排序优先
18.     std::vector<LambdaPair> pairs;
19.     // 存储每一个样本的上一轮预测值、label及索引
20.     std::vector<ListEntry>  lst;
21.     // 存储样本的label和在lst中的位置索引，并按label排序
22.     std::vector< std::pair<bst_float, unsigned> > rec;
23.     // 初始化lst和rec
24.     #pragma omp for schedule(static)
25.     for (bst_omp_uint k = 0; k < ngroup; ++k) {
26.       lst.clear(); pairs.clear();
27.       for (unsigned j = gptr[k]; j < gptr[k+1]; ++j) {
28.         lst.push_back(ListEntry(preds[j], info.labels[j], j));
29.         gpair[j] = bst_gpair(0.0f, 0.0f);
30.       }
31.       std::sort(lst.begin(), lst.end(), ListEntry::CmpPred);
32.       rec.resize(lst.size());
33.       for (unsigned i = 0; i < lst.size(); ++i) {
34.         rec[i] = std::make_pair(lst[i].label, i);
35.       }
36.       std::sort(rec.begin(), rec.end(), common::CmpFirst);
37.       // 枚举相同label桶里的每一个样本，对于每个在lst中的样本，随机选取一个label不同的样本
        // 组成样本对，存于pairs中
38.       for (unsigned i = 0; i < rec.size(); ) {
39.         unsigned j = i + 1;
40.         while (j < rec.size() && rec[j].first == rec[i].first) ++j;
```

```
41.              unsigned nleft = i, nright = static_cast<unsigned>(rec.size() - j);
42.              if (nleft + nright != 0) {
43.                int nsample = param_.num_pairsample;
44.                while (nsample --) {
45.                  for (unsigned pid = i; pid < j; ++pid) {
46.                    unsigned ridx = std::uniform_int_distribution<unsigned>
                                      (0, nleft + nright - 1)(rnd);
47.                    if (ridx < nleft) {
48.                      pairs.push_back(LambdaPair(rec[ridx].second, rec[pid].second));
49.                    } else {
50.                      pairs.push_back(LambdaPair(rec[pid].second,
                                        rec[ridx+j-i].second));
51.                    }
52.                  }
53.                }
54.              }
55.              i = j;
56.            }
57.            // 获取样本对的lambda权重, 如NDCG变化等
58.            this->GetLambdaWeight(lst, &pairs);
59.            // 计算权重系数
60.            float scale = 1.0f / param_.num_pairsample;
61.            if (param_.fix_list_weight != 0.0f) {
62.              scale *= param_.fix_list_weight / (gptr[k + 1] - gptr[k]);
63.            }
64.
65.            for (size_t i = 0; i < pairs.size(); ++i) {
66.              const ListEntry &pos = lst[pairs[i].pos_index];
67.              const ListEntry &neg = lst[pairs[i].neg_index];
68.              const bst_float w = pairs[i].weight * scale;
69.              const float eps = 1e-16f;
70.              bst_float p = common::Sigmoid(pos.pred - neg.pred);
71.              bst_float g = p - 1.0f;
72.              bst_float h = std::max(p * (1.0f - p), eps);
73.              // 计算一阶梯度统计信息和二阶梯度统计信息
74.              gpair[pos.rindex].grad += g * w;
75.              gpair[pos.rindex].hess += 2.0f * w * h;
76.              gpair[neg.rindex].grad -= g * w;
77.              gpair[neg.rindex].hess += 2.0f * w * h;
78.            }
79.          }
80.        }
81.}
```

XGBoost 会根据 objective 参数配置不同计算不同的 Lambda 权重 w。XGBoost 有两种 Lambda 权重供用户选择: $|\Delta NDGC|$ 和 $|\Delta MAP|$, 分别通过: LambdaRankObjNDCG 和

LambdaRankObjMAP 类实现。

下面以 LambdaRankObjNDCG 为例介绍如何计算 Lambda 权重，LambdaRankObjMAP 的实现过程类似。LambdaRankObjNDCG 对 | Δ NDCG| 的计算通过 GetLambdaWeight 函数实现，具体过程如下。

首先对所有样本按照 label 由大到小进行排序，并计算排序后的 DCG，即理想情况下的 DCG（IDCG），DCG 的计算方法和第 3 章介绍的计算方法相同。如果 IDCG 为 0，则直接将文档对的权重（即 | Δ NDCG|）设置为 0，否则，计算 | Δ NDCG|。| Δ NDCG| 通过交换文档对中两个文档位置产生的 NDCG 变化得到，根据 NDCG 计算公式可知，交换两个文档位置只影响两个文档本身 $\dfrac{2^{\text{rel}}-1}{\log_2(i+1)}$ 值的变化，因此可以将求 NDCG 的变化转换为求被交换文档本身 $\dfrac{2^{\text{rel}}-1}{\log_2(i+1)}$ 值的变化。由此可知，交换之前两个文档的 $\dfrac{2^{\text{rel}}-1}{\log_2(i+1)}$ 值为

$$original = \frac{2^{\text{rel}_p}-1}{\log_2(\text{idx}_p+1)} + \frac{2^{\text{rel}_G}-1}{\log_2(\text{idx}_q+1)}$$

式中，p 和 q 分别为文档对中的两个文档；rel_p 和 rel_q 代表文档 p 和文档 q 的相关度等级；idx_p 和 idx_q 代表文档 p 和文档 q 在原结果列表中的位置。两个文档交换位置之后：

$$changed = \frac{2^{\text{rel}_q}-1}{\log_2(\text{idx}_p+1)} + \frac{2^{\text{rel}_p}-1}{\log_2(\text{idx}_q+1)}$$

可以求得：

$$|\Delta\text{NDCG}| = \left| \frac{original - changed}{\text{IDCG}} \right|$$

相关代码如下：

```
1.  void GetLambdaWeight(const std::vector<ListEntry> &sorted_list,
2.                          std::vector<LambdaPair> *io_pairs) override {
3.      std::vector<LambdaPair> &pairs = *io_pairs;
4.      // 计算理想情况下的DCG（IDCG）
5.      float IDCG;
6.      {
7.          std::vector<bst_float> labels(sorted_list.size());
8.          for (size_t i = 0; i < sorted_list.size(); ++i) {
9.              labels[i] = sorted_list[i].label;
10.         }
11.         std::sort(labels.begin(), labels.end(), std::greater<bst_float>());
12.         IDCG = CalcDCG(labels);
```

```
13.          }
14.          if (IDCG == 0.0) {
15.              // IDCG为0, 则所有文档对权值设为0
16.              for (size_t i = 0; i < pairs.size(); ++i) {
17.                  pairs[i].weight = 0.0f;
18.              }
19.          } else {
20.              // 计算ΔNDCG
21.              IDCG = 1.0f / IDCG;
22.              for (size_t i = 0; i < pairs.size(); ++i) {
23.                  unsigned pos_idx = pairs[i].pos_index;
24.                  unsigned neg_idx = pairs[i].neg_index;
25.                  float pos_loginv = 1.0f / std::log2(pos_idx + 2.0f);
26.                  float neg_loginv = 1.0f / std::log2(neg_idx + 2.0f);
27.                  int pos_label = static_cast<int>(sorted_list[pos_idx].label);
28.                  int neg_label = static_cast<int>(sorted_list[neg_idx].label);
29.                  bst_float original =
30.                      ((1 << pos_label) - 1) * pos_loginv +
                          ((1 << neg_label) - 1) * neg_loginv;
31.                  float changed  =
32.                      ((1 << neg_label) - 1) * pos_loginv +
                          ((1 << pos_label) - 1) * neg_loginv;
33.                  bst_float delta = (original - changed) * IDCG;
34.                  if (delta < 0.0f) delta = - delta;
35.                  pairs[i].weight = delta;
36.              }
37.          }
38.      }
```

7.4 评估函数

评估函数作为模型预测结果的评价指标，是机器学习中非常重要的一环。不同评估函数的侧重点不同，根据不同的机器学习模型可以选择不同的评估函数，如分类、回归、排序等。一些评估函数也可同时应用于多种不同的机器学习问题，如准确率–召回率评估函数可应用于分类、排序等问题中。用户通过 eval_metric 参数指定评估函数。本节首先介绍XGBoost 如何通过评估函数对模型的预测结果进行评估，然后依次对二分类、多分类、回归、排序 4 类问题的评估函数进行介绍。

7.4.1　概述

模型每轮迭代更新通过 UpdateOneIter 实现，而模型预测结果的评估则通过 EvalOneIter 实现。EvalOneIter 会在每轮模型更新迭代后被调用，计算相关评估指标值并将其显示在终端，为用户评估模型效果提供参考依据。

下面详细介绍 EvalOneIter 的执行过程：首先程序会判断评估指标是否配置，若配置，则调用相应评估指标的评估函数，否则，调用默认评估函数；评估过程会遍历整个数据集，通过现有模型得到样本的预测值，进行 sigmoid 等变换；最后调用相应评估函数的 Eval 函数计算评估结果，输出到终端。代码如下：

```
1.    std::string EvalOneIter(int iter,
2.                            const std::vector<DMatrix*>& data_sets,
3.                            const std::vector<std::string>& data_names) override {
4.    ...
5.
6.    // 检查是否配置评估指标，未配置则调用目标函数默认的评估指标
7.    if (metrics_.size() == 0) {
8.      metrics_.emplace_back(Metric::Create(obj_->DefaultEvalMetric()));
9.    }
10.   // 遍历数据集
11.   for (size_t i = 0; i < data_sets.size(); ++i) {
12.     // 通过现有模型预测样本
13.     this->PredictRaw(data_sets[i], &preds_);
14.     // 对预测值进行变换，如sigmoid变换等
15.     obj_->EvalTransform(&preds_);
16.     // 遍历评估指标，输出结果
17.     for (auto& ev : metrics_) {
18.       os << '\t' << data_names[i] << '-' << ev->Name() << ':'
19.          << ev->Eval(preds_, data_sets[i]->info(), tparam.dsplit == 2);
20.     }
21.   }
22.
23.   ...
24.
25.   return os.str();
26. }
```

由上可知，评估函数只需实现 eval 函数供 EvalOneIter 调用即可。XGBoost 将评估函数的实现分为 3 类，分别为基于元素的评估、多分类评估和排序评估。基于元素的评估包括 error、logloss、mae、rmse 等；多分类评估包括如 merror、mlogloss 等；排序评估包括如 auc、map、ndcg 等。各类实现 eval 函数时略有不同。基于元素的评估继承自基类 EvalEWiseBase，不单独实现自己的 Eval 函数。多分类评估与基于元素的评估类似，通过基

类 EvalMClassBase 实现 Eval 函数。排序评估比较特殊，类别下的评估函数各自实现自己的 Eval 函数。本节主要介绍 EvalEWiseBase 和 EvalMClassBase 的 Eval 实现，排序评估中的 Eval 实现会在具体指标介绍时讲解。

EvalEWiseBase 的 Eval 函数实现流程如下：首先检查数据有效性，判断数据 label 数量和预测值数量是否一致。判断通过后，对数据进行遍历，获取样本的权重，通过 EvalRow 函数计算每个样本在指标上的评估值，评估值求和得到 sum，权重求和得到 wsum。模型训练若为分布式训练，则还需通过 rabit 的 Allreduce 算子求得全局的 sum 和 wsum，最后用 sum 和 wsum 作为评估指标 GetFinal 函数的输入，求得最终的评估值。实现代码如下：

```
1.  bst_float Eval(const std::vector<bst_float>& preds,
2.                 const MetaInfo& info,
3.                 bool distributed) const override {
4.    // 检查数据有效性
5.    CHECK_NE(info.labels.size(), 0U) << "label set cannot be empty";
6.    CHECK_EQ(preds.size(), info.labels.size())
7.        << "label and prediction size not match, "
8.        << "hint: use merror or mlogloss for multi-class classification";
9.    const omp_ulong ndata = static_cast<omp_ulong>(info.labels.size());
10.   double sum = 0.0, wsum = 0.0;
11.   // 遍历数据集，此处为并行处理
12.   #pragma omp parallel for reduction(+: sum, wsum) schedule(static)
13.   for (omp_ulong i = 0; i < ndata; ++i) {
14.     // 获取样本权重
15.     const bst_float wt = info.GetWeight(i);
16.     // 计算样本指标评估值之和
17.     sum += static_cast<const Derived*>(this)
                ->EvalRow(info.labels[i], preds[i]) * wt;
18.     // 计算权重和
19.     wsum += wt;
20.   }
21.   double dat[2]; dat[0] = sum, dat[1] = wsum;
22.   // 若为分布式训练，则计算全局sum和wsum
23.   if (distributed) {
24.     rabit::Allreduce<rabit::op::Sum>(dat, 2);
25.   }
26.   // 计算最终指标值
27.   return Derived::GetFinal(dat[0], dat[1]);
```

由上述内容可知，对于继承 EvalEWiseBase 的评估函数只需实现 EvalRow 和 GetFinal 两个函数即可。EvalEWiseBase 实现了一个默认的 GetFinal，即 sum/wsum，若指标评估函数未实现 GetFinal，则默认调用此函数。EvalMClassBase 中 Eval 函数的实现和 EvalEWiseBase 的类似，主要区别在于求 sum 时需要考虑多分类的场景，实现代码如下：

```
1. bst_float Eval(const std::vector<bst_float> &preds,
2.                const MetaInfo &info,
3.                bool distributed) const override {
4.   ...
5.
6.   for (bst_omp_uint i = 0; i < ndata; ++i) {
7.     const bst_float wt = info.GetWeight(i);
8.     int label = static_cast<int>(info.labels[i]);
9.     // 求sum和wsum时考虑多分类
10.    if (label >= 0 && label < static_cast<int>(nclass)) {
11.      sum += Derived::EvalRow(label,
12.                             dmlc::BeginPtr(preds) + i * nclass,
13.                             nclass) * wt;
14.      wsum += wt;
15.    } else {
16.      label_error = label;
17.    }
18.  }
19.
20.  ...
21.}
```

多分类评估函数继承于 EvalMClassBase，通过实现的 EvalRow 和 GetFinal 计算最终指标值。虽然 XGBoost 在代码实现层面将评估函数分为了 3 类，但为了使读者更容易理解且方便查阅，下节开始将分别介绍二分类、多分类、回归、排序 4 类评估函数，并对各评估函数继承的基类进行说明。

7.4.2　二分类

在二分类问题的类别空间中，类别只有两种，常用的评估函数有错误率、AUC、对数似然函数等，下面一一对二分类的评估函数进行介绍。

1. 错误率

错误率是预测错误的样本数占总样本数的比例，准确来说是预测错误样本的权重和占总样本权重和的比例，因为每个样本在计算时均会乘以权重系数，当所有样本权重相同，可将错误率简单理解为预测错误的样本数占总样本数的比例。错误率在参数 eval_metric 中的值为 error，可通过类似如 error@k 的形式手工指定二分类的阈值，k 为指定的阈值，如 error@0.6 表示模型预测值大于 0.6 的样本为正样本，否则为负样本。错误率的评估函数继承于 EvalEWiseBase 类，采用 EvalEWiseBase 中默认的 GetFinal 函数。另外，EvalRow 函数实现了判断样本是否预测正确的功能。代码如下：

```
1. inline bst_float EvalRow(bst_float label, bst_float pred) const {
2.    // 假设label取值范围为[0,1]
3.    return pred > threshold_ ? 1.0f - label : label;
4. }
```

2. Log Loss

Log Loss 也是二分类问题中经常采用的评估指标，通过惩罚错误分类来量化模型的准确性，最大限度地减少 Log Loss 等同于最大化模型的准确率。Log Loss 在参数 eval_metric 中的值为 logloss，其评估函数也继承于 EvalEWiseBase，采用默认 GetFinal 函数。Log Loss 的数学表达式为

$$\log loss = -\frac{1}{N}\sum_{i=1}^{N} y_i \log p_i + (1-y_i)\log(1-p_i)$$

式中，N 为样本数量；y_i 为第 i 个样本的 label；p_i 为第 i 个样本的预测值。XGBoost 中的 Log Loss 通过 EvalRow 函数计算。实现代码如下：

```
1. inline bst_float EvalRow(bst_float y, bst_float py) const {
2.    const bst_float eps = 1e-16f;
3.    const bst_float pneg = 1.0f - py;
4.    if (py < eps) {
5.      return -y * std::log(eps) - (1.0f - y) * std::log(1.0f - eps);
6.    } else if (pneg < eps) {
7.      return -y * std::log(1.0f - eps) - (1.0f - y) * std::log(eps);
8.    } else {
9.      return -y * std::log(py) - (1.0f - y) * std::log(pneg);
10.   }
11.}
```

由上可知，代码实现和 Log Loss 的数学表达式是一致的，唯一的区别是对需要进行对数计算的数值进行判断，若其小于阈值 eps，则用 eps 代替。

3. AUC

通过对 3.6.2 节的学习，相信读者已经了解了 AUC 的基本原理。本节会介绍 AUC 另外一种等价形式及它在 XGBoost 中是如何实现的。

由前述可知，AUC 是 ROC 曲线下的面积。但在应用环境中，数据样本是有限且离散的，所以得到的 ROC 曲线必然是阶梯状的，计算 AUC 即计算这些阶梯下的面积，但这种计算方法比较麻烦。AUC 和 Wilcoxon-Mann-Witney 检验是等价的，Wilcoxon-Mann-Witney 检验是测试任意给定的正样本和负样本，正样本大于负样本的概率。由此，可以得到 AUC 的另外一种计算方式：得到任意给定的一对正样本和负样本，正样本大于负样本的概率。对于有限的数据集，可以通过频率来估计此概率，例如，假设数据集中有 M 个正样本、N 个负样本，

统计所有正负样本对（$M \times N$）中，有多少组正样本的预测值大于负样本的预测值，当正负样本预测值相等时按 0.5 计算，最后除以 $M \times N$，得到 AUC 值。此方法虽然简单、直观，但是其时间复杂度较高，为 $O(n^2)$。

　　XGBoost 实现的思路与上述方法相似，但是大大减少了复杂度，在参数 eval_metric 中的取值为 auc，具体实现逻辑如下：首先对样本按预测值由大到小排序，然后对其进行逻辑划分，将预测值相等的样本作为一个分桶，然后依次对所有桶进行遍历（按预测值由大到小的顺序）；对于每个分桶，统计该分桶正样本权重和 buf_pos、负样本权重和 buf_neg，为了便于理解，假设所有样本权重均为 1，此时可将 buf_pos 和 buf_neg 看作分桶的正负样本数，分别用 sum_npos 和 sum_nneg 表示已扫描过的正负样本数，则新扫描一个分桶，增加的正样本预测值大于负样本预测值的样本对数量为 buf_neg × (sum_npos + buf_pos × 0.5)，即已扫描过的正样本与当前分桶负样本组成的所有配对数，加上当前分桶的正样本与当前分桶负样本的所有配对数，因为正负样本预测值相同按 0.5 计算，所以当前分桶正负样本对数量需乘以 0.5；遍历完成后，可计算出所有正样本预测值大于负样本预测值的样本对的数量 sum_pospair，将其除以正样本数量与负样本数量的乘积（sum_npos × sum_nneg），即可求得最终 AUC。实现代码如下：

```
1.  bst_float Eval(const std::vector<bst_float> &preds,
2.                 const MetaInfo &info,
3.                 bool distributed) const override {
4.    CHECK_NE(info.labels.size(), 0U) << "label set cannot be empty";
5.    CHECK_EQ(preds.size(), info.labels.size())
6.        << "label size predict size not match";
7.    std::vector<unsigned> tgptr(2, 0);
8.    tgptr[1] = static_cast<unsigned>(info.labels.size());
9.
10.   // 确认分组数量，若为二分类问题，则只有一个分组，即ngroup为1，若为排序问题，
      // 则可能存在多个分组
11.   const std::vector<unsigned> &gptr = info.group_ptr.size() == 0 ? tgptr :
                                          info.group_ptr;
12.   CHECK_EQ(gptr.back(), info.labels.size())
13.       << "EvalAuc: group structure must match number of prediction";
14.   const bst_omp_uint ngroup = static_cast<bst_omp_uint>(gptr.size() - 1);
15.   // sum statistics
16.   bst_float sum_auc = 0.0f;
17.   int auc_error = 0;
18.   // each thread takes a local rec
19.   // rec存储（预测值，样本索引）对
20.   std::vector< std::pair<bst_float, unsigned> > rec;
21.   for (bst_omp_uint k = 0; k < ngroup; ++k) {
22.     rec.clear();
23.     for (unsigned j = gptr[k]; j < gptr[k + 1]; ++j) {
```

```
24.        rec.push_back(std::make_pair(preds[j], j));
25.      }
26.      // 对rec按预测值从大到小排序
27.      XGBOOST_PARALLEL_SORT(rec.begin(), rec.end(), common::CmpFirst);
28.      // 计算AUC
29.      double sum_pospair = 0.0;
30.      double sum_npos = 0.0, sum_nneg = 0.0, buf_pos = 0.0, buf_neg = 0.0;
31.      for (size_t j = 0; j < rec.size(); ++j) {
32.          // 获取样本权重
33.        const bst_float wt = info.GetWeight(rec[j].second);
34.        // 获取样本label
35.        const bst_float ctr = info.labels[rec[j].second];
36.        // 相同预测值样本划分为一个分桶
37.        if (j != 0 && rec[j].first != rec[j - 1].first) {
38.          sum_pospair += buf_neg * (sum_npos + buf_pos *0.5);
39.          sum_npos += buf_pos;
40.          sum_nneg += buf_neg;
41.          buf_neg = buf_pos = 0.0f;
42.        }
43.        buf_pos += ctr * wt;
44.        buf_neg += (1.0f - ctr) * wt;
45.      }
46.      // 计算最后一个分桶
47.      sum_pospair += buf_neg * (sum_npos + buf_pos *0.5);
48.      sum_npos += buf_pos;
49.      sum_nneg += buf_neg;
50.      // 检查是否异常
51.      if (sum_npos <= 0.0 || sum_nneg <= 0.0) {
52.        auc_error = 1;
53.        continue;
54.      }
55.      // 计算得到AUC，若为多个分组，此处对多个分组，AUC求和，最后计算平均AUC作为最终结果
56.      sum_auc += sum_pospair / (sum_npos*sum_nneg);
57.    }
58.    CHECK(!auc_error)
59.      << "AUC: the dataset only contains pos or neg samples";
60.  if (distributed) {
61.    // 若为分布式环境，则计算所有节点的sum_auc和ngroup的和
62.    bst_float dat[2];
63.    dat[0] = static_cast<bst_float>(sum_auc);
64.    dat[1] = static_cast<bst_float>(ngroup);
65.    // 通过平均值近似估计AUC
66.    rabit::Allreduce<rabit::op::Sum>(dat, 2);
67.    return dat[0] / dat[1];
68.  } else {
69.    // 计算平均AUC，二分类问题ngroup为1
```

```
70.      return static_cast<bst_float>(sum_auc) / ngroup;
71.  }
72.}
```

7.4.3　多分类

多分类问题中的评估函数与二分类部分评估函数类似，如错误率、Log Loss 等。多分类的评估函数会在计算方式上进行调整以适应多种类别的具体场景。下面详细介绍多分类中的常用评估函数。

1. 多分类错误率

多分类错误率计算方式与二分类错误率类似，唯一的区别在于判断样本预测正确与否的方式不同。二分类是通过比较预测值和阈值大小来判断该样本为正样本或负样本，再结合 label 确定是否预测正确。而多分类错误率则是将样本所有分类预测值中预测值最大的分类作为该样本的预测分类，然后结合 label 确定是否预测正确。多分类错误率在参数 eval_metric 中的值为 merror，评估函数继承于 EvalMClassBase 类，采用默认 GetFinal，其中 EvalRow 函数用于判断预测结果正确与否，代码如下：

```
1.  inline static bst_float EvalRow(int label,
2.                                  const bst_float *pred,
3.                                  size_t nclass) {
4.    return common::FindMaxIndex(pred, pred + nclass) != pred +
              static_cast<int>(label);
5.  }
```

2. 多分类 Log Loss

不同于二分类，多分类的 logloss 会对样本每个分类的 logloss 值求和，计算表达式如下：

$$\mathrm{mlogloss} = -\frac{1}{N}\sum_{i=1}^{N}\sum_{j=1}^{M} y_{ij} \log p_{ij}$$

式中，N 为样本数量；M 为样本类别；y_{ij} 为第 i 个样本第 j 个分类的 label；p_{ij} 为第 i 个样本第 j 个分类的预测值。结合二分类 Log Loss 的表达式可以看出，二分类 Log Loss 其实是多分类的特殊情况（M 为 2）。

多分类 Log Loss 在参数 eval_metric 中的值为 mlogloss，继承于 EvalMClassBase 类，采用默认 GetFinal。其中 EvalRow 函数实现分类 log loss 值之和的计算，因为 label 中只有真实类别为 1，其他类别均为 0，所以这里简化为只对样本真实类别求 log loss，代码如下：

```
1.  inline static bst_float EvalRow(int label,
```

```
2.                                          const bst_float *pred,
3.                                          size_t nclass) {
4.    const bst_float eps = 1e-16f;
5.    size_t k = static_cast<size_t>(label);
6.    // 因为只有真实类别的label为1，其他类别均为0，所以这里简化为只对样本真实类别求log loss
7.    if (pred[k] > eps) {
8.      return -std::log(pred[k]);
9.    } else {
10.     return -std::log(eps);
11.   }
12.}
```

7.4.4　回归

与分类问题不同，回归问题是对连续数值进行预测，常用的评估函数有 RMSE、MAE 等，下面逐一介绍。

1. RMSE

RMSE（Root Mean Square Error，均方根误差）是回归模型中较常采用的评估指标之一。RMSE 是在 MSE（Mean Square Error）的基础上求算术平方根，MSE 是预测值和真实值差的平方的期望，定义如下：

$$MSE = \frac{1}{N}\sum_{i=1}^{N}(y_i - p_i)^2$$

式中，N 为样本数量；y_i 表示第 i 个样本的真实值；p_i 表示第 i 个样本的预测值。由此可知，RMSE 定义如下：

$$RMSE = \sqrt{\frac{1}{N}\sum_{i=1}^{N}(y_i - p_i)^2}$$

RMSE 对异常点非常敏感，假如某样本的预测值与真实值之间的误差较大，根据上述公式，该误差会在求平均之前被平方，这相当于对误差赋予了很高的权重，最终会对 RMSE 的结果产生很大影响。RMSE 取值范围从 0 到 + ∞，RMSE 值越低，表明模型效果越好。

RMSE 在参数 eval_metric 中的值为 rmse，继承于 EvalEWiseBase，自实现 GetFinal 函数，代码如下：

```
1. inline static bst_float GetFinal(bst_float esum, bst_float wsum) {
2.    return std::sqrt(esum / wsum);
3. }
```

该函数在 EvalEWiseBase 默认 GetFinal 函数的基础上增加了算术平方根的运算。RMSE 通过 EvalRow 函数实现计算样本预测值和真实值之差的平方，代码如下：

```
1. inline bst_float EvalRow(bst_float label, bst_float pred) const {
2.   bst_float diff = label - pred;
3.   return diff * diff;
4. }
```

2. MAE

MAE（Mean Absolute Error，平均绝对误差）也是回归模型中常采用的评估指标。MAE 衡量的是预测值和真实值之间绝对差异的平均值，其公式定义为

$$\text{MAE} = \frac{1}{N}\sum_{i=1}^{N}|y_i - p_i|$$

MAE 和 RMSE 一样，取值范围为 $0 \sim +\infty$，MAE 值越低，表明模型效果越好。MAE 在参数 eval_metric 中的值为 mae，继承于 EvalEWiseBase，采用默认 GetFinal 函数，通过 EvalRow 计算样本预测值和真实值之间的绝对差异。代码如下：

```
1. inline bst_float EvalRow(bst_float label, bst_float pred) const {
2.   return std::abs(label - pred);
3. }
```

关于其他某些特定回归中采用的评估函数，如 poisson-nloglik、gamma-deviance、gamma-nloglik、tweedie-nloglik 等，这里不再逐一介绍，感兴趣的读者可自行查阅相关资料。

7.4.5　排序

排序是将对象集按照与输入的相关性进行排序并返回排序结果的过程。排序常用的评估函数有 NDCG、MAP 等。

1. NDCG

3.6.2 节已经详细介绍过 NDCG，此处主要介绍 NDCG 在 XGBoost 的实现。NDCG 在参数 eval_metric 中的值为 ndcg，可通过类似 ndcg@n- 的形式指定只对数据集中 top n 的样本进行评估，其中 - 表示 XGBoost 在某些条件下会将 NDCG 置为 0（如 IDCG 为 0 时）。

首先回顾一下 DCG 的计算公式，对于排序为 p 的 DCG 定义如下：

$$\text{DCG}_p = \sum_{i=1}^{p}\frac{2^{\text{rel}_i}-1}{\log_2(i+1)}$$

式中，rel_i 是位置 i 上结果的相关度得分；$\dfrac{1}{\log_2(i+1)}$ 为折算因子。XGBoost 通过 CalcDCG 函数计算数据集的 DCG。代码如下：

```
1.  inline bst_float CalcDCG(const std::vector<std::pair<
                             bst_float, unsigned> > &rec) const {
2.    double sumdcg = 0.0;
3.    // 其中rec中存放的为样本的预测值和真实值，rec.first代表样本的预测值，
      // rec.second代表样本的真实值
4.    for (size_t i = 0; i < rec.size() && i < this->topn_; ++i) {
5.      const unsigned rel = rec[i].second;
6.      if (rel != 0) {
7.        sumdcg += ((1 << rel) - 1) / std::log2(i + 2.0);
8.      }
9.    }
10.   return sumdcg;
11. }
```

由代码可以看出，XGBoost 中的 DCG 的计算公式与上述公式是一致的。XGBoost 通过 EvalMetric 函数实现 NDCG 的计算。代码如下：

```
1.  virtual bst_float EvalMetric(std::vector<std::pair<bst_float, unsigned> >
                                 &rec) const { // NOLINT(*)
2.    XGBOOST_PARALLEL_STABLE_SORT(rec.begin(), rec.end(), common::CmpFirst);
3.    bst_float dcg = this->CalcDCG(rec);
4.    XGBOOST_PARALLEL_STABLE_SORT(rec.begin(), rec.end(), common::CmpSecond);
5.    bst_float idcg = this->CalcDCG(rec);
6.    if (idcg == 0.0f) {
7.      if (minus_) {
8.        return 0.0f;
9.      } else {
10.       return 1.0f;
11.     }
12.   }
13.   return dcg/idcg;
14. }
```

首先对数据集分别按预测值和真实值进行排序，计算 DCG 和 IDCG，然后求得 DCG 在 IDCG 的占比，得到最终 NDCG。若 IDCG 为 0 且配置了 -，则返回 0 作为最终 NDCG；若未配置 -，则返回 1。

2. MAP

MAP 参数 eval_metric 中的值为 map，可应用于排序和分类问题。和 NDCG 类似，MAP 也可通过类似如 map@n- 的形式指定只对数据集中 top n 的样本进行评估，其中 - 表示

XGBoost 在某些条件下会将 MAP 置为 0，比如命中数为 0 时。MAP 通过 EvalMetric 实现数据集 MAP 值的计算。代码如下：

```
1.  virtual bst_float EvalMetric(std::vector< std::pair<bst_float, unsigned> >
                                     &rec) const {
2.      // 对数据集按预测值排序
3.      std::sort(rec.begin(), rec.end(), common::CmpFirst);
4.      unsigned nhits = 0;
5.      double sumap = 0.0;
6.      for (size_t i = 0; i < rec.size(); ++i) {
7.        if (rec[i].second != 0) {
8.            // 若真实值不为0，则命中数加1
9.          nhits += 1;
10.           // 计算top n的准确率之和
11.         if (i < this->topn_) {
12.           sumap += static_cast<bst_float>(nhits) / (i + 1);
13.         }
14.       }
15.     }
16.     if (nhits != 0) {
17.       // 计算最终MAP
18.       sumap /= nhits;
19.       return static_cast<bst_float>(sumap);
20.     } else {
21.       if (minus_) {
22.         return 0.0f;
23.       } else {
24.         return 1.0f;
25.       }
26.     }
27. }
```

7.5　小结

本章从源码的角度深入剖析了 XGBoost 各个组件的实现原理。7.1 节介绍了模型的训练、预测与解析，更加深入地讲解了模型的学习和预测过程。Updater 是 XGBoost 中最为核心的组件，模型生成、更新和剪枝均通过 Updater 来完成，因此 7.2 节详细介绍了 updater_histmaker、updater_fast_hist 等多种 Updater 的算法实现。针对不同的机器学习问题，会选择不同的目标函数和评估函数，7.3 节和 7.4 节分别针对二分类、回归、多分类、排序等问题，详细介绍了不同目标函数和评估函数的实现。

第 8 章

模型选择与优化

　　无论在学术研究还是工业应用中，模型选择与优化都在提高模型泛化能力的目标中起着至关重要的作用，本章则主要围绕这两方面进行探讨。8.1 节从偏差和方差的角度定义了模型的泛化能力，而选择最优模型的本质便是寻找偏差与方差最佳平衡点的过程。8.2 节介绍了交叉验证和 Bootstrap 两种模型选择的方法。8.3 节阐述了模型选择过程中的超参数优化方法，通过参数调整改变模型复杂度，使模型具有更好的学习能力和效果。最后以葡萄酒品质判定为例讲述了超参数优化方法的应用。

8.1　偏差与方差

　　模型的泛化能力用来表征模型对未知数据的预测能力，它可以为最终选择高质量模型提供指导，因此模型泛化能力的评估十分重要。本节将从偏差 – 方差分解（bias-variance decomposition）的角度来对模型泛化能力进行解释，通过优化偏差和方差来更好地拟合数据，得到更为精确的模型。

　　偏差描述的是模型期望（或平均）预测值与真实值之间的差异，方差描述的是预测值作为随机变量的离散程度。可以认为模型不止一次重复整个构建过程，每次收集新数据拟合新的模型，由于数据集的随机性，最终的模型会有一系列预测值，偏差可衡量平均预测值与真实值之间的差异，而方差则可衡量这些预测值之间的偏离程度。

　　下面来介绍偏差和方差的数学定义[⊖]。假设待预测的变量为 Y，其对应的自变量为 X（训练样本），服从 $Y = h(X) + \epsilon$，其中 ϵ 为噪声，服从 $\epsilon \sim \mathcal{N}(0, \sigma_\epsilon)$。通过算法学习可以得到一个

　　⊖　T. Hastie, R. Tibshirani, J. Friedman. The elements of statistical learning. New York: Springer. 2009.

模型 $\hat{h}(X)$ 来近似 $h(X)$ 进行预测，对于给定的 X 变量值 x，y 为真实值，$\hat{h}(x)$ 为其预测值。假设模型采用均方误差进行评估，则 $\hat{h}(x)$ 在 x 点的整体预测值和真实值的均方误差为

$$\text{Err}(x) = E[(y - \hat{h}(x))^2]$$

在模型学习过程中，需尽量使 Err 最小化，从而使得模型的准确性更高。由上述内容可知，**偏差描述的是模型期望预测值与真实值之间的差异**，其数学表示如下（为后续表示方便，此处采用的是偏差的平方）：

$$\text{Bias}^2 = (E[\hat{h}(x)] - h(x))^2$$

方差的数学表示如下：

$$\text{Var}(x) = E[\hat{h}(x) - E[\hat{h}(x)])^2]$$

下面对均方误差公式进行分解，则可得到

$$\text{Err}(x) = (E[\hat{h}(x)] - h(x))^2 + E[(\hat{h}(x) - E[\hat{h}(x)])^2] + \sigma_\epsilon^2$$
$$\text{Err}(x) = \text{Bias}^2 + \text{Var} + \text{Noise}$$

可以看出，均方误差的计算公式可以由偏差、方差来表示，其中第三项为噪声，其刻画了模型期望泛化误差的下界，决定了学习问题本身的难度。噪声是不可避免的，因此只需要在偏差和方差两方面对 Error 进行优化。

这里通过一幅图形象地展示偏差和方差之间的关系，如图 8-1 所示。其中，靶心是模型需要预测的真实值，离靶心越远，表明预测结果越糟糕，图 8-1 中的点表明在不同数据集重复构建模型获得的单独的预测值。

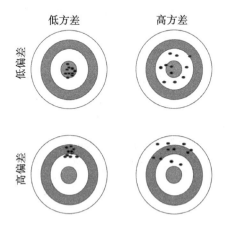

图 8-1　偏差与方差图解[⊖]

⊖　图片引自 T. Hastie, R. Tibshirani, J. Friedman. The elements of statistical learning. New York: Springer. 2009.

　　由图 8-1 可知，**低偏差、低方差**的模型会次次命中靶心，预测结果较好，这是比较理想的结果。**低偏差、高方差**的命中点分散，很多并没有命中靶心，但其平均值会命中靶心。而**高偏差、低方差**的大部分命中点比较聚合，但是偏离靶心。**高偏差、高方差**是最糟糕的情况，命中点分散且偏离靶心。由此可知，低偏差、低方差是我们模型优化的目标，但是低偏差、低方差往往是不可兼得的，降低模型偏差会在一定程度上提高方差，降低方差则会导致偏差变大。

　　下面以 K- 近邻算法（*K*-nearest neighbor）为例来理解一下偏差和方差的关系。K- 近邻算法非常简单，即给定一个训练数据集，对于新的样本，找到训练数据集中与该样本最接近的 *k* 个实例，若这 *k* 个实例属于某一类，则将新的样本划分为该类。*K*- 近邻算法的误差形式表示如下：

$$\mathrm{Err}(x) = \left(h(x) - \frac{1}{k}\sum_{i=1}^{k} h(x_i) \right)^2 + \frac{\sigma_\epsilon^2}{k} + \sigma_\epsilon^2$$

$$\mathrm{Err}(x) = \mathrm{Bias}^2 + \mathrm{Var} + \mathrm{Noise}$$

式中，$x_1, x_2, \cdots, x_k$ 是离点 x 最邻近的 k 个邻居。当 k 取值比较小时，偏差会比较小，因为 k 取值越小，相当于使用较小邻域内的训练样本对目标值进行预测，其结果会更精确，但同时会使预测结果对邻近的训练样本更敏感，导致方差变大。反之，当 k 取值较大时，方差会减小但偏差增大。

　　从根本上来说，处理偏差与方差的问题就是处理欠拟合与过拟合的问题。当我们通过有限的训练样本去拟合一个模型来模拟理想模型时，为了降低模型的预测误差，越来越多的参数会被加入模型，使模型变得越来越复杂。这样，模型在训练样本的偏差减小了，但方差变大了，导致模型的泛化能力较差，对于新的预测样本而言，预测结果会变得糟糕，即模型出现了过拟合。为了避免过拟合，我们减少模型复杂度，并增加一些正则项以限制模型在训练过程中对训练数据的过度依赖，提高模型的稳定性，降低方差。与此同时，模型偏差也会增大，若模型拟合不充分，则会导致模型预测能力下降，出现欠拟合。因此，我们需要在两者之间找到一个平衡，即偏差 – 方差权衡（bias-variance tradeoff）。在模型最佳的平衡位置上，随着模型复杂度的变化，偏差的增加和方差的减少相等。如果超过了该最佳平衡点，模型即会出现过拟合，若未达到该平衡点，则说明模型欠拟合。偏差、方差和总误差的变化关系如图 8-2 所示。

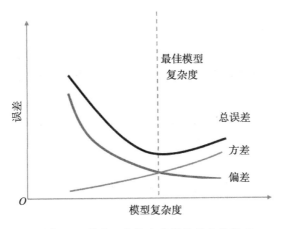

图 8-2　偏差、方差和总误差的变化关系

8.2　模型选择

　　简而言之，模型选择是面对不同复杂度的模型，选择其中性能最好的一个。通过偏差 – 方差介绍可知，模型复杂度对最终获得较优的预测模型是十分重要的。

　　此处模型选择要和模型评估区分开，模型选择是估计不同模型的性能，以便选择最佳模型，而模型评估是对最后选择的模型进行性能评估。针对模型选择和模型评估两个阶段特性，目前比较普遍的做法是将数据集分为 3 部分处理，分别为训练集、验证集和测试集，如图 8-3 所示。

图 8-3　数据集的划分

　　训练集用于拟合模型，得到不同模型和训练误差。验证集用于估计模型选择的预测误差，选出最好的模型。测试集用于模型评估，通过相应的评估指标对选择的模型进行评估。3 个数据集是相互独立的。由此，我们可以得出模型选择的完整流程：首先通过训练集训练模型，然后在验证集上对训练的模型进行验证，获取预测误差，最后选择预测误差小的模型作为最终的模型。

　　上述只是模型选择的完整步骤，但在很多场景下，我们可能并没有一个独立的验证集进行验证，可获取的数据仅有一个训练集。此时，一般可以从训练集数据中划分部分数据形成验证集，其中比较具有代表性的方法有交叉验证（cross validation）、自助法（Bootstrap）等，下面详细介绍交叉验证和自助法。

8.2.1　交叉验证

交叉验证是一种用来验证模型性能的统计分析方法，用于评估机器学习算法的预测误差，分析泛化能力，是目前最常采用的评估预测误差的方法。它的基本思想是对数据集进行划分，一部分作为训练集，另一部分作为验证集。利用训练集拟合模型；利用验证集验证模型，评估预测误差。交叉验证按类型不同可分为 K- 折交叉验证（K-fold cross-validation）、leave-one-out 交叉验证（LOOCV）等，下面主要以 K- 折交叉验证为例进行介绍，其他类型均为 K- 折交叉验证中的特殊情况。

K- 折交叉验证首先会将数据集随机分为 K 份，然后选择第 i 份作为验证集，另外的 $K–1$ 份作为训练集；对每一份数据子集进行遍历，将其作为验证集，其他 $K–1$ 份作为训练集用于训练模型，这样最终可以得到 K 个模型和 K 个预测误差结果；对 K 个误差结果求平均值，即可得到最后的交叉验证值（CV 值）；计算模型空间中不同复杂度模型的 CV 值，最后选择 CV 值最优的模型作为最终模型。

图 8-4 为交叉验证数据划分的一个示例，图中的数据集被划分为 5 份（即 $K=5$），取第 3 份数据作为验证集（$i=3$），其余数据作为训练集用于训练模型，得到模型结果之后，再通过验证集进行验证，然后分别以其他数据子集作为验证集，重复上述过程，最终得到 5 个预测误差结果，取平均值作为最终的 CV 值，再通过 CV 值选择最优模型。

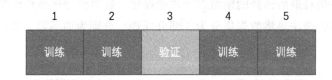

图 8-4　交叉验证数据划分示例

由交叉验证的定义可知，划分的份数 K 取值不同，对平均预测误差的估计效果也不同。如何选择 K 值主要是偏差、方差和计算效率三者的权衡。

当 K 取值较大时，如 $K=N$，则交叉验证为 leave-one-out 交叉验证，其中 N 为数据集中的样本数，每个样本会单独作为一次验证集，其余的 $N–1$ 个样本作为训练集进行训练，最终会得到 N 个模型。此时，交叉验证得到的 CV 值是平均预测误差的近似无偏估计，但由于 N 个训练集十分相似且每次评估只评估一个样本，使得每个验证集上的预测误差较大，因此 CV 估计的方差较大。另外，需要训练的模型数量和数据集样本数量相同，当样本数量很多时，所需计算量是巨大的。

当 K 取值较小时，如 $K=2$，此时数据集中的一半数据作为训练集，另外一半作为验证集，新生成的训练集和原来的训练集相比变化较大，因此可能会导致两个训练集之间产生较大差异，因此训练出的模型具有较大的偏差。但因为验证集具有充足的样本，若其与训练集在数据分布上无较大不同，则 CV 估计的方差一般会比较小。另外，因为只需要训练两个模型，所需计算量较小，执行效率高。

由此可知，当 K 取值较大时，CV 值对平均预测误差的估计偏差较小，但方差和计算量较大；当 K 取值较小时，CV 值方差和模型计算量较小，但对平均预测误差的估计偏差较大。交叉验证对平均预测误差的估计和数据量相关，若样本数据较少，则由交叉验证对数据进行切分后的数据集会更小，容易导致较大的估计偏差，所以一般而言，若样本数据量充足，5 折交叉验证是一个比较好的选择，其对平均预测误差的估计已经足够，而且计算量也不会很大。

了解了交叉验证的原理后，下面通过一个示例来介绍如何使用交叉验证，以 scikit-learn 中的交叉验证⊖为例，代码如下：

```
1. import numpy as np
2. from sklearn.model_selection import train_test_split
3. from sklearn import datasets
4. from sklearn import svm
5. from sklearn.model_selection import cross_val_score
6. from sklearn import metrics
7.
8. # 加载数据集
9. iris = datasets.load_iris()
10.
11.# 模型配置
12.clf = svm.SVC(kernel='linear', C=1)
13.
14.# 交叉验证
15.scores = cross_val_score(clf, iris.data, iris.target, cv=5, scoring='f1_macro')
```

上述代码的逻辑非常简单，首先加载数据集，然后配置模型参数（SVM 模型），最后调用 cross_val_score 函数进行交叉验证。其中 cv=5 表示将数据集划分为 5 份，即 K=5。其默认采用的是 KFold 或 StratifiedKFold 策略，也可指定其他交叉验证策略，如 LeaveOneOut、ShuffleSplit 等。scoring 代表评估指标，这里为 f1_macro，也可以选择其他指标。将交叉验证后的分数 scores 输出，结果如下：

```
1. >>> scores
2. array([ 0.96…,  1.  …,  0.96…,  0.96…,  1.      ])
```

对结果中代表 5 次不同分割的评估分数求平均值，便可得到平均预测误差的估计。另外，通过 cross_validate 函数可实现同时指定多个评估指标。代码示例如下：

⊖　参见 http://scikit-learn.org/stable/modules/cross_validation.html。

```
1. from sklearn.model_selection import cross_validate
2. from sklearn.metrics import recall_score
3.
4. # 评估指标集
5. scoring = ['precision_macro', 'recall_macro']
6.
7. # 模型配置
8. clf = svm.SVC(kernel='linear', C=1, random_state=0)
9.
10.# 同时通过多个评估指标进行交叉验证
11.scores = cross_validate(clf, iris.data, iris.target, scoring=scoring,
                          cv=5, return_train_score=False)
```

其中，评估指标指定了 precision_macro 和 recall_macro 两个指标，return_train_score 指定是否返回训练集的评估结果。cross_validate 返回结果是一个 dict 数据结构，如果只有一个评估指标，则交叉验证结果中的 key 为

```
['test_score', 'fit_time', 'score_time']
```

若包含多个评估指标，则交叉验证结果中的 key 为

```
['test_<scorer1_name>', 'test_<scorer2_name>',
 'test_<scorer...>', 'fit_time', 'score_time']
```

将上述示例中的交叉验证结果 scores 输出，显示如下：

```
1. >>> sorted(scores.keys())
2. ['fit_time', 'score_time', 'test_precision_macro', 'test_recall_macro']
3. >>> scores['test_recall_macro']
4. array([ 0.96···,  1.  ···,  0.96···,  0.96···,  1.         ])
```

8.2.2 Bootstrap

Bootstrap 是一个评估统计准确性的通用工具。Bootstrap 于 1993 年由 Efron 提出[⊖]，在统计学领域得到广泛应用。Breiman 于 1994 年提出 Bagging 方法，将 Bootstrap 方法应用于机器学习中，其实际是一种模型组合方法，用于获取更准确且稳定的分类结果。Bootstrap 算法的思想比较简单，其算法过程如下。

假设现有数据集 $D = (d_1, d_2, \cdots, d_n)$ 表示训练集，其中 $d_i = (x_i, y_i)$。首先对训练数据进行有放回地随机抽样，抽取后的数据集大小和原数据集相同，重复 m 次，得到 m 个 Bootstrap 数据集。然后用这 m 个 Bootstrap 数据集分别训练模型，并通过评估指标进行评估。对于分

⊖ Efron B., Tibshirani R. An Introduction to the Bootstrap. London: Chapman&Hall. 1993.

类问题，通过 Bootstrap 训练多个分类模型，然后对这 m 个分类模型的新样本进行预测，最后通过某种投票机制得到样本最终的预测分类，这就是 Bagging 的实现原理。

那么如何通过 Bootstrap 进行模型选择呢？一种思路是，m 个模型均在原数据集上进行评估，即模型对每个样本都会进行评估，这样可以得到 m 个模型分别对应的评估误差，然后求平均值作为最终拟合平均预测误差的值。这种方法看似合理，但其实存在一个比较大的缺陷。因为大部分样本既是训练样本又是验证样本，而不像交叉验证中训练集与验证集相互独立，数据重合比较严重，所以拟合的误差与训练误差较为接近，而与平均预测误差有较大的偏差。因此，仅仅采用以上思路进行模型选择显然不是一种有效的方法。

因为每个 Bootstrap 数据集都是通过 N 次重复有放回的采样获得的，因此样本至少被抽到一次的概率为

$$\Pr\{i \in B\} = 1 - \left(1 - \frac{1}{N}\right)^{N} \approx 1 - e^{-1} = 0.632$$

式中，i 为训练样本；B 为 Bootstrap 数据集。可知，一般情况下，总会有一些样本没有被抽到 Bootstrap 数据集中，那么这部分没有被抽中的数据集便可作为验证集来进行平均预测误差的估计。随机森林中的 OOB（Out Of Bag）就是采用这种思路，区别是随机森林对未采样样本投票后再预计平均预测误差，而 Bootstrap 直接对未采样样本通过相应模型进行预测，再求平均，求得平均预测误差的估计。那在极端情况下，如果有样本被所有 Bootstrap 数据集抽中，那么如何进行处理？直接跳过该样本就可以了，在实际应用中，m 大一点很容易避免这种情况的出现。

8.3　超参数优化

模型参数一般分为两类：一类是可以通过学习获得的参数，另一类是在开始学习过程之前设定的参数，而没办法通过训练得到的，这类参数就是超参数。比如，决策树的数量和深度、学习率及神经网络中的隐藏层数等，这些都是比较常见的超参数。通常在模型选择的过程中，需要通过调整超参数改变模型复杂度，选出其中最优的超参数组合，使模型具有更好的学习性能和效果。

超参数优化的目的是提高模型在独立数据集上的性能。通常使用交叉验证来评估不同超参数下模型泛化性能，因此，一般采用超参数空间中交叉验证值最优的超参数作为最优超参数，模型构建的参数基本都可以采用此方式进行优化。下面以 scikit-learn 为例对超参数优化方法进行介绍。

在 scikit-learn 中，搜索的参数一般包含如下几部分：

- estimator（分类器等）；
- 参数空间；
- 一种搜索或采样方法，以获得候选参数；
- 一种交叉验证策略；
- 一个评分函数。

其中，参数 estimator 为需要进行超参数优化的模型；参数空间为需要优化的超参数及其值域；scikit-learn 提供了两种获得候选参数的搜索方法：**网格搜索**（GridSearchCV）和**随机搜索**（RandomizedSearchCV）；其交叉验证策略和评分函数均可自行指定。下面详细介绍 scikit-learn 中网格搜索和随机搜索的实现原理。

8.3.1　网格搜索

网格搜索是超参数优化中比较传统的方法，它通过手工指定超参数空间中的一个子集进行详尽搜索，以达到参数优化的目的。网格搜索会对给定超参数的所有组合进行穷举，试图找到一组最优超参数。值得注意的是，一般情况下，参数中只有一小部分对模型预测或计算性能产生较大影响，其他参数保留为默认值即可。由于某些模型的参数空间可能包括实数或无界值空间，因此在网络搜索前可能需要手工指定参数边界和离散化。

在 scikit-learn 中，GridSearchCV 从参数 param_grid 指定的参数网格中穷举获得最优参数来实现网格搜索⊖。param_grid 格式如下：

```
1. param_grid = [
2.   {'C': [1, 10, 100, 1000], 'kernel': ['linear']},
3.   {'C': [1, 10, 100, 1000], 'gamma': [0.001, 0.0001], 'kernel': ['rbf']},
4.   ]
```

param_grid 指定了两个待搜索的网格：一个网格为线性内核，C 值为 [1, 10, 100, 1000]；第二个网格为 RBF 内核，需要搜索 C 值与 gamma 值的所有组合。

下面通过一个示例来介绍 GridSearchCV 的使用方法。该示例通过 GridSearchCV 对一个分类器进行超参数优化，然后通过优化阶段未使用的验证集进行评估。示例代码如下：

```
1. import pandas as pd
2. from sklearn.metrics import roc_auc_score
3. from sklearn import datasets
4. from sklearn.ensemble import RandomForestClassifier
5.
6. # 加载数据集
```

⊖　参见 http://scikit-learn.org/stable/modules/grid_search.html。

```
7. cancer = datasets.load_breast_cancer()
8.
9. X = cancer.data
10.y = cancer.target
11.
12.# 划分训练集和测试集
13.X_train, X_test, y_train, y_test = train_test_split(
14.    X, y, test_size=0.5, random_state=0)
15.
16.# 定义网格搜索参数范围
17.param_grid={"n_estimators": [40, 45, 50],
18.            "min_samples_split": [2, 3, 5, 8, 11],
19.            "min_samples_leaf": [2, 4, 6, 8, 10],
20.            "criterion": ["gini", "entropy"]}
21.
22.# 随机森林模型
23.clf = RandomForestClassifier()
24.
25.# GridSearchCV初始化
26.grid_search = GridSearchCV(clf, param_grid=param_grid, scoring = 'roc_auc')
27.
28.# 拟合训练集
29.grid_search.fit(X_train, y_train)
30.
31.# 输出最优参数组合
32.print(grid_search.best_params_)
```

示例采用了第 3 章中使用过的乳腺癌数据集，该数据集是一个二分类问题，因此采用 AUC 作为评估函数，模型采用的是随机森林。可以看到，上述网格搜索的实现代码还是比较简单的，主要包括定义搜索参数范围，初始化 GridSearchCV，拟合训练集（即进行网格搜索）等过程，最终得到最优参数组合。代码运行结果如图 8-5 所示。

```
{'min_samples_split': 2, 'n_estimators': 40, 'criterion': 'entropy', 'min_samples_leaf': 4}
```

图 8-5　代码运行结果（网格搜索最优参数组合）

另外，除了上述最终调优结果外，还可以输出调优过程中不同参数组合下评估指标的均值和标准差，实现代码如下：

```
1. means = grid_search.cv_results_['mean_test_score']
2. stds = grid_search.cv_results_['std_test_score']
3. for mean, std, params in zip(means, stds, grid_search.cv_results_['params']):
4.     print("%0.3f (+/-%0.03f) for %r"  % (mean, std * 2, params))
```

部分输出结果如图 8-6 所示。

```
0.985 (+/-0.009) for {'min_samples_split': 8, 'n_estimators': 40, 'criterion': 'gini', 'min_samples_leaf': 10}
0.990 (+/-0.011) for {'min_samples_split': 8, 'n_estimators': 45, 'criterion': 'gini', 'min_samples_leaf': 10}
0.987 (+/-0.015) for {'min_samples_split': 8, 'n_estimators': 50, 'criterion': 'gini', 'min_samples_leaf': 10}
0.989 (+/-0.012) for {'min_samples_split': 11, 'n_estimators': 40, 'criterion': 'gini', 'min_samples_leaf': 10}
0.986 (+/-0.004) for {'min_samples_split': 11, 'n_estimators': 45, 'criterion': 'gini', 'min_samples_leaf': 10}
0.984 (+/-0.019) for {'min_samples_split': 11, 'n_estimators': 50, 'criterion': 'gini', 'min_samples_leaf': 10}
0.985 (+/-0.019) for {'min_samples_split': 2, 'n_estimators': 40, 'criterion': 'entropy', 'min_samples_leaf': 2}
0.987 (+/-0.011) for {'min_samples_split': 2, 'n_estimators': 45, 'criterion': 'entropy', 'min_samples_leaf': 2}
0.983 (+/-0.020) for {'min_samples_split': 2, 'n_estimators': 50, 'criterion': 'entropy', 'min_samples_leaf': 2}
0.987 (+/-0.012) for {'min_samples_split': 3, 'n_estimators': 40, 'criterion': 'entropy', 'min_samples_leaf': 2}
0.985 (+/-0.021) for {'min_samples_split': 3, 'n_estimators': 45, 'criterion': 'entropy', 'min_samples_leaf': 2}
0.980 (+/-0.018) for {'min_samples_split': 3, 'n_estimators': 50, 'criterion': 'entropy', 'min_samples_leaf': 2}
```

图 8-6　不同参数组合评估指标均值与标准差（网格搜索）

得到最优参数组合后，通过最优参数组合拟合的模型对测试集进行预测，代码如下：

```
1.  # 预测
2.  grid_pred = grid_search.predict_proba(X_test)
3.
4.  # 计算AUC
5.  grid_pred_score = pd.DataFrame(grid_pred, columns=grid_search
                                   .classes_.tolist())[1].values
6.  grid_auc = roc_auc_score(y_test, grid_pred_score)
7.  print "AUC得分（网格搜索）: %f" % grid_auc
```

测试集 AUC 结果（网格搜索）如图 8-7 所示。

```
AUC得分（网格搜索）:　0.985256
```

图 8-7　测试集 AUC 结果（网格搜索）

　　网格搜索比较适合于小数据集，因为对于大数据集，一旦参数组合较多，网格搜索方法便很难得出结果。目前有一些研究者尝试通过坐标下降法来解决大数据集调参的问题。该算法实际是一种贪心算法，每次贪心地选取对整体模型性能影响最大的参数，在该参数上进行调优，使模型在该参数上最优化，然后选取下一个影响最大的参数，以此类推，直到所有参数调整完毕。因为参数对模型的影响是动态变化的，因此在每轮选取坐标的过程中，都会在每个坐标的方向上进行一次线性搜索（line search）。在选取参数时，也需确保该参数对整体模型性能的提升是单调的或近似单调的，即最终选取的参数对模型整体性能有正向影响，且这种影响并非偶然，避免训练过程中的随机性对参数选择产生的干扰。

8.3.2　随机搜索

　　虽然网格搜索是目前超参数优化中使用最广泛的方法，但是其他一些搜索方法也有其独特的优势。scikit-learn 还实现了另外一种搜索方法——随机搜索 RandomizedSearchCV。RandomizedSearchCV 实现了参数空间中的随机搜索，其中参数的取值是通过某种概率分布抽取的，这个概率分布描述了参数所有取值的可能性。随机搜索相比网格搜索有如下两个优势：

- 相比于整体的参数空间，可以选择较少的参数组合数量；
- 添加不影响模型性能的参数不会降低效率。

指定参数的采样范围和分布可以通过字典完成，这和网格搜索类似。另外，计算预算用参数 n_iter 来指定，此处预算指的是总共采样多少参数组合或迭代多少次。对于每个参数，既可以使用值的分布，也可以指定一个离散的取值列表（离散列表将会被均匀采样）。下面来看一个参数字典的示例。

```
1. {'C': scipy.stats.expon(scale=100), 'gamma': scipy.stats.expon(scale=.1),
2.    'kernel': ['rbf'], 'class_weight':['balanced', None]}
```

示例中的 C 值和 gamma 值均服从指数分布，可以看到，示例引用了 scipy.stats 模块来表示指数分布。scipy.stats 模块包含许多采样参数常用的分布，如指数分布（expon）、gamma分布等。原则上，该模块可以传递任何函数，只需提供一个 rvs（random variate sample）函数返回采样值，且连续调用 rvs 函数产生的样本是独立同分布的。

下面仍以乳腺癌数据集为例来介绍随机搜索，加载数据、划分数据集等过程同网格搜索，此处不再赘述。下面主要介绍如何使用随机搜索进行参数调优。代码如下：

```
1. ...
2. from scipy.stats import randint as sp_randint
3. from sklearn.model_selection import RandomizedSearchCV
4.
5. ...
6.
7. # 定义随机搜索参数范围
8. param_dist={"n_estimators": [40, 45, 50],
9.              "min_samples_split": sp_randint(2, 15),
10.             "min_samples_leaf": sp_randint(2, 15),
11.             "criterion": ["gini", "entropy"]}
12.# 随机搜索迭代轮数
13.search_n_iter = 10
14.
15.# RandomizedSearchCV初始化
16.random_search = RandomizedSearchCV(clf, param_distributions=param_dist,
                                       n_iter=search_n_iter)
17.
18.# 拟合训练集
19.random_search.fit(X_train, y_train)
20.
21.# 输出最优参数组合
22.print(random_search.best_params_)
```

可以看到，随机搜索与网格搜索的调用方法类似，唯一不同之处在于参数范围可采用值的分布，并且需要指定随机搜索迭代轮数。输出结果如图 8-8 所示。

```
{'min_samples_split': 4, 'n_estimators': 50, 'criterion': 'gini', 'min_samples_leaf': 3}
```

图 8-8　输出结果（随机搜索最优参数组合）

随机搜索也可以输出调优过程中各指标的变化，实现代码和网格搜索是一样的，如下：

```
1. means = random_search.cv_results_['mean_test_score']
2. stds = random_search.cv_results_['std_test_score']
3. for mean, std, params in zip(means, stds, random_search.cv_results_['params']):
4.     print("%0.3f (+/-%0.03f) for %r"  % (mean, std * 2, params))
```

输出如图 8-9 所示。

```
0.940 (+/-0.055) for {'min_samples_split': 3, 'n_estimators': 50, 'criterion': 'entropy', 'min_samples_leaf': 7}
0.944 (+/-0.049) for {'min_samples_split': 4, 'n_estimators': 50, 'criterion': 'gini', 'min_samples_leaf': 3}
0.930 (+/-0.026) for {'min_samples_split': 12, 'n_estimators': 45, 'criterion': 'entropy', 'min_samples_leaf': 7}
0.944 (+/-0.019) for {'min_samples_split': 9, 'n_estimators': 40, 'criterion': 'entropy', 'min_samples_leaf': 2}
0.944 (+/-0.035) for {'min_samples_split': 2, 'n_estimators': 50, 'criterion': 'gini', 'min_samples_leaf': 3}
0.933 (+/-0.035) for {'min_samples_split': 8, 'n_estimators': 40, 'criterion': 'gini', 'min_samples_leaf': 4}
0.944 (+/-0.052) for {'min_samples_split': 3, 'n_estimators': 40, 'criterion': 'entropy', 'min_samples_leaf': 13}
0.940 (+/-0.043) for {'min_samples_split': 5, 'n_estimators': 40, 'criterion': 'entropy', 'min_samples_leaf': 10}
0.944 (+/-0.049) for {'min_samples_split': 13, 'n_estimators': 45, 'criterion': 'entropy', 'min_samples_leaf': 5}
0.919 (+/-0.043) for {'min_samples_split': 5, 'n_estimators': 40, 'criterion': 'entropy', 'min_samples_leaf': 13}
```

图 8-9　不同参数组合评估指标均值和标准差（随机搜索）

从上述搜索过程结果可以看出，随机搜索不再遍历每个参数组合。下面采用最优参数组合训练得到的模型对测试集进行预测：

```
1. # 预测
2. random_pred = random_search.predict_proba(X_test)
3.
4. # 计算AUC
5. random_pred_score = pd.DataFrame(random_pred, columns=random_
                                    search.classes_.tolist())[1].values
6. rondom_auc = roc_auc_score(y_test, random_pred_score)
7. print "AUC得分（随机搜索）: %f" % rondom_auc
```

最终得到测试集 AUC 结果如图 8-10 所示。

```
AUC得分（随机搜索）:  0.984395
```

图 8-10　测试集 AUC 结果（随机搜索）

可以看到，随机搜索最终得到的结果要比网格搜索差一些，但这并不能说明随机搜索就没有使用价值，例如，随机搜索在运行时间上相比网格搜索是大大降低的，在某些训练代价较大的应用场景下，随机搜索可能比网格搜索更为适用。

8.3.3 贝叶斯优化

前面我们学习了利用网格搜索和随机搜索两种方法进行超参数调优。网格搜索本质上是在人工置顶参数范围后，对该范围内的各种参数组合进行穷举，遍历所有参数组合，将得到的最优性能模型对应的参数作为最优参数。该方法的优点是算法较为简单，在所给参数范围内一定可以找到最大值或者最小值，但其也存在一些问题。比如，当遍历的参数组合较多时，该方法耗时较长，需要花费大量计算资源。另外，当使用网格搜索时，为了节省时间一般会采用粒度先粗后细的方式，这样有可能出现如下情况：当目标函数是非凸函数时，粗粒度调参可能只得到一个局部最优值，此时精细化调参时只是在这个局部最优值附近进行调优。而随机搜索虽然不遍历所有的参数组合，只是在搜索范围内随机抽取，相比网格搜索可以节省计算时间，提高运行效率，但该方法也有一定的缺陷，即每一次采样都是相互独立的，并不会利用先验知识来得到下一次的采样参数，而本节介绍的贝叶斯优化方法可以较好地解决上述问题。

贝叶斯优化是利用贝叶斯技术先对目标函数的先验分布模型进行假设，然后通过样本获取相关信息，不断优化该模型，最终得到目标函数的后验分布模型。超参数调优是一个黑盒优化问题，即事先并不知道优化目标函数的具体形式，只能通过参数样本获取输入和输出，最终得到目标函数最优的超参数。例如，在超参数调优问题中，事先并不知道超参数和最终指标结果之间关系函数的具体形式，但可以通过每次尝试不同的参数组合得到不同的结果。现假设需要优化的目标函数为 $f(x)$，有限样本集合为 $\mathcal{A}$，则该优化问题的数学表示形式为

$$x^* = \arg\max_{x \in \mathcal{A}} f(x)$$

优化目标是在候选集中选择一个样本 x 使得 $f(x)$ 最大。在超参数优化问题中，x 为不同的参数组合，$f(x)$ 的值为最终评估指标的得分。

下面介绍贝叶斯优化的算法流程。

对目标函数 $f(x)$ 先假设一个先验分布模型，一般常采用的假设是其满足高斯过程。高斯过程可以看作多元高斯分布在无限维的广义扩展（如时间），其任何有限维度的组合仍满足高斯分布，实践证明，高斯过程可以灵活地对目标函数进行建模，而超参数优化的过程便可假设为一个高斯过程。

在得到先验分布函数后，下面即可开始通过样本点采样对模型进行修正。理论上，采样样本点越多，模型越精确，但是通常情况下得到一个样本点的成本比较高，例如，尝试一个参数组合到最终得到评估结果会花费较大的时间成本，因此需要在有限样本的情况下选择那些能为模型提供更多信息的样本点。贝叶斯优化中定义了一个采集函数（acquisition function）来确定下一个采样点。采集函数实际是在探索（exploration）和开发（exploitation）之间权衡。探

索表示在未采样的区域进行采样，可以避免持续在某些局部最优区域采样，陷入局部最优的状况。开发是在目前后验分布的基础上选取当前认为的全局最优解进行采样。采集函数有许多实现方法，如 PI、EI、GP-UCB 等[⊖]。

通过采集函数确定下一个采样点后，就可以进行一次实验或观察（即通过 x 得到 $f(x)$），在超参数调优的场景中，即尝试一个参数组合，得到评估结果。若该采样点结果已经达到任务要求，则算法终止；若未达到任务要求，则将该采样点加入当前已观察的样本点集中，然后对当前的高斯过程模型进行更新。

图 8-11 所示为贝叶斯优化过程的示例，该图展示了经过几轮迭代后目标函数的高斯过程近似。其中，实线表示高斯过程近似模型；虚线表示真实的目标函数，该函数在实际优化过程中是未知的；实线两侧的阴影区域表示置信区间，小的实心点表示已观察的样本点。另外，图 8-11 下方还展示了采集函数，可以看到每一轮迭代的新样本点的选取均为采集函数最

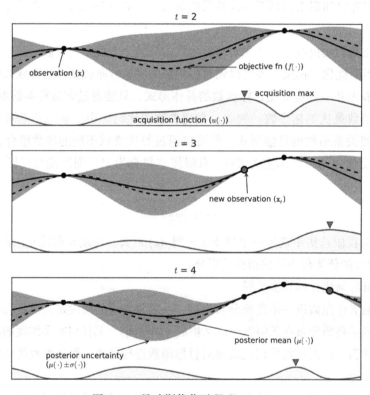

图 8-11 贝叶斯优化过程 [⊖]

⊖ B. Shahriari, K. Swersky, Z. Wang, R. P. Adams, N. de Freitas. Taking the Human Out of the Loop: A Review of Bayesian Optimization. In Proceedings of the IEEE, vol. 104, no. 1: 148-175. 2016.

⊜ 图片引自论文 A Tutorial on Bayesian Optimization of Expensive Cost Functions, with Application to Active User Modeling and Hierarchical Reinforcement Learning.

大值处，通过新样本点对 GP 模型进行更新，可以使其更接近真实目标函数。

综上，可以将贝叶斯优化算法流程总结如下：

对 t=1, 2, ···, T
　　通过优化高斯过程的采集函数找到 x_t=argmax$_x$ $u(x; \mathcal{D}_{t-1})$
通过 x_t 查询目标函数获取 y_t
　　添加数据到数据集 $\mathcal{D}_t = \{\mathcal{D}_{t-1}, x_t, y_t)\}$
　　更新高斯过程（GP）
结束循环

8.4　XGBoost 超参数优化

通过前面的学习可知，构建一个初步的 XGBoost 模型是很容易的，但在实际应用中，仅仅构建一个初步的模型是不够的，还需要对模型进行优化，提升模型效果。XGBoost 中有许多参数，为了提升模型性能，超参数优化是必需的。针对不同的应用，很难说应该调整哪些参数，参数的理想值是多少，不同的问题可能情况并不一样，本节将会介绍一些 XGBoost 的通用调参技巧，并结合示例进行说明，使读者更好地理解 XGBoost 超参数优化。

8.4.1　XGBoost 参数介绍

在介绍 XGBoost 超参数优化之前，首先介绍一下 XGBoost 包含的参数。XGBoost 中的参数分为通用参数、Tree booster 参数和学习任务参数 3 种类型。

1）通用参数：宏观函数控制，主要包括类型指定、并发线程数等。

2）Tree Booster 参数：控制每一步的 Booster。

3）学习任务参数：决定了学习的场景。不同的学习场景使用不同的参数，如回归、排序等。

XGBoost 这 3 类参数分别从宏观、Tree Booster、学习场景的角度对 XGBoost 训练过程进行控制，下面对 XGBoost 的常用参数进行介绍。

1. 通用参数

通用参数从宏观的角度对 XGBoost 进行函数控制，如表 8-1 所示。

表 8-1 通用参数列表

参数名称	默认值	说　明
booster	gbtree	该参数用来指定选用的 Booster，可设置为 gbtree、gblinear 或 dart 这 3 种类型。gbtree 和 dart 为树模型，gblinear 为线性模型
slient	0	该参数主要用于控制是否打印运行时的输出信息，0 为打印，1 为静默模式，不打印
nthread	最大可用线程数	用来设置运行 XGBoost 的并行线程数

另外，还有两个参数由 XGboost 自动设置，无须用户手动设置。

- num_pbuffer：预测缓存的大小，通常设置为训练样本的数量。该缓存用于存储上一轮 boosting 的预测结果。
- num_feature：进行 boosting 时的特征维度，一般设置为特征的最大维度。

2. Tree Booster 参数

Booster 参数包括 Tree Booster、Linear Booster 等多种，此处主要介绍 Tree Booster。Tree Booster 参数是树模型训练时采用的学习参数，如表 8-2 所示。

表 8-2　Tree Booster 参数

参数名称	默认值	说　明
eta	0.3	别名 learning_rate，该参数指定了更新时缩减的步长，防止过拟合。在每一轮 boosting 之后，可以直接获取新特征的权重，eta 实际上缩小了特征权重，使得 boosting 过程更保守。eta 的取值范围为 [0,1]，比较常用的取值是 0.01 ~ 0.2
gamma	0	树的叶子节点进一步分裂所需的最小损失减少量。在节点分裂时，只有分裂后损失函数值下降了，才会分裂该节点，该参数指定了所需损失函数下降的最小值，该参数值设置越大，算法越保守
max_depth	6	树的最大深度，该参数设置越大，模型越复杂，或者说更容易过拟合。如果采用 depth-wise 增长策略，则需要通过该参数进行限制，参数取值范围为 [0, ∞]。如果采用 lossguide，则可将该参数置 0，代表不限制树深度。该参数可以通过交叉验证进行调参，比较常用的值为 3 ~ 10
min_child_weight	1	子节点包含实例权重的最小总和，如果树节点分裂导致叶子节点样本的样本权重和小于 min_child_weight，则不会进行分裂。在线性回归情况下，该参数代表每个节点上最小的样本数量。此参数主要为了防止模型过拟合，取值较大时避免模型学习到局部的特殊样本，因此该参数值越大，算法越保守，取值范围为 [0, ∞]。但是也需注意避免将此参数设置过大导致欠拟合，该参数可以通过交叉验证进行调参得到

（续）

参数名称	默认值	说　明
max_delta_step	0	允许每棵树权重估计的最大增量步长。如果该参数值为 0，则表示没有约束；如果该参数值为正值，则可以使得更新更保守。通常情况下，该参数不需要设置，但是当类别非常不平衡时，设置它对逻辑回归是有帮助的。将其设为 1 ～ 10 一般有助于控制更新
subsmaple	1	训练样本的采样率。该参数设为 0.5 表示 XGBoost 将随机划分数据集的一半样本进行训练，该参数主要为了防止过拟合。参数取值范围是 (0,1]，常用值为 0.5 ～ 1
colsample_bytree	1	构建树时对列的采样率，取值范围为 (0,1]，常用值为 0.5 ～ 1
colsample_bylevel	1	每一级每一次分裂对列的采样率，取值范围为 (0,1)
lambda	1	权重的 L2 正则项（和 Ridge Regression 类似），值越大，模型越保守
alpha	1	权重的 L1 正则项（和 Lasso Regression 类似），值越大，模型越保守。该参数可以用在高维的情况下，使得算法收敛更快
scale_pos_weight	1	控制正负样本权重的平衡，用在类别不均衡的情况下。一般该参数设置为 sum(negative samples)/sum(positive samples)
updater	grow_colmaker、prune	用于定义树更新的 updater 序列，比如默认值为 grow_colmaker,prune，表示在树的构建过程中首先采用非分布式基于列的树构建算法进行构建，然后对树进行剪枝。其为高级参数，一般由系统自动设置，但在一些特殊情况下也可由用户自行指定。其包括的 updater 类型可参见⊖
refresh_leaf	1	此为 refresh updater 的一个参数，其值为 1 时表示树的叶子节点统计信息也会被更新，否则只更新中间节点信息
process_type	default	该参数表示 boosting 过程的两种类型：default 和 update。default 表示正常创建树的 boosting 过程。update 表示以当前模型为基础，仅对现有树进行更新。每轮迭代时从现有模型获取树并对其执行 updater 插件序列（一般为 refresh、prune），将更新后的树添加到新模型中。因此，新模型会具有相同或者更少的树，具体数量取决于模型迭代轮数
grow_policy	depthwise	控制树模型添加新节点的方式（仅适用于 tree_method 为 hist 的情况）。有两种方式：depthwise 和 lossguide。depthwise 首先分裂最靠近根节点的节点，而 lossguide 则先分裂 loss 变化最大的节点
max_leaves	0	最大叶子节点数（适用于 grow_policy 为 lossguide 的情况）
max_bin	256	最大的桶数量（适用于 tree_method 为 hist 的情况）
predictor	cpu_predictor	预测器类型，包括 cpu_predictor 和 gpu_predictor 两种

Tree Booster 参数是树模型训练过程中非常重要的一类参数，其中学习率参数 eta、行采样参数 subsample、列采样参数 colsample_bytree，以及 L1、L2 正则项权重 alpha 和 lambda 等参数在防止模型过拟合方面起到了关键作用，而更新器 updater、boosting 过程参数 process_type、节点分裂策略 grow_policy 等为模型训练提供了更加丰富的选择，以适应不同场景的应用，达到更好的模型效果。

⊖　参见 https://xgboost.readthedocs.io/en/latest/parameter.html。

3. 学习任务参数

学习任务参数主要是机器学习任务相关的参数，主要包括目标函数、评估指标等参数，如表 8-3 所示。

表 8-3　学习任务参数

参数名称	默认值	说　明
objective	reg:linear ⊖	该参数表示学习任务的目标函数。如二分类常采用的 binary:logistic 和 binary:logitraw，多分类常采用的 multi:softprob 和 multi:softmax，回归采用的 reg:linear，排序采用的 rank:ndcg 等，具体参数可参见⊜
eval_metric	取决于 objective 的设置	验证数据的评估指标，包括 error、auc、rmse、ndcg 等，具体参数可参见⊜
base_score	0.5	所有样本的初始预测值
seed	0	随机数种子

通过前面的介绍可知，当模型变得复杂时，可以更好地拟合训练数据，获得偏差较小的模型，但这种复杂的模型需要更多的数据来支持，否则容易导致模型泛化能力差，出现过拟合。XGBoost 中大部分参数的调整是偏差与方差的权衡。好的模型应该能够平衡复杂度与泛化能力，从而达到一个最优的状态。

1. 控制过拟合

判断模型是否过拟合的方法很简单，典型表现是模型对训练集的训练精度很高，但对测试集很低，这种情况下很可能出现了过拟合。在 XGBoost 中有两种比较通用的方法控制过拟合。

第一种是**直接控制模型的复杂度**，如调整 max_depth、min_child_weight、gamma 等参数。

第二种是**增加模型随机性**，有效避免噪声的干扰，如调整 subsample、colsample_bytree 等参数。

另外，也可以通过减小 eta 的步长控制过拟合，但采用此种方法时需注意调大 num_round。

除以上两种控制过拟合的调参手段外，用户还可以通过 XGBoost 提供的 DART 来控制过拟合，该算法通过引入 Dropout 技术使得模型中树的贡献更均衡，从而达到避免过拟合的效果。

⊖　目前 XGBoost 官方名称已更改为 reg:squarederror。

⊜　参见 https://xgboost.readthedocs.io/en/latest/parameter.html。

⊜　参见 https://xgboost.readthedocs.io/en/latest/parameter.html。

2. 不平衡数据集

在实际应用中，数据集极不平衡的情况是经常发生的，如广告点击日志等。这会在一定程度上影响模型训练，通常有两种方法解决该问题。

1）如果仅仅关心预测样本的排序顺序（如 AUC），则可通过 scale_pos_weight 参数平衡正负样本权重，并用 AUC 进行评估。

2）如果比较关心预测值的准确性，在这种情况下可能无法重新平衡数据集，可以尝试将 max_delta_step 设置为一个有助于模型收敛的有限值（如 1）。

8.4.2　XGBoost 调参示例

下面以一个具体的调参示例来演示 XGBoost 的一般调参过程。该示例取自 UCI 的 Wine Quality 数据集，该数据集是关于预测葡萄酒品质的问题。label 字段（quality 字段）取值范围是 0 ~ 10，是一个多分类问题。为了方便演示，将问题简化为一个二分类问题，定义 quality 大于等于 6 的为高品质葡萄酒（用 1 表示），将 quality 小于 6 的为低品质葡萄酒（用 0 表示）。数据集包含如下特征：

- fixed acidity（固定酸度）；
- volatile acidity（挥发性酸度）；
- citric acid（柠檬酸）；
- residual sugar（残糖）；
- chlorides（氯化物）；
- free sulfur dioxide（游离二氧化硫）；
- total sulfur dioxide（总二氧化硫）；
- density（密度）；
- pH；
- sulphates（硫酸盐）；
- alcohol（酒精）。

1. 网格搜索调优

XGBoost 利用葡萄酒化合物含量特征预测品质，然后通过网格搜索和交叉验证对模型进行调参，得到最优模型。Aarshay Jain 提出了一种基于 XGBoost 的网格搜索调优方法⊖，下面以 Wine Quality 数据集为例介绍该方法。

⊖　参见 https://www.analyticsvidhya.com/blog/2016/03/complete-guide-parameter-tuning-xgboost-with-codes-python。

（1）数据加载和预处理

引入 scikit-learn 交叉验证 cross_validation、评估指标 metrics 和网格搜索 GridSearchCV，并通过 pandas 的 read_csv 加载数据。具体代码如下：

```
1. import pandas as pd
2. import numpy as np
3. import xgboost as xgb
4. from xgboost.sklearn import XGBClassifier
5. from sklearn import cross_validation, metrics
6. from sklearn.grid_search import GridSearchCV
7.
8. import matplotlib.pylab as plt
9. %matplotlib inline
10.
11.from matplotlib.pylab import rcParams
12.rcParams['figure.figsize'] = 12, 4
```

对数据集进行预处理，将其转化为二分类问题并划分训练集和测试集。处理代码如下：

```
1. wine_df = pd.read_csv('https://archive.ics.uci.edu/ml/machine-learning-
                          databases/wine-quality/winequality-red.csv', sep=";")
2. # 为每行分配一个唯一ID
3. wine_df['ID'] = range(1, len(wine_df) + 1)
4.
5. # 用0~1数据替换葡萄酒质量数据。如果质量小于6则为0，否则为1。
6. Y = wine_df.quality.values
7.
8. wine_df.quality = np.asarray([1 if  i>=6 else 0 for i in Y])
9. # 创建训练数据和测试数据
10.msk = np.random.rand(len(wine_df)) < 0.8 # 生成一个随机数并选择小于0.8的数据
11.train = wine_df[msk]
12.test = wine_df[~msk]
13.
14.target='quality'
15.IDcol = 'ID'
16.
17.# 训练数据集label不同取值数量统计
18.train[target].value_counts()
```

输出结果如图 8-12 所示。

可以看到，数据预处理完毕后训练集的正负样本数量相差并不大。

（2）定义交叉验证、模型拟合函数

下面定义 model_cv 函数，用以创建 XGBoost 模型和执行交叉验证，代码如下：

```
1    675
0    576
Name: quality, dtype: int64
```

图 8-12　输出结果
（正负样本数量）

```
1. def model_cv(bst, train, features, nfold=5, early_stopping_rounds=30):
2.      # 获取模型参数并加载数据
3.      params = bst.get_xgb_params()
4.      train = xgb.DMatrix(train[features].values, train[label].values)
5.
6.      # 交叉验证
7.      cv_result = xgb.cv(params,
8.                  train,
9.                  num_boost_round=bst.get_xgb_params()['n_estimators'],
10.                 nfold=nfold,
11.                 metrics=['auc'],
12.                 early_stopping_rounds=early_stopping_rounds)
13.
14.     print u"最优轮数 : %d" % cv_result.shape[0]
15.     print u"最优轮详情: "
16.     print cv_result[cv_result.shape[0] - 1:]
17.
18.     return cv_result
```

定义 model_fit 函数执行模型拟合、测试集预测等操作：

```
1. def model_fit(bst, train, test, features, cv_result):
2.      bst.set_params(n_estimators=cv_result.shape[0])
3.
4.      # 用训练集拟合模型
5.      bst.fit(train[features], train[label], eval_metric=['auc'])
6.
7.      # 预测训练集
8.      train_predict_prob = bst.predict_proba(train[features])[:,1]
9.
10.     # 评估训练集预测结果
11.     train_auc = metrics.roc_auc_score(train[label], train_predict_prob)
12.     print "AUC得分 (训练集): %f" % train_auc
13.
14.     # 预测测试集并输出评估结果
15.     test['prob'] = bst.predict_proba(test[features])[:,1]
16.     test_auc = metrics.roc_auc_score(test[label], test['prob'])
17.     print 'AUC得分 (测试集): %f' % test_auc
18.
```

　　参数 bst 表示模型分类器；train、test 分别表示训练集和测试集；features 为特征字段集（去除了 label 列和 ID 类字段）；cv_folds 表示 K- 折交叉验证中 K 的值；early_stopping_round 表示在 n（n 为该参数设置值）轮训练中，若模型都没有提升则结束训练。函数 model_cv 通过训练集进行交叉验证，得到较优的模型迭代轮数（即 n_estimators）。函数 model_fit 可以采用交叉验证后的参数拟合模型，用拟合好的模型对训练集和测试集进行预测，并计算准确率和 AUC。

（3）网格搜索调参

前面介绍过 XGBoost 总共有 3 类参数，其中通用参数主要用于指定 Booster 类型等训练前已确定的参数，无须调节，而 Tree Booster 参数和学习任务参数则需用户根据应用环境进行调优。学习率（eta）参数没有特别的调节方法，如果训练的树足够多，一般 eta 调小一些比较好，因为 eta 过高容易导致过拟合。但是如果一味地降低 eta 而增加树的数量，则会增大模型训练的计算量。因此，针对这些问题一般采取如下策略。

1）选择一个相对较高的 eta。一般情况下为 0.1。但是根据不同的应用场景，较为理想的 eta 会在 0.05 ~ 0.3 波动，然后选择对该 eta 最优的决策树数量。可以利用 XGBoost 中的交叉验证函数 cv 来选取最佳数量。

2）选定学习率和决策树数量后，进行决策树特定参数调优（max_depth、min_child_weight、gamma、subsmple、colsample_bytree）。

3）调整 XGBoost 的正则项参数（lambda、alpha）。

4）降低学习率，确定最优参数。

下面将以示例的形式详细介绍上述步骤。

（1）确定学习率和决策树数量

为了确定 boosting 参数，需要先给其他参数设置初始值，初始值设置如下。

1）max_depth：该值一般设置为 3 ~ 10，此处初始值为 4，也可以选择其他初始值，一般 4 ~ 6 都是不错的选择。

2）min_child_weight：初始值为 1。

3）gamma：初始值为 0，一般该参数开始时会选择一个比较小的值，如 0.1 ~ 0.2，后续根据需要再调整。

4）subsmaple、colsample_bytree：这两个参数默认值都设为 0.8，这是比较常见的初始值，一般都会设置在 0.5 ~ 0.9。

5）scale_pos_weight：初始值为 1，因为正样本和负样本数量并不悬殊。

上述参数只是一个初始的估计值，后续会根据需要进行调整。这里采用的默认学习率为 0.1，并用交叉验证函数 cv 获取该值最佳决策树数量，这一过程可通过 model_cv 函数来实现，代码如下：

```
1. features = [x for x in train.columns if x not in [label, IDcol]]
2. model1 = XGBClassifier(
3.          learning_rate -0.1,
4.          n_estimators=500,
5.          max_depth=4,
6.          min_child_weight=1,
```

```
7.              objective= 'binary:logistic',
8.              subsample=0.8,
9.              colsample_bytree=0.8,
10.             nthread=8,
11.             scale_pos_weight=1,
12.             seed=10)
13.
14.cv_result = model_cv(model1, train, features)
15.model_fit(model1, train, test, features, cv_result)
```

输出结果如图 8-13 所示。

```
最优轮数 : 152
最优轮详情:
        test-auc-mean    test-auc-std    train-auc-mean    train-auc-std
151       0.871447         0.011187         0.996563          0.000767
AUC得分 (训练集): 0.993396
AUC得分 (测试集): 0.848903
```

图 8-13　输出结果（初始参数下模型交叉验证结果）

（2）max_depth、min_child_weight 参数调优

max_depth 和 min_child_weight 两个参数对模型产出结果的影响很大，我们先对这两个参数进行调优。增大树深度 max_depth 可以增加模型的复杂度，一般设置为 3 ~ 10。如果该值设置太小，则模型不容易捕获非线性特征，导致欠拟合；如果该值设置太大，则模型会过于复杂而导致过拟合。参数 min_child_weight 为子节点包含样本的最小权重和，该参数越大，则树分裂越保守，但欠拟合风险也随之增大。对于这两个参数，首先进行大范围粗调，缩小参数范围，确定范围后再进行微调。代码如下：

```
1. param1 = {
2.     'max_depth':range(3,10,2),
3.     'min_child_weight':range(1,6,2)
4. }
5.
6. bst1 = XGBClassifier(learning_rate =0.1,
7.                      n_estimators=152,
8.                      max_depth=4,
9.                      min_child_weight=1,
10.                     objective= 'binary:logistic',
11.                     nthread=8,
12.                     scale_pos_weight=1,
13.                     subsample=0.8,
14.                     colsample_bytree=0.8,
15.                     seed=10)
16.
```

```
17.grid_search1 = GridSearchCV(estimator = bst1,
18.                            param_grid = param1,
19.                            scoring='roc_auc',
20.                            n_jobs=8,
21.                            cv=5)
22.grid_search1.fit(train[features],train[label])
```

上述代码通过 GridSearchCV 对 max_depth 和 min_child_weight 进行粗粒度搜索，max_depth 搜索值范围是 [3,5,7,9]，min_child_weight 搜索值范围是 [1,3,5]，输出 grid_search1.best_params_ 和 grid_search1.best_score_：

```
({'max_depth': 7, 'min_child_weight': 1}, 0.8027481475343076)
```

可以看到，理想 max_depth 和 min_child_weight 分别为 7、1，然后可以在这两个值附近进行微调。代码如下：

```
1. param2 = {
2.     'max_depth':[6,7,8],
3.     'min_child_weight':[1,2]
4. }
5.
6. bst2 = XGBClassifier(learning_rate =0.1,
7.                      n_estimators=152,
8.                      max_depth=4,
9.                      min_child_weight=1,
10.                     objective= 'binary:logistic',
11.                     nthread=8,
12.                     scale_pos_weight=1,
13.                     subsample=0.8,
14.                     colsample_bytree=0.8,
15.                     seed=10)
16.
17.grid_search2 = GridSearchCV(estimator = bst2,
18.                            param_grid = param2,
19.                            scoring='roc_auc',
20.                            n_jobs=8,
21.                            cv=5)
22.grid_search2.fit(train[features],train[label])
```

输出结果：

```
({'max_depth': 7, 'min_child_weight': 1}, 0.8027481475343076)
```

微调后发现，max_depth 和 min_child_weight 的取值并未改变，说明 7 和 1 为这两个参数的理想取值。

（3）gamma 参数调优

在调整完 max_depth 和 min_child_weight 后，便可以对 gamma 参数进行调优了。参数 gamma 是决策树节点分裂时最小的损失减少量，该参数越大，决策树分裂越保守。gamma 参数的取值范围很大，这里为提高调参效率把取值范围设置在 0.5 以内，读者在使用时也可以取更精确的 gamma 值。

```
1. param3 = {
2.     'gamma':[i/10.0 for i in range(0,5)]
3. }
4.
5. bst3 = XGBClassifier(learning_rate =0.1,
6.                      n_estimators=152,
7.                      max_depth=7,
8.                      min_child_weight=1,
9.                      objective= 'binary:logistic',
10.                     subsample=0.8,
11.                     colsample_bytree=0.8,
12.                     nthread=8,
13.                     scale_pos_weight=1,
14.                     seed=10)
15.
16.grid_search3 = GridSearchCV(estimator = bst3,
17.                            param_grid = param3,
18.                            scoring='roc_auc',
19.                            n_jobs=8,
20.                            cv=5)
21.grid_search3.fit(train[features],train[label])
```

输出 grid_search3.best_params_ 和 grid_search3.best_score_：

```
({'gamma': 0.4}, 0.8053927936387445)
```

结果表明最佳的 gamma 值为 0.4，此时交叉验证的指标平均值也由 0.8027 上升到了 0.8054。截至目前，已经完成了 max_depth、min_child_weight 和 gamma 这 3 个参数的调优，下面利用调整好的参数重新训练模型，代码如下：

```
1. features = [x for x in train.columns if x not in [label, IDcol]]
2. model2 = XGBClassifier(
3.         learning_rate =0.1,
4.         n_estimators=500,
5.         max_depth=7,
6.         min_child_weight=1,
7.         gamma=0.4,
8.         objective= 'binary:logistic',
```

```
9.          subsample=0.8,
10.         colsample_bytree=0.8,
11.         nthread=8,
12.         scale_pos_weight=1,
13.         seed=10)
14.cv_result = model_cv(model2, train, features)
15.model_fit(model2, train, test, features, cv_result)
```

输出结果如图 8-14 所示。

```
最优轮数 ： 66
最优轮详情：
        test-auc-mean  test-auc-std  train-auc-mean  train-auc-std
65       0.878083       0.01523       0.999426        0.000313
AUC得分 (训练集): 0.999083
AUC得分 (测试集): 0.853389
```

图 8-14　输出结果（调整部分参数后交叉验证结果）

可以看到，测试集 AUC 由 0.8489 上升到了 0.8534，说明上述参数调整对模型产生了正向影响，提升了模型精度。

（4）subsample 和 colsample_bytree 参数调优

下面对 subsample 和 colsample_bytree 进行调整。参数 subsample 定义了数据集样本上的子样本的比例，而参数 colsample_bytree 则定义构建决策树时列采样的比例，两者均可防止模型过拟合。和前面一样，这两个参数采用先粗后细的调参步骤。首先取 0.6、0.7、0.8、0.9、1.0 作为初始值（range 函数是左开右闭区间，因此代码中是 range(6,11)）。具体代码如下：

```
1. param4 = {
2.     'subsample':[i/10.0 for i in range(6,11)],
3.     'colsample_bytree':[i/10.0 for i in range(6,11)]
4.
5. }
6.
7. bst4 = XGBClassifier(learning_rate =0.1,
8.                 n_estimators=66,
9.                 max_depth=7,
10.                min_child_weight=1,
11.                gamma=0.4,
12.                objective= 'binary:logistic',
13.                subsample=0.8,
14.                colsample_bytree=0.8,
15.                nthread=8,
16.                scale_pos_weight=1,
17.                seed=10)
```

```
18.
19.grid_search4 = GridSearchCV(estimator = bst4,
20.                            param_grid = param4,
21.                            scoring='roc_auc',
22.                            n_jobs=8,
23.                            cv=5)
24.grid_search4.fit(train[features],train[label])
```

输出 grid_search4.best_params_ 和 grid_search4.best_score_ 如下：

```
({'colsample_bytree': 0.8, 'subsample': 0.8}, 0.8159073598961819)
```

得到 subsample 和 colsample_bytree 的理想值 0.8 和 0.8 后，进行精细调参，以 0.05 为步长，取 0.8 附近的值：

```
1. param5 = {
2.      'subsample':[i/100.0 for i in range(75,90,5)],
3.      'colsample_bytree':[i/100.0 for i in range(75,90,5)]
4. }
5.
6. bst5 = XGBClassifier(learning_rate =0.1,
7.                      n_estimators=66,
8.                      max_depth=7,
9.                      min_child_weight=1,
10.                     gamma=0.4,
11.                     objective= 'binary:logistic',
12.                     nthread=8,
13.                     scale_pos_weight=1,
14.                     seed=10)
15.
16.grid_search5 = GridSearchCV(estimator = bst5,
17.                            param_grid = param5,
18.                            scoring='roc_auc',
19.                            n_jobs=8,
20.                            cv=5)
21.grid_search5.fit(train[features],train[label])
```

输出 grid_search5.best_params_ 和 grid_search5.best_score_ 如下：

```
({'colsample_bytree': 0.75, 'subsample': 0.8}, 0.8159073598961819)
```

最终得到 subsample 和 colsample_bytree 的理想值为 0.8 与 0.75。

（5）正则参数调优

参数 gamma 和正则参数都用于防止模型过拟合，其中 gamma 参数更为常用，正则参数用得较少，但这里也会对正则参数调优进行说明，用户根据任务需求选择是否调整该参数。

正则参数包括 L1 正则参数 reg_alpha 和 L2 正则参数 reg_lambda，这里以 reg_alpha 为例介绍，reg_lambda 调参过程和 reg_alpha 类似。代码如下：

```
1. param6 = {
2.     'reg_alpha':[0, 1e-5, 1e-2, 0.1, 1, 100]
3. }
4.
5. bst6 = XGBClassifier(learning_rate =0.1,
6.                      n_estimators=66,
7.                      max_depth=7,
8.                      min_child_weight=1,
9.                      gamma=0.4,
10.                     subsample=0.8,
11.                     colsample_bytree=0.75,
12.                     objective= 'binary:logistic',
13.                     nthread=8,
14.                     scale_pos_weight=1,
15.                     seed=10)
16.
17.grid_search6 = GridSearchCV(estimator = bst6,
18.                            param_grid = param6,
19.                            scoring='roc_auc',
20.                            n_jobs=8,
21.                            cv=5)
22.grid_search6.fit(train[features],train[label])
```

输出 grid_search6.best_params_ 和 grid_search6.best_score_ 如下：

```
({'reg_alpha': 0}, 0.8159073598961819)
```

得到 reg_alpha 的理想值 0 后，进行更细粒度的调优。代码如下：

```
1. param7 = {
2.     'reg_alpha':[0, 1e-08, 1e-07, 1e-06]
3. }
4. bst7 = XGBClassifier(learning_rate =0.1,
5.                      n_estimators=66,
6.                      max_depth=7,
7.                      min_child_weight=1,
8.                      gamma=0.4,
9.                      subsample=0.8,
10.                     colsample_bytree=0.75,
11.                     objective= 'binary:logistic',
12.                     nthread=8,
13.                     scale_pos_weight=1,
14.                     seed=10)
15.
```

```
16.grid_search7 = GridSearchCV(estimator = bst7,
17.                            param_grid = param7,
18.                            scoring='roc_auc',
19.                            n_jobs=8,
20.                            cv=5)
21.grid_search7.fit(train[features],train[label])
```

输出 grid_search7.best_params_ 和 grid_search7.best_score_ 如下:

```
({'reg_alpha': 0}, 0.8159073598961819)
```

最终得到 reg_alpha 的理想值为 0。针对上述优化的参数,再训练一次模型:

```
1. model3 = XGBClassifier(
2.         learning_rate =0.1,
3.         n_estimators=500,
4.         max_depth=7,
5.         min_child_weight=1,
6.         gamma=0.4,
7.         subsample=0.8,
8.         colsample_bytree=0.75,
9.         objective= 'binary:logistic',
10.        reg_alpha=0,
11.        nthread=8,
12.        scale_pos_weight=1,
13.        seed=10)
14.
15.cv_result = model_cv(model3, train, features)
16.model_fit(model3, train, test, features, cv_result)
```

模型结果如图 8-15 所示。

```
最优轮数 : 66
最优轮详情:
      test-auc-mean   test-auc-std   train-auc-mean   train-auc-std
65      0.878083        0.01523         0.999426         0.000313
AUC得分 (训练集): 0.999083
AUC得分 (测试集): 0.853389
```

图 8-15　部分参数调整后交叉验证结果

可以看到,在这一轮调参中,正则参数无变化,采样参数相比上一轮只有 colsample_bytree 由 0.8 降为了 0.75,但从交叉验证的结果来看,该变化并未对测试集 AUC 产生影响。

(6)降低学习率

最后,可以尝试调低学习率,使用更多的决策树进行测试。代码如下:

```
1. model4 = XGBClassifier(
```

```
2.          learning_rate =0.05,
3.          n_estimators=1000,
4.          max_depth=7,
5.          min_child_weight=1,
6.          gamma=0.4,
7.          subsample=0.8,
8.          colsample_bytree=0.75,
9.          objective= 'binary:logistic',
10.         reg_alpha=0,
11.         nthread=8,
12.         scale_pos_weight=1,
13.         seed=10)
14.
15.cv_result = model_cv(model4, train, features)
16.model_fit(model4, train, test, features, cv_result)
```

输出结果如图 8-16 所示。

```
最优轮数 : 161
最优轮详情:
       test-auc-mean    test-auc-std    train-auc-mean    train-auc-std
160       0.880545        0.011881         0.999946          0.000035
AUC得分 (训练集): 0.999849
AUC得分 (测试集): 0.857068
```

图 8-16   完成调参后交叉验证结果

至此，便完成了一次较完整的调参过程，最终模型结果相比于最开始已经有了比较明显的提升。但是与此同时应该清楚，参数调优只能让模型有小幅提高，而并不能使模型有质的提升，想要模型效果有大幅提高，还需要依赖特征工程、模型融合等手段。

2. 贝叶斯优化

通过上面的学习，相信读者已经掌握了网格搜索的调参方法。下面仍然以 Wine Quality 数据集为例学习如何利用贝叶斯优化进行超参数调优。目前存在很多开源的贝叶斯优化工具包，本例采用基于 Python 实现的 BayesianOptimization 包[⊖]。BayesianOptimization 是一个采用高斯过程实现的贝叶斯优化的 Python 包，可以通过 pip 安装，安装过程非常简单，只需执行如下命令：

```
pip install bayesian-optimization
```

安装完成之后便可以在 Python 中引用该包，引用代码如下：

```
from bayes_opt import BayesianOptimization
```

⊖   参见 https://github.com/fmfn/BayesianOptimization。

（1）数据预处理

下面通过 BayesianOptimization 包对 XGBoost 进行超参数调优。首先需要加载数据并进行处理，此步骤与网格搜索法的相同，这里不再赘述。此处将数据集转为 XGBoost 的 DMatrix 结构供后续使用，代码如下：

```
dtrain=xgb.DMatrix(train[features].values, train[label].values)
```

（2）定义优化函数

BayesianOptimization 包是基于函数进行优化的，因此最重要的是先定义一个优化函数。XGBoost 的优化函数定义如下：

```
1. def xgb_optimize(learning_rate,
2.                  n_estimators,
3.                  min_child_weight,
4.                  colsample_bytree,
5.                  max_depth,
6.                  subsample,
7.                  gamma,
8.                  alpha):
9.    params={}
10.    params['learning_rate'] = float(learning_rate)
11.    params['min_child_weight'] = int(min_child_weight)
12.    params['cosample_bytree'] = max(min(colsample_bytree, 1), 0)
13.    params['max_depth'] = int(max_depth)
14.    params['subsample'] = max(min(subsample, 1), 0)
15.    params['gamma'] = max(gamma, 0)
16.    params['alpha'] = max(alpha, 0)
17.    params['objective'] = 'binary:logistic'
18.
19.
20.    cv_result = xgb.cv(params, dtrain, num_boost_round=int(n_estimators),
                         nfold=5,
21.            seed=10, metrics=['auc'],
22.            early_stopping_rounds=[xgb.callback.early_stop(30)])
23.
24.
25.    return cv_result['test-auc-mean'].iloc[-1]
```

传入参数为 XGBoost 待优化的超参数，因为 BayesianOptimization 在优化时，参数均视为浮点型的连续值，因此在传入 XGBoost 的 cv 函数之前，需要将整型参数的传入值由浮点型转化为整型，然后基于传入参数做交叉验证，得到 cv 值并返回。BayesianOptimization 利用该函数进行实验，传入一组参数组合，得到一个 cv 值，即进行一次实验，经过多次探索和开发完成贝叶斯优化。

（3）最大化优化函数

优化函数定义完成之后，需要实例化一个 BayesianOptimization 对象，指定优化函数、传入参数及其边界。代码如下：

```
1. xgb_opt = BayesianOptimization(xgb_optimize, {'learning_rate': (0.05, 0.5),
2.                                               'n_estimators': (50, 500),
3.                                               'min_child_weight': (1, 10),
4.                                               'colsample_bytree': (0.5, 1),
5.                                               'max_depth': (4, 10),
6.                                               'subsample': (0.5, 1),
7.                                               'gamma': (0, 10),
8.                                               'alpha': (0, 10),
9.                                               })
```

然后最大化优化函数返回值，即尝试得到 AUC 最大的参数组合。代码如下：

```
xgb_opt.maximize(init_points=5, n_iter=30)
```

其中，init_points 表示初始阶段随机探索的步骤数；n_iter 表示贝叶斯优化的迭代次数。迭代次数越多，越可能探索到最优值，当然花费的时间也越多。首先初始化阶段随机探索 5 轮，如图 8-17 所示。

```
Initialization
------------------------------------------------------------------------------------------
------------------------------------------------------------------------------------------
 Step  |  Time  |    Value  |   alpha  | colsample_bytree |   gamma  | learning_rate | max_depth | min_chil
d_weight |     n_estimators |  subsample |
   1  | 00m03s |   0.84164 |   3.2073 |           0.5755 |   3.2782 |        0.2061 |    4.9882 |
4.3550 |       402.8037 |   0.8922 |
   2  | 00m00s |   0.82040 |   8.9775 |           0.7799 |   4.4455 |        0.3229 |    6.1940 |
4.6769 |        63.9312 |   0.8733 |
   3  | 00m00s |   0.83835 |   4.5571 |           0.7170 |   2.6239 |        0.0583 |    5.8539 |
9.6024 |       141.4759 |   0.8148 |
   4  | 00m01s |   0.82594 |   1.0036 |           0.7523 |   6.5416 |        0.2998 |    4.8445 |
7.4349 |       247.0346 |   0.5320 |
   5  | 00m03s |   0.82723 |   7.1718 |           0.9364 |   5.5291 |        0.3386 |    6.8533 |
5.4314 |       365.6802 |   0.9389 |
```

图 8-17　初始化阶段随机探索

然后进行贝叶斯优化迭代，共 30 轮，如图 8-18 所示。

最后通过输出结果可以得到，最优轮为第 10 轮，最优交叉验证值为 0.87206。可通过 xgb_opt 中 max 字段得到优化后的最优结果，代码如下：

```
print(xgb_opt.max)
```

（4）重新训练模型

得到最优参数组合之后，我们将其作为 XGBoost 参数重新训练模型，并对测试集进行预测，最后评估测试集 AUC。首先定义模型执行函数，代码如下：

```
1. def model_fit_for_bayesian(bst, train, test, features):
2.
3.     # 用训练集拟合模型
4.     bst.fit(train[features], train[label], eval_metric=['auc'])
5.
6.     # 预测训练集
7.     train_predict_result = bst.predict(train[features])
8.     train_predict_prob = bst.predict_proba(train[features])[:,1]
9.
10.    # 评估训练集预测结果
11.    train_auc = metrics.roc_auc_score(train[label], train_predict_prob)
12.    print "AUC得分（训练集）: %f" % train_auc
13.
14.    # 预测测试集并输出评估结果
15.    test['prob'] = bst.predict_proba(test[features])[:,1]
16.    test_auc = metrics.roc_auc_score(test[label], test['prob'])
17.    print 'AUC得分（测试集）: %f' % test_auc
```

```
Bayesian Optimization
------------------------------------------------------------------------------
------------------------------------------------------------------------------
```

Step	Time	Value	alpha	colsample_bytree	gamma	learning_rate	max_depth	min_child_weight	n_estimators	subsample
6	00m20s	0.81170	8.6653	0.6258	8.4186	0.4571	9.8784	8.4974	499.8804	0.9079
7	00m11s	0.85899	0.4536	0.6264	0.1917	0.4699	9.4456	1.1700	136.6591	0.8502
8	00m10s	0.84486	8.8058	0.9072	0.3570	0.2674	4.0714	1.0379	174.2201	0.9328
9	00m11s	0.85355	0.0000	1.0000	0.0000	0.0500	4.0476	1.0096	131.1398	0.5000
10	00m19s	0.87206	0.0883	0.8667	0.1170	0.2210	9.5882	1.7922	453.1718	0.8817
11	00m22s	0.85358	0.5116	0.5614	0.0669	0.2483	6.5944	1.4208	492.7302	0.5132
12	00m24s	0.83453	0.6622	0.7363	0.0857	0.3021	9.7641	9.1645	415.4808	0.6266
13	00m15s	0.83505	0.7172	0.8888	9.5844	0.0526	9.5549	1.3238	155.4698	0.6758
14	00m14s	0.85544	9.1449	0.9442	0.1436	0.3842	9.3079	1.2535	435.2268	0.7360
15	00m20s	0.83838	0.9498	0.6439	9.6508	0.0807	9.2746	1.0151	455.5438	0.7886
16	00m26s	0.87136	0.2871	0.9729	0.0493	0.0615	8.7778	1.1650	302.9298	0.8645
17	00m14s	0.85034	0.2056	0.5432	1.8844	0.3108	7.9917	9.0312	50.6421	0.7472

图 8-18　贝叶斯优化迭代（部分）

然后将上述得到的最优模型参数传入模型执行函数：

```
1. features = [x for x in train.columns if x not in [label, IDcol]]
2. model1 = XGBClassifier(
3.         learning_rate =0.1580,
4.         n_estimators=95,
5.         max_depth=9,
6.         min_child_weight=1.1505,
7.         objective= 'binary:logistic',
8.         subsample=0.6538,
```

```
9.          colsample_bytree=0.5506,
10.         alpha=0.7941,
11.         gamma=0.0475,
12.         nthread=8,
13.         scale_pos_weight=1,
14.         seed=10)
15.
16.model_fit_for_bayesian(model1, train, test, features)
```

最终得到运行结果, 如图 8-19 所示。

```
AUC得分（训练集）：1.000000
AUC得分（测试集）：0.871248
```

图 8-19　贝叶斯优化后模型效果评估

8.5　小结

本章首先从偏差和方差的角度解释了模型的泛化能力, 进而阐述了最优模型选择的本质。随后通过交叉验证和 Bootstrap 两种方法详细说明了如何解决实际应用中的模型选择问题。另外, 本章还介绍了 3 种常用的超参数优化方法, 分别是网格搜索、随机搜索和贝叶斯优化, 以及它们在 XGBoost 中的应用。

第 9 章
通过 XGBoost 实现广告分类器

通过前面章节的学习，相信读者已经理解了 XGBoost 的实现原理，并可以通过它解决日常工作中的机器学习问题。本章将通过实际案例深度解析 XGBoost 特性，根据不同场景及需求将 XGBoost 与其他模型融合应用，从而更好地解决实际问题。9.1 节介绍经典降维算法 PCA（主成分分析），为后续案例中数据降维以实现可视化做铺垫，便于更好地分析数据。9.2 节则以广告分类器为例，讲述数据预处理、数据分析、模型训练以及超参数调优等机器学习任务的具体过程。

9.1 PCA

PCA（Principal Component Analysis，主成分分析）是机器学习任务中一种常用的降维方法，其目标是在尽可能保留数据本质的情况下将数据维度降低，用于高维数据的探索与可视化。

9.1.1 PCA 的实现原理

看过《三体》这本书的读者对"降维打击"这个词应该并不陌生，歌者文明通过二向箔对地球文明实施了降维打击，将太阳系由三维空间变为了一幅二维画卷。在机器学习过程中，有时我们也需要对数据进行"降维打击"，当然降维的目的不是"消灭"数据，而是将数据最重要的一些特征保留下来，去除噪声和不重要的特征，更好地为数据分析、模型训练服务。另外，降维还有助于实现数据可视化。对二维或三维的数据进行可视化相对容易，但随着数据的生成和维度的不断上升，对数据进行可视化变得越来越困难。因此，可通过降维来实现可视化。降维有助于减少模型计算量和训练时间，另外，一些算法可能不太适用于高维数据，这时即可通过降维提升算法的可用性。

　　PCA 是一种常用的数据降维方法。PCA 通过线性变换减少原始数据的维度，将原始数据由原来的坐标系映射为一组新的线性无关的坐标系（称作主成分）。具体做法：首先找出方差最大的第一主成分，然后在与前面成分正交的基础上找到方差次大的成分，依次类推。PCA 可以有效提取数据中的主要特征，去除冗余特征和噪声，将原有复杂数据降维，找到隐藏在原始数据中的简单模式。

　　降维一般会带来信息丢失，那如何在损失最小的情况下实现将高维数据映射到低维空间呢？下面以二维降到一维为例，如图 9-1 所示。图 9-1a 中的点是一些存在于二维空间中的样本，分别以图 9-1b 和图 9-1c 两种形式进行降维。

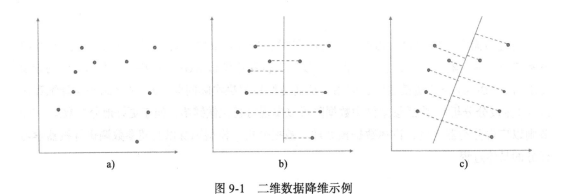

图 9-1　二维数据降维示例

　　高维数据的降维过程可以用矩阵的形式来表示，如二维降到一维，假设有（1, 1）、（2, 2）、（3, 3）3 个样本，将其降维到（1, 1）一维直线上，则可通过如下矩阵运算表示：

$$[1,1]\begin{bmatrix}1,2,3\\1,2,3\end{bmatrix}=[2,4,6]$$

　　可以看到，经过图 9-1b 的方式降维之后，一些样本映射到一维直线上会与其他样本重合，导致某些样本信息损失。而经过图 9-1c 的方式，样本信息基本未损失。图 9-1c 所示降维的特点是让样本投影后的值尽可能分散，在数学上可以用方差来描述这种分散程度。因此，对于上述将二维降到一维的问题，只需要找到降维后方差最大的维度即可。但是对于大于一维的情况，方差便不再适用了。例如，将 N 维降到 K 维（$K>1$），此时首先找到一个方向（其方差最大）作为一个维度，若第二个方向仍旧以方差最大作为选择标准，则可以预想到其应该和前一个方向是基本重合的，因此在确定第二个方向时应当与之前方向正交，即两个方向线性无关，此时便需要引入协方差。协方差可以表示两个变量间的相关性，协方差为

0，表示两者之间线性无关。协方差公式如下：

$$\text{Cov}(X, Y) = E[(X - E[X])(Y - E[Y])]$$

现有一样本矩阵，大小为 $2 \times n$，每一列表示一个数据样本，样本特征维度为两维，如下：

$$\begin{bmatrix} v_{11}, v_{12}, \cdots, v_{1n} \\ v_{21}, v_{22}, \cdots, v_{2n} \end{bmatrix}$$

首先对样本矩阵进行中心化处理，使特征均值为 0，可以得到：

$$\boldsymbol{X} = \begin{bmatrix} v_{11} - u_1, v_{12} - u_2, \cdots, v_{1n} - u_n \\ v_{21} - u_1, v_{22} - u_2, \cdots, v_{2n} - u_n \end{bmatrix} = \begin{bmatrix} x_{11}, x_{12}, \cdots, x_{1n} \\ x_{21}, x_{22}, \cdots, x_{2n} \end{bmatrix}$$

将 $\boldsymbol{X}$ 乘以 $\boldsymbol{X}$ 的转置，然后除以样本量 n，则可得到其协方差矩阵，如下：

$$\frac{1}{n} \boldsymbol{X} \boldsymbol{X}^{\mathrm{T}} = \begin{bmatrix} \dfrac{1}{n} \sum_{i=1}^{n} x_{1n}^2, \dfrac{1}{n} \sum_{i=1}^{n} x_{1n} x_{2n} \\ \dfrac{1}{n} \sum_{i=1}^{n} x_{2n} x_{1n}, \dfrac{1}{n} \sum_{i=1}^{n} x_{2n}^2 \end{bmatrix}$$

可以看到，协方差矩阵的对角线上为特征的方差，而非对角线上为两个特征维度之间的协方差。因此，降维后数据的协方差矩阵应满足除对角线外的其他值为 0。假设原始样本矩阵为 $\boldsymbol{X}(M \times N)$，$N$ 个 M 维向量，$\boldsymbol{P}(K \times M)$ 为变换矩阵，$\boldsymbol{Y}(K \times N)$ 为降维后的矩阵，其中 $\boldsymbol{Y} = \boldsymbol{PX}$。$\boldsymbol{C}$ 为 $\boldsymbol{X}$ 的协方差矩阵（$M \times M$），$\boldsymbol{D}$ 为 $\boldsymbol{Y}$ 的协方差矩阵（$K \times K$）。此时的优化目标为降维后的 $\boldsymbol{Y}$ 每一维的方差足够大，并且维度之间是线性无关的，反映到协方差矩阵 $\boldsymbol{D}$ 上，即对角线上的值足够大，且非对角线的值为 0，此时该优化问题转变为了协方差矩阵对角化的问题。熟悉线性代数的读者对矩阵的对角化问题应该并不陌生，此处不再详述，下面介绍一下 PCA 的具体求解过程。首先求出协方差矩阵 $\boldsymbol{C}$ 的特征值和对应的特征向量，将特征值按从大到小的顺序沿对角线排列，取前 K 个特征值即可得到协方差矩阵 $\boldsymbol{D}$，将特征向量按相应的特征值从上到下排列，取前 K 行，即可得到转换矩阵 $\boldsymbol{P}$。

总结 PCA 的求解方法如下：

1）对原始矩阵进行中心化处理；

2）计算原始矩阵的协方差矩阵；

3）计算协方差矩阵的特征值和特征向量，将特征值从大到小排列；

4）取前 K 个特征值对应的特征向量组成转换矩阵 $\boldsymbol{P}$；

5）得到降维后的矩阵 $\boldsymbol{Y} = \boldsymbol{PX}$。

9.1.2 通过 PCA 对人脸识别数据降维

下面以人脸识别为例，说明如何通过 PCA 对数据进行降维，从而提高模型训练效率。本例的数据集来自国际权威的人脸数据集 Labeled Faces in the Wild（LFW），LFW 数据取自互联网，而非实验室生成，其包含大量的人脸图像，并且每张图像都标记了图像中人物的姓名。scikit-learn 可通过接口获取 LFW 数据集，代码如下：

```
1. from sklearn.datasets import fetch_lfw_people
2.
3. # 获取数据集
4. lfw_people = fetch_lfw_people(min_faces_per_person=70, resize=0.4)
```

通过 fetch_lfw_people 函数获取数据集，其中参数 min_faces_per_person 表示提取的图片数据集中仅保留图片数大于等于 min_faces_per_person 的图片，参数 resize 用于调整每张图片的大小。数据集下载完成后，统计数据集中样本数量、特征数及包含类别（label）的数量：

```
1. # 获取特征数据和label数据
2. X = lfw_people.data
3. y = lfw_people.target
4.
5. # 统计数据集样本数、特征数和类别数
6. num_samples = lfw_people.images.shape[0]
7. num_features = X.shape[1]
8. target_names = lfw_people.target_names
9. num_classes = target_names.shape[0]
10.
11.print("样本数: %d" % num_samples)
12.print("特征数: %d" % num_features)
13.print("类别数: %d" % num_classes)
14.print("类别名称: %s" % target_names)
```

输出结果如图 9-2 所示。

```
样本数: 1288
特征数: 1850
类别数: 7
类别名称: ['Ariel Sharon' 'Colin Powell' 'Donald Rumsfeld' 'George W Bush'
 'Gerhard Schroeder' 'Hugo Chavez' 'Tony Blair']
```

图 9-2　输出结果（人脸数据集元信息）

可以看到，该数据集包含 1288 个样本，特征数为 1850，总共有 7 个类别，即包含了 7 个人的人脸图像。下面对数据集进行划分，将其划分为训练集和测试集：

```
1. from sklearn.model_selection import train_test_split
2.
3. X_train, X_test, y_train, y_test = train_test_split(
4.     X, y, test_size=1/4., random_state=10)
```

完成上述操作后，下面开始定义 PCA 模型。scikit-learn 中的 PCA 包含多个参数，如 n_components、svd_solver 等，具体参数含义可参照相关资料[⊖]。本例主要用到参数 n_components，它表示需保留的成分数量，即降维后的维度数，此处设为 200，其他参数均采用默认值。定义 PCA 模型，并对训练集进行拟合，代码如下：

```
1. from sklearn.decomposition import PCA
2.
3. n_components = 200
4. pca = PCA(n_components=n_components).fit(X_train)
```

模型拟合完毕后，用拟合好的 PCA 模型对训练集和测试集进行降维：

```
1. X_train_pca = pca.transform(X_train)
2. X_test_pca = pca.transform(X_test)
```

下面用 XGBoost 分别对降维前和降维后的训练集进行训练，并对测试集进行预测，观察降维前后训练时长及模型精度的变化。定义 XGBoost 模型训练参数如下：

```
1. param = {'eta':0.05,
2.          'max_depth':7,
3.          'objective':'multi:softmax',
4.          'num_class':7,
5.          'subsample':0.8,
6.          'colsample_bytree':0.8
7. }
```

因为此问题是一个多分类问题，因此将参数 objective 设为 'multi:softmax'，类别数 num_class 设为 7。另外为了方便比较，降维前后采用相同的参数进行训练，训练轮数均为 1500 轮。首先对降维前的数据集进行训练和预测：

```
1. import xgboost as xgb
2. from sklearn.metrics import classification_report
3. from sklearn.metrics import confusion_matrix
4. import time
5.
6. # 构建DMatrix
7. X_train_xgb_origin = xgb.DMatrix(X_train, y_train)
8. X_test_xgb_origin = xgb.DMatrix(X_test, y_test)
```

⊖ 参见 https://scikit-learn.org/stable/modules/generated/sklearn.decomposition.PCA.html。

```
9.
10.watchlict - [(X_train_xgb_origin, 'eval'), (X_test_xgb_origin, 'train')]
11.num_round = 1500
12.
13.# 模型训练
14.t = time.time()
15.bst = xgb.train(param, X_train_xgb_origin, num_round, watchlist)
16.print("降维前训练时长 %0.1fs" % (time.time() - t))
17.
18.# 预测
19.y_pred = bst.predict(X_test_xgb_origin)
20.
21.# 模型评估
22.print(classification_report(y_test, y_pred, target_names=target_names))
```

模型评估结果（降维前）如图 9-3 所示。

```
降维前训练时长 646.3s
                   precision   recall   f1-score   support

     Ariel Sharon      1.00      0.43      0.61        23
     Colin Powell      0.72      0.86      0.78        59
  Donald Rumsfeld      0.68      0.46      0.55        28
    George W Bush      0.79      0.95      0.86       138
Gerhard Schroeder      0.68      0.62      0.65        21
      Hugo Chavez      0.86      0.86      0.86        14
       Tony Blair      0.88      0.54      0.67        39

      avg / total      0.79      0.78      0.77       322
```

图 9-3　模型评估结果（降维前）

可以看到，降维前数据集的训练总时长为 646.3s，平均准确率、召回率及 F1-Score 分别为 0.79、0.78、0.77。

下面对降维后的数据集进行训练及预测：

```
23.# 构建DMatrix
24.X_train_xgb_pca = xgb.DMatrix(X_train_pca, y_train)
25.X_test_xgb_pca = xgb.DMatrix(X_test_pca, y_test)
26.
27.watchlist = [(X_train_xgb_pca, 'eval'), (X_test_xgb_pca, 'train')]
28.num_round = 1500
29.
30.# 模型训练
31.t = time.time()
32.bst = xgb.train(param, X_train_xgb_pca, num_round, watchlist)
33.print("降维后训练时长 %0.1fs" % (time.time() - t))
34.
35.# 预测
36.y_pred = bst.predict(X_test_xgb_pca)
```

```
37.
38.# 模型评估
39.print(classification_report(y_test, y_pred, target_names=target_names))
```

模型评估结果（降维后）如图 9-4 所示。

```
降维后训练时长 94.5s
                  precision    recall  f1-score   support

   Ariel Sharon       0.90      0.39      0.55        23
   Colin Powell       0.80      0.86      0.83        59
Donald Rumsfeld       0.71      0.54      0.61        28
  George W Bush       0.74      0.93      0.82       138
Gerhard Schroeder     0.65      0.71      0.68        21
   Hugo Chavez        0.70      0.50      0.58        14
    Tony Blair        0.86      0.46      0.60        39

    avg / total       0.77      0.75      0.74       322
```

图 9-4　模型评估结果（降维后）

可以看到，降维后数据集的训练时长相比降维前由 646.3s 缩短为 94.5s，而模型评估指标相比降维前略有下降，平均准确率、召回率及 F1-Score 分别为 0.77、0.75、0.74 ，表明 PCA 在降维的过程中也带来了一些信息损失。

9.1.3　利用 PCA 实现数据可视化

除了通过 PCA 提高训练效率之外，我们还可以利用 PCA 实现数据可视化。数据可视化可以帮助我们更好地理解数据并进行数据分析，人类能够感知的维度一般是三维及以下维度，因此需要对高维数据进行降维，然后实现可视化。下面以乳腺癌数据集为例，说明如何通过 PCA 实现降维，并可视化展现出来。首先加载数据集：

```
1. from sklearn import datasets
2.
3. # 加载乳腺癌数据集
4. cancer = datasets.load_breast_cancer()
5. X = cancer.data
6. y = cancer.target
7. print X.shape
8. print y.shape
```

可以看到，数据集本身样本具有 30 维特征。下面通过 PCA 模型将其降维到二维，代码如下：

```
1. n_components = 2
2. pca = PCA(n_components=n_components)
3. X_pca = pca.fit_transform(X)
```

执行上述代码后即可得到降维后的数据 X_pca。下面通过 matplotlib 对其进行可视化，其中正样本用红色圆形表示，负样本用蓝色三角形表示，然后将降维后的两维分别作为 X 轴和 Y 轴，生成样本散点图，代码如下：

```
1. import matplotlib.pyplot as plt
2. import numpy as np
3.
4. plt.figure(figsize=(12,10))
5.
6. # 计算正负样本掩码
7. pos_mask = y >= 0.5
8. neg_mask = y < 0.5
9.
10.# 得到正负样本集
11.pos = X_pca[pos_mask]
12.neg = X_pca[neg_mask]
13.
14.# 正样本用红色圆形表示，负样本用蓝色三角形表示
15.plt.scatter(pos[:, 0], pos[:, 1], s=60, marker='o', c='r')
16.plt.scatter(neg[:, 0], neg[:, 1], s=60, marker='^', c='b')
17.plt.title(u'PCA降维')
18.plt.xlabel(u'维度 1')
19.plt.ylabel(u'维度 2')
20.plt.show()
```

通过 PCA 进行可视化的结果如图 9-5 所示。

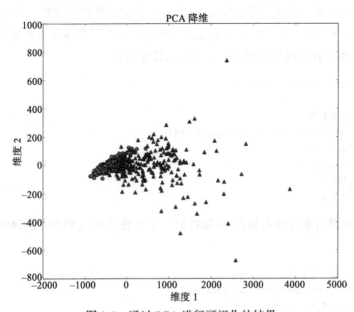

图 9-5　通过 PCA 进行可视化的结果

由图 9-5 可以看到，正负样本的分布差异还是比较明显的，尤其对于正样本，分布较为集中。由此可知，PCA 降维实现数据可视化可以展示复杂数据隐含的关系和信息。

9.2　通过 XGBoost 实现广告分类器

本节将以一个互联网广告数据集[⊖]为例，介绍如何通过 XGBoost 实现广告分类器。该分类器可以区分网页上的图片是广告还是正常网页内容。下面简单介绍一下该广告数据集，该数据集是由 UCI 发布的一个互联网广告数据集，总共包含 3279 张图片，其中 2820 张为正常网页内容，459 张为广告。每个样本包含 1558 个特征，其中包含 3 个连续特征，分别为 height、width 和 ratio，其他均为二值特征。另外，样本还有一个字段用于标明该样本是否为广告（ad.—广告，nonad.—非广告）。

1. 数据分析

本节会通过一些常用的数据分析方法对数据集进行分析。首先读取数据集，因为数据文件并不包含表头，因此将 header 置为 None，此处通过设置参数 error_bad_lines 忽略无效数据。代码如下：

```
1. import pandas as pd
2. import numpy as np
3. from sklearn.model_selection import train_test_split
4. from sklearn.metrics import roc_auc_score
5. import matplotlib.pyplot as plt
6. import seaborn as sns
7.
8. from bayes_opt import BayesianOptimization
9.
10.data = pd.read_csv('./ad-dataset/ad.data', header=None, error_bad_lines=False)
```

数据加载完毕后，可通过 data.shape 查看数据集的大小。可以看到，数据集包含 3279 个样本，共 1559 个字段，和数据集描述是一致的。另外，可以通过 head() 函数输出部分数据来查看数据格式，如图 9-6 所示。

可以看到，因为数据不包含表头，因此默认以数字索引作为列名。为了后续处理方便，我们将数据集中的 0 ~ 2、1558 列分别用 height、width、ratio（width/height）和 label 作为列名，另外，数据集中缺失值以 "?" 表示，此处将其替换为 np.nan。处理代码如下：

```
1. data.rename(columns={0:'height', 1:'width', 2:'ratio(width/height)',
```

⊖　Dua D., Graff C. UCI Machine Learning Repository [http://archive.ics.uci.edu/ml]. Irvine, CA: University of California, School of Information and Computer Science. 2019.

```
                    1558:'label'}, inplace=True)
2. data = data.replace('[?]', np.nan, regex=True)
```

	0	1	2	3	4	5	6	7	8	9	...	1549	1550	1551	1552	1553	1554	1555	1556	1557	1558
0	125	125	1.0	1	0	0	0	0	0	0	...	0	0	0	0	0	0	0	0	0	ad.
1	57	468	8.2105	1	0	0	0	0	0	0	...	0	0	0	0	0	0	0	0	0	ad.
2	33	230	6.9696	1	0	0	0	0	0	0	...	0	0	0	0	0	0	0	0	0	ad.
3	60	468	7.8	1	0	0	0	0	0	0	...	0	0	0	0	0	0	0	0	0	ad.
4	60	468	7.8	1	0	0	0	0	0	0	...	0	0	0	0	0	0	0	0	0	ad.
5	60	468	7.8	1	0	0	0	0	0	0	...	0	0	0	0	0	0	0	0	0	ad.
6	59	460	7.7966	1	0	0	0	0	0	0	...	0	0	0	0	0	0	0	0	0	ad.
7	60	234	3.9	1	0	0	0	0	0	0	...	0	0	0	0	0	0	0	0	0	ad.
8	60	468	7.8	1	0	0	0	0	0	0	...	0	0	0	0	0	0	0	0	0	ad.
9	60	468	7.8	1	0	0	0	0	0	0	...	0	0	0	0	0	0	0	0	0	ad.

10 rows × 1559 columns

图 9-6 广告数据集数据格式

数据值缺失是数据分析中经常遇到的问题之一。当缺失比例很小时，可直接对缺失记录进行舍弃或手工处理。当缺失数据占有一定比例时，可以采取如特殊值填充、平均值填充等方法进行填充。因为 XGBoost 本身实现了对缺失值的处理算法，此处缺省值不再进行填充处理。因为某些包含"?"的列的字段类型为 object（可通过 dtypes 查看），为方便处理，将其转化为 float，转化代码如下：

```
1. results=data.iloc[:,:].isnull().sum()
2. null_columns=[]
3. for index, value in results.iteritems():
4.     if value !=0:
5.         print("{} : {}".format(index, value))
6.         null_columns.append(index)
7.
8. data[null_columns]=data[null_columns].astype('float')
```

目前数据集 label 字段取值为 ad. 和 nonad.，分别表示样本为广告和非广告，将其转化为 1 和 0 表示，代码如下：

```
data.label=data.label.replace(['ad.','nonad.'],[1,0])
```

将数据集划分为训练集和测试集，此处采用 4:1 的划分比例：

```
1. mask = np.random.rand(len(data)) < 0.8 # 生成一个随机数并选择小于0.8的数据
2. train = data[mask]
3. test = data[~mask]
```

为了更准确地理解数据，我们通过 train.describe() 对特征进行简单的统计计算。代码如下：

```
train.describe()
```

describe 方法可计算数值特征的计数、平均值、标准差、最小值、最大值及 25、50、75 的百分位数。describe 输出如图 9-7 所示（数据输出较多，此处为部分数据）。

	height	width	ratio(width/height)	3	4	5	6	7	8
count	1913.000000	1913.000000	1906.000000	2615.000000	2629.000000	2629.000000	2629.000000	2629.000000	2629.000000
mean	62.426032	154.735494	3.975129	0.774379	0.004184	0.011792	0.004564	0.003804	0.003043
std	52.710615	129.419120	6.131061	0.418071	0.064561	0.107967	0.067419	0.061569	0.055090
min	1.000000	1.000000	0.001500	0.000000	0.000000	0.000000	0.000000	0.000000	0.000000
25%	24.000000	80.000000	1.051000	1.000000	0.000000	0.000000	0.000000	0.000000	0.000000
50%	50.000000	110.000000	2.289200	1.000000	0.000000	0.000000	0.000000	0.000000	0.000000
75%	80.000000	184.000000	5.333300	1.000000	0.000000	0.000000	0.000000	0.000000	0.000000
max	640.000000	612.000000	60.000000	1.000000	1.000000	1.000000	1.000000	1.000000	1.000000

8 rows × 1559 columns

图 9-7　describe 方法输出的部分统计数据

（1）目标特征

下面看一下 label 特征的取值分布，因为该问题为二分类问题，因此 label 取值只有两种。通过 plot 绘制不同 label 样本数量柱状图，代码如下：

```
1. train['label'].hist(bins=5, figsize=(4,3))
2. plt.show()
```

输出结果如图 9-8 所示。

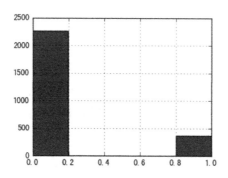

图 9-8　正负样本柱状图

可以看到，训练数据中的正样本与负样本的比例大概是 1∶7，正负样本并不均衡，后续处理应考虑平衡正负样本。

（2）连续型特征

分析完目标特征后，下面对数据集的其他特征进行分析。此数据集包含 3 个连续型特征：

```
cont_feas = ['height', 'width', 'ratio(width/height)']
```

绘制数据分布直方图，方便直观地分析每个特征的分布情况：

```
1. train[cont_feas].hist(bins=100, figsize=(9,5))
2. plt.show()
```

输出如图 9-9 所示。

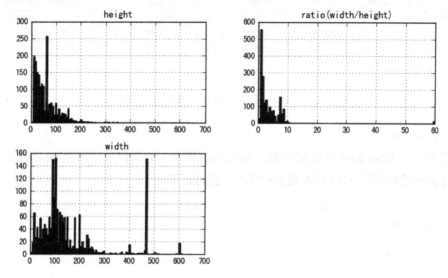

图 9-9 连续型特征分布图

可以看到，分布图中有些特征并未遵循任何可解释的概率分布函数，读者可以尝试转化一些特征使其更接近于高斯分布，但这种方法并非一定奏效。另外，还可以对连续特征在正负样本的不同分布上进行对比，这里通过 seaborn 库中的 violinplot 绘制小提琴图来达到上述效果。小提琴图可以可视化一个或者多个组的数字变量的分布，此处以 width 这个特征为例，代码如下：

```
1. sns.violinplot(x = 'label',  y = 'width',  data = train)
2. plt.show()
```

其中，参数 data 为 dataframe 或者数组格式的数据；x 和 y 分别为绘制的 x 轴和 y 轴的特征。输出结果如图 9-10 所示。

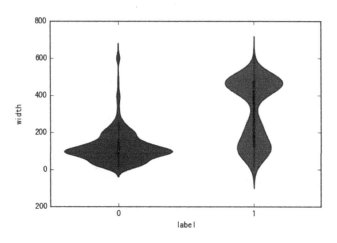

图 9-10　特征 width 在正负样本上的分布

　　其中，横坐标为 label，有两个取值，即 0 和 1；纵坐标为 width，图 9-10 中小提琴图两边是对称的，可以看出样本在特征 width 上的分布。可以看到，特征 width 在正负样本上的分布的差别还是很大的，因此可以推测该特征可能是一个对模型较为有用的特征。同理，可以绘制出特征 height 和特征 ratio 在正负样本上的分布，如图 9-11 和图 9-12 所示。

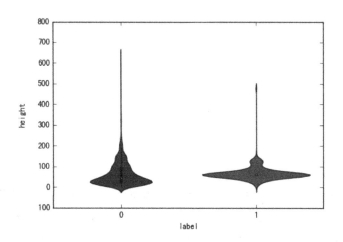

图 9-11　特征 height 在正负样本上的分布

　　下面看一下这些连续型特征彼此之间是否具有相关性，此处通过皮尔逊（Pearson）系数来度量两个特征之间的相关性。皮尔逊相关系数为两个变量之间的协方差和标准差的商，取值范围为（–1 ～ +1）。估算样本的协方差和标准差，可得到皮尔逊相关系数，公式如下：

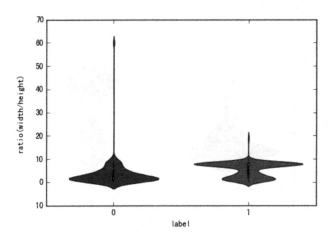

图 9-12　特征 ratio 在正负样本上的分布

$$r = \frac{\sum_{i=1}^{n}(x_i - \overline{x})(y_i - \overline{y})}{\sqrt{\sum_{i=1}^{n}(x_i - \overline{x})^2}\sqrt{\sum_{i=1}^{n}(y_i - \overline{y})^2}}$$

式中，n 是样本数量；x_i 和 y_i 表示第 i 个样本的不同变量；$\overline{x}$ 和 $\overline{y}$ 表示两个变量的均值。pandas 提供的 corr 方法可以方便地计算列之间的皮尔逊相关系数，pandas 也提供了 kendall 和 spearman 相关系数的计算，读者可根据需要进行选择。另外，这里通过 seaborn 库中的 heatmap 来绘制皮尔逊相关系数的热点图，代码如下：

```
1. plt.subplots(figsize=(12,6))
2. corr_mat = train[cont_feas].corr()
3. sns.heatmap(corr_mat, annot=True)
4. plt.show()
```

输出结果如图 9-13 所示。

因为本例中的连续特征较少，因此相关系数的表现并不是很明显。在某些应用中，通过相关系数可以清楚地看到某些特征之间具有高度相关性，这有可能是基于数据的多重共线性导致的。回归模型中多个特征具有高度相关性，会导致很多问题，因此对数据集应用线性回归模型时要十分注意。

（3）训练集、测试集分布比较

在一些情况下，训练集和测试集并不完全相似，此时通过训练集选择的验证集并不能很好地代表测试集。为了使测试集预测得更准确，需要对训练集和测试集进行分布比较，确保它们的数据分布相同。如果确定训练集和测试集分布是相同的，那么便可以在训练集上实施交叉验证。

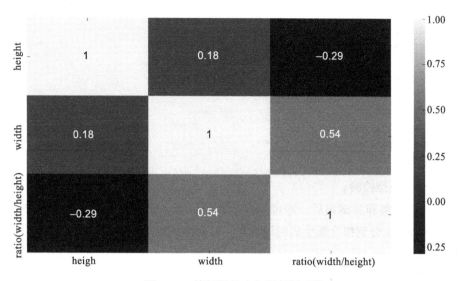

图 9-13　特征间的皮尔逊相关系数

　　此处我们采用机器学习算法来检验训练集和测试集是否有明显区别[⊖]。理想情况下，对于来自相同分布的训练集和测试集，训练的分类器区分情况应与随机差不多，即 AUC 应为 0.5 左右。

　　首先，将训练集和测试集样本进行混合。将训练集和测试集的原 label 字段丢弃，新增一列字段作为训练集和测试集的 label 特征。label 字段为 1 表示训练集，为 0 表示测试集。代码如下：

```
1. # 丢弃原label特征
2. train_d = train.drop(['label'], axis=1).dropna()
3. test_d = test.drop(['label'], axis=1).dropna()
4.
5. # 定义新label，用以区分训练集样本和测试集样本
6. train_d['label'] = 1
7. test_d['label'] = 0
8.
9. # 将训练集和测试集并到一个数据集
10.all_data = pd.concat((train_d, test_d))
```

　　处理完毕后，将所有数据的顺序随机打乱，重新创建新的训练集和测试集，此处训练集样本数设定为总样本数的 1/2。代码如下：

```
1. all_data = all_data.iloc[np.random.permutation(len(all_data))]
2. all_data.reset_index(drop = True, inplace = True)
```

⊖　参见 http://fastml.com/adversarial-validation-part-one。

```
3.
4. x = all_data.drop(['label'], axis = 1)
5. y = all_data.label
6.
7. train_size = 1200
8.
9. x_train = x[:train_size]
10.x_test = x[train_size:]
11.y_train = y[:train_size]
12.y_test = y[train_size:]
```

1）通过分类模型检验。

生成新的训练集和测试集后，即可拟合分类模型了，此处选取逻辑回归和决策树这两种模型作为分类器，分别拟合新生成的训练集，对新测试集进行预测，最后计算预测结果的 AUC。代码如下：

```
1. # 逻辑回归
2. clf = LogisticRegression()
3. clf.fit(x_train, y_train)
4. pred = clf.predict_proba(x_test)[:,1]
5. auc = roc_auc_score(y_test, pred)
6. print ("逻辑回归 AUC: %.4f "%(auc))
7.
8. # 决策树
9. clf = tree.DecisionTreeClassifier(max_depth=4)
10.clf.fit(x_train, y_train)
11.pred = clf.predict_proba(x_test)[:,1]
12.auc = roc_auc_score(y_test, pred)
13.print ("决策树 AUC: %.4f "%(auc))
```

输出结果如图 9-14 所示。

```
逻辑回归 AUC: 0.5026
决策树 AUC: 0.4896
```

图 9-14　输出结果（分类模型检验结果）

可以看到，通过逻辑回归和决策树拟合后的模型对新测试集进行预测，得到的预测结果 AUC 均接近于 0.5，说明原始训练集和测试集的分布是基本相同的。

2）通过交叉验证检验。

除了上述方法之外，我们也可以对整个数据集进行交叉验证，即通过交叉验证来划分训练集和测试集（而非人工随机划分）来进行测试，此处以简单的 2 折交叉验证为例。代码如下：

```
1. # 交叉验证（2折交叉验证）
2. scores = cross_val_score(LogisticRegression(), x, y, scoring='roc_auc', cv=2)
3. print ("AUC 均值: %.2f, 标准差: %.2f \n"%(scores.mean(), scores.std()))
```

输出结果如图 9-15 所示。

AUC 均值: 0.49, 标准差: 0.00

图 9-15　交叉验证检验结果

可以看到，AUC 均值也在 0.5 附近，并且标准差为 0，也可以验证上述得到的结论。

（4）通过 PCA 降维检验

除了采用分类模型、交叉验证检验训练集和测试集的分布外，我们还可通过 PCA 对训练集和测试集的集合数据进行降维（降到二维或三维），然后对降维后的数据进行可视化，观察训练集和测试集数据分布是否具有明显差别。下面将上述合并数据集特征映射到二维平面上，并将其可视化。代码如下：

```
1. all_data = all_data.iloc[np.random.permutation(len(data))]
2.
3. # PCA
4. X = all_data.iloc[:, :1557]
5. y = all_data.iloc[:, 1557:]
6. pca = PCA(n_components=2)
7.
8. X_pca = pca.fit_transform(X)
9.
10.# 得到正负样本集
11.label = all_data.label
12.pos_mask = label >= 0.5
13.neg_mask = label < 0.5
14.pos = X_pca[pos_mask]
15.neg = X_pca[neg_mask]
16.
17.# 可视化
18.plt.scatter(pos[:, 0], pos[:, 1], s=60, marker='o', c='r')
19.plt.scatter(neg[:, 0], neg[:, 1], s=60, marker='^', c='b')
20.plt.title(u'PCA降维')
21.plt.xlabel(u'元素 1')
22.plt.ylabel(u'元素 2')
23.plt.show()
```

输出结果如图 9-16 所示。

在图 9-16 中，圆形表示训练集，三角形表示测试集。两种形状以相似的方式分散在整个空间中，我们从中未能发现任何规律能够将两者很好地分开。因此，从这一角度也可以印证训练集和测试集分布是基本相同的。

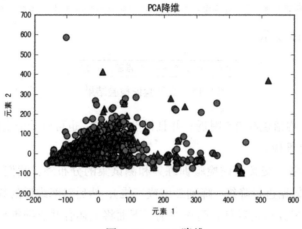

图 9-16   PCA 降维

2. 平衡正负样本

该数据集中的正负样本十分不均衡，需要平衡正负样本的权重和。由前述内容可知，XGBoost 可通过设置参数 scale_pos_weight 平衡正负样本的权重。若训练数据集样本之间无权重高低之分，则直接可以以负样本数 / 正样本数作为参数 scale_pos_weight 值。统计正负样本的代码如下：

```
1. # 统计正负样本数
2. pos_num = len(train[train['label'] == 1])
3. neg_num = len(train[train['label'] == 0])
```

因此，scale_pos_weight 值设置为 neg_num/pos_num。

3. 训练参数定义

我们先按照经验为模型指定一个初始版本的参数，以此训练一个基准模型。本例为一个二分类任务，因此 objective 采用 binary:logistic，评估函数采用 auc。学习率 eta 设置为 0.1，max_depth 设置为 6，模型迭代轮数为 50 轮，scale_pos_weight 采用上述统计的 neg_num/pos_num。代码如下：

```
1. params = {
2.     "objective": "binary:logistic",
3.     "booster": "gbtree",
4.     "eta": 0.1,
5.     "eval_metric": "auc",
6.     "scale_pos_weight": neg_num / pos_num,
```

```
7.      "max_depth": 6
8. }
9.
10.num_round = 50
```

4. 模型训练

首先通过数据集构造满足 XGBoost 输入的 DMatrix，然后通过上述定义的模型参数训练模型，设置模型训练过程中的监控列表 watchlist，监控训练集和测试集在训练过程中的 AUC 指标。代码如下：

```
1. import xgboost as xgb
2.
3. xgb_train = xgb.DMatrix(train.iloc[:, :1557], train['label'])
4. xgb_test = xgb.DMatrix(test.iloc[:, :1557], test['label'])
5.
6. params = {
7.      "objective": "binary:logistic",
8.      "booster": "gbtree",
9.      "eta": 0.1,
10.     "eval_metric": "auc",
11.     "scale_pos_weight": neg_num / pos_num,
12.     "max_depth": 6
13.}
14.
15.num_round = 50
16.watchlist = [(xgb_train, 'train'), (xgb_test, 'test')]
17.
18.model = xgb.train(params, xgb_train, num_round, watchlist)
```

XGBoost 训练过程部分输出如图 9-17 所示。

```
[36]    train-auc:0.994489    test-auc:0.946319
[37]    train-auc:0.994606    test-auc:0.946002
[38]    train-auc:0.995258    test-auc:0.946002
[39]    train-auc:0.995641    test-auc:0.946002
[40]    train-auc:0.995792    test-auc:0.946101
[41]    train-auc:0.996187    test-auc:0.948472
[42]    train-auc:0.996759    test-auc:0.948998
[43]    train-auc:0.996996    test-auc:0.951419
[44]    train-auc:0.99703     test-auc:0.951538
[45]    train-auc:0.997152    test-auc:0.950208
[46]    train-auc:0.997229    test-auc:0.950982
[47]    train-auc:0.997239    test-auc:0.952103
[48]    train-auc:0.997367    test-auc:0.952024
[49]    train-auc:0.997416    test-auc:0.952579
```

图 9-17　XGBoost 训练过程部分输出

训练完成后，保存模型：

```
model.save_model("./model.dat")
```

下面通过训练得到的模型对测试集进行预测，并计算预测结果的 AUC 得分：

```
1. # 预测
2. y_pred = model.predict(xgb_test)
3.
4. # 用AUC评估预测效果
5. auc = roc_auc_score(test.label, y_pred)
6. print "AUC得分：%f" % auc
```

输出结果如图 9-18 所示。

AUC得分： 0.952579

图 9-18　测试集 AUC 结果

可以看到，模型对测试集预测结果的 AUC 约为 0.95，是一个还不错的结果。此结果作为我们的基准指标，为后续模型调优提供参考依据。

5. 特征重要性排名

模型训练完毕后，可以通过 plot_importance 来得到可视化的特征重要性排名，此处选择排名前 20 的特征。代码如下：

```
1. xgb.plot_importance(model,max_num_features=20,height=0.5)
2. plt.show()
```

得到的特征重要性可视化视图如图 9-19 所示。

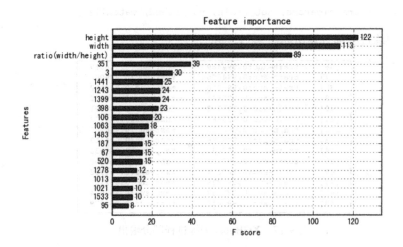

图 9-19　特征重要性可视化视图

可以看到，3 个连续型特征排名最高，其中 height 作为分裂特征达 122 次。

6. 超参数调优

通过自定义模型参数，我们已经得到了一个基准模型。因为上述模型的参数均是根据经验人工设定的，因此该模型显然并非最优模型。下面我们就通过超参数调优来优化上述模型，本例采用的优化方法为贝叶斯优化法。

BayesianOptimization 包是基于函数优化的，因此首先定义优化函数。代码如下：

```
1.  def xgb_optimize(learning_rate,
2.                   n_estimators,
3.                   min_child_weight,
4.                   colsample_bytree,
5.                   max_depth,
6.                   subsample,
7.                   gamma,
8.                   alpha):
9.      params={}
10.     params['learning_rate'] = float(learning_rate)
11.     params['min_child_weight'] = int(min_child_weight)
12.     params['cosample_bytree'] = max(min(colsample_bytree, 1), 0)
13.     params['max_depth'] = int(max_depth)
14.     params['subsample'] = max(min(subsample, 1), 0)
15.     params['gamma'] = max(gamma, 0)
16.     params['alpha'] = max(alpha, 0)
17.     params['objective'] = 'binary:logistic'
18.
19.     cv_result = xgb.cv(params, xgb_train,
                            num_boost_round=int(n_estimators),
20.             nfold=5, seed=10, metrics=['auc'],
21.             early_stopping_rounds=[xgb.callback.early_stop(30)])
22.
23.     return cv_result['test-auc-mean'].iloc[-1]
```

优化函数中的 learning_rate、cosample_bytree、subsample、gamma、alpha 为浮点型的连续值，min_child_weight、max_depth 为整型的离散值，objective 为固定值 binary:logistic。优化函数完成定义后，即可指定贝叶斯优化的参数范围。代码如下：

```
1.  pbounds = {
2.          'learning_rate': (0.05, 0.5),
3.          'n_estimators': (50, 200),
4.          'min_child_weight': (1, 10),
5.          'colsample_bytree': (0.5, 1),
6.          'max_depth': (4, 10),
7.          'subsample': (0.5, 1),
```

```
8.          'gamma': (0, 10),
9.          'alpha': (0, 10),
10.        }
```

下面实例化 BayesianOptimization 对象，开始贝叶斯优化过程。代码如下：

```
1. xgb_opt = BayesianOptimization(xgb_optimize,pbounds)
2. xgb_opt.maximize(init_points=5, n_iter=30)
```

此处设置初始阶段随机探索步骤数为 5，贝叶斯优化迭代次数为 30。当然读者也可尝试其他值，迭代次数越大，越可能探索到最优值，当然花费的时间代价会相应增大。贝叶斯优化初始随机探索阶段输出如图 9-20 所示。

```
Initialization
-----------------------------------------------------------------------------------------------------
-------------------------------------------
 Step |   Time |     Value |    alpha | colsample_bytree |   gamma | learning_rate | max_depth | min_ch
ild_weight | n_estimators | subsample |
    1 | 01m52s |   0.94218 |   7.9731 |           0.9719 |  9.2478 |        0.4519 |    9.9632 |
8.5267 |       164.3232 |    0.6810 |
    2 | 00m56s |   0.95790 |   3.6581 |           0.6667 |  5.4135 |        0.3780 |    6.2208 |
4.8991 |        71.1725 |    0.6763 |
    3 | 04m06s |   0.95839 |   3.6891 |           0.7629 |  9.8583 |        0.1688 |    9.7931 |
1.3114 |       158.6533 |    0.9641 |
    4 | 01m25s |   0.94784 |   6.4052 |           0.5871 |  7.9003 |        0.4181 |    5.9478 |
5.2627 |       122.1243 |    0.6406 |
    5 | 02m16s |   0.95266 |   5.1807 |           0.9991 |  5.8367 |        0.3422 |    8.5852 |
7.9834 |       144.6644 |    0.9349 |
```

图 9-20   贝叶斯优化初始随机探索阶段输出

贝叶斯优化迭代阶段部分输出如图 9-21 所示。

```
   22 | 02m32s |   0.97497 |   0.0892 |           0.9286 |  0.1797 |        0.0675 |    5.2208 |
1.2203 |       144.3296 |    0.9173 |
   23 | 02m06s |   0.97671 |   0.3106 |           0.8463 |  0.3456 |        0.2453 |    8.3291 |
1.3460 |        61.8166 |    0.9660 |
   24 | 02m22s |   0.95983 |   9.9587 |           0.8770 |  0.9885 |        0.1019 |    4.3734 |
1.4612 |       143.5951 |    0.8941 |
```

图 9-21   贝叶斯优化迭代阶段部分输出

根据输出结果，我们可以得到，最优轮为第 23 轮，最优交叉验证值为 0.97671。

下面用贝叶斯优化的参数训练 XGBoost 模型，并对测试集进行预测。代码如下：

```
1. bys_params = {
2.     "objective": "binary:logistic",
3.     "booster": "gbtree",
4.     "eta": 0.2453,
5.     "eval_metric": "auc",
6.     "alpha": 0.3106,
7.     "gamma": 0.3456,
8.     "colsample_bytree": 0.8463,
9.     "subsample": 0.9660,
```

```
10.      "min_child_weight": 1,
11.      "scale_pos_weight": neg_num / pos_num,
12.      "max_depth": 8
13. }
14.
15.bys_num_round = 61
16.
17.# 模型训练
18.bys_model = xgb.train(bys_params, xgb_train, bys_num_round, watchlist)
19.
20.# 预测
21.bys_y_pred = bys_model.predict(xgb_test)
22.
23.# 用AUC评估预测效果
24.bys_auc = roc_auc_score(test.label, bys_y_pred)
25.print "AUC得分(贝叶斯优化)：%f" % bys_auc
```

测试集 AUC 结果如图 9-22 所示。

AUC得分(贝叶斯优化)：0.970933

图 9-22　测试集 AUC 结果（贝叶斯优化）

可以看到，通过贝叶斯优化调参之后，测试集 AUC 相比基准模型有明显提升，由之前的 0.95 提升到了 0.97，证明贝叶斯优化对模型结果的影响是正向的。

9.3　小结

本章首先向读者介绍了经典降维算法 PCA 的实现原理，并以两个数据集为例讲述了如何通过 PCA 实现数据降维和可视化。随后以广告分类数据为例，介绍了机器学习任务中数据分析、模型训练、超参数调优等阶段的常用方法，希望为读者解决今后的机器学习问题提供切实有效的帮助。

第 10 章

基于树模型的其他研究与应用

本章重点探讨业界及学术界中基于树模型的模型融合研究方法与应用。10.1 节介绍了一种将决策树（GBDT）与逻辑回归相结合的模型，该模型在广告 CTR 预测中取得了不错的效果。10.2 节介绍了以 GBDT 作为构建组件的多层模型结构——mGBDT，充分发挥了多层表示与 GBDT 两者的优势。10.3 节讲述的 DEF 模型是树模型与深度学习的融合，实现了更通用应用场景的扩展。最后，10.4 节探讨了树模型在强化学习中的尝试，通过树模型拟合强化学习中的值函数，做出连续决策，以期获得最大回报。

10.1 GBDT、LR 融合提升广告点击率⊖

互联网广告有一个重要的衡量指标——点击通过率（Click-Through Rate，CTR），它是广告点击次数与广告展示次数的比值，可以用来衡量一个广告的热门程度。因为选择正确的广告和显示次序可以极大地影响用户查看和点击广告，进而影响广告产生的收入，因此准确预估 CTR 就显得至关重要了。Facebook 针对本身在线广告 CTR 的预测场景，提出了一种决策树（GBDT）与逻辑回归（LR）相结合的模型。

GBDT 基于 boosting 思想实现多棵决策树的集成学习，其中每棵树拟合的是当前模型的残差。GBDT 具有比较强大的特征表达能力，可以有效地发现具有区分性的特征和特征组合，得到非线性映射的高阶特征。因此，可以将 GBDT 作为一个天然的特征处理器。LR 模型实现简单，容易迭代和并行化，非常适用于类似广告这种具有海量样本的应用场景，因此 LR

⊖ Xinran He, Junfeng Pan, Ou Jin, Tianbing Xu, Bo Liu, Tao Xu, Yanxin Shi. Practical lessons from predicting clicks on ads at. Facebook.

是 CTR 预估最常用的模型。然而也正是因为 LR 实现简单，学习能力比较有限，需要强大的特征工程提供支持，才能保证模型效果，而大量的特征工程又十分依赖于人工经验，从而需要巨大的人力成本，由此 Facebook 提出一种 GBDT 与 LR 融合的方法，以 GBDT 作为特征处理器，将得到的新特征作为特征输入训练 LR 模型。GBDT+LR 模型结构如图 10-1 所示。

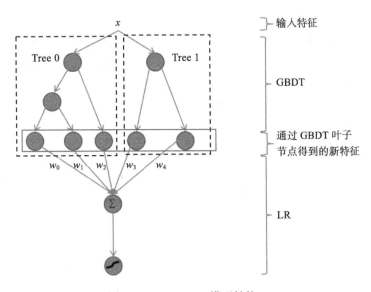

图 10-1　GBDT+LR 模型结构

　　如图 10-1 所示，x 为样本的原始特征，其先经过 GBDT 模型，此处 GBDT 模型包含两棵树，即 tree0 和 tree1，其中 tree0 有 3 个叶子节点，tree1 有 2 个叶子节点，每个叶子节点对应 LR 的一维特征。每个样本均会落到这两棵树的某个叶子节点上。假设某样本落到了第一棵树的第三个叶子节点和第二棵树的第一个叶子节点上，则可用一个特征向量表示为 [0,0,1,1,0]。然后将得到的特征向量作为特征输入对 LR 模型进行训练。可以看出，该方法采用的是 stacking 模型融合的思想，通过模型融合提升模型精度。Facebook 将此方法应用到其在线广告 CTR 预估，取得了不错的效果。另外，2014 年，在 Kaggle 的 Display Advertising Challenge 比赛中，冠军方案也采用了类似的方法，不过该方案用 FM（Factorization Machine）模型（确切地说是 FFM）代替了 LR。传统线性模型（如 LR 等）的各个特征之间都是相互独立的，若需要考虑特征与特征之间的相互作用，则需要人工提取交叉特征，而 FM 模型通过交叉向量的方式挖掘特征之间的相关性，解决了高维稀疏数据下的特征组合问题。

　　GBDT 模型善于发现有效特征组合，得到高阶特征，减少了对人工经验的依赖且节约了人力成本。LR 模型简单，处理速度快，并行化易于实现，适用于 CTR 预估的应用场景。GBDT 与 LR 融合的方法结合了这两种模型的优势，在 CTR 预估等方面取得了一定的效果。

另外，GBDT 与 LR 融合模型还有许多引申思路，除了上面介绍的 GBDT 与 FM、FFM，还可以采用 XGBoost 与 LR、XGBoost 与 FM、XGBoost 与 FFM 等多种类似思路的融合方法。

10.2 mGBDT

mGBDT 是南京大学周志华教授团队于 2018 年提出的一种多层梯度提升决策树模型[⊖]。通常认为，多层表示是神经网络（尤其是深度神经网络）能够在一些领域取得不错效果的关键。通过前面的学习我们知道，神经网络尤其是深度神经网络，大多是通过随机梯度下降的反向传播进行参数更新的，这就要求模型的组成分量必须可微。然而对于不可微的模型，如 GBDT，构建多层或深层模型仍是一个挑战。在这样背景下，mGBDT 探索了一种以非可微 GBDT 作为构建组件的多层模型结构。

构建 mGBDT 的最大挑战是如何更新参数，因为 GBDT 是不可微的，无法通过链式法则来传递误差，因此便无法通过反向传播来更新参数。mGBDT 采用了一种跨层的目标传播的变形来进行模型更新。如图 10-2 所示，假设模型第 i 层的映射为 F_i，即以第 $i-1$ 层的输出作为第 i 层输入经过映射 F_i 可得到第 i 层输出。此处 F_i 为 GBDT 模型，无法通过反向传播更新。此时需要得到一种伪反向（pseudo-inverse）映射 G_i^t，使得 $G_i^t(F_i^{t-1}(o_{i-1}))$ 约等于 o_{i-1}，其中 t 为第 t 轮迭代，i 为第 i 层网络。o_{i-1} 为第 $i-1$ 层的输出，即可近似地认为 G 为 F 的反函数。伪反向映射 G 和 F 一样也是由 GBDT 模型训练得到的，并且在训练过程中引入了随机噪声以提高鲁棒性。假设已经得到了该伪反向映射 G，则可以通过 G 得到每一层 F 训练的伪 label z_{i-1}^t，其中 $z_{i-1}^t = G_i(z_i^t)$，即上一层的伪 label 可由下一层伪 label 通过 G 映射得到。计

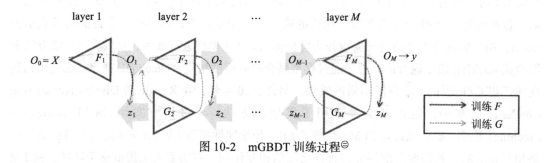

图 10-2　mGBDT 训练过程[⊖]

⊖　Feng Ji, Yu Yang, Zhou Zhihua. Multi-layered gradient boosting decision trees[J]. Advance in Neural Information Processing System, 2018: 3555-3565。

⊖　该图来自论文 Feng Ji, Yu Yang, Zhou Zhihua. Multi-layered gradient boosting decision trees[J]. Advance in Neural Information Processing System, 2018: 3555-3565。

算得到每一层的伪 label 后，则每个 F_i^t 以 $-\dfrac{\partial L(F_i^{t-1}(o_{i-1}),z_i^t)}{\partial F_i^{t-1}(o_{i-1})}$ 作为训练目标，均可由经典 GBDT

算法训练得到。而最后一层的伪 label 可通过真实 label 来定义：

$$z_M^t = o_M - \alpha\frac{\partial L(o_M,y)}{\partial o_M}$$

mGBDT 训练算法如算法 10-1 所示。

算法10-1　mGBDT训练算法

输入：层数 M，每层维度 d_i，训练数据 X、Y，最终损失函数 L，梯度下降学习率 α，树模型缩减学习率 γ，拟合 G 时 GBDT 迭代轮数 K_1，拟合 F 时 GBDT 迭代轮数 K_2，Epoch E，噪声注入 σ^2。

输出：训练后的 mGBDT。

算法：

1）初始化。

$$F_{1:M}^0 \leftarrow \text{Init}(M, d_i)$$
$$G_{2:M}^0 \leftarrow \text{null}$$
$$o_0 \leftarrow X$$
$$o_j \leftarrow F_j^0(o_{j-1}) \ \text{for } j = 1, 2, \cdots, M$$

2）对 $t = 1, \cdots, E$：

① $z_M^t \leftarrow o_M - \alpha\dfrac{\partial L(o_M,y)}{\partial o_M}$

② 对 $j = M, \cdots, 2$：

$$G_j^t \leftarrow G_j^{t-1}$$
$$o_{j-1}^{\text{noise}} \leftarrow o_{j-1} + \varepsilon,\ \varepsilon \sim \mathcal{N}(0, \text{diag}(\sigma^2))$$
$$L_j^{\text{inv}} \leftarrow \|G_j^t(F_j^{t-1}(o_{j-1}^{\text{noise}})) - o_{j-1}^{\text{noise}}\|$$

对 $k = 1, \cdots, K_1$：

$$r_k \leftarrow -\left[\frac{\partial L_j^{\text{inv}}}{\partial G_j^t(F_j^{t-1}(o_{j-1}^{\text{noise}}))}\right]$$

对 r_k 拟合回归树 h_k（训练集为 $(F_j^{t-1}(o_{j-1}^{\text{noise}}), r_k)$）
$$G_j^t \leftarrow G_j^t + \gamma h_k$$
$$z_{j-1}^t \leftarrow G_j^t(z_j^t)$$

③ 对 $j = 1, \cdots, M$：

$$F_j^t \leftarrow F_j^{t-1}$$
$$L_j \leftarrow \|F_j^t(o_{j-1}) - z_j^t\|$$

对 $k = 1, \cdots, K_2$：

$$r_k \leftarrow -\left[\frac{\partial L_j}{\partial F_j^t(o_{j-1})}\right]$$

对 r_k 拟合回归树 h_k（训练集为 (o_{j-1}, r_k)）
$$F_j^t \leftarrow F_j^t + \gamma h_k$$
$$o_j \leftarrow F_j^t(o_{j-1})$$

3）返回 $F_{1:M}^T$、$G_{2:M}^T$。

mGBDT 首次尝试通过 GBDT 构建多层模型，既利用了 GBDT 出色的性能，又融入了多层表示的表达能力，为传统机器学习与深度学习相结合探索出新方向。

10.3 DEF

DEF（Deep Embedding Forest）是 Microsoft 于 2017 年提出的一种树模型与深度学习相结合的通用模型框架[⊖]，其结合了树模型的高效率和深度学习特征学习的优势，并成功扩展到了通用应用环境。DEF 模型中的深度学习部分采用的 Deep Crossing 也是由该团队提出的。在介绍 DEF 之前，我们首先来介绍一下 Deep Crossing。

1. Deep Crossing

当前，人工提取交叉特征成为一些成功模型的秘诀，但对于某些场景下，如 Web 应用，特征数量十分庞大，人工提取交叉特征变得不现实。深度学习可以在没有人工干预的情况下自动学习特征，并在图像识别等领域取得了突出的成绩，而 Deep Crossing [⊖]则将深度学习成功扩展到了更加通用的环境。

Deep Crossing 不用人工提取交叉特征，只需将基础特征（或基础特征的 Embedding）作为输入进行学习。Deep Crossing 模型架构如图 10-3 所示。

可以看到，Deep Crossing 模型总主要由 4 部分组成，分别是 Embedding 层、Stacking 层、Residual 层和 Scoring 层，下面对每个部分进行详细介绍。

（1）Embedding 层

Embedding 层可以将特征转化为固定长度的特征向量。一般由一层神经网络构成。Embedding 层中应用最为广泛的便是 Word Embedding，其在自然语言处理领域发挥了重要的作用。除 Word Embedding 外，Embedding 层也可以应用于其他领域，如对用户行为进行 Embedding、对实体关系进行 Embedding 等。当 Embedding 的向量长度小于输入的特征维度时，Embedding 可以起到降维的效果。这里的 Embedding 层将基础特征转换为模型的输入特征，一般通用形式如下：

$$X_j^O = g(0, W_j X_j^I + b_j)$$

⊖ Jie Zhu, Ying Shan, JC Mao, Dong Yu, Holakou Rahmanian, Yi Zhang. Deep Embedding Forest: Forest-based Serving with Deep Embedding Features. In Proceedings of ACM SIGKDD International Conference on Knowledge Discovery and Data Mining. 2017.

⊖ Ying Shan , T. Ryan Hoens , Jian Jiao , Haijing Wang , Dong Yu , JC Mao. Deep Crossing: Web-Scale Modeling without Manually Crafted Combinatorial Features, In Proceedings of ACM SIGKDD International Conference on Knowledge Discovery and Data Mining. 2016.

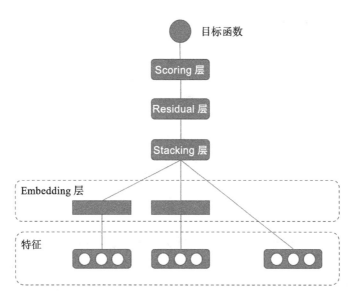

图 10-3　Deep Crossing 模型架构

其中：

$$g(z) = \max(0, z)$$

式中，j 为基础特征的索引；$X_j^I \in \mathbb{R}^{n_j}$ 为输入特征；偏移 $b_j \in \mathbb{R}^{n_j}$；X_j^O 为 Embedding 后的特征向量。此处的 W_j 和 b_j 是作为模型的参数一起进行优化的，这是 Deep Crossing 中 Embedding 的一个非常重要的特性。

（2）Stacking 层

将 Embedding 层得到的各类 Embedding 特征进行连接，组合成一个新的向量作为下一层的输入，如下：

$$X^O = [X_0^O, X_1^O, \cdots, X_K^O]$$

式中，K 为输入特征的数量。

（3）Residual 层

介绍 Residual 层之前，首先来认识一下 ResNet。ResNet 是于 2015 年由当时尚在 Microsoft 的何恺明博士等人提出，旨在解决增加网络深度导致的退化问题。随着深度神经网络开始收敛，退化问题会越来越明显，随着深度逐渐加深，准确率开始迅速降低。假设现有一网络层数较少的神经网络，则在该网络的基础上继续增加网络层，并且新增加的网络层为恒等映射（identity mapping）层。这种网络结构增加了网络层数，并且训练集上的误差也不会增加，深度残差网络的思想即起源于此。ResNet 在多个图像识别竞赛中都取得了不错的效果。

深度残差网络提出了一种残差网络结构来增加网络深度，同时不增加误差，最终取得较好的模型效果。残差网络结构如图 10-4 所示。

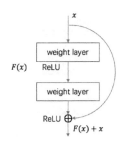

图 10-4 残差网络结构

该残差结构引入了 shortcut connections 机制，即将输入 x 跳过中间层，直接传到输出，则输出结果为 $H(x) = F(x) + x$。此时该网络结构学习的目标不再是原来的输出，而是目标值 $H(x)$ 和 x 之间的残差 $F(x)$。很容易看出，当 $F(x)$ 为 0 时，$H(x) = x$ 即为前面提到的恒等映射。shortcut connections 不会增加额外的参数，也不会增加计算复杂度。残差结构相当于人为构造了恒等映射，使模型朝着残差为零的方向去拟合，从而达到增加网络深度、准确率不下降的目的。

Deep Crossing 中的 Residual 层采用了少许修改的残差结构，去掉了卷积核，使得 Deep Crossing 可以面对更为通用的问题，而不仅仅是图像识别。另外，可以根据不同的应用场景设置不同的目标函数，如以 logloss 作为目标函数。

（4）Scoring 层

Scoring 层的目的在于得到最终的预测结果，其输出值作为最后目标函数的输入来计算 loss，进而指导模型进行参数更新。Scoring 层作用一般类似 sigmoid、softmax 等函数。

2. DEF 的实现原理

众所周知，GBDT 等树模型具有良好性能和运行效率，是目前业界大规模应用中较常采用的模型。然而树模型需要人工提取一些高阶特征，对专业领域知识要求较高，并且十分消耗人力。DEF 将 Deep Crossing 和树模型进行了很好的融合，其结构如图 10-5 所示。

DEF 主要由输入特征、Embedding 层、Stacking 层、Forest 层和目标函数构成，Embedding 层、Stacking 层和 Deep Crossing 类似，此处不再赘述。Forest 层则采用了类似 GBDT 的树模型，以 Stacking 层的输出作为输入。DEF 模型的结构主要有两个优点。

- **减少人工提取特征的成本**。DEF 利用 Embedding 层可以自动提取高阶特征，并对高维特征进行降维，以满足树模型的维度要求。
- **最小化运行时间**。DEF 的运行时间主要取决于两部分，即 Embedding 层和 Forest 层，其中 Embedding 层仅单层神经网络的运行时间,而 Forest 层中树模型的运行效率也较高,因此整体运行效率要高于传统的深度神经网络。

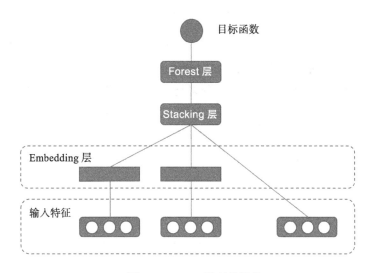

图 10-5　DEF 模型的结构

（1）初始化

DEF 中的 Embedding 层是通过 Deep Crossing 进行初始化的,其主要有两个优势:

● Deep Crossing 本身是为解决大规模应用问题而设计的;

● Deep Crossing 能够处理高维度的稀疏特征。

使用 Deep Crossing 独立训练模型和 DEF 初始化没有任何区别,包括 Embedding 参数、多层残差结构参数及 Scoring 层参数等。不同的地方在于,DEF 后续步骤仅采用 Embedding 层的参数。Forest 层的初始化工作由 XGBoost 或 LightBGM 来完成。Forest 层以 Stacking 层生成的特征向量为输入,以训练样本的 label 作为目标来训练 XGBoost 或 LightBGM 模型,最终生成初始化的 Forest 层参数 Ψ、Θ 和 Π。其中,Ψ 表示模型中决策树的数量和对应结构,Θ 表示决策节点上路由功能的参数集,Π 为叶子节点上分布函数的参数集。

（2）联合调优

Forest 层的存在给模型的整体优化带来了挑战。树模型一般采用贪心算法对树结构和参数进行优化,该方法与神经网络中基于梯度的搜索方法是不兼容的,因此若想实现 Forest 层和其他层的联合优化,则需要探寻其他方法。DEF 采用了模糊树内部节点的决策函数来解决这个问题。传统树内部节点的决策函数一般是二元的,即确定某样本属于该节点或不属于该节点。模糊后的决策函数则确定的是该样本属于左子节点和右子节点的概率,该方法一般通过 sigmoid 函数来确定:

$$\mu_L^{(i)}(\boldsymbol{x}) = \frac{1}{1+\exp[-c_i(\boldsymbol{v_i} \cdot \boldsymbol{x}) - a_i]}$$

$$\mu_R^{(i)}(\boldsymbol{x}) = \frac{1}{1+\exp[c_i(\boldsymbol{v_i} \cdot \boldsymbol{x}) - a_i]} = 1 - \mu_L^{(i)}(\boldsymbol{x})$$

式中，i 为内部节点索引；v_i 是权重向量；$\boldsymbol{x}$ 为样本经过 Stacking 层后的特征向量；a_i 是 $\boldsymbol{v_i} \cdot \boldsymbol{x}$ 的切分值；c_i 是模糊决策范围的反向宽度。切分阈值被扩展为切分带，在切分带之外，其样本归属于子节点的概率几乎为 1（即和清晰分裂是一样的），落于切分带之内的样本则被分配给两个子节点，并各自对应不同概率。函数 $\mu_L^{(i)}$ 和 $\mu_R^{(i)}$ 分别为求左子节点概率和右子节点概率的函数。上述公式中的内部节点依赖于样本的所有特征维度（完全模糊化），DEF 对其进行了简化，即内部节点只依赖于某一维特征：

$$\mu_L^{(i)}(\boldsymbol{x}) = \frac{1}{1+\exp(-c_i x^i - a_i)}$$

$$\mu_R^{(i)}(\boldsymbol{x}) = \frac{1}{1+\exp(c_i x^i - a_i)} = 1 - \mu_L^{(i)}(\boldsymbol{x})$$

对决策树进行模糊化一般先通过标准的决策树生成器固定决策树结构，然后引入模糊因子。样本的最终预测结果由其属于叶子节点的概率和该节点对应的预测值共同决定，即

$$\overline{y}(\boldsymbol{x}) = \sum_{l \in \mathcal{L}} u_l(\boldsymbol{x}) d_l$$

式中，$\mathcal{L}$ 表示所有叶子节点集；l 表示其中的叶子节点；u_l 表示样本属于叶子节点 l 的概率；d_l 表示相应的预测值。模糊化的最大好处是连续的损失函数是可微的，此时便可通过反向传播算法来对树模型中的损失函数进行优化。详细实现和求导过程可参考论文⊖。

10.4　一种基于树模型的强化学习方法

强化学习是智能体（agent）在不断与环境交互的过程中通过学习策略获取最大回报的一种机器学习方法。其特点是通过不断与环境进行交互，根据环境给予的奖励刺激，逐步形成对刺激的预期，学习到获取最大回报的策略。本节会介绍一种通过树模型来拟合强化学习中的值函数做出连续决策的方法。在介绍该方法之前，先来学习一下强化学习中一种基于值函数的经典算法——Q-learning。

⊖　Jie Zhu, Ying Shan, JC Mao, Dong Yu, Holakou Rahmanian, Yi Zhang. Deep embedding forest: forest-based serving with deep embedding Features. In Proceedings of ACM SIGKDD International Conference on Knowledge Discovery and Data Miningon Knowledge discovery and data mining. 2017.

1. Q-learning

Q-learning 是强化学习中一种非常经典的算法[○]。智能体在交互环境下采取不同的行为可以得到不同的奖励，算法可以对智能体的不同行为策略进行指导，以达到获得最大奖赏的目的。我们以超级马里奥吃蘑菇为例，如图 10-6 所示。

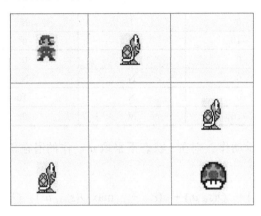

图 10-6　马里奥吃蘑菇

在该例中，作为一个智能体，马里奥在九宫格下进行探索。马里奥有上、下、左、右 4 个动作，但其活动范围不允许超过九宫格的边缘。最终目标是找到迷宫中的蘑菇，从而获得最大分数。迷宫中存在一些乌龟，若马里奥不幸碰到乌龟，则分数会被减掉 10 分，而最终吃到蘑菇，则可以得到 10 分，因此马里奥需要在尽量不碰到乌龟的情况下吃到蘑菇。我们以"上帝视角"来观察这个迷宫，很容易便能找出一条最有效的路径来吃到蘑菇，但对于马里奥来讲，其并非"上帝视角"，他没有探索的区域均属于迷雾状态，并不清楚有乌龟还是蘑菇，因此需要不断地探索和学习。我们将九宫格中的每一个格子称作一个"状态"（state），以 s 表示，马里奥每一次上、下、左、右的移动称作一次"动作"（action），得到或失去的分数作为反馈的"奖励"（reward）。我们可以对所有状态和动作构建一个奖励矩阵，如表 10-1 所示。

该奖励矩阵是在具有"上帝视角"的前提下得到的，但当马里奥刚刚开始游戏，他对环境一无所知，并不能直接得到该奖励矩阵。虽然不能直接得到该矩阵，但我们可以以相同的形式构建另外一个矩阵 $\boldsymbol{Q}$。该矩阵和上述奖励矩阵同阶，只是在初始状态下，该矩阵中的奖励值均为 0。通过智能体不断与环境交互，进而更新矩阵 $\boldsymbol{Q}$，也就是所谓的 Q-learning。

○　可参见 R. S. Sutton, A. G. Barto. Reinforcement learning: An introduction, 2018.

表 10-1 奖励矩阵

状态 / 动作	0（上）	1（下）	2（左）	3（右）
0	N	0	N	−10
1	N	0	0	0
2	N	−10	−10	N
3	0	−10	N	0
4	−10	0	0	−10
5	0	10	0	N
6	0	N	N	0
7	0	N	−10	10
8	−10	N	0	N

以 s 表示状态，a 表示动作，则在 s 状态下采取 a 动作的潜在价值为 $Q(s, a)$。Q-learning 的迭代更新算法如下：

$$Q(s_t, a_t) \leftarrow Q(s_t, a_t) + \alpha(r_{t+1} + \gamma \max_{a'} Q(s_{t+1}, a') - Q(s_t, a_t))$$

式中，s_t、a_t 表示当前状态和动作；s_{t+1}、a' 表示下一时刻的状态和动作；学习参数 α 和衰减因子 γ 的取值范围均为 0 ~ 1。智能体每进行一次探索（从初始位置到最终达到目标结束）称为一个 episode，智能体会经过多轮 episode 不断迭代。在每一次 episode 迭代中，智能体通过当前得到的矩阵 $\boldsymbol{Q}$ 进行探索，并不断积累经验更新 $\boldsymbol{Q}$，直至 $\boldsymbol{Q}$ 收敛至最优值。

在探索过程中，如果每次都按当前 $\boldsymbol{Q}$ 矩阵中收益最大的动作去执行，则很可能会陷入局部最优（因为很多状态可能还没来得及探索）。因此，为了平衡探索状态空间和最大化奖励的目标，可以在迭代过程中引入 ε-greedy 算法，即在选择动作时，有 $1 - \varepsilon$ 的概率是按 $\boldsymbol{Q}$ 矩阵中收益最大的动作执行的，有 ε 的概率是随机选择动作执行的。

基于上述过程，Q-learning 算法如算法 10-2 所示。

算法10-2　Q-learning算法

1）初始化 $Q(s, a)$，给定参数 α 和 γ。

2）for each episode：

给定初始状态 s

若未达到终止状态，则执行如下步骤：

基于 Q 策略在 s_t 状态下选择 a_t（如 ε-greedy 贪婪策略）

执行 a_t，得到 r_t、s_{t+1}

$Q(s_t, a_t) \leftarrow Q(s_t, a_t) + \alpha(r_{t+1} + \gamma \max_{a'} Q(s_{t+1}, a') - Q(s_t, a_t))$

$s_t \leftarrow s_{t+1}$

直到达到终止状态

直到 Q 收敛

算法结束后，我们可以通过得到的矩阵 $\boldsymbol{Q}$ 输出最终的执行策略，最优执行策略如下：

$$\pi(s) = \underset{a}{\mathrm{argmax}}\ Q^{\pi}(s_t, a)$$

上述价值模型 Q 是以表格的形式存在的，这其实有很大的局限性。在很多应用中，当状态和动作空间非常大时，通过表格将非常难以求解。此时可以对 Q 进行延伸，将 Q 作为状态、动作与潜在价值之间的一种映射，以函数的形式表示三者之间的映射关系。这样便可以将求解 Q 函数的问题转化为一个有监督学习问题，我们可以采用一些经典的机器学习算法如 SVM、决策树、神经网络等对 Q 函数进行拟合，下面便会介绍一种通过树模型拟合 Q 函数的强化学习方法。

2. 树模型拟合 Q 函数的强化学习方法

强化学习算法主要解决的是连续性决策问题。面对具体问题，强化学习算法可以不断和环境保持交互以适应环境，以期获得长期最大回报。IBM 于 2002 年提出一种基于强化学习框架的决策方法，该决策方法旨在解决决策结果之间相互影响的顺序决策问题，使智能体能够基于延迟强化做出连续决策，以达到最大化累积奖励的目的。

在前面的强化学习描述中，存在两个简化的假设。

第一个假设是状态空间和动作空间都比较小，Q-learning 对每个状态 – 行动对都执行迭代更新，这要求这些对是有限的。但在一些应用中，其状态和动作空间非常大，使得之前的方法不再适用。

第二个假设是需要与环境在线交互。但一些应用场景（如目标客户营销等）多是基于大量历史的交易数据得出有效的营销策略。

针对上述两个问题，该决策方法采用了批量强化学习方法和函数逼近方法。批量强化学习不再以在线的方式进行学习，而是采用先前积累的大量历史数据进行训练，训练数据由状态、动作及奖励的序列组成。函数逼近则相当于将值函数表示为状态特征和动作的一些合理函数，正如前面介绍的，可以通过监督学习的方法来估计值函数 Q。该决策方法在论文中采用了 IBM 实现的多变量线性回归树方法 ProbE 来估计 Q 函数，此处我们也可以尝试不同的模型，如 XGBoost、神经网络等。近几年炙手可热的 DQN（Deep-Q-Network）便是通过深度神经网络来拟合 Q 函数的。批量强化学习算法如算法 10-3 所示。

算法10-3　批量强化学习算法（Q-learning）

前提： 基础学习模块 Base（回归模型，如 GBDT、XGBoost 等）。

输入数据： $D = \{e_i | i = 1, 2, \cdots, N\}$，其中 $e_i = \{\langle s_{i,j}, a_{i,j}, r_{i,j} \rangle | j = 1, 2, \cdots, l_i\}$（$e_i$ 是第 i 个 episode，l_i 为 e_i 长度）。

1）对于数据集中的每个 e_i，$D_{0,i} = \{\langle s_{i,j}, a_{i,j}, r_{i,j} \rangle | j = 1, 2, \cdots, l_i\}$。

2）$D_0 = \cup_{i=1,\cdots,N} D_{0,i}$。

3）$Q_0 = \mathrm{Base}(D_0)$。

4）**for** k=1 to final **do**

　　for all $e_i \in D$ **do**

　　　　for j to $l_i - 1$ **do**

$$v_{i,j}^{(k)} = Q_{k-1}(s_{i,j}, a_{i,j}) + \alpha_k(r_{i,j} + \gamma \max_a Q_{k-1}(s_{i,j+1}, a) -$$
$$Q_{k-1}(s_{i,j}, a_{i,j}))$$
$$D_{k,i} = \{\langle s_{i,j}, a_{i,j}, v_{i,j}^{(k)} \rangle | j=1, 2, \cdots, l_i-1\}$$
end for
$$D_k = \cup_{i=1,\cdots,N} D_{k,i}$$
$$Q_k = \text{Base}(D_k)$$
end for
end for

5) 输出最终模型 Q_{final}。

其中，输入的训练数据集 D 包含足够信息以恢复 episode 数据，每个 episode 由多个事件组成，每个事件又包含状态、动作和奖励，并且 episodes 保留了事件的时间顺序。基础学习模块是以一组事件数据作为输入、以 $Q(s, a)$ 作为输出的回归模型，如 XGBoost、神经网络、SVM 等。另外，该论文还介绍了基于 Sarsa 的批量强化学习及为了增加算法的可扩展性而引入的采样机制，此处不再详述，感兴趣的读者可参阅相关资料⊖。

10.5　小结

本章主要介绍了业界及学术界中关于树模型与其他模型结合应用的研究方法，包括 GBDT+LR、多层 GBDT 模型结构 mGBDT、树模型与深度学习、强化学习融合等。旨在帮助读者拓宽学习思路，面对复杂的业务情况能够不拘于现有知识框架的约束，触类旁通，灵活运用、融合所学模型，从而探索出性能更好、效率更高的技术解决方案。

⊖　Edwin Pednault , Naoki Abe, Bianca Zadrozny. Sequential Cost-sensitive Decision making with Reinforcement Learning. In Proceedings of ACM SIGKDD International Conference on Knowledge Discovery and Data Mining. 2002.